成品油管道完整性管理技术与实践

王晓霖　王剑波　董列武　等　编著

中国石化出版社

内容提要

本书针对成品油管道管理存在的问题及技术需求，系统介绍了完整性管理产生背景及发展现状，基于管道及站场完整性管理总体要求，从数据、风险、检测、评价、维修维护等方面来阐述完整性管理的核心技术内容，并针对关键技术应用列举现场实施案例。同时，基于中国石化近十年来在成品油管道信息化与智能化方面的实践经验，阐述成品油管道完整性智能分析决策技术及系统开发经验，并说明技术及系统应用情况。最后，结合国内外管道现状说明建设完整性管理体系的必要性并提出关键对策，进一步阐述成品油管道完整性管理体系建设实践经验。

本书可供油气管道企业管理人员、运行维护人员，以及从事管道设计、施工、监理、检测、评价等的技术与管理人员阅读参考，也可供高等院校油气储运等相关专业师生阅读参考。

图书在版编目(CIP)数据

成品油管道完整性管理技术与实践/王晓霖，王剑波，董列武编著. —北京：中国石化出版社，2022.6
ISBN 978 - 7 - 5114 - 6671 - 6

Ⅰ.①成… Ⅱ.①王…②王…③董… Ⅲ.①成品油管道 - 管道输油 Ⅳ.①TE832

中国版本图书馆 CIP 数据核字(2022)第 089003 号

中国石化出版社出版发行

地址：北京市东城区安定门外大街 58 号
邮编：100011　电话：(010)57512500
发行部电话：(010)57512575
http://www.sinopec-press.com
E-mail:press@sinopec.com
北京艾普海德印刷有限公司印刷
全国各地新华书店经销

*

787×1092 毫米 16 开本 24 印张 602 千字
2022 年 8 月第 1 版　2022 年 8 月第 1 次印刷
定价：98.00 元

《成品油管道完整性管理技术与实践》编撰委员会

主　　任　王晓霖

副 主 任　王剑波　董列武

成　　员　（按姓氏笔画排序）

王　勇　王俊强　龙　震　李　明

杨　静　周立国　孟　涛　崔凯燕

序

成品油管道作为连接炼厂和消费市场的重要能源运输基础设施，多处于经济相对发达、人口相对稠密的地区，一旦发生油品泄漏，不仅对居民的生活带来影响，而且会造成土壤和水体污染，还可能引发火灾、爆炸等严重安全事故。国内外的多次成品油管道泄漏、着火等事故表明，管道企业针对成品油的特性，开展针对性、预防为主的完整性管理，是确保管道运行安全的最有力管控措施，也是管道管理者的必然选择。

我国成品油管道总里程超过 3 万公里，自《油气输送管道完整性管理规范》（GB 32167—2015）颁布实施以来，国内各大企业深入推进完整性管理体系建设，持续加强隐患排查和风险管控，在实施完整性管理的进程中积累了丰富的经验，形成了各具特色的管理模式和制度体系，管道本质安全管理水平得到了全面提升。本书以中国石化成品油管道完整性管理实践为背景，从管道完整性管理的总体要求入手，全面阐述了成品油管道线路和站场完整性管理技术及实施案例，深入介绍完整性管理体系建设及实践，不仅是对成品油管道完整性管理业务的全面梳理和系统总结，也是我国管道行业系统推进完整性管理的重要映射，值得借鉴和参考。

借此，向本书作者在管道完整性管理领域的辛勤工作和付出表示感谢，向我国广大管道从业者致以敬意。

目　　录

第三篇 成品油管道站场完整性管理技术与实践

第四篇　成品油管道完整性管理体系建设与实践

第一篇

成品油管道完整性管理概述

第1章　成品油管道完整性管理现状

1.1　国外成品油管道发展及完整性管理现状

1.1.1　国外成品油管道概况

据统计，在全球范围内，成品油管道里程已达 25.15×10^4km。按大陆架基本结构的不同，全球管道主要集中于北美、欧洲、俄罗斯及中亚、亚太、拉丁美洲、中东及非洲6大区域，其中北美地区的成品油管道里程最多，约 9.15×10^4km；其次为亚太地区，成品油管道里程约为 5.41×10^4km；中东及非洲地区的成品油管道里程约为 4.04×10^4km；拉丁美洲、欧洲、俄罗斯及中亚的成品油管道里程分别为 2.29×10^4km、2.26×10^4km、2.00×10^4km。国外成品油管道主要分布在美国、欧洲和俄罗斯等经济发达的国家及地区，由于发达国家的成品油管道输送量大、管输品种多、自动化程度高，其设计、管理和技术的成熟水平较高。

美国成品油管道发展先后经历了3个阶段：1900～1932年成品油管道探索阶段，1933～1945年成品油管道成熟阶段，1960年至今成品油管道大型化、网络化阶段。目前，美国境内成品油管道管径从152mm至1067mm不等，管网几乎遍布各州；美国境内成品油管道公司近70家，前五的企业分别是Enterprise公司、Phillips 66公司、Magellan公司、Kinder Morgan公司、ONEOK公司，其成品油管道里程均排名全球前十。美国的管道工业发展较为成熟，成品油管道的维护管理，主要由专业化公司管理，运营模式高度市场化。成品油输送和销售业务分离，管道不参与资源与市场的交易，仅作为运输商收取管道输送费之用。

西欧地区成品油管道主要集中在北约成员国，呈现跨国、跨区域的格局，连接了法国、英国、德国、荷兰、意大利、西班牙、奥地利和比利时等国家。西欧各国从20世纪50年代开始普遍建设商用成品油管道，60年代中期以后进入快速发展时期，到70年代末西欧各国先后建设了近百条成品油管道，实现了炼油厂、机场、油库与主要经济区的连接。北约管道系统在西欧成品油管网中占据重要地位，由北欧管道系统(NEPS)、中欧管道系统(CEPS)等2个跨国管道系统和希腊管道系统(GRPS)、冰岛管道系统(ICPS)、挪威管道系统(NOPS)等8个国家管道系统构成。其中，2个跨国管道系统分别由管道管理机构统一管理，其他各国的管道系统均由各国国家机构独自管理。西欧的成品油管道发展相对成熟，但由于国家众多，各国的条件和基础不同，管道运营模式没有统一，因此欧洲成品油管网的管理特点是产权共有、跨国产品运输、管理因地制宜、多种模式并存。

俄罗斯成品油管道呈现较明显的跨国特征，分布在俄罗斯、乌克兰、白俄罗斯、哈萨克斯坦等国境内。俄罗斯成品油管道分布较广，连接俄罗斯欧洲部分的 14 座炼油厂，以及白俄罗斯的两家炼厂(莫济里和新波洛茨克)，地域分布从克麦罗沃州到乌克兰与匈牙利边界，以及拉脱维亚的文斯皮尔斯港。2007 年，俄罗斯对石油出口进行调整，确定以能源出口为导向，压缩原油出口，增加成品油出口，以获取更大的利润，在一定程度上推动了成品油管道的建设步伐。最近几年的主要目标是，将波罗的海和黑海沿岸的成品油管道投入使用，增加港口的出口能力，最大限度地降低对邻国港口的依赖。俄罗斯的成品油管道建设和输送主要由俄罗斯石油运输公司承担，呈现出较强的国家意志，与我国的成品油管道发展模式具有相似之处。

1.1.2 国外管道完整性管理起源及发展历程

管道完整性管理起源于 20 世纪 70 年代，当时欧美等工业发达国家在二战以后兴建的大量油气长输管道逐渐进入老龄期，各种事故频繁发生，造成了巨大的经济损失和人员伤亡，大大降低了各管道运营公司的盈利水平，同时也严重影响和制约了上游油(气)的正常生产。为此，美国首先开始借鉴经济学和其他工业领域中的风险管理理念，探索新的技术手段和管理模式，以延长管道的服役寿命。进入 21 世纪，管道完整性管理的思路日益清晰。2001 年，美国机械工程师学会(ASME)和美国石油学会(API)分别出台了气体管道和液体管道完整性管理的标准，开始提出规范的油气管道完整性管理的流程、要素及技术方法。为了进一步增强管道的安全性，美国国会于 2002 年 11 月通过了专门的 H. R. 3609 号《促进管道安全法案》，2002 年 12 月 27 日布什总统签署生效。H. R. 3609 号法案第 14 章中要求管道运营公司在高后果区(HCA)实施管道完整性管理，制定并发布了气体管道和液体管道完整性管理规程(CFR 49 Part 192 和 CFR 49 Part 195)，推进并加速管道高后果区的完整性评价，促进管道运营公司建立和完善完整性管理体系，促进政府发挥审核管道完整性管理计划方面的作用，增强公众对管道安全的信心。2006 年，美国颁布了《管道检测、保护、实施及安全法案》，为管道完整性管理、腐蚀控制提供了法律保障。2012 年，奥巴马又签署颁布了《管道运输安全改进法》。

美国运输部管道安全办公室(OPS)于 2002 年初确定管道运营公司的完整性管理的职责，明确提出管道运营商的责任在于：对管道和设备进行完整性管理，避免或减轻周围环境对管道的威胁，进行管道外部和内部检测，提出准确的检测报告，采取更快、更好的修复方法及时恢复管道的承压能力。美国运输部赋予 OPS 有责任对管道运营商的完整性管理计划进行检查，检查影响管道高风险地区的管段是否都已确定和落实风险控制措施，检查管段的基准数据检测计划及完整性管理的综合计划，检查计划的执行情况等。

美国的管道运营公司大多在 2000 年后根据政府要求成立了完整性管理部门，其完整性管理模式各不相同，但总体都有明确的管理目标，同时有一名副总裁专门负责完整性管理业务，并有专门的完整性管理机构和充足的、高层次的人力资源保障。完整性管理在全公司的业务管理中发挥着重要的作用，在日常工作和政府沟通中扮演着重要角色，对公司管道维修计划的制订、内检测、风险评估等业务实施管理职能，同时为管道应急等提供基础信息和决策咨询。随着完整性管理所发挥的作用日益显现，各管道公司已经从被动成立完整性管理部门以满足法规的要求，转变为主动发展完整性管理业务的行为。完整性管理部门的人力资源得到不断补充和发展，完整性管理部门也成为各管道公司的重要部门。

同美国一样，加拿大也十分重视管道完整性管理。加拿大主要由国家能源局（NEB）制定了加拿大各省的陆上管道规程，规程中明确要求"每个公司应制定管道完整性管理程序"。另外，加拿大最主要的能源地区艾伯塔省，其能源公用事业委员会（AEUB）也制定了该省的管道规程，此规程规定："具有许可证的法人应该制定和拥有一个或多个管道操作、腐蚀控制、维护、修复及完整性管理程序的指导手册，且在要求的情况下还应向委员会提交副本，具有许可证的法人应在管道完整性管理程序中考虑外部涂层剥离的管道应力腐蚀开裂。"1999 年，加拿大标准协会（CSA）制定发布了管道标准 Z662—1999《石油天然气管道系统》，历经多次修订升级至 2019 版，条款 10. 11. 1 明确规定：管道运营公司应该制定并执行管道完整性管理程序，应包括监控可能导致失效状态的规程、消除或减轻失效情况的规程，以及管理完整性数据的规程。加拿大最主要的联邦法规 1999（OPR－99）《陆上管道法规》，适用于所有输送碳氢化合物的非海上跨省或跨界管道。加拿大每个省也有管道法规，适用于省内管道，如安大略省能源局根据 NEB 要求制定的《管道完整性法规要求》，其 OPR－99 第 40 部分及第 41 部分指出：①管道企业应该制定一套管道完整性管理程序；②如果发现超过 CSA Z662—2019 所允许的缺陷，管道企业应该通过文件来描述细节，包括可能的原因及减缓措施；③管道企业应该准备好向董事会提交完整的合规性文件。加拿大管道运营公司通常执行标准 CSA Z662—2019，其参考引用 NEB 的 OPR－99 以及其他省级法规，针对油气工业管道系统设计、建造、启动、操作、维护，建立了基本要求和最低标准，涵盖了海上及陆地管道、油库、泵压缩机站场、计量站，附录 Z 662－Annex N *Guidelines for Pipeline Integrity Management Programs* 给出了有关完整性管理程序的指导。根据 NEB 公布的管道绩效分析报告，2000～2004 年，加拿大气体管道的泄漏失效频率为 0. 3/10^4km·a，液体管道的泄漏失效频率为 0. 5/10^4km·a。

英国地下管道管理法规已有 200 多年的历史，作为国家管理的一部分，管道管理的立法与其他法规紧密结合，1962 年颁布了《管道法》，1996 年《管道安全条例》问世。2008 年发布了公众可获取的规范文件"PAS55－资产管理"，强调通过系统的和协调性的活动和方法，以最优的方式来管理其资产和资产生命周期内的与资产相关的性能、风险和支出，以实现其组织战略计划。2009 年，英国标准协会（BSI）发布了标准 BSI PD8010－3 管道操作规范－陆上钢制管道－应用于含可燃物的重大事故隐患管道周边区域发展建议的风险评估指南－PD 8010－1：2004 补充标准。该标准给出了高压天然气管道风险评价的流程和方法，并明确给出了员工个人风险、公众个人风险和社会风险的可接受范围（ALARP）。目前，英国标准协会正在制定其完整性管理标准管道系统第四部分：《陆上和海底钢制管道－完整性管理实践准则》。根据英国 UKOPA（United Kingdom onshore pipeline operator' association）。2009 年公布的第六版管道失效调查报告显示，1962～2008 年，英国 UKOPA 组织所运营管道的失效频率为 2. 42/10^4km·a，而 2004～2008 年，管道平均失效频率降低到 0. 64/10^4km·a。

1.1.3　国外管道完整性管理法律法规及标准

1. 法律法规

管道完整性管理相关法律法规的系统性建设是从美国最早开始的，世界各国也陆续对管道完整性管理提出具体要求。相关法律法规见表1－1。

表1－1　国外管道相关法律法规

国家	法律法规名称
美国	天然气管道安全法案(1968年)
	天然气管道安全法案修正案(1968年)
	天然气管道安全法修正案(1974年)
	天然气管道安全法修正案(1976年)
	管道安全法案(1979年)
	管道安全再授权法案(1988年)
	管道安全法案(1979年)
	危险液体管道安全法案修正案(1979年)
	管道安全再授权法案(1988年)
	管道安全法案(1992年)
	可计算的管道安全与合作关系法案(1996年)
	管道安全改进法案(2002年)/关于增进管道安全性的法案(HR 3609)
	CFR第49部191部分——天然气和其他气体的管道运输；年度报告、事故报告及相关安全条件报告
	CFR第49部192部分——管道运输天然气和其他气体的联邦最低安全标准
	CFR第49部194部分——陆上石油管道应急方案
	CFR第49部195部分——危险液体的管道运输
	管道检验、保护、强制执行与安全法案(2006年)
	管道安全、监管确定性和创造就业法案(2011年)
英国	管道安全规范
加拿大	国家能源委员会管道穿跨越条例
	加拿大北方管道法
	阿尔伯塔省管道法案
	温哥华天然气管道法案
	加拿大新斯科舍管道条例
	国家能源委员会法案陆上管道条例
俄罗斯	联邦干线管道运输法
	干线管道保护条例
	干线管道运输经营活动许可条例
	确认干线管道项目运行时最大运行工作压力值安全的文件办理和保管程序
	关于执行“消除干线成品油管道可能事故标准计划”的命令

世界各国为保证管道安全，针对管道检测提出了一些要求，其中美国、英国、加拿大、俄罗斯、白俄罗斯规定如下：

(1)美国联邦法典第49部第8分册第60102部分规定：美国运输部应指定标准进行内检测，如果内检测设备不可用，应采用与内检测有同等效果的技术和方法，以保证管道安全。

(2)英国管道安全规范第11条要求：管线公司须通过可行检测方法确定安全操作极限，并采用与其设计、状态和历史记录相适应的安全方式进行管线管理。

(3)加拿大管道法第44部分总则中规定：为保证公众人身财产安全，在其领土上的任何管道企业，都要根据CSA或相关标准进行自费检验、检测和评估。

(4)俄罗斯干线管道运输法第六章第23条规定：在干线管道运输工程的建设、使用、修理和停用过程中，应对管道的安全措施进行鉴定、检查和监控。

(5)白俄罗斯干线管道运输法第六章第24条“干线管道和干线管道系统管理”提出：为确保干线管道安全，操作单位必须根据干线管道技术状况的检测结果，对干线管道进行大修和日常修理，排除干线管道的故障、事故、紧急状况及其风险。

2. 标准规范

目前，国外现行的管道完整性管理相关标准见表1－2。

表1－2　国外现行管道完整性管理相关标准

序号	标准编号	标准名称
1	ASME B31.3	Process Piping
2	ASME B31.4	Pipeline Transportation Systems for Liquid Hydrocarbons and Other Liquids
3	ASME B31.8	Gas Transmission and Distribution Piping Systems
4	ASME B31.8S	Managing System Integrity of Gas Pipelines
5	ASME B31G	Manual for Determining the Remaining Strength for Corroded Pipelines – a Supplement to ASME B31 Code for Pressure Piping
6	ASME B31.Q	Pipeline Personnel Qualification
7	ASME PCC – 2	Repair of Pressure Equipment and Piping
8	ASTM E114	Standard Practice for Ultrasonic Pulse – Echo Straight – Beam Contact Testing
9	ASTM E1416	Standard Practice for Radioscopic Examination of Weldments
10	API 570	Piping Inspection Code – Inspection, Repair, Alteration, and Rating of In – service Piping Systems
11	API RP 574	Inspection Practices for Piping Systems Component
12	API 579	Fitness for Service
13	API RP 580	Risk – Based Inspection
14	API 581	Risk – Based Inspection, Base Resource Document
15	API Std 780	Security Risk Assessment Methodology for the Petroleum and Petrochemical Industries
16	API Std 1104	Welding of Pipelines and Related Facilities

续表

序号	标准编号	标准名称
17	API RP 1107	Pipeline Maintenance Welding Practices
18	API RP 1110	Pressure Testing of Steel Pipelines for the Transportation of Gas, Petroleum Gas, Hazardous Liquids, Highly Volatile Liquids or Carbon Dioxide
19	API RP 1111	Design, Construction, Operation, and Maintenance of Offshore Hydrocarbon Pipelines
20	API RP 1113	Developing a Pipeline Supervisory Control Center
21	API RP 1120	Training and Qualification of Liquid Pipeline Maintenance Personnel
22	API 1129	Assurance of Hazardous Liquid Pipeline System Integrity
23	API RP 1130	Computational Pipeline Monitoring for Liquid Pipelines
24	API TR 1149	Pipeline Variable Uncertainties and Their Effects on Leak detectability
25	API 1160	Managing System Integrity for Hazardous Liquid Pipelines
26	API RP 1162	Public Awareness Programs for Pipeline Operators
27	API 1163	In – line Inspection Systems Qualification Standard
28	API RP 1165	Recommended Practice for Pipeline SCADA Displays
29	API RP 1166	Excavation Monitoring and Observation
30	API RP 1173	Pipeline Safety Management System
31	API RP 1174	Recommended Practice for Onshore Hazardous Liquid Pipeline Emergency Preparedness and Response
32	API RP 1175	Pipeline Leak Detection. Program Management
33	API RP 1176	Recommended Practice for Assessment and Management of Cracking in Pipelines
34	API RP 2200	Repairing Crude Oil, Liquefied Petroleum Gas and Product Pipelines
35	NACE RP 0102	In – Line Inspection of Pipelines
36	NACE RP 0104	The Use of Coupons for Cathodic Protection Monitoring Applications
37	NACE RP 0105	Liquid – Epoxy Coatings for External Repair, Rehabilitation, and Weld Joints on Buried Steel Pipelines
38	NACE TM 0106	Control of Internal Corrosion in Steel Pipelines and Piping Systems
39	NACE SP 0110	Wet Gas Internal Corrosion Direct Assessment Methodology for Pipelines
40	NACE RP 0169	Control of External Corrosion on Underground or Submerged Metallic Piping Systems
41	NACE TM 0172	Determining Corrosive Properties of Cargoes in Petroleum Product Pipelines
42	NACE RP 0204	Stress Corrosion Cracking (SCC) Direct Assessment Methodology
43	NACE SP 0206	Internal Corrosion Direct Assessment Methodology for Pipelines Carrying Normally Dry Natural Gas
44	NACE SP 0208	Internal Corrosion Direct Assessment Methodology for Liquid Petroleum Pipelines
45	NACE TM 0284	Evaluation of Pipeline and Pressure Vessel Steels for Resistance to Hydrogen – Induced Cracking

续表

序号	标准编号	标准名称
46	NACE SP 0313	Guided Wave Technology for Piping Application
47	NACE TM 0497	Measurement Techniques Related to Criteria for Cathodic Protection for Underground or Submerged Metallic Piping Systems
48	NACE RP 0502	Pipeline External Corrosion Direct Assessment Methodology
49	NACE Pub 35100	In – Line Nondestructive Inspection of Pipelines
50	NACE 35110	AC Corrosion State – of – the – Art：Corrosion Rate，Mechanism，and Mitigation Requirements
51	DNV RP F101	Corroded Pipelines
52	DNV RP – F105	Free Span Pipelines
53	AS 2885. 1	Pipelines—Gas and liquid Petroleum Part 1：Design and construction
54	ISA – RP55. 1	(R1983) Hardware Testing of Digital Process Computers
55	BS 7910	Guide to Methods for Assessing the Acceptability of Flaws in Metallic Structures
56	SINTAP	Structural Integrity Assessment Procedures for European Industry
57	CSA Z662	Oil and Gas Pipeline Systems

1.1.4 国外管道企业完整性管理实施情况

加拿大努发天然气输送有限公司(NGTL)拥有管道15600km，多数已运营近40年。该公司非常重视管道风险评价技术的研究，开发出第一代管道风险评价软件。该公司将所属管道分成800段，根据各段的尺寸、管材、设计施工资料、油(气)的物理化学特性、运行历史记录以及沿线的地形、地貌、环境等参数进行评估，对超出公司规定的风险允许值的管道加以整治，最终使之进入允许的风险值范围内，保证了管道系统的安全、经济运行。20世纪90年代中期，该公司对其油气管道干线进行扩建，需要穿越爱得森地区5条大型河流，在选择最佳施工技术时遇到了困难。由于环境管理比过去更加严格，传统的选用最低费用的方法已经不再适用，而是需要一个权衡费用、风险和环境影响的决策方法。在收集了线路、环境、施工单位等的最新资料和对不同河流穿越方法的局限性进行鉴别后，该公司结合每一个穿越方案的不确定性和风险进行了决策和风险分析，最终对各穿越方案35年净现值有影响的所有因素以及极端状态进行了量化评估，并做出正确的选择。

美国天然气研究所(GRI)决定将工作重点放在管道检测的进一步研究和开发上：利用高分辨率的先进检测装置及先进的断裂力学和概率计算方法，获得更精确的管道剩余强度和剩余使用寿命的预测及评估结果。

美国Amoco管道公司从1987年开始采用专家评分法风险评价技术管理所属的油气管道和储罐，截至1994年，已使年泄漏量由原来的工业平均数的2.5倍降到1.5倍，同时使公司因每次发生泄漏产生的支出降低50%。

美国科洛尼尔管道公司把管理的重点放在管道的安全和可靠性上，管理计划包括管道内部的检测，油罐内部的检测、修理和罐底的更换，阴极保护的加强，线路修复等内容。

利用在线检测装置和弹性波检测器，实施以风险为基础的管理方法，并每年进行一次阴极保护系统的调查和利用飞机实施沿线巡查。该管道公司采用风险指标评价模型（专家打分法）对其所运营管理的成品油管道系统进行风险分析，有效地提高了系统的完整性。该公司开发的风险评价模型RAM将评价指标分为腐蚀、第三方破坏、操作不当和设计因素等四个方面。该模型可以帮助操作人员确认管道的高风险区和管道事故对环境及公众安全造成的风险，明确降低风险的工作重点，根据降低风险的程度与成本效益对比，制订经济有效的管道系统维护方案，使系统的安全性不断得到改善。

以壳牌为代表的国外大型石油公司，对于石油企业的完整性管理统称为资产完整性管理（Asset Integrity Management），其中又分为管道完整性管理、设施完整性管理、结构完整性管理和井场完整性管理四个部分。

比利时管道公司开展完整性管理的目标：一是保障基础设施的完整性，二是证明管道是安全可靠的，三是提高管理效率，四是合理分配有限资源，五是有效管理老旧管道。比利时天然气管道有4100km，有5个压气站、183个分输减压站，管理的管径从4in到48in（1in＝25.4mm），最低压力为1.5MPa，最高压力为8MPa，管理难度很大，境内人口分布众多。开展管道内检测是比利时管道公司主要的完整性管理方法，其目的是保障管网的完整性，增强安全性，延长管道寿命。比利时管道公司管道检测的总目标是优先检测老旧管道，开展组合检测和再检测，已开展一次检测的管道长度为1100km，进行再检测的管道有1400km，低压管道有540km，经过研究不能内检测的管道有120km，长度小于3km的管道有120km。2013～2015年检测470km，2015年后检测360km，第一次内检测的周期大于20年。第二次内检测，如果没有发生腐蚀，则周期定为15年，如果发生腐蚀，则定义内检测周期为7～10年。但由于再检测采取的承包商可能有所不同，加上再检测针对新腐蚀的发现与第一次检测结果对比的不确定性，则再检测周期定为7年。第三次检测周期，通过运行RUNCOM软件来确定管道的检测周期，一般为7～15年。

建立完整性系统，通过完整性管理的风险评估，对总体风险和单项风险进行分类，开展风险的有序分析，采用ISAT风险评估模型，通过软件来进行动态完整性管理，需要输入的要素数据达到127个；采用PII的半定量的风险评价软件（打分法）适用于FLUXYS管道公司，采用英国燃气研究院ADVANTICA公司的PIPESAFE软件进行风险后果评估。根据风险后果和风险打分结果，公司内部针对风险进行分级，将确定中高风险段的前10%作为主要风险削减段，下一年度重点开展完整性管理。

比利时管道公司的定性风险评估从建设期开始：①全面的风险评估，只做一次，在新项目建设过程中保持数据准确；②特殊段风险评估，在每个新项目中，针对不同的高风险段均需要开展，是对管道中心线250m范围内进行的风险评估，主要用于降低泄漏的概率，降低泄漏的影响。

澳大利亚Gasnet公司实施完整性管理的重点在第三方破坏方面。密切联系土地所有者能够有效阻止第三方破坏，因此，检测人员每年都要探访土地所有者并且经常与他们进行联系。在联系过程中讨论如下问题：

（1）土地所有者的区域位置；

（2）办好在土地上进行合法施工的手续；

(3)任何存在土地所有者及其相邻区域的变化的可能性；

(4)对管线安全潜在的威胁；

(5)管线突发事件反应程序；

(6)24h 都能联系的方式。

加拿大 Enbridge 公司完整性管理提出的目标是，确保管道安全和增强安全意识，使用最先进的管理和支持技术努力达到零事故。在实施完整性管理过程中，建立了技术体系，主要包括开展完整性管理的条件、完整性管理支持技术、完整性管理实施方式。同时，在开展完整性管理过程中，公司还建立了管道数据库，配备了管理及检测设备，明确了管理职责与分工，完善了管理文件体系和标准法规。

Enbridge 公司管道数据库管理管道核心数据，提供了企业决策支持系统或业务管理系统所需要的信息，将企业日常营运中分散不一致的数据经归纳整理之后转换为集中、统一、可随时取用的深层信息。管道数据库储存了管道完整性管理所需要的全部数据和文件，数据库中的数据通过 APDM 模型规范存储，根据 ARCGIS 地理信息平台建立地理信息系统可视化地图界面，在此界面上开发和应用管道完整性的评估、决策、维抢修等应用软件，从而实现完整性管理的可视化、智能化及数据共享。完整性管理的设备主要包含现场测量设备、检测设备、监测设备等。

意大利 SNAM 公司经营 29000km 的天然气管网系统，其中包括输气干线与支线。有的运行已超过 50 年，80% 管网受到杂散电流的强烈影响，大部分运行压力高于 2.4MPa。SNAM 公司实施了完整性管理策略，使系统保持高度安全及低成本，节约了 1/3 的维修费用。

1.2 我国成品油管道发展及完整性管理现状

1.2.1 我国成品油管道建设发展历程

我国成品油管道起步较晚，1973 年我国开始对成品油管道进行工业性试验。1976 年，建成了第一条小口径(159mm)的格尔木—拉萨长输成品油管道。该管道全长 1080km，沿青藏公路铺设，穿越楚玛尔河和沱沱河等 108 条河流，翻越昆仑山和唐古拉山等 10 余座大山，超过 900km 的管线处在海拔 4000m 以上严寒地区(最高处海拔 5231m)，超过 560km 的线路铺设在常年冻土地带。此后 10 多年，我国成品油管道的发展基本上处于停滞状态。20 世纪 90 年代初开始，随着国民经济的发展，成品油消费规模逐渐增大，成品油管道建设开始取得突破，但其间建设并投产的成品油管道仍然以点对点的输送模式为主，如抚顺—营口鲅鱼圈、克拉玛依—乌鲁木齐、天津港—首都机场、镇海—杭州、镇海—漕泾、金山—闵行、高桥—金山、荆门—荆州等成品油管道。

21 世纪初，我国经济进入高速增长阶段，对成品油的稳定供应提出了更高的要求。在此阶段，中国石油和中国石化不断加大建设各自辖区内的成品油管道。2002 年，中国石油兰成渝成品油管道投产，标志着我国成品油管道建设开始驶向大口径、高压力、长距离发展的快车道。“十一五”以来，中国石油陆续建成西部成品油管道、港枣成品油管道、兰郑长成品油管道、呼包鄂成品油管道、吉长成品管道、云南成品油管道。到“十三五”末，中国石油已累计建成投用成品油管道超过 8100km。在此时期，中国石化也不断加快成品油管道建设步伐。2005 年，全长超过 1700km 的横贯粤桂黔滇四省的西南成品油管道，以及全长超过 770km 的辐射鲁苏皖三省的鲁皖成品油管道先后建成投产。“十一五”期间，珠三角成品油管道、石太管道、九樟管道、长株管道、洛郑驻管道，以及鲁皖二期管道先后建成投产。“十二五”期间，南京—苏州、扬子—泰州、武汉—广水、长株、珠三角二期、北海—南宁、南宁—百色等成品油管道先后建成投产。到“十三五”末，中国石化建成了覆盖国内 21 个省市、连接 21 座石化炼厂、130 余座油库，投运总里程逾 15000km 的成品油管网。根据 2018 年统计数据，全国建成品油管道近 30000km，已建、在建和规划中的各级成品油管道共计 423 条，其中东北地区 35 条、西北地区 47 条、华北地区 77 条、华中地区 55 条、西南地区 46 条、华东地区 50 条、华南地区 92 条，省际 21 条；中国石化拥有华北、华中、华东和华南四大成品油管网，并在区域网内形成了一些重要枢纽节点；中国石油管理着西北、东北、西南等一些由长距离管道形成的成品油管网；中国海油和中国航油根据自身业务需要，建成了一批短距离的成品油管道。截至 2020 年底，我国成品油管道累计达到 32000km。据国家发改委和国家能源局联合印发的《中长期油气管网规划》，至 2025 年，国内成品油管道里程数将达到 40000km。

1.2.2 我国成品油管道的管理模式及发展

受中国石油和中国石化传统资源与市场格局以及管理机制影响，两大集团成品油管道建设和运行都走出了符合各自业务需求和特点的管理道路。

管道输送资源流向方面。受 1998 年中国石油和中国石化重组的影响，中国石油炼厂多分布在我国的西北和东北地区，中国石化炼厂则多分布在我国东部沿海地区和中部沿江地区。同时，中国经济发展的格局决定着成品油消费的传统市场集中在中国东部地区，以及较早受益于西部大开发的川、渝和滇、黔、贵地区。在这种资源和市场格局下，中国石油修建的成品油管道被天然赋予了长距离、大口径的属性，支撑其完成“西油东进”“北油南下”的资源调运任务；中国石化传统辖区内炼厂沿海、沿江密布，使得其成品油管道资源流向具备了沿海炼厂资源向内陆推送、沿江资源就近消化的模式。

管道运行调控模式方面。中国石油在原油、成品油、天然气多种资源流向上均为“自西向东、自北向南”调运的运输格局。这种较为统一的资源调运流向和管道敷设路由，为中国石油在集团层面对其管道业务实行板块管理、管道运行集中远程调控提供了条件。据统计，截至 2019 年底，中国石油有近 9200km 成品油管道由其北京调控中心进行集中调控。中国石化则根据自身资源与市场格局的特点，以及成品油资源调运以四个区域公司内调运为主、区域间调配为辅的格局，在华北、华东、华中和华南四个区域公司分别建立了成品油调控中心。

2020 年 9 月 30 日，随着国家管网集团公司正式运营，27000km 长输成品油管道统一纳入国家管网进行集中管理，中国成品油管道运营揭开了新篇章。从对下游成品油销售的影响来看，国家管网的成立打破了原来以中国石油、中国石化各自为政的管道运行管理模式；随着原属两大集团成品油管网互联互通的推进，原先的传统资源流向必将被打破，“全国一张网”的供应格局将逐渐形成并不断完善。从成品油管道发展前景来看，由于我国成品油消费的高速增长阶段已经结束，加之国家大力推进新能源汽车的影响，在未来一段时间内，我国成品油管道将由“十四五”前的增量发展模式快速进入“提质增效”的存量发展模式。从成品油管道调控模式来看，成品油不稳定的市场消费节奏和成品油管道顺序批次输送的矛盾，将有可能促使国家管网集团公司放弃在成品油管道上的全国集中调控模式，转而采用区域调控模式，从而保证成品油管道的运行更加贴近市场需求。

1.2.3 我国管道完整性管理发展历程

21 世纪初我国管道行业从国外引入完整性管理理念，尝试将管道管理从基于事件的管理模式、基于时间的管理模式、基于可预测的管理模式，统一到基于可靠性为中心的完整性管理模式。自引进完整性管理理念以来，国内各大管道企业开展了大量完整性管理技术研究与应用实施工作，国家层面也相继发布了一系列法律法规文件及标准规范，有效推进了我国油气管道完整性管理进程。

中国石油天然气与管道分公司于 2003 年开始着手研究和应用管道完整性管理方法。2007 年，中国石油天然气与管道分公司建立了审核机制和标准，邀访挪威船级社(DNV)对其 5 家地区公司每年开展一次外部审核工作，持续改进其完整性管理水平。2009 年，中国石油发布实施了企业标准《管道完整性管理规范》，成为我国第一套自主研发编制的管道完整性管理企业标准。2011 年，由管道科技研究中心研发的管道完整性管理系统(PIS)在中国石油天然气与管道分公司正式上线，各下属地区管道公司全面应用，完整性管理水平得到全面提高。随后逐步扩大完整性管理的应用范围，推广至其他业务链条，包括管道建设、LNG、下游城市燃气业务等领域。近年，通过研究和引进，已基本建立起管道线路和站场方面的核心技术体系，形成相对应的完整性管理体系和法规标准体系，为完整性管理提供了技术和管理保障，成立了相对完善的完整性管理组织架构，如专业公司在管道科技中心下设完整性研究所，主要负责为专业公司及管道公司提供管道、站场设施完整性管理技术支持与研究，以及定量风险评价 HAZOP 分析等技术支持。各地区公司及其分公司均成立了完整性管理领导小组，并设有从事完整性管理的专业技术支持机构，如管道公司的完整性管理中心、北京天然气管道公司的科技信息处、西部管道公司的科技信息服务中心。

中国石化非常重视管道完整性技术研发并全面推进完整性管理实施。先后针对原油、成品油、天然气长输管道组织开展了完整性管理技术研发与应用推广，形成了含缺陷管道的剩余强度和剩余寿命评价、焊接修复管道的极限承压能力、油气管道风险评价、复杂工况管道安全评价、内检测数据对齐与综合评价、完整性效能评价等一系列管道完整性理论方法和技术体系，研制了管道内检测技术与装备、管道智能阴极保护系统、管道泄漏监测技术与设备、管道抢维装备等技术与装备，形成了集团 - 专业公司 - 企业的三级完整性管理体系。2010 年，中国石化“基于完整性管理的川气东送数字化管道系统”上线运行，系统有管道 GIS 管理、管道环境与地质灾害风险管理、管道第三方破坏风险管理、管道本体缺陷风险管理、输气站场与设施风险管理及管道完整性评价 6 大模块。2012 年 5 月，中石化长输油气管道检测有限公司成立，专业从事管道内检测业务。2013 年 1 月，中国石化召开管道完整性管理研讨会，制定中国石化油气管道完整性管理科技发展规划，依托中国石化大连(抚顺)石油化工研究院，成立管道完整性管理技术研发机构。2014 年中国石化启动智能化管线管理系统建设工作，2018 年 5 月系统建成验收，覆盖中国石化所属 51 家企业累计 3.4 万公里管线，形成以“数字化、自动化、标准化、可视化、智能化”为特征的一体化智能管道管理模式。

中国海洋石油总公司积极开展其相关资产的完整性管理工作，如中国海洋石油有限公司正积极开展海上设备设施、海管完整性管理工作，在总部层面成立了负责进行完整性管理的领导小组和专项工作组，并召开一系列技术研讨会，要求重视资料及数据积累，建立完善先进的信息管理系统和管理制度，加强风险评估和故障原因调查工作，开展海管内检测器研制及内检测工作，并选定典型海底管道进行完整性管理试点，针对不同情况的管道制订有针对性的完整性管理计划；中海油能源发展股份有限公司开展单点和 FPSO 结构完整性管理工作，制定自点和 FPSO 结构完整性管理导则，并开展相关技术的研究。

国家层面，2010 年 6 月我国将《石油天然气管道保护条例》上升为《中华人民共和国石油天然气管道保护法》，首次将油气管道安全级别提升至国家法律层面。该保护法规定了管道规划建设、管道运行保护、管道建设工程与其他建设工程相遇时关系的处理、法律责任，保护石油、天然气管道，保障石油、天然气输送安全，维护国家能源安全与公共安全，使管道保护有法可依。2014 年 11 月国务院安委会发布《关于深入开展油气输送管道隐患整治攻坚战的通知》(安委〔2014〕7 号)，要求于 2014 年 10 月至 2017 年 9 月在全国范围内对 29436 处油气管道隐患(其中占压 11972 处、间距不足 9171 处、不满足安全要求交叉穿越 8293 处)开展隐患整治工作，并成立了隐患整改工作领导小组，推动了中国油气管道完整性管理的进程。

2015 年 10 月我国首部完整性管理国家标准 GB 32167—2015《油气输送管道完整性管理规范》颁布，内容涵盖数据采集与整合、高后果区识别、风险评价、完整性评价、风险消减与维修维护、效能评价 6 个核心环节，与美国 ASME B31.8S 和 API 1160 思路基本一致，进一步推动了完整性管理在油气输送管道中的深化应用。GB 32167 充分考虑了我国国情和管道特点，其发布与实施弥补了我国完整性管理国家标准的空白，适应我国管道安全管理的形势需要和发展需求，为管道企业全面实施完整性管理提供了规范性依据和有效性指导。

2016 年 10 月，国家发改委、能源局、国资委、质检总局、安监总局联合发布〔2016〕2197 号文件《关于贯彻落实国务院安委会工作要求全面推行油气输送管道完整性管理的通知》，这是我国政府行业主管部门首次针对管道完整性管理专门发布的行政规范性文件。文件要求各管道企业加强管道完整性数据管理，扎实推进高后果区识别、风险评价和完整性评价，开展针对性维修维护工作，有效落实管道全生命周期完整性管理。2197 号文件的发布充分肯定了完整性管理在管道安全管理中的积极作用，有效助推了管道完整性管理在我国油气管道行业的全面推广应用。我国各油气管道企业纷纷对 2197 号文件做出积极响应，数据管理、高后果区识别、风险评价、完整性评价、维修维护与风险减缓等各项完整性管理核心工作都已有序推进并取得一定成效。2017 年 1 月，国务院八部委联合下发《关于加强油气输送管道途经人员密集场所高后果区安全管理工作的通知》(安监总管三〔2017〕138 号)，进一步强调了管道开展完整性管理的必要性和迫切性，在管道行业全面推行完整性管理势在必行。

2019 年 5 月，中国石油管道公司牵头制定的 ISO 19345－1《管道完整性管理规范－陆上管道全生命周期完整性管理》和 ISO 19345 – 2《管道完整性管理规范 – 海洋管道全生命周期完整性管理》国际标准正式发布。ISO 19345 – 1 和 ISO 19345 – 2 两项标准分别针对陆上管道和海洋管道提出了完整性管理的具体要求和推荐建议，涵盖管道设计、施工、投产、运行、维护和废弃等全生命周期的各个阶段。标准的发布标志着我国油气管道管理技术进入世界先进水平行列，也标志着管道完整性管理实现了国际标准化，具备了在全世界推广应用的条件。

2020 年 12 月 9 日，国家管网集团有限公司正式成立，开启中国油气管道专业化运营管理新篇章。国家管网集团主要从事油气干线管网及储气调峰等基础设施的投资建设和运营，负责干线管网互联互通和与社会管道联通，以及全国油气管网的运行调度，定期向社会公开剩余管输和储存能力，实现基础设施向用户公平开放。国家管网集团有限公司战略目标为："打造智慧互联大管网、构建公平开放大平台、培育创新成长新生态"，其中"智慧互联大管网"重在坚持科技创新，以更具智慧的建设、运营和管理，全力推动油气管网覆盖全国、高效集输，让能源输送四通八达、安全平稳、高效智能。用科技和数字化推动转型发展，围绕打造智慧生态管网，推进管道建设、运营管理、服务流程、风险管控等与物联网、云计算、大数据融合发展，实现资源方、客户方、输送方和消费者数据共享、生态共融、产业升级。用管网这个具有基础设施刚性特点的鲜明的科技数字硬实力，在使自身实现形态和量级跃迁的同时，给整个行业带来全新的模式和体验。

近年来随着大数据、物联网、云计算、人工智能新技术方法的发展，信息化和工业化融合加速，我国管道由数字化进入了智能化阶段，完整性技术方法得到提升，完整性管理被赋予了新的内涵。2020 年，山东省能源局等九部门联合发文，出台国内首个《关于加快石油天然气管道智能化发展的意见》，从总体要求、发展目标、主要任务等提出"智能化十二条"顶层设计，架起油气管道智能化建设"四梁八柱"，擘画出工作具体要求和实施路径，为全面推进油气行业高质量发展提供坚强政策支撑。

1.2.4 我国管道完整性管理法律法规及标准

1. 法律法规

我国关于管道完整性管理相关的法律法规见表 1 – 3。

表 1 – 3　我国管道完整性管理法律法规

序号	文件名称
1	中华人民共和国石油天然气管道保护法
2	石油天然气管道保护条例(国务院 313 令)
3	石油天然气管道安全监督与管理暂行规定(国家经贸委 17 号令)
4	国家质量监督检验检疫总局关于印发《锅炉压力容器压力管道特种设备无损检测单位监督管理办法》的通知(国质检锅〔2001〕148 号)
5	安监局关于石油天然气管道技术检测检验工作的批复
6	安监局加强石油天然气安全生产工作的紧急通知

续表

序号	文件名称
7	安监局进一步清理管道占压的通知
8	安监局石油天然气企业安全评价导则
9	公安部打击破坏石油等行为的通知
10	两高打击破坏油田等设施的犯罪行为的通知
11	最高法院打击危害公共安全犯罪的通知
12	最高法院关于在管道中盗油行为适用法律的规定
13	石油管道和天然气管道与公路相互关系的若干规定
14	石油天然气企业安全生产许可证颁发工作的补充通知
15	特种设备如何执行监督检验工作的意见
16	压力管道使用登记管理规则
17	油气管道保护部级联席批复
18	原油、天然气长输管道与铁路相互关系的若干规定
19	特种设备安全监察条例
20	压力管道安全管理与监察规定

2. 标准规范

我国自引入完整性管理理念以来，通过吸收消化和再创新，逐步形成了较为完善的管道完整性管理标准体系。现行相关标准见表 1 –4。

表 1 –4 我国管道完整性管理主要标准规范

序号	标准编号	标准名称
1	GB 32167	油气输送管道完整性管理规范
2	GB 50316	工业金属管道设计规范
3	GB 50251	输气管道工程设计规范
4	GB 50253	输油管道工程设计规范
5	GB/T 35068	油气管道运行规范
6	GB/T 51172	在役油气管道工程检测技术规范
7	GB/T 30582	基于风险的埋地钢质管道外损伤检验与评价
8	GB/T 11345	焊缝无损检测　超声检测技术、检测等级和评定
9	GB/T 31211	无损检测　超声导波检测　总则
10	GB/T 34638	无损检测　超声泄漏检测方法
11	GB/T 34885	无损检测　电磁超声检测　总则
12	GB/T 34892	无损检测　机械手超声检测方法
13	GB/T 34350	输油管道内腐蚀外检测方法
14	GB/T 19285	埋地钢质管道腐蚀防护工程检验
15	GB/T 16805	输送石油天然气及高挥发性液体钢质管道压力试验

续表

序号	标准编号	标准名称
16	GB/T 27512	埋地钢质管道风险评估方法
17	GB/T 34346	基于风险的油气管道安全隐患分级导则
18	GB/T 27699	钢质管道内检测技术规范
19	GB/T 36701	埋地钢质管道管体缺陷修复指南
20	SYT 6648	输油管道完整性管理规范
21	SY/T 6621	输气管道系统完整性管理
22	SY/T 7380	输气管道高后果区完整性管理规范
23	SY/T 6186	石油天然气管道安全规程
24	SY/T 5536	原油管道运行规程
25	SY/T 5922	天然气管道运行规范
26	SY/T 6276	石油天然气工业健康、安全与环境管理体系
27	SY/T 6827	油气管道安全预警系统技术规范
28	SY/T 6714	基于风险检验的基础方法
29	SY/T 6828	油气管道地质灾害风险管理技术规范
30	SY/T 6859	油气输送管道风险评价导则
31	SY/T 6891. 1	油气管道风险评价方法　第 1 部分　半定量评价法
32	SY/T 6597	油气管道内检测技术规范
33	SY/T 4109	石油天然气钢质管道无损检测
34	SY/T 4112	石油天然气钢质管道对接环焊缝　全自动超声检测试块
35	SY/T 6423. 8	钢管无损检测方法　第 8 部分　无缝和焊接(埋弧焊除外)钢管纵向和/或横向缺欠的全周自动超声检测
36	SY/T 0073	管道防腐层补伤材料评价试验方法
37	SY/T 6477	含缺陷油气输送管道剩余强度评价方法
38	SY/T 0087. 1	钢制管道及储罐腐蚀评价标准　埋地钢质管道外腐蚀直接评价
39	SY/T 0087. 2	钢制管道及储罐腐蚀评价标准　埋地钢质管道内腐蚀直接评价
40	SY/T 0087. 4	钢质管道及储罐腐蚀评价标准　第 4 部分：埋地钢质管道应力腐蚀开裂直接评价
41	SY/T 0087. 5	钢质管道及储罐腐蚀评价标准　第 5 部分：油气管道腐蚀数据综合分析
42	SY/T 10048	腐蚀管道评估推荐作法
43	SY/T 6151	钢质管道管体腐蚀损伤评价方法
44	SY/T 6996	钢质油气管道凹陷评价方法
45	SY/T 6150. 1	钢质管道封堵技术规范　第 1 部分：塞式、筒式封堵
46	SY/T 6150. 2	钢制管道封堵技术规程　第 2 部分：挡板－囊式封堵
47	SY/T 6649	油气管道管体缺陷修复技术规范
48	SY/T 5918	埋地钢质管道外防腐层修复技术规范

第2章　成品油管道系统完整性管理总体要求

2.1　管道完整性管理内涵

2.1.1　管道完整性(Pipeline Integrity)

管道完整性是指管道处于安全可靠的服役状态，主要包括以下内涵：

(1)管道在结构和功能上是完整的；

(2)管道处于风险受控状态；

(3)管道的安全状态可满足当前运行要求。

2.1.2　管道完整性管理(Pipeline Integrity Management，PIM)

管道完整性管理是指管道管理者为保证管道的完整性而进行的一系列管理活动。具体是指管理者针对管道不断变化的因素，对管道运营中面临的风险因素进行识别和评价，不断改善已识别的不利影响因素，采取各种风险减缓措施，将风险控制在合理、可接受的范围内，最终达到持续改进、减少和预防管道事故，保证管道科学高效安全运行的目的。

2.2　管道完整性管理的目标与原则

2.2.1　完整性管理目标

管道完整性管理的总体目标是消除隐患，实现管道本质安全，杜绝发生管道泄漏、着火、爆炸、环境污染事故。

管道管理企业可以结合公司整体规划制定年度完整性管理目标，具体可包括以下内容：

(1)管道泄漏事件次数；

(2)数据入库与更新的完整性与准确性；

(3)高后果区识别覆盖率；

(4)高后果区风险评价完成率；

(5)检测评价覆盖率；

(6)需要修复缺陷完成率；

(7)违章占压清理率；

(8)阴极保护合格率；

(9)巡线必经点到位率；

(10)公众宣传教育覆盖率；

(11)第三方施工监管到位率；
(12)“三桩一牌”完好率；
(13)培训人次。

2.2.2 完整性管理原则

管道完整性管理应遵循以下基本原则：

(1)管道完整性管理应贯穿管道全生命周期，包括设计、采购、施工、投产、运行维护、封存和报废等各阶段，并符合国家法律法规和标准规范要求。

(2)管道完整性管理内容应涵盖数据采集与管理、高后果区识别、风险评价、完整性检测评价、维修维护及效能评价等环节，保证闭环管理和持续提升。

(3)每年应编制完整性管理方案，完整性管理实施以方案为指导和依据。

(4)应对管道失效进行分析、记录、收集和上报，明确失效原因，并根据失效信息复核完整性管理方案，必要时修订。

(5)开展管道完整性管理应充分利用信息技术。

(6)应积极关注并科学应用先进技术和方法，不断提高管道完整性管理水平。

2.3 管道完整性管理基本流程与要求

2.3.1 线路完整性管理流程与要求

管道线路完整性管理总体流程如图 2－1 所示。

1. 完整性管理方案编制

管道完整性管理方案编制应符合相关法律法规、标准规范、管道企业完整性管理和 HSSE 管理要求等。

管道完整性管理方案内容包括但不限于以下方面：

(1)管道概况；
(2)完整性管理基本要求；
(3)完整性管理流程与职责；
(4)上一年度完整性管理工作总结；
(5)本年度完整性管理实施整体说明；
(6)完整性管理方案审查与修订。

一个完整的管道完整性管理方案应明确完整性管理工作任务、目标及具体指标，并明确任务分工、计划节点、责任主体、质量要求和滚动计划。

必要时进行管道完整性管理方案修订并更新。发生以下情况时，进行完整性管理方案修订：

(1)国家法律法规、标准规范或其他依据性文件有新的强制性要求；
(2)完整性管理体系运行实施过程中发现不符合实际情况；
(3)组织机构、职能、管理范围发生变更；
(4)管理层认为需要显著提升管道完整性管理效能；

(5)重要新技术的应用；

(6)管道风险评价、管道完整性检测与评价体系或方法发生重大调整。

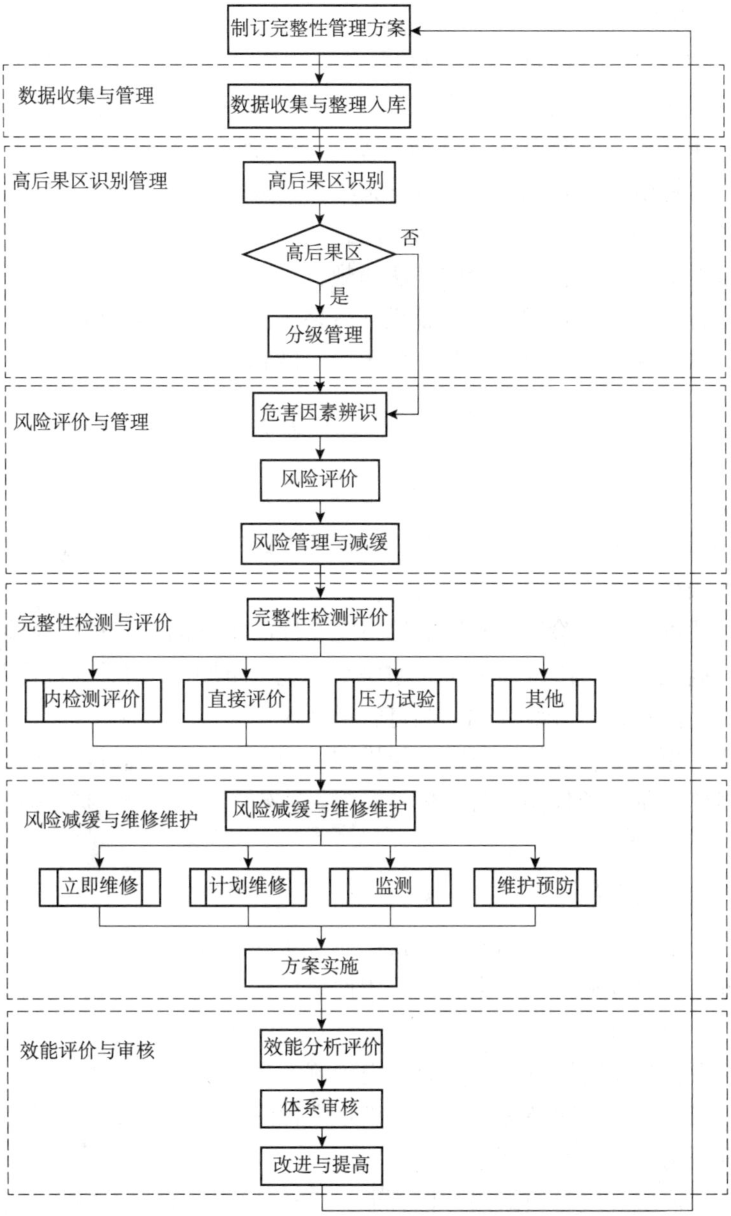

图2－1　管道线路完整性管理总体流程

2. 数据采集与管理

数据采集贯穿于管道全生命周期的不同阶段，包括管道设计、采购、施工、投产、运行、维护、报废等。

数据采集应按照标准数据采集模板，制订数据采集计划，建立数据审核机制，严格数据验收标准，落实数据质量负责制，保证源头数据真实、准确、完整。适时根据管道周边环境的变化和业务活动的开展，对管道完整性数据进行持续更新，确保数据时效性。

充分利用信息化手段对采集数据进行统一管理，完善数据录入、审核、发布、更新流程，确保管道数据正确、统一。

3. 高后果区识别与管理

至少每 18 个月开展一次高后果区识别和评审工作。当管道周边环境发生变化时，或改线、封存、报废等，及时组织开展高后果区识别和评审，更新高后果区信息。

识别的高后果区作为风险管理的重点区域，制订风险评价计划，落实防控措施和预案，优先开展风险评价、风险减缓和维修维护工作。采取人防、物防、技防等措施，管好高后果区存量，严控高后果区增量，主动与地方政府管道保护主管部门建立协调联防机制，及时阻止危及高后果区管段安全的违法违规行为。

高后果区实行分类分级管理。对于Ⅲ级高后果区及人口密集型高后果区，结合风险敏感因素进行专项风险评价，管道巡护和应急预案应做到“一区一案”，同时切实完善政企联动机制。

4. 风险评价与管理

新投产管道应在投产后 1 年内完成风险评价，运行管道每年开展 1 次风险评价，封存停用管道再启用前应开展风险评价。企业应根据地方政府部门要求，在风险评价后形成企业风险清单，并报地方政府及有关部门备案。

风险评价应明确管道风险等级和影响管道完整性的敏感因素，根据风险评价结果实行风险分级管理，确定实施风险减缓的优先顺序及措施。定期(如雨季、汛期前)开展地质灾害风险评价，在风险评价、分级基础上制订管道地质灾害风险控制治理方案。

管道高后果区更新后，或管道风险减缓措施实施后，或管道运行参数发生重大变化情况下，应进行风险评价，并根据评价结果及时降级或销项，优化风险管控措施，保证风险始终可控。

5. 完整性检测与评价

新建管道投产前应进行管道内检测，投产后 3 年内应开展完整性评价。运行管道内检测周期不超过 6 年，具体周期宜根据管道适用性评价结果调整。优先开展高后果区和高风险管段的完整性检测与评价。

管道完整性评价通常优先选择基于管道内检测的适用性评价方法。对于不满足内检测条件的管道，尽量通过管道改造等方法使其满足内检测条件。通过改造仍无法满足内检测条件时，可选择压力试验或直接评价方法。

管道检测完成后应开展管道缺陷开挖验证、完整性评价与响应决策，确保检测结果时效性。

6. 风险减缓与维修维护

企业应根据风险识别评价与完整性检测评价结果确定风险减缓与管道维修维护优先级和具体措施，并制订年度资源计划。高后果区管道优先开展风险减缓与管道维修维护措施。

针对地质灾害类风险因素，应结合管道特点，开展地质灾害监测预警，并加强应急预警。同时建立和完善地质灾害点的基础资料，建立地质灾害点巡检机制，对灾害点和地质灾害易发段定期巡检。

管道维修前应根据缺陷信息选择适用的修复方式，编制缺陷修复方案。缺陷修复中涉及大开挖作业时，应严格落实有关安全要求和安全保护措施。

企业应加强缺陷修复质量管理，针对修复焊缝应在外观检查基础上进行射线、磁粉、渗透、超声、超声相控阵等无损检测，确保管道缺陷修复焊缝质量合格率 100%。修复后的防腐层应进行外观检查、厚度检测、电火花检漏、黏结性能检验等。

7. 效能评价与体系审核

企业应在完成一个轮次完整性管理工作后开展效能评价，对完整性管理工作的内容合规性、执行合理性与结果有效性进行评估。效能评价应明确完整性管理过程的不足，并提出效能改进措施建议，作为制订下一年度完整性管理方案的依据。

管道完整性管理体系审核可采用内外部相结合的方式，确保完整性管理体系的适宜性、充分性和有效性。内部审核由公司内部管道、调控、维修、安全与完整性管理工作的人员实施，外部审核可以邀请第三方单位实施。完整性管理体系审核可以纳入公司 HSSE 体系。

2.3.2 站场完整性管理流程

站场完整性管理总体流程如图 2－2 所示。

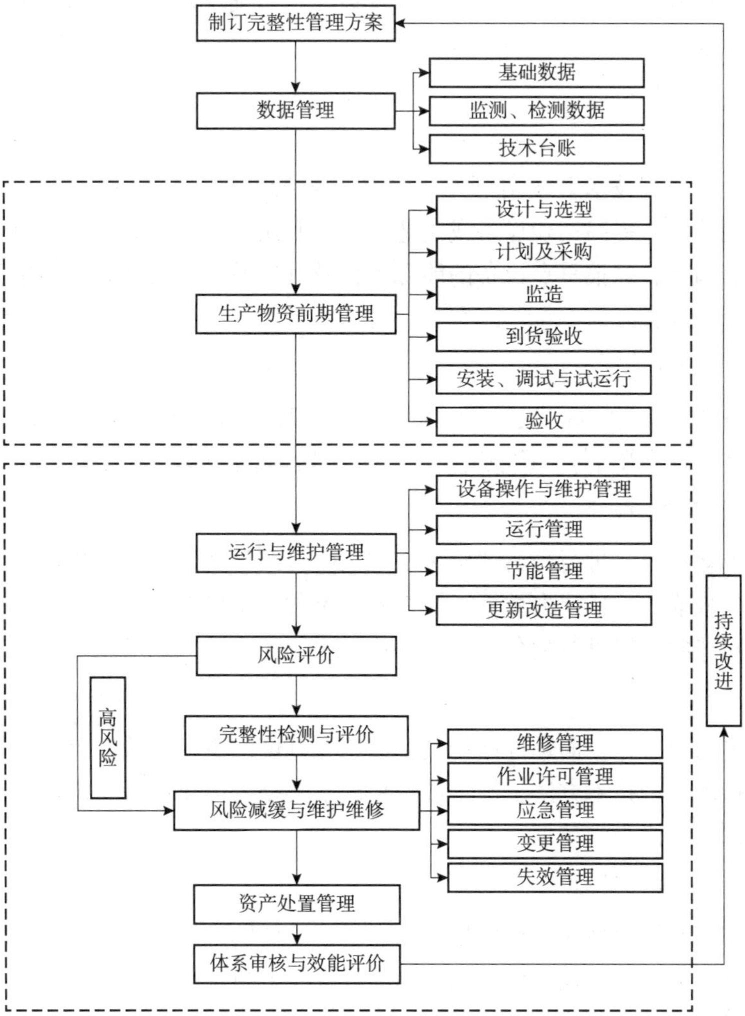

图 2－2 站场完整性管理总体流程

1. 数据管理

对站(库)设备设施全生命周期数据进行采集、校验、入库、更新等过程实施管理，并确保数据采集及时、真实可靠、实时共享。数据管理内容包括数据收集、整合入库以及更新管理等，数据应根据日常业务活动持续更新并及时存档。

2. 生产物资前期管理

对从规划论证至资产正式投入使用之前的整个过程进行规范管理，以确保新增资产符合公司需求。主要工作包括设计与选型、计划与采购、监造、安装调试与试运行、验收等。

3. 设备操作与维护管理

设备操作与维护管理是为防止设备性能劣化或降低设备失效概率，按计划或技术要求组织的技术管理措施。内容包括：明确设备维护人员的责任，对设备维护人员进行相关技能识别和培训，建立设备维护计划并按计划实施。

4. 运行管理

通过现场巡检以及运行设备技术参数监控，保障运行设备设施安全、可靠、经济运行。建立点检管理制度，明确点检管理要求及标准。明确设备设施运行过程中状态监测的职责、工作流程及监测标准。分析状态监测数据，对设备设施状态、精度等进行诊断评价，形成诊断、评价记录。

5. 节能管理

节能管理是指应用技术上现实可靠、经济上可行合理、环境和社会都可以接受的方法，有效地利用能源，提高用能设备或工艺的能量利用效率。明确能源管理的单位及岗位职责，建立控制指标，监控重点设备的能源消耗及利用效率，实施相关节能措施，高效利用能源，合理降低消耗。

6. 更新改造管理

通过对设备设施改造更新，为降低消耗、节约能源、提高效率和安全水平等方面带来效益。明确更新改造的需求目标，按规定履行审批手续，做好更新改造后的后评估和总结工作。

7. 风险评价管理

通过对站场运行风险进行分析评价来实现风险分级管理。全面辨识站场不同设备设施的危害因素和失效模式，搭建失效概率与失效后果的数学模型，分析评估失效可能性及潜在危害后果。对风险等级进行划分，依据评价结果制定风险减缓措施。

8. 完整性检测与评价

完整性检测与评价是全面掌握站场设备设施完好度的重要手段。针对不同类型的设备设施合理选择检测评价技术方法，确定或预估缺陷类型及劣化趋势，准确评估其安全性和适用性，科学制订维修维护计划。

9. 风险减缓与维修管理

风险减缓与维修管理指为达到质量可靠、经济高效的维修目标，而对设备设施维修过程实施完整性管理的活动。建立设备设施隐患或故障上报及闭环管理机制，明确维修备品备件、工器具等管理要求。

10. 作业许可管理

规范作业许可的范围、作业许可申请、风险辨识、作业许可确认、作业过程管理、作业许可关闭等方面的管理内容、方法和要求。对站场完整性管理中所进行的用火、进入受限空间、高处、动土、起重、盲板抽堵、临时用电等直接作业活动实行作业许可制度。

11. 资产处置管理

资产处置管理是指对资产处置行为进行规范管理，明确盘盈、盘亏、毁损、报废、调拨、转让、清产拍卖、重组、捐赠及出租等资产处置的工作流程和管理职责，确保站场设备设施得到有效利用。

12. 特种设备管理

特种设备管理是指对特种设备实施规范化管理，对特种设备的设计选型、购置、制造过程控制、施工安装与验收、使用维护与日常管理、检验检测、维修和处置全过程进行管理，明确管理职责和要求。

13. 环保系统管理

环保系统管理是对站场环保设备、设施、应急物资的标识、维护管理和环保排放、危险废弃物处置等环保工作进行规范化管理，规定固废、废气、废水的检测监测要求、储存和处理方法，明确工作流程、工作标准及监督措施。

14. 体系审核与效能评价管理

体系审核与效能评价管理是对完整性管理体系、实施过程及实施效果的综合评估。通过对完整性管理效果的综合评价，以及对管理体系的审核，改进完整性管理并进行工作总结，提升管理体系的科学性和实用性。

2.4　管道完整性管理基础保障

1. 资源管理

企业应提供完整性管理必要的资源保障，包括但不限于以下内容：

(1)人力资源；

(2)资金保障；

(3)设备设施；

(4)技术方法；

(5)信息资源。

2. 记录与文件控制

建立文档记录与管理机制，对基础资料、电子数据、管理文档等进行统一、规范管理，实现各类文件(档)源头可溯、存档及时、合规有效。

3. 变更管理

变更管理应贯穿于管道设计、采购、施工、投产、运行、维护和报废等全生命周期，并涵盖管道完整性管理的所有环节。管道完整性管理工作的新结果和相应的修改应在管理平台中及时更新并做变更记录。

应制订变更管理计划，不断更新和改进管理方案或工作程序。变更管理程序应包括：

(1)变更内容；

(2)变更原因；

(3)变更许可；

(4)变更生效日期；

(5)变更影响分析；

(6)施工或运行变更所需获得的工作许可；

(7)变更记录；

(8)与相关方的变更沟通。

4. 沟通协商管理

企业应建立内部及对外信息沟通机制，确保各业务部门、基层单位和相关人员能够获知相关业务进度和实施效果，同时与地方政府、监管机构、企事业单位、居民等建立良好的沟通与合作关系，保证完整性管理工作的高效有序开展。

5. 应急管理

企业应将高后果区管段、高风险管段作为重点应急预控对象，并根据高后果区类别、风险危害因素，确定应急预案需要重点关注的区域和因素。应急响应成员应包含完整性管理人员。

企业应编制应急预案并定期组织应急预案演练(含推演)，对应急资源，包括人员、物资、机具等配备的有效性进行评估，评估内容包括应急资源分布、人员资质与能力、现场作业条件等。

6. 失效管理

企业应对失效进行分析，包括泄漏、管体不可接受缺陷、对管道安全造成影响的周边环境变化及其他造成重大经济损失的情况，并建立统一的失效事件信息收集标准和失效数据库。

根据现场调查结果及收集到的背景资料，结合实验分析、评价等结果，综合分析判断失效模式，找出失效原因。针对失效原因分析结果复核完整性管理方案及其执行情况，查找管理制度和管理活动中存在的不足。

7. 培训与能力

企业应将完整性管理培训纳入培训计划，每年在全公司范围内组织开展完整性管理相关技术培训。确保完整性管理业务分配到具体岗位，各岗位人员应具备相应的完整性管理专业知识和技能：开展数据采集和高后果区识别等基础工作的人员应达到初级及以上能力水平要求；开展管道基础风险评价等工作的人员应达到中级及以上能力水平要求；开展完整性评价、综合风险评价和效能评价等工作的人员应达到高级及以上能力水平要求。

企业应定期组织基础知识、标准规范、专项技能、新技术新方法等培训，促进员工整体技术水平和业务素质提升。

8. 管理平台

企业应充分利用信息化技术进行管道完整性管理，并定期进行系统数据维护。

第二篇

成品油管道线路完整性管理技术与实践

第3章 管道数据采集与管理

数据采集与管理是管道完整性管理最关键和最基础的一个环节，包括数据采集、数据移交、数据整合与对齐、数据校正与入库等。数据采集与管理贯穿管道全生命周期，与管道完整性和其他业务活动密切相关。数据的现势性、全面性决定后续完整性工作的准确性和有效性。

3.1 数据标准与分类

国内外各管道公司都根据各自管道和信息系统特点建立不同的数据模型和标准，但涉及遥感、测绘、地理信息等技术已有相应的国家标准或行业标准。中国石油、中国石化、中海油都分别建立了各自企业的管道数据标准体系，并在各自管道管理系统中应用。

管道在其全生命周期的各个环节中，涉及或产生大量的各类数据，根据数据产生的来源，将管道完整性相关数据分为以下三类：本体及附属设施数据、周边环境数据、运行与业务管理数据。

1. 本体及附属设施数据

本体及附属设施数据包括管道起始里程、终止里程、管材、管径、壁厚、防腐层、阀门、三通、弯头、弯管类型、焊缝、补口材料、缺陷信息、管道埋深、阀室、水工保护、桩牌、穿跨越、固定墩、锚固及施工记录等。

2. 周边环境数据

周边环境数据包括管道沿线行政区划、地理位置、人口分布、建筑物、交通道路、河流湖泊、地质环境、地下设施、高压输电线路等数据信息，还包括管道周边的社会信息。管道周边环境数据采集范围见图3－1。

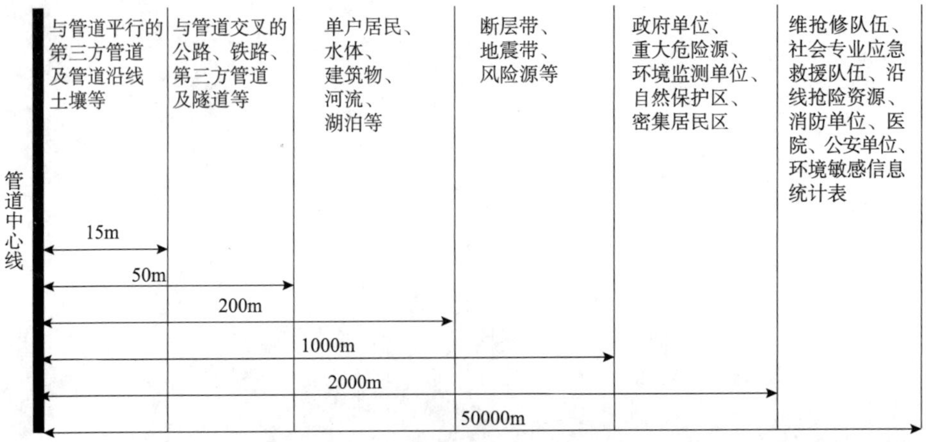

图3－1 管道周边环境数据采集范围

3. 运行与业务管理数据

运行与业务管理数据包括输送介质、运行压力、运行温度、流量、批次、批量、防腐层状况、阴极保护数据、维护维修数据、检测评价数据及报告、失效分析、第三方破坏相关信息等。

在通常情况下，管道完整性数据采集类目见表3－1。

表3－1　管道完整性数据采集类目

序号	分类	数据子类名称	数据采集源头阶段
1	中心线	测量控制点	建设期
		中心线控制点	建设期、运行期
		标段	建设期
		埋深	建设期、运行期
2	阴极保护	阴极保护记录	运行期
		牺牲阳极	建设期、运行期
		阳极地床	建设期、运行期
		阴极保护电源	建设期、运行期
		排流装置	建设期、运行期
3	管道设施	站场边界	建设期
		标桩	建设期、运行期
		埋地标识	建设期、运行期
		附属物	建设期、运行期
		套管	建设期、运行期
		防腐层	建设期、运行期
		穿跨越	建设期、运行期
		弯管	建设期、运行期
		收发球筒	建设期、运行期
		非焊缝连接方式	建设期、运行期
		钢管	建设期、运行期
		开孔	建设期、运行期
		阀门	建设期、运行期
		环焊缝	建设期、运行期
		三通	建设期、运行期
		水工保护	建设期、运行期
		隧道	建设期、运行期
4	第三方设施	第三方管道	建设期
		公共设施	建设期、运行期
		地下障碍物	建设期、运行期

续表

序号	分类	数据子类名称	数据采集源头阶段
5	检测维护	内检测记录	运行期
		外检测记录	运行期
		适用性评价	运行期
		管体开挖单	运行期
		焊缝检测结果	建设期
		试压	建设期
		管道维修	运行期
6	基础地理	建构筑物	建设期、运行期
		河流	建设期
		土地利用	建设期
		行政区划	建设期
		铁路	建设期
		公路	建设期
		土壤	建设期
		地质灾害	建设期、运行期
		面状水域	建设期
7	运行	输送介质	运行期
		运行压力	运行期
		失效记录	运行期
		巡线记录	运行期
		泄漏监测系统	建设期、运行阶段
		清管	建设期、运行期
8	管道风险	高后果区识别结果	建设期、运行期
		管道风险评价结果	建设期、运行期
		地质灾害评价结果	建设期、运行期
9	应急管理	单位联系人	建设期、运行期
		应急组织机构	建设期、运行期
		应急组织人员	建设期、运行期
		应急抢修设备	建设期、运行期
		应急预案	建设期、运行期
		应急抢修记录	建设期、运行期
		储备物资	建设期、运行期

3.2　数据采集

管道数据采集前，应明确管道全生命周期不同阶段需采集数据的种类和属性，并按照源头采集的原则进行采集。数据来源包括设计、采购、施工、投产、运行、废弃等过程产生的数据，还包括管道测绘记录、环境数据、社会资源数据、失效分析、应急预案等。按照采集时期可将管道数据采集分为以下四类：管道历史数据恢复、建设期数据采集、运行期数据采集和报废期数据变更。不同时期针对不同的数据，采集侧重点不同，具体见表3－2。

表3－2　管道数据采集最佳时间

采集内容	设计期	采购期	施工期	投产期	运行维护期	废弃期
管道中心线（管道中线成果点、阀室、站场等）			●	▲	★	★
管道附属设施（钢管信息、弯头、三通、阀等）	●	●	★	★	★	★
内检测				●	●	
外检测				●	●	
周边环境	●		★	▲	▲	★
阴极保护					●	
事故、失效数据				●	●	

注：●表示最佳采集时间；▲表示可以采集，但较为麻烦；★表示需要数据更新采集。

管道中心线数据采集应在施工阶段进行，并在回填之前完成。采集的管道中心线数据应包括地理坐标、高程、埋深。采集数据应与桩、环焊缝、拐角点等信息对应。与公路、铁路、管道、河流、建筑物等交叉点的坐标数据应标注。运行管道应通过埋地管道探测和卫星定位系统来确定管道位置和地理坐标。对采用管线探测仪或探地雷达不能确定位置的管段，应采用特殊检测方式、走访调查、资料分析或其他方法确定中心线位置。与管道中心线相关的管道其他本体属性及附属设施数据，如焊缝、弯头、补口、支管、套管、截断阀、阀室、固定墩、锚固、阴保参数测量点、牺牲阳极接线点等，宜与管道中心线数据一同采集，也可从设计资料、采购资料、施工记录和评估报告中进行采集。管道周边环境数据可在采集管道中心线数据时采集，也可通过现场调查或影像数字化来进行采集。建设期管道本体及附属设施数据应与管道中心线数据一同采集，并与设计资料、采购资料、施工记录和评估报告中的数据匹配。若建设期管道本体属性数据缺失，可通过管道内检测来予以补充，并以内检测数据为准。管道改线时应测量新的中心线，并及时进行数据更新。运营期管道本体数据应通过资料数字化方式来进行采集，其他各类数据应结合日常生产管理所产生的生产台账、报表等数据进行提炼、采集并整合。

数据采集贯穿于管道全生命周期，数据来源多样。数据采集过程中需要注意以下事项：

(1)数据采集与管理应从设计阶段开始，并贯穿于管道全生命周期。

(2)按照管道信息系统的要求，制定统一的数据采集模板，并明确管道全生命周期的数据种类和属性，按照源头采集原则进行采集，确保数据真实有效、格式规范。

(3)应建立统一的线性参考体系，对完整性管理所有数据进行线性对齐并统一编码，保证数据连续、可查、有效。

(4)对数据更新进行管理，保证数据的安全性、时效性和现势性，并保留历史数据。数据采集与管理应符合国家及公司有关涉密数据的管理要求。

(5)应定期开展数据采集、复核和更新工作。

3.3 数据移交

移交数据应与管道中心线及定位系统对齐，并符合完整性管理数据标准和格式要求。管道试运行之前，设计资料、中心线数据、施工记录、评估报告、相关协议等管道数据应由施工单位提交。改线段管道应按照新建管道要求提交相关数据及资料。管道检测、评价等数据应由项目组织单位提交。移交数据应包括管道金口、碰死口及返修口位置。移交的数据形式应为电子数据和纸质数据。管道工程资料数据应按验收要求的格式和内容提交。管道中心线等电子数据应采用标准格式，符合管道信息系统数据要求。

提交方应确保移交数据的准确性和完整性，通常的要求包括：

(1)建设期数据应按要求进行整合对齐，建立数据之间的线性关联关系；

(2)建设期管道中心线及沿线地物坐标精度应达到亚米级精度，人口密集区应适当提高数据精度。

移交的数据宜提供数据准确性说明，以便后期改进完善。数据移交应及时，确保数据时效性。移交数据应作为原始数据及时存档。涉密数据管理应符合相关要求。

数字化移交是管道行业发展的趋势，也是智能管道或智慧管网建设的重要组成部分，数字化移交可以提高数据的利用率和质量，节省数据建设投资成本。数字化移交是以数字化设计为源头，以全生命周期数据库为纽带，借助智能移动终端及智能感知等设备，以及物联网、网络通信、数据库及信息化等技术，以数据的采集、流转为主线，以统一的标准规范为保障，在数字化移交规定的统一要求下，为管道工程建设与运行管理的全过程提供数据支持，以数字化的方式贯穿于管道管理的全生命周期。

在管道全生命周期管理过程中，数据产生于可研、设计、采办、施工、运营、报废等阶段；通过数字化移交的方式，能够确保前期产生的数据及时提交，为持续工作的开展提供数据支撑；在下一阶段工作开展过程中，会对前期产生的数据进行应用与验证，并将验证结果进行信息回流，形成一个在时间轴上动态、准确、完备的数据集合，确保最终入库数据的准确性与完整性，服务于管道管理的各个阶段，从而提高管理水平。

3.4 数据整合与对齐

根据收集的数据相互关系进行分析，以发挥完整性管理和评估的全部作用。数据整合的初始阶段就是要制定一个统一的参照系，以便将从多种渠道获取的各类数据综合起来，并与管道位置准确关联。

管道基线为最佳的参考系，管道基线建立应包括管道中心线数据和焊缝、弯头、三通及永久性标识等管道特征数据。管道基线应根据竣工资料和基线检测建立。应在实施第一次管道内检测后，及时将管道竣工资料、日常管理数据与内检测数据对齐，建立管道基线。如果管道在建设期未采集管道中心线或采集的管道中心线不准确，应采用地面定位后直接测量的方法测量管道中心线。管道基线中的特征数据可通过第一次内检测数据来获得。建立管道基线时，应考虑测量误差。如果发生管道路由变更、换管、开孔、增加分输等情况，应及时修正管道基线。

管道数据对齐包括内检测数据对齐、其他管道数据对齐和重点关注对象对齐。

内检测数据对齐应首先对检测管段起点与终点焊缝特征数据进行对齐，将多次内检测环焊缝信息映射到管道基线上。数据映射到基线时，可先用阀门、三通初步划分对齐区间，再利用热煨弯头、修复点、磁力盒等明显特征进一步细化。在焊缝对齐过程中，将最近一次内检测环焊缝信息映射到管道基线上，可按照里程顺序比对，也可从区间两端同时比对，记录管长显著不一致的钢管信息，针对无法对齐的焊缝可进行选择性开挖确认。

焊缝对齐过程中宜统计总里程差、分段里程差及单根管节长度差，并考虑以下可能造成环焊缝数量差异的5个因素：

(1)管道内检测的起止点里程差异；

(2)线路阀门上阀体与袖管环焊缝统计差异；

(3)不同检测轮次之间的管道路由变更；

(4)距离较近的环焊缝漏报；

(5)同一环焊缝重复计数。

焊缝对齐后应进行验证，可利用制管焊缝与环焊缝的交点时钟方位、管长或变壁厚点判断焊缝对齐的正确性。焊缝对齐准确无误后，应将其他特征数据根据相对距离和时钟方位进行对齐，并统计出新增缺陷、匹配缺陷和不匹配缺陷。

竣工资料与内检测数据对齐时，宜选取阀门、热煨弯头等特征划分区间，并以内检测数据为准。发现内检测数据与竣工资料有差异时，应进一步核实。施工测量的管道中心线数据与内检测数据对齐时，发现数据不对应，应进行现场复测核准。

其他数据对齐包括管道外检测、直接评价、开挖验证与修复等数据应与管道基线进行对齐。其他数据对齐宜通过坐标关联，坐标数据应准确，考虑测量误差。如果数据无准确坐标，宜通过“地面标志桩＋偏移量”的方式与管道基线建立关联，并考虑高程、埋深变化等可能引入的误差，方法如下：

(1)将管道基线通过地面永久标识位置数据来建立与地面标志桩的映射关系；

(2)通过“地面标志桩＋偏移量”，将相关数据与管道基线对齐；

(3)必要时通过开挖来验证数据对齐的准确性。

重点关注对象包括高后果区管段、历史腐蚀泄漏位置、易发生内腐蚀敏感段、环境应力开裂敏感段、杂散电流强干扰管段、管道阴极保护欠保护区和屏蔽区的管段、处于土壤环境干湿交替区的管段、管道金口位置、碰死口及返修口、第三方施工频繁位置、重车碾压频繁位置、含河流公路等穿跨越区域的管段、穿越密闭空间的管段、易沉降区域的管段、已发生及易发生地质灾害的管段。重点关注对象应映射到管道基线上。

3.5 数据校正与入库

数据通过质量控制和检查后，还需要通过数据维护系统的检验，方可输入数据库中。数据校正可以地理信息技术为手段对在线点、在线线、主域等进行校正。

1. 管线自相交校正

管线相交检查主要用来检查管道中心线的正确性。在绘制管道时，管道的中心线由控制点的里程排列后生成，一般通过检查管道控制点的准确性来防止管道。

2. 在线线校正

在线线是一种首尾相连的有向线段，每一条线段的起点都应大于或等于前一条线段的终点。每一条线段的终点应该大于起点。没有起点或终点的线段是错误的。同时，起点里程和终点里程都必须在站列长度范围内。

3. 域值匹配校正

管道属性表总的各种属性信息录入时，需要根据数据模型中已经定义好的主域来进行，数据表中每一个可选的属性值必须存在一个与之相对应的代码，为防止管道属性表与主域不对应，必须将录入的每一字段内的数据与域值进行比较。

4. 在线点校正

在线点是一种有顺序点，每一个点在中心线上都有一个对应的位置，这个位置使用里程来确定，没有里程的点是无意义的。同时，中心线以及站列是有长度范围的，任何大于中心线长度和对应站列长度的点，数据库都认为其是错误的。

5. 设备位置校正

为防止数据在类型和逻辑上正确而在现实中错误的现象，需要进行在线设备的位置校正，这主要是现实中管道的同一位置只能存在一种类型、型号、规格相同的设备。

管道数据库是建立在海量管道数据和管道沿线地理信息数据之上的，数据的合理组织和数据库结构的合理设计是确保管道信息系统开发成功的关键步骤。数据库建立应遵循以下基本原则：

(1)适用性原则。数据库建设应在技术指标、标准体系、产品模式、数据库模式等方面面向智能化管道应用。

(2)先进性原则。应充分利用当前先进、实用的技术手段，采用成熟的设计方案、技术标准、硬件平台和软件环境，实现对多尺度、多数据源、多时相数据的管理，保障系统稳定、可靠地运行。

(3)开放性原则。数据库系统中的数据、硬件、软件应具有开放性。数据库系统应采用通用的地理信息数据交换格式和标准化的系统通信协议，支持管道数据的集成、交换和共享。

(4)标准化原则。在数据库建设中，数据生产及数据库设计、建立、管理与维护等应符合管道地理信息规范化要求。

(5)安全性原则。在数据库设计、建立、系统运行、管理与维护等方面应有严格的安全与保密措施，确保整个数据库系统安全、正常和有效运行与使用。

(6)保密性原则。对于系统安全性、传输可靠性、数据保密性、权限管理等严格要求，要体现出来。

(7)现势性原则。数据库的建设应采用最新的基础地理信息数据，并应建立维护更新机制，保证基础地理信息的现势性。对更新后产生的历史数据应进行有效的管理。

(8)网络化原则。数据库的建设应基于网络环境和集中与分布相结合的数据管理模式，采用客户/服务器、浏览器/服务器结构，实现数据库的管理维护和网络信息发布。

数据库应采用统一的、符合公安部规定的平面坐标和高程系统。当采用城市独立系统时，应与国家统一系统建立转换关系。日期应采用公历纪元，时间应采用北京时间。数据质量应采用数据质量元素描述。数据质量元素应包括完整性、逻辑性、位置精度、属性精度、现势性等方面内容。数据库系统应具有可靠的安全性与保密性。应根据有关法规与标准的要求进行数据库系统的安全与保密设计，并建立严格的安全运行与保密管理制度。数据库系统应具有数据输入、输出、存储、处理、查询、更新等基本功能。

根据完整性管理的要求和数据特点，围绕数据的收集整理、校正、入库，必须按照适合实际情况且方便高效的作业流程进行数据录入。在录入数据表时，数据表应与数据库格式一致。对数据进行校验与核实，保证数据的真实性和准确性，可采用抽检方式进行核实。可采用人工或计算机辅助方式将数据导入数据库。管道中心线精确坐标等涉密数据应按国家或公司规定进行安全匹配处理后入库。

3.6　应用案例

以中国石化智能化管线管理系统为例，数据采集包括管道中心线、附属设施、管道本体及周边环境数据。采集数据的具体内容如下：

(1)管道中心线数据，包括中心成果点、埋深、站场、站场边界、阀室。

(2)管道附属设施数据，包括桩、穿跨越、隧道、其他穿跨越、水工保护点、线状水工保护、面状水工保护、埋地标识、封堵物、放压线、附属物、预留甩头、高点放空。

(3)管道本体数据，包括钢管、焊缝、弯头、套管、三通(含改线三通)、防腐层、开孔、焊缝补口、异径管、异径阀、管线基本信息表、管道连接方式、绝缘接头、管网信息表。

(4)周边环境数据，包括单户居民、政府单位、重大危险源、环境监测单位、自然保护区、密集居民区、水体、敏感目标、第三方管道、维抢修队伍、社会专业应急救援队伍、沿线抢险资源、消防单位、医院、公安单位、环境敏感信息、应急道路。

(5)电子资料，包括管线设计资料和竣工资料。

3.6.1 数据检测技术要求

(1)数据对齐。施工阶段和运行阶段的数据中心线对齐宜遵循如下要求：管道中心线对齐应以测绘数据或内检测提供的环焊缝信息为基准，若进行了内检测，中心线对齐以内检测环焊缝编号为基准；若没有进行过内检测，中心线对齐应基于测绘数据；测绘数据精度不能满足要求时，宜根据外检测和补充测绘结果更新中心线坐标；当测绘数据与内检测数据均出现偏差时，应进行开挖测量校准。

(2)坐标系统。

平面参考：采集数据采用 WGS－84 经纬度坐标参考。

高程参考：1985 年国家高程基准。

(3)首级控制点观测精度，精度要求见表 3－3。

表 3－3 控制点观测精度要求

卫星数	相邻点间平均边长/km	接收机精度	卫星高度角/(°)	位置精度因子/(PDOP)	最弱点相对点位中误差/m	最弱边相对中误差	重复测量最少基线数/%
≥4	5～10	10mm＋2ppm①	≥150	≤8	0.05	1/4 万	≥5

①ppm 指百万分之一。

(4)设备精度。平面 GPS 坐标检测和管道埋深检测都采用两套设备对同一位置重复进行探测操作，并采集两套数据进行比对，防止检验设备的误差(见表 3－4)。

表 3－4 检验设备要求表

序号	设备名称	数量	精度
1	GPS 测量仪	2 套	水平：1cm＋1ppm① 高程：2cm＋1ppm
2	管线探测仪	2 套	定位精度：深度的±2.5% 测深精度：深度的±2.5%(深度范围 0～3m) 深度的±5%(深度范围 3～10m)

①ppm 指百万分之一。

3.6.2 数据采集

(1)探测精度。管道中心线平面精度要求测量点综合平面误差小于 0.1h(h 为地下管线中心埋深，单位为 cm)。当 $h<100$cm 时，则以 100cm 代入计算(含探管仪误差)。探测点密度要求相邻测量点连成的直线(测量中心线成果)上任意一点与对应的实际管道水平距离不大于 1.5m，即在管道转弯处相邻测量点构成的弦距不大于 1.5m。

当埋深误差小于 0.15h，当 $h<100$cm 时，则以 100cm 代入计算。管道附属设施精度要求平面误差小于 30cm；平原地区的高程精度不低于 30cm，多山地区的高程精度不低于 60cm。

(2)采集范围。管道本体和附属设施采集范围见表 3－5。

表3－5 管道本体和附属设施采集范围

类别	内容	采集要求
管道中心线	管道中心线	(1)管线直管段平均20m采集一个测量点，管线转角和特殊区域适当增加测量点密度，能准确反映转角情况； (2)测量点的起始位置和终止位置以站场外绝缘接头为准
	埋深	(1)埋深的探测点数要与中心成果点数匹配； (2)数据要能准确反映管道埋深(如果挡墙上采集的埋深数据不能准确反映管道的埋深，此类数据无效)
	站场	(1)管道线路中所有的站场(阀室)都要采集“点”坐标数据； (2)站场(含油库)都要采集边界坐标
	站场边界	
	阀室	
管道附属设施	桩	采集管线中所有桩，包括里程桩、转角桩、标志桩、加密桩、测试桩、警示牌、管道交叉标志桩、通信标石等
	水工保护点	(1)面状水工保护采集范围，即长度和宽度均大于5m的护坡； (2)线状水工保护采集范围，即长度大于10m的护堤或挡墙，含沿等高线敷设水保(平行于管道)、穿越河流两岸水保、挡墙等
	水工保护面	
	水工保护线	
	穿跨越	(1)穿跨越对象包括河流(水面宽度大于5m以上的河沟)、公路(乡道及以上级别的道路)、铁路、公共设施、栅栏、树篱、洼地、排水沟、通信线缆、市政管网； (2)穿跨越方式包括大开挖、顶管、定向钻、盾构、大型隧道(车辆可通过)、梁式管桥、拱形管桥、悬垂型穿跨越、悬缆斜拉跨越、混合悬吊跨越、桁架跨越、斜拉锁跨越、涵洞、盖板涵
	隧道	大型管道穿越隧道
	附属物	采集范围：盖板涵、固定墩、固管桩、管墩、管架、配铁
管道本体	钢管	(1)从工程竣工资料中采集数据，并借助野外测绘数据和内检测数据进行校验； (2)关联数据的来源，标注数据出处
	焊缝	
	焊缝补口	
	防腐层	
	异径管	
	阀	
	弯头	
	套管	
	管道连接方式	
	绝缘接头	
	三通	以各管理处和站场提供数据为依据，现场进行探测
	开孔	
	管道基本信息表	由业主提供相关信息，按模板要求整理
	管网信息表	

管道周边环境勘探范围为管道两侧各15m内的区域、与其他外部管道交叉处半径50m的区域。管道周边调绘数据收集范围包括：管道中心线两侧各200m范围内的建筑物、道路(含管道伴行路)、水系等全部详细要素数据；管道中心线两侧各2000m范围内政府单位、重大危险源、环境监测单位、自然保护区、密集居民区信息；管道中心线两侧各50000m范围内抢维修队伍、社会专业应急救援队伍、沿线抢险资源、消防单位、医院、公安单位、环境敏感信息。

外部管道及公共设施测量应获取管道沿线一定范围内的第三方管道和公共设施位置信息。与管道交叉按照地下障碍物范围要求采集，其他并行、地上按照高后果区要求范围采集。采集应包括但不限于以下要素：线状要素包括地下电力电缆、污水管道、自来水管道、地下电话电缆、光纤、电视电缆、高架电力线路、高架电话线、外部输油管道、外部输气管道、索道、实体墙、栅栏、地下障碍物；点状要素包括油井(抽油机)、气井、电力变压器、建筑物和构筑物。

3.6.3 数据验收

1. 业内验收

借助GIS图形工具，将管线测绘数据在企业采购的高清影像图中进行展绘，查看地理位置，核对属性信息。在内业验收过程中，发现问题，均需限期整改(见表3－6)。

表3－6 业内验收标准表

<table>
<tr><th>类别</th><th>内容</th><th>方法及要求</th></tr>
<tr><td rowspan="5">管道中心线</td><td>管道中心点</td><td>(1)通过专业技术手段来核查空间信息，内容包含采集的点密度、管线的起始位置和走向、是否自相交；
(2)检查属性数据填写是否完整和准确</td></tr>
<tr><td>埋深</td><td>(1)探测点数是否与中心成果点数匹配；
(2)检查探测点位置是否合理；
(3)检查属性数据填写是否完整和准确</td></tr>
<tr><td>站场</td><td rowspan="3">(1)核对站场(阀室)数量；
(2)检查阀室点位置是否在管线上；
(3)检查站场与油库的边界位置是否正确，油库与站场边界的划分是否清楚；
(4)检查站场点位置是否在站场边界范围内；
(5)检查属性数据填写是否完整和准确</td></tr>
<tr><td>站场边界</td></tr>
<tr><td>阀室</td></tr>
<tr><td rowspan="2">管道附属设施</td><td>桩</td><td>(1)桩的类型和数量与站内台账核对，以实际为准；
(2)桩编号与空间位置要一一对应；
(3)每个桩要有实景照片；
(4)检查属性数据填写是否完整和准确</td></tr>
<tr><td>水工保护</td><td>(1)核对水工保护类型与数量，特别是重点工程；
(2)空间位置要准确；
(3)检查属性数据填写是否完整和准确</td></tr>
</table>

续表

类别	内容	方法及要求
管道附属设施	穿跨越	(1)核对穿跨越的类型与数量； (2)核对定向钻的入土点、出土点位置是否准确； (3)检查属性数据填写是否完整和准确
	隧道	(1)核对每处隧道的起点和终点的位置； (2)检查属性数据填写是否完整和准确
	附属物	(1)核对附属物的类型和数量； (2)检查属性数据填写是否完整和准确
管道周边环境	单户居民 水体 密集居民 敏感目标 自然保护	(1)检查采集数据的地理位置是否准确； (2)检查是否有漏采集和重复的数据； (3)检查属性数据填写是否完整和准确
	政府单位 环境监测单位 消防 公安 医院 抢维修队伍 社会专业应急救援队伍 沿线抢险资源 应急道路	(1)检查采集数据的地理位置是否准确； (2)检查是否有漏采集和重复的数据，重点检查中国石化内部抢维修队伍是否采集； (3)检查属性数据填写是否完整和准确； (4)以站管辖区域对每类元素进行抽检，元素总数大于10家，按总数20%比例抽查；小于10家，随机选择2处进行抽查。错误率>2%，限期整改； (5)核对管道沿线50km内必经的高速路出口
	重大危险源	(1)核对重大危险源的位置和数量； (2)检查属性数据填写是否完整和准确
	第三方管道	(1)核对三方管线的位置和数量； (2)平行的三方管道，要有起点和终点，针对长距离伴行的三方管道，按一处三方管道对待； (3)检查属性数据填写是否完整和准确
管道本体	钢管 焊缝 焊缝补口 防腐层 阀 弯头 套管 管道连接方式 绝缘接头	(1)以焊缝为基准，对齐施工单位、焊接人员、检测报告、防腐补口等数据； (2)检查属性数据填写是否完整和准确； (3)按每个管道施工标段5%比例与原始资料进行对比，正确率达100%视为合格
	三通	(1)与站场核对数量； (2)检查空间位置是否正确； (3)检查属性数据填写是否完整和准确

续表

类别	内容	方法及要求
站内设备设施	流量计	(1)与ERP系统核对数据量； (2)工艺位号与现场工艺位号一致； (3)与规定的数据表结构进行比较，检查属性项定义(名称、类型、长度等)与规定要求的符合性，以及数据集的层定义与规定要求的符合性； (4)按每个站场50%比例与ERP资料进行对比，正确率达100%视为合格
	清管器收发球装置	
	过滤器	
	立式储罐	
	埋地罐	
	消防水罐	
	换热器	
	压力容器	
	汇气管	
	加热炉	
	泵	
	泵电机	
	压缩机	
	压缩机电机	
	空气压缩机	
	工艺管线	
	压力(差压)变送器	
	收发球筒	
	拱顶罐	
	内浮顶罐	
	电机	
	阀门	
	阀门执行机构	
	液位计	
	密度计	
	卧式罐	
资料数字化	档案扫描	按扫描总数5%比例抽检，100%满足技术要求为合格

2. 现场验收

现场验收要求见表3-7。

表3-7　业内验收标准表

类别	内容	抽验比例(按管线长度)	抽验比例(按测量点数)	错误率(错误数/复测点数)	抽查方法
管道中心线	管道中心点	10%		>2%	

续表

类别	内容	抽验比例（按管线长度）	抽验比例（按测量点数）	错误率（错误数/复测点数）	抽查方法
管道中心线	埋深	10%		>2%	（1）对于埋深不在0.8～2.0m及有挡墙的区域，重点检验； （2）为进一步查验埋深数据的准确性，按探测点1%进行开挖验证（2km一个开挖点）
	站场	—	100%	>0%	—
	站场边界	—	100%	>0%	
	阀室	—	100%	>0%	
管道附属设施	桩（里程桩）	—	100%	>2%	—
	桩（其他）	—	5%	>2%	—
	水工保护	—	10%	>2%	—
	穿跨越（定向钻）	—	50%	>2%	—
	穿跨越（其他）	—	10%	>2%	—
	隧道	—	100%	>0%	—
	附属物	—	10%	>2%	—
管道本体	三通	—	10%	>2%	
管道周边环境	单户居民	10%	—	>2%	—
	水体	10%	—	>2%	
	密集居民	10%	—	>2%	
	敏感目标	10%	—	>2%	
	自然保护	10%	—	>2%	
	政府单位	10%	—	>2%	
	环境监测单位	10%	—	>2%	
	消防	—	—	—	
	公安	—	—	—	
	医院	—	—	—	
	抢维修队伍	—	—	—	
	社会专业应急救援队伍	—	—	—	
	沿线抢险资源	—	—	—	
	应急道路	—	—		
	重大危险源	10%	—	>2%	
	第三方管道	—	—	—	（1）采取探测和开挖相结合的方式进行现场检验； （2）第三方管线大于6条以上按100%比例抽检；3～6条的按50%抽检；小于3条的按10%比例抽检； （3）错误率 = 错误点数/复核点数 > 2%，全线重新探测

注：错误率大于标准为不合格。

第 4 章　管道高后果区识别管理

高后果区(high consequence area)是指管道发生泄漏会对公众、社会、环境造成较大不良影响的区域。高后果区内的管道发生泄漏事故，都可能造成严重的后果。如何保障高后果区管道的安全性是完整性管理所重点关注的，管道企业必须有针对性地高后果区管段的完整性管理方案。

由于我国经济建设速度较快，加之自然环境变化，管道高后果区也会不断变化。成品油管道连接上游炼厂和下游用户，其途经地区大多是经济较发达地区。管道企业需要对高后果区进行定期识别分析，及时掌握高后果区管段周边信息，保障管道的安全运营。

4.1　成品油泄漏后果

成品油管道输送介质为汽油、柴油或航空煤油，介质具有易燃易爆特性。

汽油主要是由 5 ~ 11 个碳原子的烷烃、环烷烃、芳香烃和烯烃组成的，一般烷烃和环烷烃含量约为 50%(体积分数)，芳香烃含量小于 35%，烯烃低于 15%。汽油易挥发，油蒸气通过呼吸、口腔及皮肤毛细管渗透等途径进入人体，引发中枢神经系统的急性中毒，并伴有肝、肾损害；或出现头晕、恶心等轻度中毒症状；大量吸入人体会出现中毒性脑病甚至意识突然丧失、反射性呼吸停止。有些患者可能出现中毒性精神病；呼吸道进入引起肺炎；溅入眼内引起角膜溃疡、穿孔甚至失明；皮肤接触致急性接触性皮炎，甚至灼伤；吞咽引起急性胃肠炎。汽油发生泄漏时容易燃烧和爆炸，汽油的闪电为 -50 ~ 30℃，爆炸极限为 1%~6%。汽油泄漏后接触火源，即使是极其微小的火花或静电，都有燃烧爆炸的危险性。

柴油主要由 10 ~ 22 个碳原子的烷烃和芳烃组成。柴油对皮肤和黏膜有刺激作用，但是柴油的沸点较高，由蒸气所致的毒性机会较小，柴油的雾滴吸入后可致吸入性肺炎。柴油发生泄漏后一般不容易被引燃，柴油闪点通常 >45℃，爆炸极限为 1.5%~4.5%。

煤油主要由 11 ~ 16 个碳原子的烷烃组成。煤油属于易燃、易爆、易挥发的油品，煤油蒸气与空气混合物可形成爆炸性混合物，遇明火或高热易引起燃烧、爆炸及沸溢等重大事故。煤油泄漏后可流淌扩散，泄漏后的煤油及挥发的蒸气易在地表、地沟、下水道及凹坑等低洼处滞留，遇火源而引起火灾。煤油的毒性较低，但大量吸入煤油蒸气会出现乏力、头痛、酩酊感、神志恍惚、肌肉震颤、共济运动失调，严重者会出现意识模糊等。

成品油管道泄漏后可能引发以下严重后果：

(1)发生火灾或爆炸，导致人员伤亡，特别是在城市、城镇、乡村等人口密集区或有大规模人员活动的场所，可能引发重大伤亡事故。

(2)火灾或爆炸造成设施严重破坏，如工业装置、基础设施、地下构筑物损毁，并可能引发连锁事故导致重大经济损失。

(3)油品泄漏造成环境污染或生态破坏，特别是大型水体、湿地、森林、生态区等环境敏感地段，可能导致严重污染和长期影响。

近年来，我国成品油管道部分事故见表4－1(数据来自互联网)。

表4－1　我国近年成品油管道部分事故

时间	事故	后果
2009年12月	中国石油兰郑长成品油管道渭南支线泄漏	污染河流
2012年5月	鲁皖成品油管道淄博段泄漏	污染河流、高速公路中断
2012年8月	邯郸境内成品油管道泄漏	污染水库
2013年2月	九江－樟树成品油管道泄漏	污染饮用水源
2013年4月	兰成渝管道四川广元境内发生泄漏	污染土壤
2013年11月	西南成品油管道泄漏	铁路中断
2015年9月	江西德安九昌樟线成品油输油管道着火	财产损失
2020年7月	贵州遵义桐梓西南成品油管道泄漏	污染饮用水源
2021年3月	北海－南宁成品油管道泄漏	污染土壤

成品油管道泄漏后，假定泄漏的油品没有挥发，并已经充分蔓延，引燃后会形成池火。油品在非密闭空间泄漏，形成闪火或蒸气云爆炸的可能性极低。成品油管道泄漏后的油品或油蒸气进入密闭空间后，遇到火源极易发生爆炸。青岛11·22事故直接原因是原油泄漏流入排水暗渠，挥发后形成爆炸性油气混合物，现场处置人员采用液压破碎锤在暗渠盖板上打孔破碎，产生撞击火花，引发暗渠内油气爆炸。成品油管道泄漏事故树见图4－1。

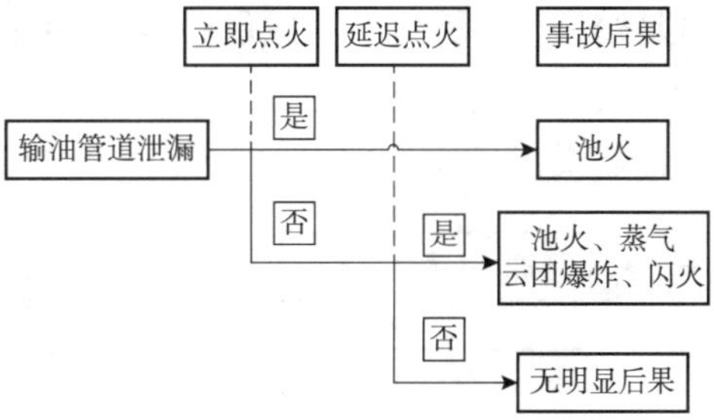

图4－1　成品油管道泄漏事故树

4.2　高后果区识别

对于成品油管道而言，管道发生事故后对外界的影响程度与周边人口、设施的分布以及环境的脆弱程度相关，其危害后果主要体现在重大人员伤亡、重要设施的毁坏以及严重的环境污染三个方面。因此，成品油管道高后果区分类应考虑人口密集程度、周边设施、环境保护等因素，可划分为人口密集区、重要设施区和环境敏感区三类。

1. 人口密集区

人口密集区如城市中心及近郊、城镇、村庄等地，以及学校、医院等有大量人口聚集的地段，处于这类地区的管道，一旦发生事故，极有可能造成重大的人员伤亡。

GB 32167—2015《油气输送管道完整性管理规范》输油管道高后果区识别项中规定以下三类区域为人口密集区：①管道中心线两侧各200m范围内，任意划分长度为2km并能包括最大聚居户数的若干地段，四层及四层以上楼房(不计地下室层数)普遍集中、交通频繁、地下设施多的区段；②管道中心线两侧各200m范围内，任意划分长度为2km并能包括最大聚居户数的若干地段，户数在100户或以上的区段，包括市郊居住区、商业区、工业区、发展区以及不够四级地区条件的人口稠密区；③管道两侧各200m内有聚居户数在50户或以上的村庄、乡镇等。

2. 重要设施区

管道周边如有重要的工业设施或基础设施，如工厂、加油站、车站、码头、公路、铁路、水工建筑以及地下管道、隧道、暗涵等地下构筑物等，可能造成重大设施的毁坏，并极有可能发生次生灾害，造成严重的后果。

GB 32167—2015《油气输送管道完整性管理规范》输油管道高后果区识别项中规定，管道两侧各50m内有高速公路、国道、省道、铁路及易燃易爆场所等可以划归重要设施区类型。

3. 环境敏感区

环境敏感区指自然环境对外部干扰十分敏感的区域，如饮用水源、河流、湖泊、水库、海洋等大型水体，以及森林、湿地、生态区等自然保护区。

GB 32167—2015《油气输送管道完整性管理规范》输油管道高后果区识别项中规定以下两类区域为环境敏感区：①管道两侧各200m内有湿地、森林、河口等国家自然保护地区；②管道两侧各200m内有水源、河流、大中型水库等。

成品油管道高后果区识别首先需要采集管道周边的人口和环境信息。信息采集可以采用现场踏勘的方式进行，或借助GIS系统进行线上识别并采用现场复核的方式进行，也可借助无人机、通信基站等方式进行。通过采集的管道周边信息，依据高后果区识别准则，确定高后果区目标。

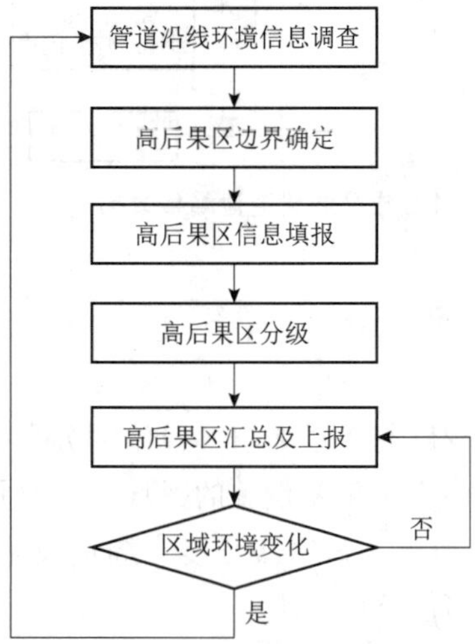

图4－2 高后果区管理流程

4.3 高后果区管理

高后果区是管道完整性管理重点关注的区域，应做好高后果区的识别、评价，并落实风险减缓措施。对高后果区管段进行风险评价，根据管段的风险水平，采取有针对性的减缓措施，尽可能降低高后果区的风险水平。高后果区应进行定期识别、分级管理。

高后果区的管理，包括定期进行高后果区识别、及时更新高后果区信息、编制高后果区分析报告、提出管理对策并实施。高后果区管理流程见图4－2。

4.3.1 高后果区识别

(1)信息采集：成品油管道需要采集管道中心线两侧各200m范围内的人口分布、重要设施、自然环境等信息。若管道附近地形起伏较大，或存在交叉/并行的地下暗涵、河流等关联性通道，应结合地形地势情况与油品流动方向，扩大信息采集范围。

(2)边界确定：根据识别对象所在的地理位置，确定高后果区的起始和终止边界。GB

32167—2015 规定：识别高后果区时，高后果区边界设定为距离最近一幢建筑物外边缘200m；当识别出的高后果区段相互重叠或间隔小于50m时，作为一个高后果区段管理。当高后果区过长时，为了便于管理，可以以明显特征物(里程桩、公路等)进行断开。

(3)信息填报：根据现场情况，填写高后果区内人口规模、对象信息、高后果区等级等内容。GB 32167—2015 中规定，高后果区按严重程度分为Ⅲ(高)、Ⅱ(中)、Ⅰ(低)三级。管道企业编制高后果区识别表、登记卡，规范高后果区填报工作。高后果区登记卡如表4－2所示，包括高后果区位置、等级、描述、后果分析等相关信息。

表4－2　高后果区登记卡

<table>
<tr><td>HCAs 编号</td><td></td><td>起止位置</td><td></td><td>所属站场</td><td></td></tr>
<tr><td>HCAs 等级</td><td></td><td>长度/m</td><td></td><td>负责人员</td><td></td></tr>
<tr><td>管道规格($D \times t$)</td><td></td><td>设计/运行压力/MPa</td><td></td><td>联系电话</td><td></td></tr>
<tr><td colspan="3">高后果区描述</td><td colspan="3">后果分析</td></tr>
<tr><td colspan="3"></td><td colspan="3"></td></tr>
<tr><td colspan="3">GIS 图片</td><td colspan="3">现场照片</td></tr>
<tr><td colspan="3"></td><td colspan="3"></td></tr>
<tr><td>高后果区类型</td><td colspan="5">□人口密集区　□重要设施区　□环境敏感区</td></tr>
</table>

4.3.2　高后果区识别报告

可以采用现场踏勘的方式进行，或借助GIS系统进行线上识别。高后果区识别报告中应明确所采用的方法。高后果区识别报告包括以下内容。

(1)概述。包括本次识别工作的目的、识别范围、识别依据、识别准则、识别工作概述(包括识别单位、识别方法、识别日期等)。

(2)管道概况。管道基本信息包括：管道外径、壁厚、材质、运行压力、投产时间、路由走向、阀室等信息；沿线人口与自然条件包括管道途经区、街道、村镇统计，管道穿跨越统计，管道周边地形地势，所在地区气象条件等；信息获取方式。

(3)高后果区识别。识别结果概览包括：高后果区管段识别统计表、长度比例图、分级(高后果区等级)统计、分类(高后果区类型)统计等；管理措施，即已采取的措施和待采取的减缓措施；应急处置，即针对Ⅲ级人口密集型高后果区的应急资源信息与分布、抢维修车路径等；再识别日期等。

(4)高后果区变化。包括本次与上次高后果区识别结果的对比。

(5)附录。包括高后果区识别表、应急处置卡、维护记录表等。

4.3.3 管理措施

根据高后果区类型和分级结果，有针对性地制定管理对策。高后果区一般管理措施如下：

(1)高后果区段应设置加密桩、安全警示牌，有条件的应修建物理隔离带，保证通视及夜视要求，加密桩间距不大于50m。对于硬化地面无法设置加密桩的区域，可采用粘贴、喷涂、镶嵌地面标记等方式，标明管道所处位置。高后果区桩牌缺失后应立即复原。人口密集型高后果区的加密桩应缩小间距。安全警示牌应标记高后果区范围、管道名称、管理单位、电话号码、安全警示语、泄漏危害等信息。

(2)管道企业根据高后果区类型及等级编制针对性巡护方案，保证巡线频次，提升监护力度。同时加强巡线质量的监督管理，确保巡线到位，鼓励高后果区段特别是Ⅲ级高后果区段采用视频监控、泄漏监测、安全预警系统等技术。

(3)Ⅲ级高后果区在“两特两重”期间、第三方施工期间和改线期间增加巡查、巡护次数，增加巡查、巡护人员配备数量。Ⅲ级高后果区在第三方施工期间实施24h监护。

(4)管道企业强化管道检测检验，及时维修维护或更新有缺陷的设备设施，特别是加强管道环焊缝质量检查和修复，确保管道本体质量安全。高后果区内的管体缺陷优先进行修复。高后果区内的腐蚀等缺陷经过完整性评价暂不需要修复的，纳入重点风险点，通过腐蚀监测手段和定期开挖验证等方法对缺陷的发展进行跟踪，并实施针对性的重点巡护。

(5)Ⅲ级人口密集型高后果区，按照“一区一案”要求建立应急预案，预案应明确最高响应级别、应急资源信息与分布、应急抢险措施，并包含与周边企业和政府部门的应急联动，应将泄漏报警、人员疏散、危险区域通行控制等作为重点内容。企业应每年组织一次应急演练。

(6)管道企业落实与高后果区周边公众、政府部门及相关企业的管道治安保卫联防工作，加强高后果区公众宣传和安全教育。公众宣传应包括管道泄漏迹象、燃烧爆炸后果影响范围、人员疏散逃生路线及政府管理部门和管道企业的联系方式等内容。Ⅲ级人口密集型高后果区周边的社区、医院、学校、幼儿园、商场等至少每半年开展一次走访与宣传。

(7)管道企业对高后果区附近的地质灾害进行调查，调查范围一般为管道两侧各500m范围，并对地质灾害风险点实施监测，包括但不限于灾害体变形监测、管道变形监测等。

(8)高后果区等级升高后应缩短检测周期，开展风险再评价并复核完整性评价结果，根据升高后的高后果区等级对计划修复缺陷和需重点监测的缺陷重新进行评价并调整管体缺陷修复计划，评估升级后的各项管理措施和效果，提出改进建议。

4.4 应用案例

某成品油管道全长151.3km，设计压力10MPa，管径323.9mm，材质L360，于2008年投产。该管道采用顺序输送工艺输送汽油(92号、95号、98号)、柴油(0号、-10号)

两大类五个品种的油品。

通过现场踏勘，结合 GIS 地图采集管道周边信息，某段管道两侧 200m 范围内存在医院、学校、居民区等，符合 GB 32167—2015 中输油管道高后果区的规定。通过现场踏勘来确定高后果区边界，填写高后果区识别表(见表 4－3)，确定该处高后果区等级为Ⅲ级，类型属于人口密集区和重要设施区。

表 4－3　成品油管道高后果区识别表

编号：	××	起始位置(里程/m)：	63160	终止位置：		64700	长度(m)：	1540
信息填报	管线名称		最高允许运行压力 MAOP/MPa	管径/mm			输送介质	所属公司/企业
	成品油管线		10	323.9			成品油	某企业
类别	识别对象	与管道中心线距离	识别对象	数量		级别	属性描述	属性描述
							0～5m	>5m
人口密集区	人口聚居	≤200m	任意划分长度为 2km 并能包括最大聚居户数的若干地段，四层及四层以上楼房(不计地下室层数)普遍集中、交通频繁、地下设施多的区段	1	处	Ⅲ		东侧距某小区最近约 15m，距某民族小学约 5m，距某民族幼儿园约 70m，距某医院约 150m
			任意划分长度为 2km 并能包括最大聚居户数的若干地段，户数在 100 户或以上的区段，包括市郊居住区、商业区、工业区、发展区以及不够四级地区条件的人口稠密区		处			
			聚居户数在 50 户或以上的村庄、乡镇等		处			
重要设施区	交通设施	≤50m	高速公路、国道、省道、铁路	2	处	Ⅰ	与某省道交叉	西侧距某高速公路最近约 30m，并行 1140m
	易燃易爆场所	≤50m	易燃易爆场所		处			
环境敏感区	保护区	≤200m	湿地、森林、河口等国家级自然保护地区		处			
	水域	≤200m	水源、河流、大中型水库		处			

根据该处高后果区内的属性物，分析管道一旦发生泄漏后造成的后果，并填写高后果区登记表，见表 4－4。

表 4－4 成品油管道高后果区登记表

<table>
<tr><td>HCAs 编号：</td><td>030</td><td>起始位置：</td><td>63160 ~ 64700</td><td>所属公司：</td><td>某企业</td></tr>
<tr><td>HCAs 等级：</td><td>Ⅲ</td><td>长度(m)：</td><td>1540</td><td>负责人员：</td><td>张三</td></tr>
<tr><td>管道规格($D \times t$, mm)</td><td>323.9/7.1</td><td>设计/运行压力(MPa)：</td><td>10/4.7</td><td>联系电话：</td><td>138 × × × × × × × ×</td></tr>
<tr><td colspan="3">高后果区描述</td><td colspan="3">后果分析</td></tr>
<tr><td colspan="3">东侧距某小区最近约 15m，距某民族小学约 5m，距某民族幼儿园约 70m，距某医院约 150m；与某省道交叉；西侧距某高速公路最近约 30m，并行 1140m</td><td colspan="3">管道一旦发生泄漏，容易被引燃，可能造成较大人员伤亡、幼儿园停课、医院停业和交通中断</td></tr>
<tr><td colspan="3">GIS 图片</td><td colspan="3">现场照片</td></tr>
<tr><td colspan="3"></td><td colspan="3"></td></tr>
<tr><td colspan="3">高后果区类型</td><td colspan="3">人口密集区　重要设施区</td></tr>
</table>

此高后果区附近存在高层小区、医院、学校等典型人口密集场所和高速公路等重要交通设施，属于典型的人口密集型、重要设施型高后果区。由于成品油介质具有易燃易爆性，该处管段一旦发生事故，可能会造成严重的人员伤亡后果。此高后果区管理中需要严格落实安全宣传教育、政企联合监管机制和应急预案管理等制度，管道企业还应加强该管段的日常巡线、内外检测工作，确保沿线警示标志完好，保证管道本体安全。

管道高后果区全线识别完成后，整理形成高后果区汇总列表，便于高后果区的管理，见表 4－5。

表 4－5 某成品油管道高后果区汇总列表

编号	起始里程/m	终止里程/m	长度/m	识别描述		类型	等级
				0 ~ 5m	>5m		
001	320	620	300	与某省道交叉，管道附近有市政污水管道	北侧与某省道最近距离约 8m，并行距离约 220m	重要设施区	Ⅰ
002	2030	4300	2270	距某工业园约 5m，管道北侧有家具厂等多家工厂，管道靠近家具厂围墙；与某高速、某省道、某铁路交叉	南侧距某村周转房约 10m；西侧与高速公路最近距离约 20m，并行距离约 330m，西侧与某铁路最近距离约 30m，并行约 230m	人口密集区 重要设施区	Ⅱ
003	6100	6260	160	与某省道和某地铁交叉	—	重要设施区	Ⅰ
004	7650	8080	430	—	东侧距周转房最近约 100m	人口密集区	Ⅱ
005	12300	12390	90	与某省道交叉	—	重要设施区	Ⅰ
……	……	……	……	……	……	……	……

第 5 章　管道风险评价与管理

管道风险评价是指识别对管道安全运行有不利影响的危害因素，评价事故发生的可能性和后果大小，对风险大小进行计算并提出风险控制措施的分析过程。风险评价工作是开展完整性管理的核心环节，通过风险评价可以了解管道的各种危害因素，明确管道管理重点，从而有利于实现风险预控，保障管道安全运行。

5.1　风险评价方法

风险评价的方法有很多种，目前应用的有三四十种。每种方法有其适用范围和应用条件，其评价推理过程、所得到的结果、评价所需的资料及数据等有所不同。需要根据评价对象的特点、评价目的及投入的资源等综合衡量，选择合适的风险评价方法。

目前可以用来评价风险及危害程度的方法较多，总体来说，按照分析的准确程度及需求信息的难易程度可简单划分为三类：定性、定量、半定量。定性评价方法是最简单的方法，其受人员的主观性影响较大，评价结果准确与否在很大程度上取决于专业技术人员的工作经验、风险因素分类的合理性等主观因素。定量评价方法排除了部分人为因素的干扰，其准确性取决于评价数据的完整性、建立的数学模型的准确性以及选取方法的合理性，但是其需求的基础数据较多，评价过程复杂，要求评价人员具有一定的专业技术水平。而半定量方法综合定量和定性方法的优缺点，以风险数量指标为基础，技术人员按照每一项指标对风险后果和产生的概率打分，再将分值进行组合计算，得出相对的风险指标。

5.1.1　定性风险评价方法

定性风险评价是依靠评价人员的专业经验和判断能力，对生产系统的工艺、设备、管理等因素进行分析，发现系统内存在的事故危险和诱发事故的各种因素，并根据这些因素的重要程度采取预防控制措施。这类方法的特点是简便、易操作，不必运用系统的数学模型或精确的评价方法，评价的总体过程直观明了，但是由于定性风险评价方法包含较多的经验成分，评价人员对于整个系统的把握具有一定的局限性，系统危险性有时不能充分体现。

定性风险评价法可以根据专家的意见提供高、中、低风险的相对等级，但危险性事故发生的频率和事故损失后果均不能量化。它不需要建立精确的数学模型和计算方法，而是在有经验的现场操作人员和专家意见的基础上进行打分评判的，评价的精确性取决于专家经验的全面性、划分影响因素的细致性、层次性以及权值分配的合理性。定性风险评价方法的主要特点是过程简单，容易理解和掌握，能够低成本、快速地得到答案，因而便于推广应用，但是其主观性较强，其结果容易受到参评人员的专业知识深度及经验多少的影响。

定性风险评价的代表性方法包括专案评价法、安全检查表法、故障模式及影响分析法、管道事故树分析法、预先危险性分析法、危险及可操作性分析法等。

1. 专家评价法

专家评价法是指可利用管道公司的专家或顾问，结合从技术文献中获取的信息，对每种危险提出能说明事故可能性及后果的相对评价。管道公司可采用专家评价法分析每个管段，提出相对的可能性和后果评价结论，计算相对风险。

专家评价法的特点：

(1)以定性分析为主；所需数据最少，以专家经验为主；

(2)对管段事故发生频率和结果分别按高低次序排序并分级，最后对管段的风险进行综合排序；

(3)可对管段风险进行选筛、排序；

(4)通过专家讨论、打分、排序来实施。

2. 安全检查表法(SCL)

安全检查表实际上就是实施安全检查和诊断的项目明细表，也就是说，将整个被检系统分成若干分系统，对所要查明的问题，根据生产和工程经验、有关级别标准以及事故情况进行考虑和布置，把要检查的项目和具体要求列在表上，以备在检查和设计时按预定项目去检查。检查表的内容一般包括分类项目，检查内容及要求、检查以后处理意见，隐患整改日期等，每次检查后都应填写具体的检查情况，用“是”或“否”作答，或者以“√”或“×”符号做标记，同时注明检查日期，并由检查人员和被检单位同时签字。

安全检查表法的特点：

(1)根据不同的单位、对象和具体要求编制相应的安全检查表，可以实现安全检查的标准化和规范化；

(2)使检查人员能够根据预定的目的去实施检查，避免遗漏和疏忽，以便发现和查明各种问题和隐患；

(3)依据安全检查表检查，是监督各项安全规章制度的实施、制止“三违”的有效方法，也是安全教育的一种手段；

(4)检查表是主管安全部门和检查人员履行安检职责的凭证，有利于落实安全生产责任制，便于分清责任；

(5)安全检查表能够带动广大干部职工认真遵守安全纪律，提高安全意识，掌握安全知识，形成全员管安全的局面。

3. 故障模式及影响分析法(FMEA)

故障模式及影响分析法是指在设备维修管理中，通过对组成设备的各系统部件功能的分析，找出系统或部件潜在的故障模式，分析每种故障模式对设备的影响，评价出每种故障模式影响的严重程度，根据评价结果，制定相应管理措施和维修保养方式，从而尽可能减少和消除故障的产生，减少设备的非正常停运，提高设备的可靠性和维修性。

故障模式及影响分析法在设备维护管理中是一种非常有效的工具，它是在对系统中固有的或潜在的可能性与后果进行科学分析的基础上，给出风险排序，找出薄弱环节。

故障模式及影响分析法的特点：

(1)可系统地了解设备的设计制造缺陷、构造功能和潜在的故障模式；

(2)可帮助企业管理者评价设备更新、审查设计、失效分析、制订员工培训计划；

(3)制订和实施合理的设备维修管理方案，提高设备的本质安全，从而避免设备的无计划停运。

4. 故障类型、影响和致命度分析法(FMECA)

故障类型、影响和致命度分析法是一种对管道系统进行定性风险评价的重要方法。它采用系统分制的方法，将所要分析的系统根据需要分割成若干子系统，逐个分析子系统或元件产生的故障类型、原因及对整个管道系统安全运行带来的影响，随后根据各故障类型影响的程度划分故障类型等级，作风险率矩阵图，再将某一特定风险以事故率和严重度为纵、横坐标添入矩阵图，判断其风险等级。

5. 管道失效事故树分析法(FTA)

输送管道在运行过程中常常受到人为因素、腐蚀介质、应力和杂质的影响，致使管线发生失效，这直接影响着石油与天然气的正常生产和管线的使用寿命。通过现场调查表明，管道发生失效的主要形式为开裂和穿孔。由于引起管线发生失效的因素复杂，加之输送管道为埋地管线，更增加了失效分析的难度。利用事故树分析这一工程系统可靠性分析与评价的有效方法，对管道进行可靠性分析，以找出管线的主要失效形式与薄弱环节，进而在管线的运行和维护中采取相应的措施以提高管道的可靠性和使用寿命。该方法简明、灵活、直接，十分适用于管道的失效分析。

6. 预先危险性分析法(PHA)

预先危险性分析法是指在一项工程活动(包括设计、施工、生产、维修等)之前，对系统存在的各种危险因素、出现的条件以及事故可能造成的后果进行宏观的、概略的分析。运用这种方法进行危险性分析可以是粗略的，也可以是较为详细的。它的特点是，在每一项活动之前进行分析，找出危险物质、不安全工艺路线和设备，以便从设计、工艺、设备上考虑采取安全防护措施，使危险因素不致发展为事故，取得防患于未然的效果。

预先危险性分析法的特点在于，在系统开发的初期就可以识别、控制危险因素，用最小的代价清除或减少系统中的危险因素，从而为制定整个系统寿命周期的安全操作规程提供依据。

预先危险性分析法具有以下主要优点：

(1)分析工作做在行动之前，可及早采取措施排除、降低或控制危害，避免由于考虑不周造成损失；

(2)通过对系统开发、初步设计、制造、安装、检修等分析结果，可以提供应遵循的注意事项和指导方针；

(3)分析结果可为制定标准、规范和技术文献提供必要的资料；

(4)根据分析结果可编制安全检查表以保证实施安全，并可作为安全教育的资料。

7. 危险及可操作性分析法(HAZOP)

危险及可操作性分析法是指由各专业人员组成的分析组对工艺过程的危险和操作性进行分析，即对新建或者已有的过程装置及工程本质进行正式的、系统的严格审查，以评价单个装置的危险可能性和可能对整套装置造成的影响。

危险及可操作性分析的目的在于，识别已有的高危险性装置的潜在危险，除去导致重大安全的问题，例如有毒物质泄漏、火灾和爆炸等。经过几十年的发展，危险及可操作性分析不仅能够识别危险，而且可以辨识操作问题，其应用范围已经扩大到其他领域，如医疗诊断系统、路况安全监测，可再生能源系统、可编程电子系统等。

危险及可操作性分析法在评价新建项目和在役装置的主要优势如下所述。

1)新建项目

(1)有利于提高装置设施的本质安全。设计单位专业多、人才齐，采取引导词的方法，根据工艺流程对项目开展全面的 HAZOP 分析，着眼于事前分析、预防、降低工艺风险，有助于提高装置设施的本质安全。

(2)有利于发现问题及时解决。由于 HAZOP 分析基于多专业、多方面的人员参与，在项目的设计阶段就会同项目的设计、管理及操作人员对项目危险和可操作性进行分析，针对某一安全问题，可提出多方面的整改建议，从而得到更全面的分析并解决问题。

同时，由于 HAZOP 分析多在详细设计开始前进行，使设计人员有足够的时间来修改完善设计内容。设计阶段修改的是图纸上的几条线，而到了施工过程修改的可能就是安装好的设备设施。到装置投入运行后再发现问题，不仅很难修改，而且有较大的安全风险，很有可能造成装置带着隐患运行，引发安全事故。因此，HAZOP 的早期应用可以有效降低风险、消灭隐患。

(3)有利于明确各方责任。通过 HAZOP 分析，设计人员与业主人员共同明确了所设计装置的安全薄弱环节。但对于某种程度的风险，如果因为种种情形，业主不能或不愿进一步增加安全设计措施，且该设计又不违反国家和行业相关设计标准，则业主有责任将相应的处理手段写进操作手册，重点监护相关工艺操作，防止事故发生。

2)在投装置

(1)有利于提高员工安全意识。通过对员工的培训及对生产工艺的危害与可操作性问题进行系统分析，掌握偏差发生的原因、后果以及现有的保护措施，使员工能更深入地了解系统中存在的危害、相关的控制措施以及企业为此制定的工艺操作规程，提升了员工的安全意识。

(2)为隐患治理工作提供了依据。HAZOP 对在役装置识别出的危险进行风险评价，对风险较高或后果严重的风险提出降低风险的措施和建议，有利于企业了解风险分布，同时为工艺过程安全管理及隐患治理提供了依据，有利于推动企业安全管理。

5.1.2 半定量风险评价方法

半定量风险评价是将事故发生可能性和事故后果按照权重各自分配指标，采用数学方法将事故可能性和事故后果的相应指标进行组合，从而得出相对风险。半定量评价法所需原始数据较少，评价成本较低，目前被公认是一种实用的管道风险评价方法。

这类方法能够对结构复杂的系统以及难以用概率表述危险性的单元进行评价，评价指数值同时含有事故概率和事故后果两个方面的因素，避免了事故概率及其后果难以确定的困难。这类方法的缺点是，不能充分重视系统安全保障体系的功能，也没有充分考虑危险物质和安全保障体系间的相互作用。这类评价方法有相对风险评价法、火灾、爆炸指数评价法，以及蒙德法、日本的大阶段安全评价法等。对于管道风险评价，最具有代表性的是肯特(KENT)法，该模型已在管道安全管理中得到广泛采用，许多管道风险评价软件的编制也是基于此方法的基本原理。

1. 相对风险评价法

相对风险评价法依靠管道具体经验和较多的数据，以及针对历史上对管道运行造成影响的已知危险风险模型的研究。这种相对的或以数据为基础的方法所采用的模型，能识别与过去管道运行有关的重大危险和后果，并给以权重。由于是将风险结果与相同模型产生的结果相比较，所以把这种方法称为相对风险评价法。该方法为完整性管理决策过程提供风险排序。这种模型利用运算法则，为重大危险及其后果分配权重值，并提供足够的数据对它们进行评价。与专家风险评价法相比，相对风险评价法比较复杂，要求更具体的管道系统数据。相对风险评价法、评价模型及所得的结果，应以文件形式写入完整性管理方案中。

相对风险评价法的特点：

(1)属于半定量分析方法；

(2)所需数据较少，以专家经验为主；

(3)对管段事故发生频率和结果分别按高低次序打分，分值代表了不同频率或后果发生的相对关系，最后综合起来得到管段相对的风险值；

(4)可对管段风险进行筛选、排序；

(5)通过专家打分，根据打分结果排序。

2. 火灾、爆炸危险指数评价法

美国道化学公司开发的火灾、爆炸危险指数评价法，是以工艺单元中危险物质的危险性为基础，同时考虑工艺过程的危险性，计算工艺单元火灾、爆炸危险指数(F&EI)，据此确定单元发生火灾爆炸事故时所造成的有影响区域、最大可能财产损失，确定危险等级，并确定安全对策措施，从而帮助技术人员确定减轻潜在事故损失的有效而经济的途径，使危险降低到人们可以接受的程度。

火灾、爆炸危险指数评价法的特点：

(1)真实地量化潜在火灾、爆炸和反应性事故的预期损失；

(2)确定可能引起事故发生或使事故扩大的装置；

(3)向管理部门通报潜在的火灾、爆炸危险性；

(4)了解各工艺部分可能造成的损失，确定减轻潜在事故的严重性和总损失的有效而又经济的途径。

火灾、爆炸危险指数评价计算程序：

(1)确定单元；

(2)求取单元内的物质系数 MF；

(3)按单元的工艺条件，确定适当的危险系数，包括一般工艺危险系数和特殊工艺危险系数；

(4)由一般工艺危险系数和特殊工艺危险系数相乘，求出工艺单元危险系数；

(5)将工艺单元危险系数与物质系数相乘，求出火灾、爆炸危险指数；

(6)由火灾、爆炸危险指数查出单元的暴露区域半径，并计算暴露面积；

(7)确定单元暴露区域内的所有设备更换价值及危害系数，求出基本最大可能财产损失(基本 MPPD)；

(8)应用安全措施补偿系数乘以基本 MPPD，确定实际最大可能财产损失(实际 MPPD)；

(9)根据实际最大可能财产损失，确定最大损失工作日(MPDO)；

(10)由 MPDO 确定停产损失(BI)。

3. 蒙德法

1974 年英国帝国化学工业公司(ICI)蒙德部在现有装置及计划建设装置的危险性研究中，对道化学公司火灾、爆炸危险性指数评价法在必要的几个方面做了重要改进和补充。

(1)可对较广范围的工程及设备进行研究；

(2)包括了具有爆炸性的化学物质的使用管理；

(3)根据对事故案例的研究，考虑了对危险度有相当影响的集中特殊工艺类型的危险性；

(4)采用了毒性的观点；

(5)为装置的良好设计管理、安全仪表控制系统发展了某些补偿系数，对处于安全项目水平下的装置，可进行单元设备现实的危险度评价。

其中最重要的有两个方面：一是引进了毒性的概念，将道化学公司的“火灾、爆炸危险指数”扩展到包括物质毒性在内的“火灾、爆炸、毒性指标”的初期评价，使表示装置潜在危险性的初期评价更加切合实际；二是发展了某些补偿系数，进行装置现实危险性水平再评价，即进行采取安全对策措施加以补偿后的最终评价，从而使评价较为恰当，也使预测定量化更具有实用意义。

4. 肯特专家评分法

专家评分法是由 1985 年肯特所提出的定性评价方法，该评分方法和其他方法相比至少具有以下优点：

(1)到目前为止，该评分方法是各种方法中最完整、最系统的方法；

(2)容易掌握，便于推广；

(3)可由工程技术人员、管理人员、操作人员共同参与评分，从而集中多方面的意见。

肯特专家评分法的基本步骤：

(1)找出发生事故的各种原因，并加以分类；

(2)根据历史记录和现场调查加以评分，对评分的方法有比较严格的规定，以便各种评分方法不会有太大的偏差；

(3)把以上的评分得数相加；

(4)根据输送介质的危险性及影响面的大小综合评定得出泄漏冲击指数；

(5)把第三步所得指数与第四步的泄漏冲击指数综合计算，最后得出相对风险数。

1)管道风险评分

造成管道事故的原因大致分为四大类，即第三方破坏、腐蚀、设计和操作(见图5－1)。这四者总分最高400分，每种100分，指数总和在0～400分。

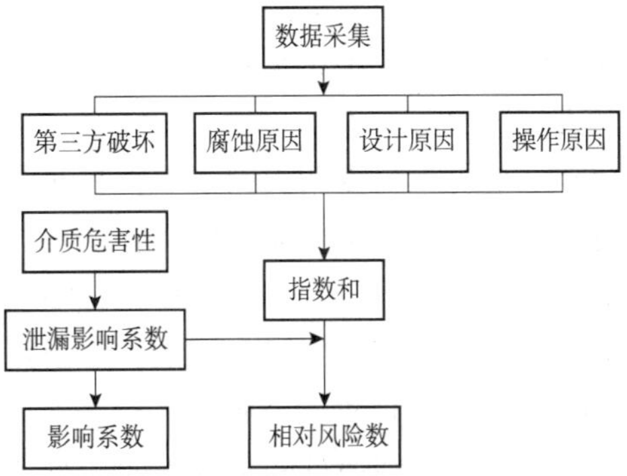

图5－1　管道风险评分框图

其中第三方破坏因素的指数高低与最小埋深、地面上的活动状况、当地居民的素质等因素有关，总分在0～100分。

腐蚀原因要考虑腐蚀介质的腐蚀性、有无内保护层、阴极保护状况、防腐层状况、土壤的腐蚀性、保护涂层已使用的年限等因素，总分在0～100分。

设计原因要考虑到管道安全系数的大小、安全系统的状况、水击潜在的可能性大小、土壤移动的概率大小等诸多因素，其综合评分在0～100分。

操作原因包括设计、施工、运移和维护等方面的不正确操作。其中设计方面包括对危险认识不足、选材不当、安全系数考虑不周等因素；施工方面指环焊口质量不佳、回填状况、防腐涂层施工状况以及检验状况等因素；运移方面要考虑SCADA通信系统故障、操作人员培训状况等；维护方面指定期维护的状况等。以上综合评分在0～100分。

泄漏影响系数主要由介质危害、泄漏量、扩散系数以及承受对象等方面决定。

介质危害性要考虑介质的毒性、易燃性、反应特性等，承受对象包括人口密度、环境因素、高后果区等方面。

2)风险评分法的基本假设和说明

(1)独立性假设。影响风险的各因素是独立的，即每个因素独立影响风险的状态。总风险是各独立因素的总和。

(2)最坏状况假设。评价风险时要考虑到最坏的情况，如评价一段管道，该管道总长为100km，其中90km埋深为1.2m，另外的10km埋深为0.8m，则应按用埋深0.8m来考虑。

(3)相对性假设。评价的分数只是一个相对的概念，如一条管道所评价的风险数与另并一条管道所评价的风险数相比，其分数较高，说明其安全性高于其他几条管道，即风险低于其他管道，而绝对风险是无法计算的。

(4)主观性。评分的方法和分数的界定虽然参考了国内外有关资料，但最终还是人为制定的，因而难免有主观性，建议更多的人参与制定规范，以便减少主观性。

(5)分数界定。在各项目中所界定的分数的最高值反映了该项目在风险评价中所占位置的重要性。

(6)一致性假设。为了保证整个管道系统各段风险评价结果具有可比性，在对各评分项进行“属性”和“预防措施”划分时要求保持一致性。也就是说，若某一管段被列为“属性”的评分项，那么该条管道的其他段也应当列入“属性”类，同样“预防措施”也是如此。

3）可变因素和非可变因素

影响风险的因素大致可以分为两类，即可变因素和非可变因素。其中可变因素是指通过人的努力可以改变的因素，如通过管道的智能检测器的频度、操作人员的培训状态、施工质量等；非可变因素是指通过人的努力不可以改变的因素，如沿线土壤的性质、气候状况和人文状况等。

在可变与不可变两类因素中，有些是属于中间状态的，如管道的埋深，在对现役管道进行风险评价时，不可能把所有管道再加大埋深，故其为不可变因素；但对新管道，在建设前进行风险评价时，如资金投入有限，为减少第三方破坏，提高安全度加大埋深则是可行的，其又属于可变因素。因此，对于具体问题，应该具体分析可变因素和非可变因素。

4）关于分段评价的原则

由于管道沿线所处的条件不同，整条管道各段的风险程度差异很大，需要进行分段评价。分段越细，评价越精确，但成本也随之增加。评价者在进行分段时，要综合考虑评价结果的精确度与数据采集的成本。分段数过少，虽然减少了数据采集的成本，但同时也降低了评价结果的精确度；分段数过多，提高了各管段的评价精度，但会导致数据采集、处理和维护等成本的增加。最佳的分段原则是，在管道上有重要变化处插入分段点，一般应根据几类环境状况变化的优先级来确定管道分段的插入点。它们的顺序是，管道沿线的人口密度、土壤状况、管道的防腐层状况、管龄，也即沿管道走向最重要的变化是人口密度，其次是土壤状况、防腐层状况和管龄。当根据上述优先级确定的管道分段数太多时，评价者可以通过削减优先级的数目（从最低的优先级依次向高的优先级削减）来反复进行分段，直到得到满意的分段数为止。

关于管道第三方破坏因素的评定、腐蚀方面破坏因素的评定、设计方面破坏因素的评定、操作方面破坏因素的评定以及介质危害性的评定内容参见《管道风险管理手册》。

5）相对风险数的计算与分析

相对风险数的计算如下：

$$\text{相对风险数}=\frac{\text{指数和}}{\text{泄漏影响系数}} \tag{5-1}$$

其中，指数和等于第三方破坏指数、腐蚀原因指数、设计原因指数和操作原因指数之和。

在最坏（破坏概率最高的极端情况）和最好（破坏概率最低的极端情况）下，4类指数的评分如表5-1所示。

表5-1　最坏和最好情况下4类指数的评分

指数类别	不同情况的评分值	
	最坏	最好
第三方破坏指数	0分	100分
腐蚀原因指数	0分	100分
设计原因指数	0分	100分
操作原因指数	0分	100分
指数和	0分	400分

表5－1中的腐蚀原因包括内腐蚀和外腐蚀，设计原因包括选材不当、疲劳破坏、水击破坏等，操作原因包括设计、施工、运移和维护等方面的不正确操作。

由表5－1可以看出，对于某一管段，由于第三方破坏原因、腐蚀原因、设计原因和操作原因而造成破坏的概率由高到低，即安全程度由低到高，其指数分值在0～100分；4类指数综合的破坏概率由高到低，即安全程度由低到高，其指数分值在0～400分。

除了以上4类主要事故模式外，在某些特殊情况下，对某条管道而言，可能还要考虑其他一些重要的附加模式来提高评价结果的准确性。因此，在不过分增加评价费用的前提下，根据特殊管道的具体情况，可以适当地扩大基本风险模型，通过附加模型对其进行修正。附加模型包括管道泄漏史、第三方的蓄意破坏、操作人员精神紧张及人为错误、服务中断和环境风险等。

专家评分法的关键是风险因素权重的确定，不同的国家和不同的地域及环境条件，对管道的同一风险因素有着不同的权重。专家的水平也会较大地影响分析的准确性。专家的影响可通过对专家的权威性确定一个权重值来修正最后的风险度。

5.1.3　定量风险评价方法

定量风险评价是根据大量实验结果、广泛的事故数据和资料统计分析，建立相关的数学模型，对系统的风险进行定量计算，风险评价的结果是一些定量的指标。定量评价方法包括模糊综合评价法、概率评价法和情景评价法等。

定量风险评价技术利用结构力学、有限元方法、断裂力学，以及可靠性、维修技术和各种强度理论，对管道的风险进行定量评价和决策。它预先给固定的、重大的和灾难性的事故的发生概率和事故损失后果约定一个具有明确物理意义的量，所以其评价结果是最严密和最准确的。它与定性评价技术的不同之处在于，必须在大量设计、施工和运行资料的基础上，建立完善的数据库管理系统，并掌握裂纹缺陷的扩展规律和管材的腐蚀速率，由此运用确定性或不确定性方法来建立评价的数学模型，然后进行分析求解。其结果的精确性取决于原始数据的完整性、数学模型的精确性和分析方法的合理性。

1. 模糊综合评价法

模糊综合评价法是一种应用模糊要素理论对系统进行综合评价的办法，它以模糊数学为基础，应用模糊关系的原理，构造等级因素集，量化事物的评价指标(确定隶属度)，然后再绘制模糊判断矩阵，根据各评价指标的权重，提出对策措施。

运用模糊评价法，重点在于各指标权重的确定，而其一般依据专家经验给出，不免带有主观性，为此提出了层次分析法。层次分析法结合了定量和定性方法，为了确定层次中各种因素的相对重要性，采用了相互比较的形式，然后归纳判断，对决策因素的相对重要性进行排序。相关层次分析法以及模糊评价法在长输油气管道使用时，先用层次分析法确定总目标层以及各层指标，再计算各指标所占的权重，根据权重判断风险因素的重要程度，从而提出改进措施，形成完整的评价体系。

2. 概率评价法

概率评价法最复杂，数据需求量最大，得出风险评价结论的方式是，与运营公司确定的经认可的风险概率相对比，而不是采用比较基准进行比较。

概率评价法的特点：

(1)属于定量评价方法；

(2)根据管道历史数据分别计算管段事故发生的概率(或频率)、事故发生后果的大小(通常用伤亡率或经济损失率来表示)，然后计算风险值，风险值通常用个人风险、社会风险或经济损失来表示；

(3)所需数据较多，计算复杂；

(4)可用于风险排序，确定检测周期。

3. 情景评价法

情景评价法所建立的模型，能描述系列事件中的一个事件和事件的风险等级，能说明这类事件的可能性和后果。这种方法通常包括构建事件树、决策树和事故树，通过这样的构建来确定风险值。

情景评价法的特点：

(1)以定量分析为主；

(2)通常用在成本分析和风险决策中；

(3)所需数据较多；

(4)设置特定的事件情景，然后确定该事件情景下的风险值，其分析模式可描述为“如果……那么……”。

5.2 危害因素识别

造成管道失效的原因有很多，常见的有材料缺陷、机械损伤、各种腐蚀、焊缝缺陷、外力破坏等。将收集到的各种失效案例数据按照管道失效模式影响因素进行归纳，主要可划分为以下几类：第三方损坏、腐蚀、设计与施工、运行维护、自然及地质灾害、蓄意破坏及其他。

5.2.1 第三方损坏

第三方损坏对管道来说是最大的威胁之一。由于沿线设施的增加、定向钻的大量使用、通信光缆的铺设以及承包商建设公路、铁路的增加，都使得对管道的威胁增大。使用的工具设施包括挖掘机、钻机、钻孔器和定向钻，威胁同时也来自其他主体授权资产机构的建设和维护，以及在管线的维护工作中发生的问题。管道与道路交叉口要浇灌混凝土、增加壁厚以及在道路最低处埋深1.2m，此外还要挖建排水沟槽。

管道巡检的目的是要发现那些身份不明的或已经存在的外界干扰操作、泄漏、违章建筑、标记缺乏、建筑物上的植被、腐蚀、塌方、下沉以及地面管线的安全问题和周边环境问题。巡检要空中巡检和地面人工巡检结合使用。

密切联系土地所有者能够有效阻止第三方破坏，对土地所有者每年都要进行探访并且要经常和他们进行联系。在联系过程中讨论以下问题：

(1)土地所有者的区域位置；

(2)办好在土地上进行正当施工的手续；

(3)任何存在土地所有者及其相邻区域的变化的可能；

(4)对管线安全潜在的威胁；

(5)管线突发事件反应程序；

(6)24h 都能联系到的方式。

5.2.2　腐蚀

1. 外腐蚀

管道的外腐蚀直接或间接地引起管道事故发生。导致管道外腐蚀失效的主要原因是外部环境条件的影响，包括土壤腐蚀性、地面管道状况、管道防腐层状况、杂散电流、阴极保护等。

1)土壤腐蚀性

影响土壤腐蚀性强弱的因素通常认为有 20 多种，许多因素之间存在明显的相关关系。参考有关文献对土壤腐蚀性因素的分析，可采用以下指标来综合衡量土壤的腐蚀性强弱：

(1)土壤电阻率：当土壤腐蚀以宏观腐蚀为主时，土壤电阻率对管道腐蚀有重要作用。GB/T 21447—2018 按土壤电阻率对土壤腐蚀性的划分见表 5－2。

表 5－2　按电阻率划分土壤腐蚀性等级

等级	弱	中	强
土壤电阻率/(Ω·m)	>50	20～50	<20

(2)土壤氧化还原电位：这是一个综合反映土壤介质氧化还原程度强弱的指标，它与土壤中氧含量和微生物数量等有着密切关系。土壤氧化还原电位与土壤腐蚀性的关系见表 5－3。

表 5－3　土壤氧化还原电位与土壤腐蚀性的关系

土壤腐蚀性	不腐蚀	低	中	高
土壤氧化还原电位/mV	>400	400～200	200～100	<100

(3)pH 值：一般来说，酸性土壤比中性、碱性土壤腐蚀性强，见表 5－4。

表 5－4　土壤 pH 值与土壤腐蚀性的关系

土壤腐蚀性	极低	低	中	高	极高
pH 值	>8.5	8.5～7.0	7.0～5.5	5.5～4.5	<4.5

(4)含水量及干湿交替频率：土壤含水量同时影响土壤氧含量、电阻率、pH 值等，含水量对土壤腐蚀性的影响存在一个最大值，当含水量大于或小于该值时，土壤腐蚀性都会

减弱。土壤的干湿交替一方面使得含水量在某个时间段处于最大腐蚀值；另一方面，土壤的溶胀和收缩会对管道防腐层产生作用力。含水量与土壤腐蚀性的关系见表5－5。

表5－5　土壤含水量与土壤腐蚀性的关系

土壤腐蚀性	极低	低	中	高	极高
含水量/%	<3	3～7或>40	7～10或30～40	10～12、25～20或干湿交替比较频繁	12～25或干湿交替频繁

(5)杂散电流：杂散电流分为直流杂散电流和交流杂散电流，来源包括电气化铁路、有轨电车、地下电缆及其他用电设备的漏电、建筑物等的接地装置、输电干线的电磁效应等。杂散电流干扰会对钢制管道造成相当严重的腐蚀。根据杂散电流的强弱，可将土壤杂散电流腐蚀性定性分为低、中、高和极高等几类。

(6)含盐量：含盐量的增加一方面使土壤电阻率下降，另一方面也使土壤氧溶解度下降，使土壤电化学过程被削弱。盐分解带来的阴离子对土壤腐蚀性的影响机理有较大的差别，Cl^-、CO_3^{2-}、SO_4^{2-}、HCO_3^-和NO_3^-等均对土壤腐蚀性有增强作用。土壤腐蚀性与Cl^-/SO_4^{2-}及水溶盐含量的关系见表5－6。

表5－6　Cl^-/SO_4^{2-}及水溶盐含量与土壤腐蚀性的关系

土壤腐蚀性	低	中	高
Cl^-/SO_4^{2-}及水溶盐含量/%	>0.05	0.01～0.05	<0.01

土壤的腐蚀性还与其他因素有关，以上6项指标是主要因素，且无论哪一项指标都不能单独判断土壤腐蚀性的高低。通过测量或估计以上6个因素综合判断土壤的腐蚀性是比较可靠的。

2)地面管道状况

地面管道也存在许多危害因素，如管道处在空气与水界面的部分，由于氧浓度的差异而在金属表面形成了阳极与阴极区域。在这种情况下，随着氧气源源不断地提供至被侵蚀部位，致使铁锈不断增加，从而加深了管道的腐蚀程度。如果是海水或水含盐量较高的话，其强电解特性势必促进电化腐蚀进程。

3)管道防腐层状况

预防管道外腐蚀发生最为普通的方式就是将金属与恶劣的环境相隔离，即一般采取管道防腐层的方式。防腐层是指涂料层、缠绕带及特定的塑胶涂料等物。典型的防腐层故障主要有破裂、针孔、锐利物体的撞击、承载重力物件、剥离、软化或溶化、一般性退化(如紫外线降解)。

防腐层能否有效地降低腐蚀的可能性取决于4个因素：防腐层质量、防腐层的施工质量、检查程序质量以及缺陷修补程序质量。

防腐层具有一些重要的性质，如绝缘电阻高、附着力强、使用方便、具有弹性、抗撞击、耐土壤应力、耐水性、耐细菌或其他生物的侵袭(对于浸没或部分浸没在水中的管道，必须考虑到诸如茗荷芥、凿船虫之类的海洋生物对管道的破坏)。

管道施工单位原所属各个不同的部门，即使都是[GA1级]管道安装单位，由于承建管道历史不同，对规范的理解、认识也不同；即使是同一个系统的 GA1 级安装单位，由于人员技术水平、施工设备、管理水平不同，施工质量也不同。如果管道建设单位技术水平较低、管理混乱、没有建设经验，或者施工单位违章施工、违规分包、不按设计图纸要求施工，都会对施工质量造成严重问题。

检查者应特别注意那些急弯及复杂形状的管段。这些地方很难进行预先清理及涂敷施工，难以充分地实施防腐层处理(所刷涂料将沿着管道的锐角处流失)。如螺母、螺栓、螺纹及某些阀门部件常常是出现腐蚀的首要区域，同时也是考验其涂敷施工质量的地方。

4)杂散电流

在埋地管线附近若有其他埋地金属存在就可能是一个潜在的风险源。其他埋地金属可能产生短路，换言之，会干扰管道阴极保护系统的正常运行。甚至在没有设置阴极保护的情况下，这块金属可能会与管线形成腐蚀原电池，进而可能引起管道腐蚀。

更加危险的是，管道可能与其他金属发生实质性的接触。特别是在其他金属有其自身外加电流的情况下，后果会更加严重。以电气化铁路系统为例——无论是否存在实质性接触，均可能给管道造成损失。当其他系统与管线争夺电子的时候，管线就开始有危险了。倘若其他系统拥有更强大的负电性，那么管线将会变成一个阳极，根据电子亲和力的不同，管线可能加速腐蚀。如果所有的阳极金属溶成针孔面，防腐层实际上可能会恶化这种情况，进而形成窄而深的点蚀。

邻近交流传输设施的管线易于遭受独特的风险。无论是地面发生故障还是发生交流感应，管道均可能变成导电性载体。管线带电不仅对接触管线的人有潜在的危险，而且也危及管线自身。电流寻求最小的阻抗路径，像管道这样的埋地金属，在一定的长度内可以说是一个理想的路径。在电流流入或是流出管道的地方，可能引起严重的金属损耗，最低限度的金属损耗也可能使管道防腐层遭受交流干扰效应的损害。

管道带电的地面故障包括电传导、电阻耦合和电解耦合。电线落地、交流电源穿越大地、偶然与输电塔柱连接、地面电源系统不平衡引起的轻微电击等都可能引起管道带电。有时因地面故障导致高电位，使管道防腐层处于高应力之下。当管道周围的土壤也带有电荷时，防腐层内外将形成电位差，导致防腐层与管道的剥离从而产生电弧。若这个电势大到一定的程度，所产生电弧将伤及管道本身。

当管道受到交流电传输产生的电场或磁场的影响时，就会发生感应现象，在管道上产生电流或电位梯度。形成电容或电感耦合取决于管道通电能力、与传输线路间位置的几何关系、传输线路的电流强度、输送电的频率、防腐层的电阻率、土壤电阻率以及钢管的纵向阻抗等因素。当土壤电阻率或防腐层电阻率增大时，感应电势则变得更加具有危害性。

2. 内腐蚀

管道内壁与输送产品之间的相互作用造成管道的内腐蚀，这种腐蚀是由产品流中的杂质所致的。此外，还要考虑那些可能间接加重腐蚀的微生物，如还原菌、厌氧菌等，它们可分别产生 H_2S 和醋酸，两者皆可增进腐蚀。

影响成品油管道内腐蚀的因素包括介质腐蚀性、内涂层状况、流速、清管等。

1)介质腐蚀性

管道输送系统面临的较大风险之一就是，当输送介质与管材之间存在固有不相容性的时候，腐蚀产生的杂质可能会定期地进入产品中，从而对产品形成污染。输送介质腐蚀性的强弱主要根据产品的特性来决定，分为以下 4 类：

(1)强腐蚀：可能存在着急剧而又具有破坏性的腐蚀。产品与管道材质不相容，例如卤水、水、含有 H_2S 的产品以及许多酸性化合物，就是对钢制管道具有高度腐蚀性的物质。

(2)轻微腐蚀：可能伤及管壁，但其腐蚀仅以缓慢速率进展。如果对产品的腐蚀性无知，也可以归入此类范畴。保守的方法就是，假定任何一类产品均可能招致损害，除非有证据证明与此相反。

(3)仅在特殊条件下出现腐蚀性：意味着产品在正常情况下是无危险性的，但是存在将有害成分引入产品的可能性。

(4)不腐蚀：表明不存在合理腐蚀的可能性，即输送产品与管材相适应。

2)内涂层状况

新材料技术考虑到了制作“衬里管道”，通常在钢制外管内涂装与产品相适应的隔离材料。常见的隔离材料有塑料、橡胶或陶瓷材料，这些材料可以在初期的钢管加工时期或管线施工期间涂装，有时这些材料也能添加到现有的管线上。

3)流速

输送介质高速流动导致的管道磨损是常见的影响因素，例如弯头、阀门等撞击点就是最敏感的侵蚀点。流体也可能夹带沙子颗粒或其他固体渣滓等，对管线的各个元件造成损害。

4)清管

执行规定的清理程序或使用特定的清管器可定期清除掉潜在的腐蚀性物质，这种方法已被证明能有效降低(但无法消除)管内腐蚀引起的危险。在某些液体或其他物质可能对管壁造成明显损害之前，即应启动这一程序。对管道清出物应进行检查，搜寻诸如氧化铁之类的腐蚀性产物，这将有助于评估管线的腐蚀程度。

由于清管器种类繁多，操作人员应选择适宜的运行参数，如运行速度、运行距离、驱动力等，确保清管作业及时有效地从管道中清除出腐蚀性产物。

3. 应力腐蚀开裂

埋地钢质管道失效涂层下应力腐蚀开裂(SCC)是影响高压管道安全运行的因素之一。

SCC 在失效涂层下萌生，起初是浅小裂纹，然后以群落形式集中出现在管道某一区域，这种裂纹群的出现是管道遭受 SCC 的标志。SCC 一般在高压油气管道服役 15 ~ 20 年后才可能发生。SCC 分为两种类型，即高 pH SCC 和近中性 SCC，两者的区别如下所述。

(1)两类 SCC 的重要区别是裂纹路径不同。高 pH SCC 一般是晶间裂纹(IGSCC)，裂纹细窄；近中性 SCC 是穿晶型裂纹(TGSCC)，开裂面存在腐蚀，裂纹较宽，内部充满腐蚀产物。

(2)随温度升高，高 pH SCC 增长速度呈指数规律增加，所以多发生在增压站下游 20km 内温度较高的管段；近中性 SCC 与管道温度无明显关联。

(3)高 pH SCC 由高浓度 HCO_3^-/CO_3^{2-} 溶液引发，该溶液环境由涂层缺陷处的阴极保护电流造成，其 pH 值一般在 9 ~ 11；近中性 SCC 没有特定溶液环境，多发生于低矿化度的近中性溶液环境中。

(4)高 pH SCC 处管道表面一般覆盖有黑色薄膜；近中性 SCC 发生处，涂层和管道表面存在一层较厚的碳酸亚铁白色沉积物，而且其裂纹生长需要一定的载荷条件。

(5)近中性 SCC 的萌生常与材料表面点蚀坑有关，而高 pH SCC 和点蚀坑无必然联系。点蚀可引起应力集中，特别是点蚀较深时更是如此；但对穿晶型 SCC，点蚀表面的电位显著低于无点蚀表面，促使蚀坑内溶液成分和电位发生变化，更易析出氢。

SCC 的影响因素较复杂，主要包括环境溶液、阴极保护、涂层、温度、电位、腐蚀产物膜、应力应变和管道材质等。

5.2.3 设计与施工

长输管道系统的设计是确保工程安全的第一步，也是十分重要的一步，设计质量的好坏对工程质量有着直接的影响。而影响设计质量的因素不仅有主观的，也有客观的。

焊接过程有可能会在管道内产生缺陷，如裂纹、夹渣、未熔透、未熔合、焊瘤、气孔和咬边等。长输管道除特殊地形采用地上敷设或跨越外，一般均为埋地敷设，管道一旦建成、投产，一般都是连续运行的。因此，管道上若存在焊接缺陷，不但难以发现，而且不易修复，给管道安全运行构成威胁。

长输管道施工时，影响焊接质量或产生焊接缺陷的主要因素有焊接方法、流动性施工、地形地貌、环境、其他焊接技术、人文及社会环境、补口及补伤质量问题等。

1. 工艺流程、设备布置不合理

长输管道运行安全与系统总流程、各站(场)工艺流程及系统设备布置有着非常密切的关系。工艺流程设置合理、设备布置恰当，并且能够满足输送操作条件的要求，系统运行就平稳，安全可靠性就高。否则，将导致十分严重的系统运行隐患，甚至使系统无法运行。

2. 系统工艺计算不正确

在进行水力、热力等工艺计算以确定输送摩阻和温度损失(需考虑加热输送的情况)时，一旦设计参数或工艺条件确定不合理，将造成站(场)位置设置不当或输送泵、压缩机的选取不当，从而形成各种安全隐患。

3. 管道强度计算不准确

管道强度设计系数是根据管道所经的地区等级、管道穿跨越公路等级、河流大小等情况确定的。如果管道沿线勘察不清楚，有可能出现地区等级高级低定、大冲沟定为小冲沟、大中型河流定为一般河流等情况，最终造成设计系数选取不恰当，管道壁厚计算不能满足现场实际情况。管道应力分析、强度、刚度及稳定性校核失误，造成管道变形、弯曲甚至断裂。

4. 管道、站(库)区的位置选择不合理

管道、站(场)、储存库区位置选在土崩、断层、滑坡、沼泽、流沙、泥石流或高地震烈度等不良地质地段上，造成管道弯曲、扭曲、拱起甚至断裂及设备设施损坏；管道、站(场)、储存库区与周围的建(构)筑物安全防火距离不符合标准要求时，容易受到火灾影响，给其带来安全隐患；如果站(场)内的建(构)筑物布局、分区不合理，防火间距不够，防火防爆等级达不到要求，消防设施不配套，装卸工艺及流程不合理，极易相互影响，产生安全事故，而一旦出现安全事故，相邻设施也难以幸免。

5. 材料选材、设备选型不合理

在确定管子、管件、法兰、阀门、机械设备、仪器仪表等材料时，未充分考虑材料与介质的相容性，导致使用过程中产生腐蚀；输送站(场)、储存库与传动机械相连接的法兰、垫片、螺栓组合未充分考虑震动失效，引起螺栓断裂、垫片损坏而出现泄漏；压力表、温度计、液位计、安全阀等安全附件参数设定不合理，造成安全隐患，并使控制系统数据失真；爆炸危险场所分区错误，引起电气设施防爆等级确定错误；泵、压缩机、加热炉等关键设备未充分考虑自动控制保护系统或控制系统设计存在缺陷，导致严重安全隐患。

6. 防腐蚀设计不合理

防腐蚀设计时未充分考虑土壤电阻率、管道附近建(构)筑物和电气设备引起的杂散电流的影响，造成管道防腐层老化、防腐能力不够甚至失效；管道内、外表面防腐材料选择不合理、施工方法不正确、厚度不能满足使用工况要求，造成防腐措施失效；管道阴极保护站间距太远、保护参数设置不合理或者牺牲阳极选材不当，从而造成保护能力不够。

7. 管线布置、柔性考虑不周

站(库)区管线平面布置不合理，造成管道因热胀冷缩产生变形破坏或振动；管线未装回油阀造成管线憋压；埋地管道弯头的设置、弹性敷设、埋设地质、温差变化等，对运行管道位移具有重要影响；柔性分析中如果未充分考虑或考虑不全面，将会引起管道弯曲、拱起甚至断裂；管内介质流动不稳定和穿越公路、铁路处地基震动会导致管道位移，在震动分析时也未充分考虑或考虑不全。

8. 结构设计不合理

在管道结构设计中未充分考虑使用后定期检验或清管要求，造成管道投入使用后不能保证管道内检系统或清管球的通过，导致不能定期检验或清污；或者管道、压力设备结构设计不合理，难以满足工艺操作要求甚至带来重大安全事故。

9. 防雷、防静电设计缺陷

防雷、防静电设计未充分考虑管道所经地区自然情况和管道运行的实际情况，或设计结构、安装位置等不符合法规、标准要求。

10. 焊接方法的影响

国内早期的管道都是采用传统的手工焊方法施工的，这种焊接方法不仅焊接速度慢、劳动强度大，而且焊接质量低，目前已不再适宜在管道建设中应用；手工下向焊工艺已取代了传统的手工焊方法，这种焊接方法采用多机组流水作业，劳动强度较低、效率较高、焊接质量也较好，但取决于焊接环境和操作人员素质；自保护半自动焊工艺的优点是可以连续送丝、不用气体保护、抗风性能较强(4、5 级风以下)、焊工易操作等，但缺点是不能进行根焊，需要采用其他的焊接方法进行根焊，并且操作不当时盖面容易出现气孔；自动焊技术具有适用于大口径、大壁厚管道、大机组流水作业，焊接质量稳定、操作简便、焊缝外观成型美观等优点。其缺点为：一是对管道坡口、对口质量要求高，即要求管子全周对口均匀；二是坡口形式要求严格，当管壁壁厚较厚时，确定工艺时采用复合型或 U 形坡口，不能仅考虑减少工作量，更重要的是要考虑到坡口对焊接质量的保证，小角度V形坡口虽然简化了施工程序，但从保证质量角度来分析，复合L形或U形坡口更优；三是受外界气候的影响较大；四是边远地区气源供应问题，尤其是氩气。

11. 流动性施工对焊接质量的影响

施工作业点随着施工进度而不断迁移，因而焊接作业也处于流动状态，这与工厂产品生产相比，增加了施工管理、质量管理、安全管理等方面的难度，从而也增加了保证管道焊接质量的难度。

12. 地形地貌对焊接质量的影响

敷设一条长输管道可能会遇到多种地形，可能会途经戈壁、沙漠、黄土高原、山区、平原、水网等多种地形地貌。施工单位只能根据管道敷设线路现场的施工条件，因地制宜，选择不同的焊接方法来满足工程的需要。因此，地形地貌对焊接质量有着直接影响。

13. 环境对焊接质量的影响

野外露天施工，经常处于恶劣的自然环境下，这不仅使人的操作技能难以正常发挥，而且不能提供良好的作业条件。因此，环境对管道焊接质量有着较大的影响。

14. 其他焊接因素的影响

除现场双联管焊接技术外，焊接设备、工艺、材料及焊工技能等因素，对焊接质量有着很大影响。也就是说，先进的焊接设备、合适的焊接工艺、高素质的焊接人员，对管道焊接质量的保证具有重要作用。

15. 人文、社会环境对焊接质量的影响

在人口密集、水网密布、雨水较多、经济发达等地区，可能由于种种原因造成施工不能连续进行，往往给现场焊接带来困难。这种外界因素的干扰，造成现场留头多，连头数量增加，焊接质量难以保证。

16. 补口、补伤质量问题

钢管除端部焊接部位一定长度以外，在钢管生产厂或防腐厂都进行了防腐处理，在现场焊接以后，未防腐的焊接部位需要补口。在施工过程中，由于各种原因造成钢管内外表面的防腐涂层损坏，特别是外表面涂层的损坏处要补伤。补口、补伤质量会影响管道抗腐蚀性能，从而引起管道腐蚀失效。影响补口、补伤质量的因素有：

(1)钢管补口、补伤之前，需要对钢管表面进行喷砂处理，使其表面粗糙度满足一定的要求，然后才能进行补口、补伤；如果表面处理不好，表面粗糙度达不到标准要求，将严重影响补口、补伤质量；

(2)对于不同的防腐材料，其补口、补伤施工工艺不同，而且有一套非常严格的程序，由于现场施工条件较差，施工人员素质较低，有可能影响施工工艺的执行；

(3)补口时未按规定要求与钢管已有的防腐层进行搭接或搭接长度不够；

(4)补伤时面积不能满足标准、规范要求，特别是穿越段的补伤，如果补伤面积不够而又未加保护带，极易引起防腐层刮脱；

(5)补口、补伤强度或厚度不符合要求，造成再次损坏或防腐能力不足。

17. 管沟、管架质量问题

输送站(场)、储存库内的管道，除穿越人行道采用埋地敷设外，一般采用沿地敷设，使用管架支撑；站、库以外的管道基本都采用埋地敷设。管沟、管架质量对管道安装质量有一定的影响，具体如下：

(1)管沟开挖深度或穿越深度不够时，遇洪水或河水冲刷覆土或河床，将使管道悬空或拱起，造成变形、弯曲等；

(2)管沟基础不实，回填压实特别是采用机械压实时，将造成管道向下弯曲变形；

(3)地下水位较高而未及时排水敷设管道时，由于管道底部悬空，如果夯实不严，极易造成管道向上拱起变形；

(4)管道敷设时，沟底土及管道两侧和上部回填土中的沙石粒度超标，而造成损坏防腐覆盖层；

(5)管架强度不够，支撑的管道下沉而产生变形；滑动管架表面粗糙或安装不平整，在热胀冷缩时难以滑动，造成管道变形。

另外，管道埋深不够、管道悬空、管沟基础不实等都会影响管道的安全使用。

18. 穿跨越质量问题

管道线路在敷设途中，往往需要穿跨越公路、铁路及江河或其他特殊设施，对于穿跨越段管道，由于敷设完成以后难以实施再检修等工作，因此，对其提出了许多特别的施工要求，以便充分保证穿跨越管道质量，具体如下：

(1)穿越河流段的管道，当河床受水流冲刷而使其深度逐渐减小时，将可能造成管道悬空；对于通航河道，如果进行疏浚或船舶抛锚，将对管道构成危害。

(2)河流堤岸防护工程的施工或公路和铁路养护工程的施工可能对管道造成损坏。

(3)管道穿越电气化铁路或从高压变电站、高压线路附近通过时，地层的强杂散电流将破坏管道阴极保护电流的保护作用，使局部阴极保护失效，增加管道腐蚀的危险性。管道附近建有腐蚀性较强的化工厂，其废物流入地层中并扩散而造成腐蚀环境发生改变，使管道防腐覆盖层老化，减短管道使用寿命，因此，穿越段环境、地质条件的改变对管道防腐控制影响较大。

(4)对于穿越地段的管道，由于施工存在比其他管道相对大的困难，因此，很容易造成漏检或检验控制不严的情况，从而给管道运行带来安全隐患。

(5)热油管道跨河管段，在管道外壁一般都设有防腐保温层，如果保温层外侧的防护层受到破坏，保温材料很容易进水受潮，不仅会降低保温效果，而且会腐蚀管道。因此，在管道跨越段两侧应设置保护栅栏，禁止行人在管道上方沿管道行走。

5.2.4 运行维护

风险中的一个最为重要的问题就是人为造成失误的潜在可能性，这也是最难量化和理解的一个参数。安全方面的专家强调：在事故预防过程中，人们的行为或许是取得成功的关键因素。包含行为与态度的诸多因素均涉及心理、社会及生物等领域的问题，远远超出我们考虑和评价的范畴，这就要求结合更多的可利用的资源融入参数中去。当统计数据能够证明事故与多年的经验、当时的情况、受教育程度、饮食、薪水等各种变量存在着相关性时，这些变量就可能影响到风险的进程。

管道系统中人们的相互作用可能是积极的——预防或减轻了事故，或者是消极的——恶化或引发了事故。哪里改进了人们的行为，哪里就能降低风险。

5.2.5 自然及地质灾害

由大气作用对人类生命财产、国民经济建设和国防建设等所造成的损害，称为气候灾害，它包括干旱、寒潮、雷电、低温、雪暴、大雾、暴雨、台风、热浪和沙尘暴等。对长输管道系统危害最为严重的是台风、雷电、低温和洪水。

1. 台风

台风又称为热带气旋，是发生在热带或副热带海洋上的大气旋涡，在北半球的逆时针方向旋转，在南半球作顺时针方向旋转。它主要是依靠水汽凝结时放出的潜热而生成的。台风的强度是以其中心附近的最大平均风力来确定的，共分为热带低气压(6～7级)、热带风暴(8～9级)、强热带风暴(10～11级)和台风(12级及以上)四级。台风的破坏力最强，造成破坏的主要原因：

(1)台风中心附近的风速常达40～60m/s，有的可达100m/s以上，引起巨浪；

(2)台风移近陆地或登陆时，由于其中心气压很低及强风可使沿岸海水暴涨，形成风暴潮，致使海浪冲破海堤、海水倒灌，造成人民生命财产的巨大损失；

(3)迄今为止，最强的暴雨是由台风产生的，并且能引起山洪暴发或使大型水库崩塌等，造成巨大洪涝灾害。

台风对长输管道、站(场)造成的危害如下：

(1)破坏供电、通信系统，引起电力、通信中断，以致引发故障；

(2)损坏港口输送(接收)站、陆地管道及储存库内的设备、设施，使系统无法正常工作；

(3)造成站、库内建(构)筑物倒塌或管道附近高层建(构)筑物倒塌，从而损坏设备设施或管道

2. 低温

低温对长输管道的危害主要体现在两个方面。一方面是使管道材料脆化，即随着温度降低，碳素钢和低合金钢的强度提高，而韧性降低。当温度低于韧脆转变温度时，材料从韧性状态转变为脆性状态，使长输管道发生脆性破坏的概率大大提高。另一方面，低温使长输管道输送介质中的液体、气体发生相变，如水蒸气变为水、水变为冰等，引发管路堵塞(凝管)事故。此外，由于热胀冷缩的作用，随着环境温度的降低，有可能导致较大的热应力。

3. 洪水

洪水是由于暴雨、急剧的融化冰雪或堤坝垮坝等引起江河水量迅猛增加及水位急剧上涨的现象。暴雨洪水是由较大强度的降雨而形成的洪水。在中国，洪水的主要特点是峰高量大、持续时间长、洪灾波及范围广。

暴雨洪水在山区形成山洪，即山区溪沟中发生暴涨暴落的洪水。由于地面河床坡降都比较陡，降雨后汇流较快，形成急剧涨落的洪峰。所以山洪具有突发性、水量集中、流速大、冲刷破坏力强、水流中挟带泥沙甚至石块等特点，严重时形成泥石流。

泥石流暴发突然、运动快速、历时短暂、破坏力极大，是特殊的含水固体径流，固体物质含量很高，可达30%~80%。流体做直线惯性运动，遇障碍物不绕流而产生阻塞、堆积等正面冲击作用。

中国洪涝最多的地区是广东、广西大部、闽南地区、湘赣北部、苏浙沿海和闽北、淮河流域、海河流域，其次是湘赣南部和闽西北、汉水流域和长江中游及川东地区、黄河下游地区、辽河地区。

洪水对长输管道、站(场)造成的危害如下：

(1)损坏电力、通信系统，引起电力、通信中断，以致管道系统无法正常工作；

(2)冲刷管道周围的泥土，会导致管道裸露或悬空，使管道在热应力和重力的作用下发生拱起等弯曲变形；

(3)大面积的洪水会使管道地基发生沉降，造成管道的变形甚至断裂；

(4)洪水引发的泥石流挤压管道，造成管道变形甚至断裂。

4. 雷电

雷电是一种大气中的放电现象，产生于积雨云中。积雨云在形成过程中，某些云团带正电荷，某些云团带负电荷。它们对大地的静电感应，使地面或建(构)筑物表面产生异性电荷，当电荷积聚到一定程度时，不同电荷云团之间或云团与大地之间的电场强度可以击穿空气(一般为25~30kV/cm)，开始游离放电，称为“先导放电”。云对地的先导放电是云向地面跳跃式逐渐发展的，当到达地面时，地面上的建筑物、架空输电线等，便会产生由地面向云团的逆导主放电。在主放电阶段，由于异性电荷的剧烈中和，会出现很大的雷电流(一般为几十千安至几百千安)，并随之发生强烈的闪电和巨响，这就形成了雷电。

雷电的危害方式分为直击雷、感应雷、球形雷三种，最常见的是直击雷和感应雷。直击雷就是雷电直接打击到物体上；感应雷是通过雷击目标旁边的金属物等导电体产生感应，间接打到物体上；球形雷民间俗称“滚地雷”，是一种带有颜色的发光球体，一般碰到导体即消失。在这些雷击中，直击雷危害最大。

雷电危害是多方面的，但从其破坏因素来分析，可归纳为如下三类。

(1)电性质的破坏。雷电放电可产生高达数万伏甚至数十万伏的冲击电压，因此可以毁坏电动机、变压器、断路器等电气设施的绝缘，引起短路，导致火灾、爆炸事故；烧毁电气线路或电杆，造成大规模停电而引发安全事故；反击放电火花也可能引起安全事故，使高电压电流窜入低压电流，造成严重的触电事故；巨大的雷电流流入地下，在雷击点及其连接的金属部分产生极高的对地电压，可直接导致接触电压或跨步电压的触电事故。

(2)热性质的破坏。当几十至上千安培的强大电流通过导体时，在极短的时间内将转换成大量的热能。雷击点的发热能量一般为500~20000MJ，这一能量可熔化体积为50~200m^3 的钢。故在雷击通道中产生的高温，往往会造成火灾。

(3)设备设施的破坏。由于雷电的热效应作用，能使雷电通道中木材纤维缝隙和其他结构缝隙中的空气剧烈膨胀，同时也使木材所含有的水分及其他物质分解为气体。因此，在被雷击的物体内部出现强大的机械压力，导致被雷击物体遭受严重的破坏或爆炸。

在长输管道系统中，存在高大建(构)筑物或设施，如办公楼、储存设施、通信塔等。如果这些设备设施的防雷设施未设置、设置不合理，或防雷设施损坏未及时进行修复，将造成直接雷击破坏。对于储油罐、呼吸阀、导气管的排出口周围存在的油气，特别是呼吸阀排出口周围的油气，当有雷击火花时，会引起燃烧，如果呼吸阀未带阻火器或阻火器出现故障而不能阻火，将可能造成储油罐燃烧甚至爆炸。另外，对于电气设施，如果接地不良、布线错误，各供电线路、电源线、信号线、通信线、电缆线未安装相应的避雷器或未采取屏蔽措施，将有可能遭受感应雷击，造成电力、电气系统损害。

5. 土体移动

自然变异和人为作用都可能导致地质环境或地质体发生变化，当这种变化达到一定程度时，便给人类和社会造成危害，即地质灾害，如地震、崩塌、滑坡、泥石流、地面沉降、地面塌陷、土地沙漠化等。下面分析地质灾害对长输管道运行安全性的影响。

1)地震

地震是人们通过感觉和仪器察觉到的地面震动，是一种比较普遍的自然现象。它发源于地下某一点，该点称为震源，震动从震源传出，在地层中传播。地面上离震源最近的一点，称为震中，它是接受震动最早的部位。强烈的地面震动，即强烈地震，会直接或间接地造成破坏，成为灾害。凡由地震引起的灾害，称为地震灾害。

直接地震灾害是指由于强烈地面震动而形成的地面断裂和变形，引起建筑物倒塌、生产设施损坏，造成人身伤亡及大量物质的损失。间接地震灾害则是指由于强烈地震而使山体崩塌，形成滑坡、泥石流、水坝、河堤决口或发生海啸而造成水灾，引起油气管道泄漏、电线短路而造成火灾，使生产、储存设备或输送管道破坏造成有毒气体泄漏、蔓延。

地震灾害是由传播的地震波和永久性土地变形而引起的。地震波所能影响的区域要比永久性土地变形影响区域大，破坏管道系统薄弱部位的可能性大，而永久性的土地变形比地震波的危害更大，常引起灾难性破坏。

地震对长输管道、输送站(场)造成的危害有以下几点：

(1)造成电力、通信系统中断、毁坏；

(2)永久性土地变形，如地表断裂、土壤液化、塌方等，引起管线断裂或严重变形，构(建)筑物倒塌；

(3)地震波对长输管道产生拉伸作用，但由此动力激发的惯性效应极小，不至于造成按规范标准建设的长输管道的破坏，但是有可能对那些遭受腐蚀或焊接质量较差的薄弱管段造成破坏；

(4)地震产生的电磁场变化，干扰控制仪器、仪表正常工作。

为提高长输管道抗震能力，应选择适当的管道线路，避开在动力作用下产生液化的地震不稳定性区域及烈度在7度以上的区域。对个别土质较差的地区则应采取夯实、换土、加固等措施，山区管道要敷设在切土后做成的平台上，并设置挡土墙。

2)滑坡、崩塌危害

滑坡是指斜坡上的岩土体由于种种原因在重力作用下沿一定的软弱面(或软弱带)整体

向下滑动的现象；崩塌是指斜坡上的岩土体由于种种原因在重力作用下部分地崩落塌陷的现象。滑坡、崩塌除直接成灾外，还常常造成一些次生灾害，如在滑坡、崩塌过程中在雨水或流水的参与下直接形成泥石流，堵断河流，引起上游回水使江河溢流，造成水灾。

云南、四川、西藏、贵州等西南地区为国内滑坡、崩塌分布的主要地区，滑坡、崩塌的类型多、规模大、频繁发生、分布广泛、危害严重；西北黄土高原地区，以黄土滑坡、崩塌广泛分布为其显著特点；东南、中南等省份山地和丘陵地区，滑坡、崩塌规模较小，以堆积层滑坡、风化带破碎岩石滑坡及岩质滑坡为主，其形成与人类工程经济活动密切相关；西藏、青海、黑龙江北部的冻土地区，分布有与冻融有关、规模较小的冻融堆积层滑坡、崩塌；秦岭至大别山地区也是国内主要滑坡、崩塌分布地区之一，堆积层滑坡大量出现。

滑坡、崩塌对长输管道、站(场)造成的危害有以下几点：

(1)损坏电力、通信系统，引起电力、通信中断，以致管道系统无法正常工作；

(2)形成的岩石或泥石流挤压管道，造成管道出现拉伸、弯曲、扭曲等变形甚至断裂；

(3)引发的洪水冲刷管道会导致管道悬空，使管道在热应力和重力的作用下产生拱起或下垂等变形；

(4)造成管道地基沉降，进而引起管道变形或断裂；

(5)毁坏输送站、储存库内的储罐、计量设备、泵或压缩机组、阀门及管道等设备和建(构)筑物。

3)地面沉降危害

地面沉降是指在一定的地表面积内所发生的地面水平面降低的现象。作为自然灾害，地面沉降发生有一定的地质原因，如松散地层在重力作用下变成致密地层，地质构造作用、地震都会导致地面沉降。也有人为因素，如人类过度开采石油、天然气、固体矿产、地下水等直接导致了地面沉降。随着人类社会经济的发展、人口的膨胀，地面沉降现象越来越频繁，沉降面积也越来越大，人为因素已大大超过了自然因素。

地面沉降对长输管道、站(场)造成的危害有以下几点：

(1)导致管道下部悬空或产生相应变形，严重时发生断裂；

(2)地面输送站(场)、储存库设备、管道及建(构)筑物损坏，设备与管道连接处变形或断裂；

(3)造成地下油气储存设施破坏。

4)土地沙化、水土流失

在高原、荒漠等地区，开垦、放牧、道路施工等人类活动，会造成植被破坏而引发大范围沙化。同时，高原、荒漠通常是多风地区，会出现沙漠移动等现象。如有埋地管道，有可能因沙土移动造成管道长距离裸露或悬空。此外，如遇大雨或洪水冲击管道，则会加剧管道裸露或悬空情况并对管道本体带来巨大安全问题。

我国是世界上黄土分布最广的国家，黄土或松散的风化壳在缺乏植被保护的情况下极易发生侵蚀。而国内大部分地区属于季风气候，降水量集中，雨季降水量常达年降水量的60%~80%，且多为暴雨，易于发生水土流失。这些因素会导致管道长距离裸露或悬空。

土地沙化、水土流失对长输管道造成的危害有以下几点：

(1)裸露管道防腐覆盖保护层易于老化，缩短管道的使用寿命；

(2)裸露或悬空管道易遭受外力破坏，造成防腐层、管道的损伤，甚至发生漏油事故；

(3)长距离悬空容易使管道失稳而折断，造成严重的跑油和停输事故。

5.2.6　蓄意破坏及其他

1. 违章占压

目前管道沿线违章占压的现象时有发生，违章占压不但直接危害管道安全，给管道抢修带来困难，也给地方人民和财产带来一些新的危险。违章占压问题主要有两个方面：一是城市化发展、城乡规划建设，与管道安全保护发生了冲突，存在协调上的难度；二是一些无规划的乱建、乱采、开矿、放炮、种植根深植物占压管道等现象不断发生，给管道保卫带来了很大隐患。

2. 打孔盗油

打孔盗油是一种管道第三方破坏形式。管道输送介质具有很高的经济价值，特别是成品油管道，犯罪分子经常会为了经济利益铤而走险。但管道经过人口密集区、森林区以及黄河、长江流域，一旦发生打孔盗油，遭到人为破坏，极易引起泄漏甚至火灾或爆炸，给当地人民生命和财产安全造成威胁，给周边生态环境带来严重后果；同时，输油气中断，不仅会影响下游油品供应和社会稳定，而且给人民的正常生活带来严重影响，也将在国际、国内造成不良的社会政治影响。例如，2003 年在四川广元发生的“12・19”打孔盗油事件，共泄漏 90#汽油 440m^3，造成宝成铁路停运 5 小时 57 分钟，108 国道停运 8 小时，兰成渝管道停输 14 小时 38 分钟，对清水河造成了严重污染，石油类超标 7951 倍。

防范打孔盗油的方法主要是加强巡线、安装泄漏监测系统和依靠地方司法部门。安装泄漏监测系统不仅可将发现泄漏时间减至最短，降低泄漏量，而且对打孔盗油来说可以尽快发现盗油点，及时前往抓捕盗油犯罪分子，对犯罪分子具有相当的震慑力。泄漏监测系统可在较短时间内检测出大于其检测精度的泄漏量，并发出报警。

5.3　半定量风险评价

成品油管道应用最多的风险评价方法是基于肯特法的半定量风险评价方法。在大量研究和实践基础上，借鉴肯特法的思想建立适用于我国成品油管道的风险评价指标体系和评价方法。风险评价流程见图 5－2。

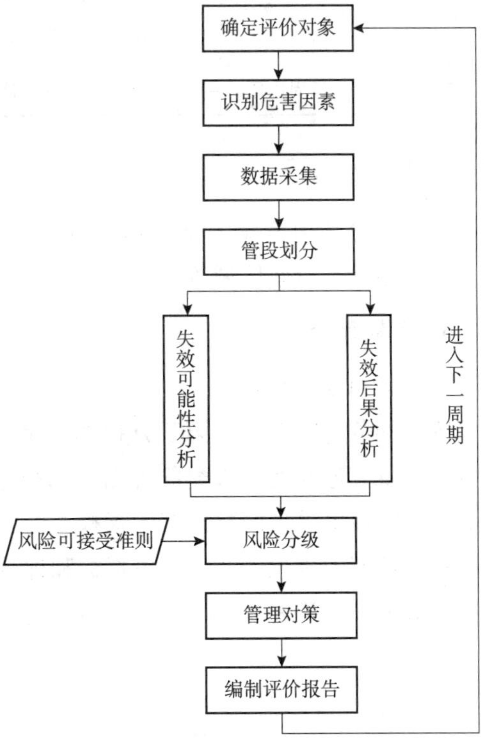

图 5－2　风险评价流程图

1. 确定评价对象

应根据风险评价的最初原因和关注的问题，确定风险评价对象。

2. 识别危害因素

定期进行管道危害因素识别。识别危害因素类型分为第三方损坏、腐蚀、设计与施工、运行维护、自然及地质灾害、蓄意破坏及其他6类。

3. 数据采集

采集的数据包括管道设计竣工资料、各类专项评价报告、管道的运行数据和失效历史、管道沿线的自然及人文环境信息等(见表5-7)。

表5-7 风险评价数据收集表

序号	数据类型	详细信息
1	管道设计竣工资料	设计施工验收记录、设计材质与钢级、管径、壁厚、埋深、设计压力、焊缝类型、管道穿跨越、管道路由等
2	各类专项评价报告	内检测评价报告、外检测评价报告、管道的地质灾害评价报告和环境影响评价报告等
3	管道失效及隐患情况	管道的历史失效情况、管道隐患排查与治理情况
4	管道运行及管理情况	管道的运行参数、缺陷修复、第三方施工、巡线、地质灾害排查治理、阴极保护、治安联防、阀室管理、定期检查、人员培训等
5	管道周边环境	沿线高后果区信息、沿线水域分布、抢险救援力量分布等

4. 管段划分

管段划分必须考虑因素包括站场、阀室、高后果区，同时可以考虑管道壁厚、穿跨越、地形条件、行政区域等因素。

5. 指标评分

1)失效可能性分析

管道的危害因素分为第三方损坏、腐蚀、设计与施工、运行维护、自然及地质灾害、蓄意破坏及其他6类，每类危害因素的权重可基于历史失效数据，通过专家评判来确定。针对特殊管段可单独调整危害因素权重，如挖掘作业段、缺陷立即维修段等。

每类危害因素包含若干二级指标和评分项，总分为100分。六类危害因素的指标评分细则和数据来源见表5-8~表5-13。失效可能性的计算方法如下：

$$P = \sum_{i=1}^{6} w_i P_i \tag{5-2}$$

式中，P为失效可能性分值；w_i为各因素权重，$\sum_{i=1}^{6} w_i = 1$；P_i为各因素的指标评分。

表 5-8 第三方损坏评分细则

一级指标	二级指标	三级指标	评分项	指标评分	总分	数据来源
第三方损坏（0~100分）	第三方施工、耕种、勘探等作业活动的频繁程度		3次/年及以上	0	30	巡线、企业对接、举报
			1~2次/年	10		
			无	30		
	最小埋深		0~0.3m	0	15	外检测报告、智能化管理系统、实地测量
			0.3~0.8m	5		
			0.8~1.2m	10		
			>1.2m	15		
	巡线	巡线频率	无	0	15	巡线管理制度
			每日1次	8		
			每日2次	15		
		巡线效果（对巡线频率的修正）	良好	1.00		GPS巡检终端反馈、巡线必经点打卡
			中	0.50		
			差	0.25		
	线路标识		标识丢失	0	10	巡线
			标识不清或破损	5		
			完好	10		
	安全预警系统（复选）		无预警系统	0	10	技术档案、历史统计
			与管道信息系统集成并有效响应	2		
			定位准确，误报率低	3		
			装备了监测预警系统	5		
	作业沟通情况		无沟通	0	10	管理档案
			沟通效果一般，第三方部分了解管道信息	5		
			沟通效果好，第三方充分了解管道信息	10		
	管道外加保护		无附加保护	0	10	技术档案
			水泥保护层	5		
			套管、水泥盖板	10		

表 5-9 腐蚀评分细则

一级指标	二级指标	三级指标	评分项	指标评分	总分	数据来源
腐蚀（0~100分）	公共属性	服役年龄	>25年	0	10	竣工资料
			15~25年	5		
			5~15年	7		
			0~5年	10		

续表

一级指标	二级指标	三级指标		评分项	指标评分	总分	数据来源
腐蚀（0～100分）	内腐蚀	油品含水量		存在凝析水	0	25	油品质量分析报告、管道监(检)测和清管相关的管理制度
				运营过程中可能产生凝析水	3		
				无凝析水	8		
		油品硫含量		>10mg/kg	0		
				<10mg/kg	5		
		介质流速		<3m/s	0		
				>3m/s	2		
		控制措施（复选）		内腐蚀监测	4		
				定期清管	4		
				水分监测	2		
	埋地腐蚀	土壤腐蚀性		强	0	8	管道外检测报告、管道技术档案
				中	3		
				较弱	5		
				弱	8		
		阴保系统	阴保电位	无阴保系统	0	20	
				>-1.2V或<-0.85V	8		
				-0.85～-1.2V	10		
			阴保检测（复选）	保护度≥85%	3		
				设备运行率≥98%	3		
				每月电位检测	2		
				有智能阴保桩	2		
		杂散电流干扰	直流干扰	干扰程度强，未设置排流	0	12	
				排流装置不能满足需要	2		
				干扰程度弱，未设置排流	4		
				排流装置能满足需要	5		
				无干扰	6		
			交流干扰	干扰程度强，未设置排流	0		
				排流装置不能满足需要	2		
				干扰程度弱，未设置排流	4		
				排流装置能满足需要	5		
				无干扰	6		
		外防腐层	防腐层质量	差	0	25	
				中	1		
				良	3		
				优	5		

续表

一级指标	二级指标	三级指标		评分项	指标评分	总分	数据来源
腐蚀（0～100分）	埋地腐蚀	外防腐层	防腐层检测	未开展防腐层质量检测	2	25	管道外检测报告、管道技术档案
				定期（≥2年）检测防腐层	5		
				每年度开展防腐层质量检测	10		
			防腐层修复	未对防腐层开挖修复	0		
				对部分漏点开挖修复	4		
				对全部漏点开挖修复	8		
				无须开挖修复	10		
	大气腐蚀	暴露情况		空气/水界面	0	20	管道外检测报告、管道运行资料、实地勘察
				套管	8		
				支架/吊架	12		
				土壤/空气界面	16		
				未有以上情况	20		
				空气中有化学品和海洋气候	0		
		空气类型		空气中有化学品和高度潮湿气候	5	20	周边环境
				海洋、沼泽及海岸气候	8		
				高湿度、高温度	12		
				空气中有化学品及低湿度气候	16		
				低湿度低温气候	20		
		外防腐层		与埋地腐蚀相同		25	
内检测修正系数	高清内检测			未进行	100%	100%	管道检测记录和相关报告
				距今＞8年	100%		
				距今3～8年	75%		
				距今＜3年	50%		
	标清内检测			未进行	100%		
				距今＞8年	100%		
				距今3～8年	85%		
				距今＜3年	70%		

注：腐蚀危害因素指标评分值为各指标评分项加和后，根据内检测情况进行修正，即：腐蚀指标评分＝100－[100－腐蚀指标评分项加和]×内检测修正系数。

表5－10 设计与施工评分细则

一级指标	二级指标	三级指标	评分项	指标评分	总分	数据来源
设计与施工（0～100分）	设计	安全裕量	（设计压力与最大运行压力比值－1）×30		15	管道设计资料、运行参数

续表

一级指标	二级指标	三级指标		评分项	指标评分	总分	数据来源
设计与施工（0～100分）	设计	危害识别		未进行危害识别与风险评价	0	10	管道设计资料
				进行了危害识别和风险评价，但未采取措施或措施效果差	5		
				进行了危害识别和风险评价，采取了有效的措施	10		
		高后果区识别		未进行高后果区识别	0	10	
				进行了高后果区识别，但未对识别结果进行响应	5		
				进行了高后果区识别，并优化路由	10		
		管道敷设	管道穿越方式	大开挖	2	15	管道设计资料
				定向钻、盾构等	5		
			管道并行情况	并行间距≤0.5m	0		
				并行间距＞0.5m	8		
				单管敷设	10		
	施工	压力实验	实验压力与设计压力的比值 *H*	*H*＜1.10	0	10	管道竣工档案
				1.11＜*H*＜1.25	3		
				1.26＜*H*＜1.40	7		
				H＞1.41	10		
			修正系数 *F*	≥20年	0.2		
				15～20年	0.4		
				10～15年	0.6		
				5～10年	0.8		
				服役年限≤5年	1.0		
		回填（回填工艺、土质、厚度）		均不满足标准规范的要求	0	5	
				部分满足标准规范的要求	2		
				均满足标准规范的要求	5		
		竣工验收		验收资料不清晰或缺失	0	5	
				验收资料齐全，返工后验收合格	2		
				验收资料齐全，且一次验收合格	5		

续表

一级指标	二级指标	三级指标	评分项	指标评分	总分	数据来源
设计与施工（0～100分）	检测与修复	管道基线检测	投产前未进行任何类型的基线检测评价	0	15	管道竣工档案、检测报告
			投产前只进行了几何变形等单项检测评价	10		
			投产前，进行了几何变形、金属损失、焊缝缺陷等全面检测评价	15		
		管体缺陷修复	缺陷、变形未修复	0	15	
			缺陷、变形已修复	13		
			无须修复	15		

表5－11 运行维护评分细则

一级指标	二级指标	三级指标	评分项	指标评分	总分	数据来源
运行维护（0～100分）	误操作	超压	>5%设计压力	0	12	公司日常管理的规章制度
			0～5%设计压力	6		
			未超压	12		
		安全责任制	无安全责任制	0	8	
			有安全责任制但未严格执行	2		
			有安全责任制并严格执行	8		
		安全保护系统	无	0	12	调控中心、站场、阀室各类设备运行记录和安全设施装备技术档案
			仅有远程监测或超压报警	3		
			仅有单级就地保护装置	5		
			具备远程监测及控制装置	8		
			具备两级或两级以上就地保护装置	10		
			具备本质安全设计及装置	12		
		SCADA系统	与现场沟通核对误差较大	0	10	
			系统运行存在故障历史	4		
			系统运行准确可靠	10		
		机械失误预防措施（复选）	关键操作具备计算机远程控制保护	2	8	
			具备连锁旁通阀或锁定装置	2		
			具备硬件逻辑控制装置	2		
			关键操作具备醒目标志	2		

续表

一级指标	二级指标	三级指标	评分项	指标评分	总分	数据来源
运行维护（0～100分）	检测与维护	年度检查	无年度检查	0	10	管道管理维护制度、相关检测报告与档案
			年度检查计划不全面或未有效执行	5		
			年度检查计划内容全面，有效执行	10		
		全面检验	没有进行全面检验	0	10	
			未按规定时间进行全面检验	5		
			按时进行全面检验	10		
		缺陷维修响应	立即维修	0	20	
			计划维修	10		
			无须维修	20		
	培训	培训与考核	无定期培训	0	10	公司日常管理的规章制度
			有定期培训，但不考核	2		
			有定期培训，且严格考核	5		
		考核奖惩机制	没有考核或无奖惩机制	0		
			有奖惩机制	5		

表5－12　自然和地质灾害评分细则

一级指标	二级指标	三级指标	评分项	指标评分	总分	数据来源
自然和地质灾害（0～100分）	已识别自然和地质灾害点	易发性	高	6	10	管道地质灾害专项评价报告、企业在地质灾害治理方面的管理制度
			较高	7		
			中等	8		
			较低	9		
			低	10		
		管道失效可能性	高	6	10	
			较高	7		
			中等	8		
			较低	9		
			低	10		
		治理情况	无防治工程(包括保护措施)或防治工程完全毁损	50%		
			已有工程严重受损，或者存在设计缺陷，无法满足管道保护要求	60%		
			已有工程受损，但仍能正常起到保护作用	80%		

续表

一级指标	二级指标	三级指标	评分项	指标评分	总分	数据来源
自然和地质灾害（0~100分）	已识别自然和地质灾害点	治理情况	防治工程轻微破损	90%		管道地质灾害专项评价报告、企业在地质灾害治理方面的管理制度
			防治工程合理有效	95%		
			没有必要	100%		
	潜在自然和地质灾害	地形地貌	高山	10	25	
			黄土区/台田地	16		
			中低山/丘陵	15		
			沙漠	20		
			平原	25		
		降雨敏感性	高	2	10	
			中	6		
			低	10		
		土体类型	破碎基岩	10	20	
			薄覆盖层（土层厚度小于2m）	12		
			厚覆盖层（土层厚度大于2m）	18		
			完整基岩	20		
		管道敷设方式	在季节性河流河床内敷设	10	25	
			在湿陷性黄土区敷设	15		
			切坡敷设，与伴行路平行	15		
			穿越或短距离在季节性河床内敷设	15		
			在台田地敷设	18		
			爬坡纵坡敷设	18		
			在山前倾斜平原敷设	18		
			沿山脊敷设	22		
			无特殊敷设	25		
		人类工程活动	线路工程建设	8	15	
			水利工程、挖沙活动	8		
			取土采矿	8		
			堆渣	12		
			农田	12		
			无	15		
		管道保护措施	无额外保护措施	0	5	
			有硬覆盖、稳管等保护措施	5		

表5－13　蓄意破坏及其他评分细则

一级指标	二级指标	三级指标	评分项	指标评分	总分	数据来源
蓄意破坏及其他（0～100分）	打孔盗油	历史事件	2次/年及以上	0	20	打孔盗油台账
			1次/年	10		
			无	20		
		地理环境	偏僻农村	0	10	巡线、管道设计资料
			开发区	5		
			人口聚集区	10		
	违章占压	占压类型	5m内建构筑物占压	0	30	占压隐患台账、隐患治理计划
			5m内围墙占压	5		
			无占压	10		
		占压危害（复选）	管道敷设区段地基下沉	具备其中一项减5		
			形成管道检测“盲段”，妨碍管道维护			
			向敷设区段排放腐蚀性污水或其他腐蚀性物质			
			未造成明显危害	20		
	恐怖活动	历史事件	2次及以上	0	20	管道管理档案
			1次	5		
			无	10		
		防范措施	无预案	0		应急预案
			制订预案，无演练	5		
			制订预案，进行演练	10	20	
	其他	其他管道破坏行为	存在	0		
			无	20		

2）失效后果分析

失效后果考虑产品危害、引燃可能性、泄漏量、扩散及危害受体5个泄漏影响系数，评价指标及评分细则见表5－14，失效后果计算方法如下。

$$C = \prod_{j=1}^{5} C_j \tag{5-3}$$

式中，C 为失效后果分值；C_j 为各泄漏影响系数的评分。

表5-14 管道失效后果评分细则

一级指标	二级指标	三级指标	单项评分	总分	数据来源
失效后果	产品危害	石蜡油	3	5	各类油品输送数据
		燃料油	4		
		煤油	4		
		柴油	4		
		航空煤油	5		
		汽油	5		
	引燃可能性	低	1	2	管段实际情况
		高	2		
	泄漏量	<450kg	1	5	泄漏速率与泄漏时间
		450～4500kg	2		
		4500～45000kg	3		
		45000～450000kg	4		
		>450000kg	5		
	扩散	泥土	1	5	巡线、设计资料、智能化管线系统
		沙石	2		
		细沙、粉沙或中度碎石	2.5		
		500m内有静止的水系	3.5		
		周边500m内有流动水系	4		
		经过流动水系	5		
	危害受体	非高后果区	1	10	高后果区识别报告
		Ⅰ级高后果区	5		
		Ⅱ级高后果区	8		
		Ⅲ级高后果区	10		

6. 风险分级

采用风险分级的方法对油气管道风险进行分析、排序和等级划分，确定关注重点和优先级顺序，以便有针对性地做到分级核查、报告、追责和管理。该分级取决于事件发生的可能性以及事故造成的损失。实践表明，风险分级管理通过对风险识别、分析、衡量和管理决策方面的评价和监督，主要侧重于从实施效果角度来评价风险管理的诸多环节是否顺应其既定目标，切实了解各种风险的重要性和管理对策并随时根据环境需要做必要的修改和调整，保证企业内部风险管控制度总是保持在最佳运行状态。风险分级一方面可以减少风险成本发生的可能性，另一方面能够减少或防范风险发生所带来的损失，使其更广泛地作用于整个管理过程，提高安全生产水平，实现更大的经济利益和社会效益。

采用风险矩阵法对管道风险进行分级。风险矩阵法是一种操作简便且能将定性分析与定量分析相结分进行分级的方法，是由美国空军电子系统中心的采办工程小组于1995年4

月提出的。在ISO Guide 73—2009《风险管理——术语》标准中，国际标准组织(ISO)把风险矩阵作为术语来对待，对其定义为：一种通过定义后果和可能性的范围，对风险进行展示和排序的工具。这个定义看似简单，却给出了明确的约定：首先，风险矩阵是一种工具，该工具用于展示风险，并对风险进行排序；其次，风险矩阵关乎两个要素，即后果及其发生的可能性；最后，使用这种工具时，需要定义后果和可能性的范围，该范围可以是定性的，也可以定量的。

风险矩阵是从事故发生可能性和事故造成的损失两个维度来分析事故风险的等级，并揭示风险的重要性。这种评估工具概念清晰、简单易掌握、输出结果明确，有利于风险管理工作的开展。随着风险评价技术由定性向定量的过渡，风险矩阵也得到了更加细化的发展。很多著名石油公司和研究机构制定的风险评估规范和标准中都采用了风险矩阵作为风险评估的工具，例如常见的有API 581风险矩阵、DNV风险矩阵、Shell风险矩阵、石油工业QHSE风险管理体系等。

在管道风险评价方法中，失效可能性分值实际上反映了危险发生的可能性，而失效后果分值反映管道事故影响后果，分别根据失效可能性分值、失效后果分值进行分级。将危险发生的可能性划分为五级：基本不可能发生、较不可能发生、可能发生、很可能发生、极有可能发生，分别用1～5这5个数字表示。将管道泄漏事故后果影响划分为五级：影响很小、影响一般、影响较大、影响重大、影响特别重大，分别用A～E表示。根据风险矩阵，如表5-15～表5-17所示，可以得到管道的分级风险，由低到高分为Ⅰ、Ⅱ、Ⅲ、Ⅳ四个等级。

表5-15　失效可能性分级

失效可能性等级	等级描述	失效可能性等级	等级描述
1	失效可能性指标评分高于80分	4	失效可能性指标评分在40～20分
2	失效可能性指标评分在80～60分	5	失效可能性指标评分低于20分
3	失效可能性指标评分在60～40分		

表5-16　失效后果分级

失效后果等级	等级描述	失效后果等级	等级描述
A	失效后果指标评分低于600分	D	失效后果指标评分在1300～1700分
B	失效后果指标评分在600～950分	E	失效后果指标评分高于1700分
C	失效后果指标评分在950～1300分		

表5-17　风险分级

失效后果	失效可能性				
	1	2	3	4	5
E	Ⅲ	Ⅲ	Ⅳ	Ⅳ	Ⅳ
D	Ⅱ	Ⅱ	Ⅲ	Ⅲ	Ⅳ
C	Ⅱ	Ⅱ	Ⅱ	Ⅲ	Ⅲ
B	Ⅰ	Ⅰ	Ⅰ	Ⅱ	Ⅲ
A	Ⅰ	Ⅰ	Ⅰ	Ⅱ	Ⅲ

5.4　定量风险评价

GB 32167—2015《油气输送管道完整性管理规范》要求管道管理者对高后果区进行风险评价。对沿线人口密集分布的管道区段实施定量风险评价是强化外管道风险管理的有效措施。油气管道风险是管道泄漏失效概率和泄漏危害后果的综合度量。而定量风险评价（QRA）是对管道泄漏失效的概率和泄漏的危害后果进行定量的分析计算，确定管道不同泄漏模式的泄漏概率、危害范围，沿线特定区域的人员伤亡概率和总体人员伤亡概率评估。同时，油气管道相关标准和原国家安全生产监督管理总局的相关规定对管道沿线区域和重要敏感目标的风险可接受水平做了限定。因此，对特定地区管道实施定量风险评价，确定管道周边区域风险是否处于可接受水平，能够促进管道安全管理，优化管道维护资源配置。

现阶段，国内尚无完整全面的介绍油气管道定量风险评价方法，同时也缺乏国家层面的管道失效事故统计分析数据。广泛参考国内外油气管道失效事故统计分析，开发了管道失效频率计算方法，同时参考油气泄漏火灾事故危害后果计算模型，在管道失效频率计算的基础上，建立了管道定量风险评价计算方法，包括个人风险和社会风险的计算分析。风险可接受性主要依据 SY/T 6859—2012《油气输送管道风险评价导则》给出的个人风险和社会风险可接受准则确定，同时管道周边敏感区域的风险可接受性参考 GB 36894—2018《危险化学品生产装置和储存设施风险基准》的规定。

针对输油管道定量风险评价的计算方法如图 5－3 所示：

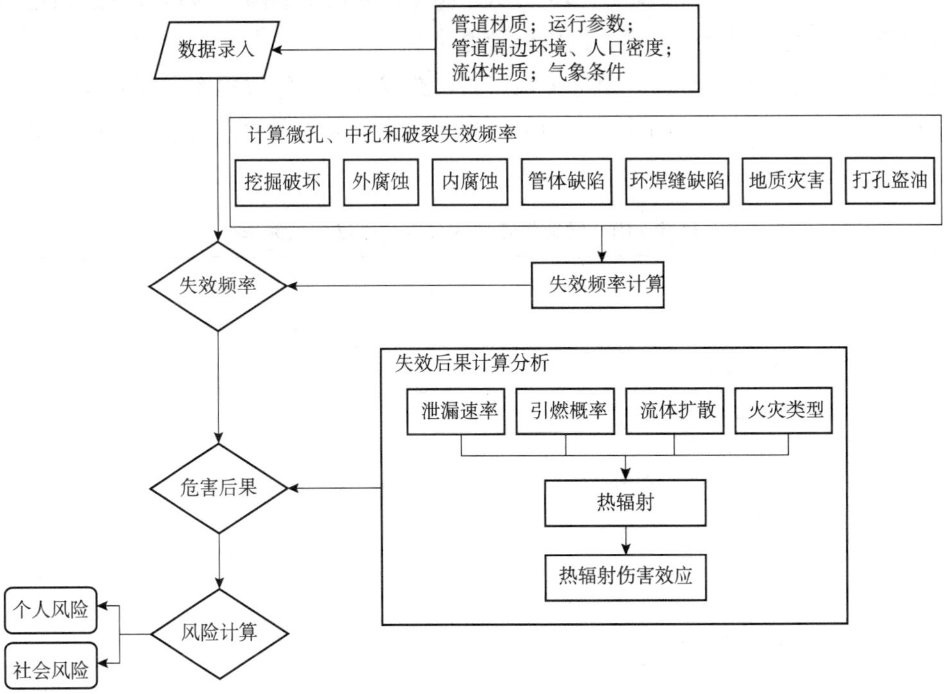

图 5－3　定量风险评价计算流程

1. 数据采集

管道定量风险评价需采集如下管道数据资料：

(1)管道失效事故记录；

(2)管道的内检测评价报告、外检测评价报告、管道的地质灾害评价调研报告和其他涉及管道安全运行的调研评价报告；

(3)材质与钢级、管径、壁厚、设计和运行压力、焊缝类型、管道穿跨越、管道路由；

(4)管道区段的地形地貌、管道沿线人口分布、管道沿线特定场所信息；

(5)管道的隐患、沿线施工活动台账、管道阴保电位、浅埋区段等涉及管道的记录和台账资料。

按照管道的位置，对采集的资料进行整理加工，确定管道壁厚、运行压力、埋深、阴保电位、地形地貌、是否存在隐患和地质灾害风险点等涉及管道风险评价的详细信息。

2. 失效频率计算

根据管道事故统计，在宏观范围内，管道失效频率呈平稳的变化趋势。因此，可根据过去几年管道失效频率对未来一段时期管道失效频率做出合理预测和分析。同时，特定因素对管道失效频率有着显著的影响，如欧洲的环境健康安全组织(CONCAWE)的统计结果证实：浅埋处管道外部干扰失效频率远高于正常埋深的管道。

参考国内外管道失效事故的统计分析结果，确定每类危害因素造成的管道基准失效频率，在计算特定区段失效频率时，采用修正系数对基准失效频率修正。

根据我国输油管道的实际情况，参考国外管道失效事故原因的分类方法，将造成输油管道泄漏的原因分为7类，如表5-18所示。误操作和设备故障一般造成管道站场内泄漏和管道停输，该两类因素一般不会造成外管道泄漏。

管道失效大数据统计证实：由各类危害因素造成的管道失效频率在相对固定范围内波动。根据管道事故统计计算的管道平均失效频率，确定了各个危害因素造成的管道失效泄漏的基准概率，如表5-18所示。

表5-18 管道失效原因分类和基准失效频率

管道失效原因分类	基准失效概率 f_b/[次/(万 km · a)]
	输油管道
挖掘破坏	2.5
内腐蚀	2.0
外腐蚀	2.0
管体缺陷	0.8
环焊缝缺陷	0.8
打孔盗油	1.5
地质灾害	0.5

各类因素造成的管道失效概率的计算公式如下所示：

$$f = f_b \times M \tag{5-4}$$

式中，f_b 为不同危害因素造成管道泄漏失效的基准失效频率；M 为由特定因素确定的修正系数。

不同原因造成的管道失效的频率受某些特定因素的影响。例如，管道失效事故统计证实：浅埋处管道外部干扰失效频率远高于正常埋深的管道；腐蚀性较强的原油管道内腐蚀失效频率远高于成品油管道。因此，管道失效概率的计算是通过对基准概率进行修正，按照式(5－4)计算得到特定区段失效频率。不同失效原因的修正系数影响因素如表5－19所示。

表5－19 管道失效原因分类和修正因素

失效原因分类	失效频率修正因素
挖掘破坏	管道埋深、管道巡线频率、管道沿线地区类型、管道地面标识
内腐蚀	油品硫含量、水含量、流速；内检测；服役年限；管道壁厚
外腐蚀	防腐层质量；阴保系统、杂散电流干扰、内检测；服役年限；管道壁厚
管体缺陷	管体缺陷严重程度、内检测；服役年限；管道壁厚
环焊缝缺陷	环焊缝缺陷严重程度、内检测；服役年限；管道壁厚
打孔盗油	打孔盗油易发性
地质灾害	已经识别地质灾害严重程度、地质灾害治理措施；地形地貌降雨因素、管道敷设情况

3. 泄漏类型

不同失效原因造成的管道泄漏的泄漏孔尺寸存在显著差异，泄漏孔尺寸对管道泄漏量、泄漏油品引燃概率、泄漏危害程度有着重大影响。

参考国内外管道失效泄漏情况划分方法，将输油管道泄漏孔尺寸按照如下方式划分：

(1)微孔：泄漏孔尺寸小于10mm。

(2)中孔：泄漏孔尺寸大于10mm，小于破裂尺寸。

(3)破裂：泄漏孔尺寸大于0.5倍的管道公称直径。

各类危害因素引发管道泄漏，泄漏类型存在差异。例如，腐蚀引发的事故多为微孔泄漏，地质灾害引发的事故多为管道破裂。根据国内外管道事故统计分析，计算输油管道失效频率时，不同类型泄漏在各类危害因素贡献的管道失效频率中所占比例如表5－20所示。

表5－20 不同类型泄漏在各类危害因素贡献的管道失效频率中所占比例

失效原因	失效泄漏类型			
	总计	微孔	中孔	破裂
挖掘破坏	100%	30%	50%	20%
外腐蚀	100%	60%	20%	20%
内腐蚀	100%	60%	25%	15%
管体缺陷	100%	65%	25%	10%
环焊缝缺陷	100%	70%	20%	10%
地质灾害	100%	15%	35%	50%
打孔盗油	100%	45%	45%	10%

4. 泄漏后果

微孔泄漏，采用伯努利方程计算泄漏油品流速，如式(5-5)所示。对于管道破裂，泄漏速率取值为管道油品流速；对于中孔泄漏，泄漏速率取值为管道油品流速的75%。

$$Q = A\,C_0\sqrt{2\rho(p-p_0)} \tag{5-5}$$

式中，Q 为泄漏速率，kg/s；C_0为泄漏液体泄漏系数，取值0.61；A 为泄漏孔面积，m^2；ρ 为流体密度，kg/m^3；p 为管道内压，Pa；p_0为大气压，Pa。

在不同泄漏类型下，管道泄漏油品被引燃的概率 P_{ig}取值如表5-21、表5-22所示。

表5-21 汽油管道泄漏引燃概率

泄漏类型	破裂	中孔	微孔
人口密度高的城区	7.2%	5.2%	1.24%
公路铁路并行区段	3.7%	2.0%	0.62%
偏远地区	2.95%	2.50%	0.62%

表5-22 柴油管道泄漏引燃概率

泄漏类型	破裂	中孔	微孔
人口密度高的城区	3.8%	2.8%	0.75%
公路铁路并行区段	1.9%	1.10%	0.36%
偏远地区	1.46%	1.30%	0.34%

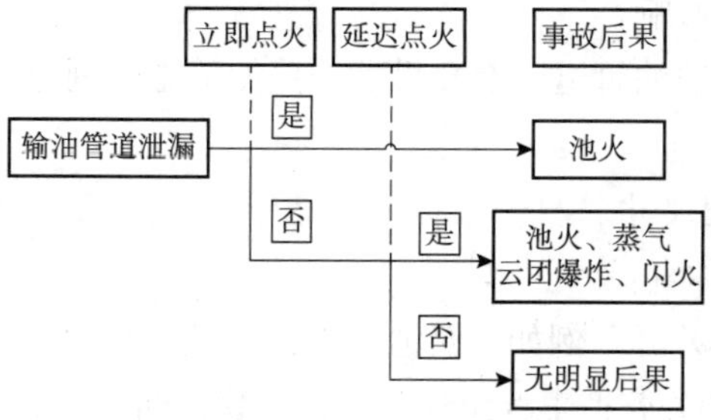

图5-4 输油管道泄漏事故树

输油管道泄漏后危害后果分析如图5-4所示，油品泄漏，在地面上流淌，引燃后形成池火。油品在非密闭空间泄漏，形成闪火或蒸气云爆炸的可能性极低。定量风险评价采用池火模型计算输油管道泄漏危害。

在池火燃烧条件下，当燃烧速率等于泄漏速率时，液池直径达到最大，最大直径可按式(5-6)计算：

$$D_{max} = 2\sqrt{\frac{Q}{\pi m_f}} \tag{5-6}$$

式中，D_{max}为液池直径，m；Q 为液池泄漏量，kg/s；m_f 为液体单位面积燃烧速率，$kg/(m^2 \cdot s)$。

池火的火焰高度按式(5-7)计算：

$$L = 42D\left(\frac{m_f}{\rho_a\sqrt{gD}}\right)^{0.61} \tag{5-7}$$

式中，L 为火焰长度，m；D 为液池直径，m；m_f为液体单位面积燃烧速率，$kg/(m^2 \cdot s)$；ρ_a 为空气密度，kg/m^3；g 为重力加速度，$9.8m/s^2$；

池火表面热辐射通量 E 的计算公式为：

$$E = \frac{0.25\pi D^2 f m_f H_c}{0.25\pi D^2 + \pi DL} \qquad (5-8)$$

式中，f 为热辐射系数，范围为0.13～0.35，保守取值为0.35；H_c 为液体油品燃烧热，J/kg。

管道目标位置辐射通量计算如图5－5所示。

池周围距离池中心 x 处热辐射的强度为：

$$q = E F_p \tau \qquad (5-9)$$

式中，q 为接受点辐射通量，W/m²；E 为池火表面热辐射通量，W/m²；F_p 为几何视角因子，无量纲；τ 为大气透射率，计算方法见式(5－10)：

$$\tau = 1 - 0.058\ln x \qquad (5-10)$$

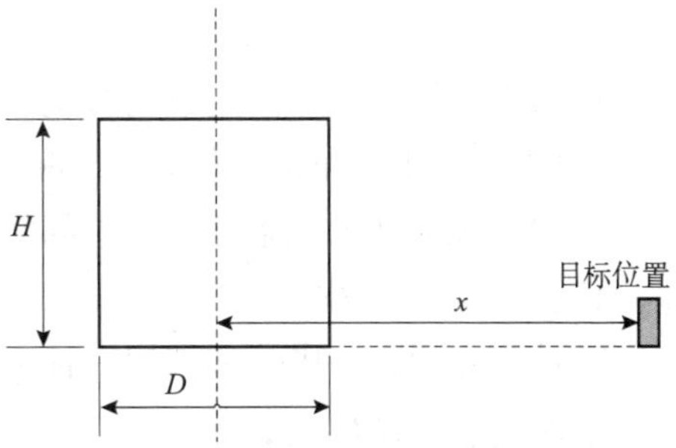

图5－5　管道目标位置辐射通量计算

式中，x 为接受点距离池火中心线距离，m。

由热辐射导致的伤害严重程度与目标暴露时间和热辐射强度相关，死亡概率值计算见式(5－11)：

$$P_r = -36.38 + 2.56\ln(t\, q^{\frac{4}{3}}) \qquad (5-11)$$

式中，P_r 为人员死亡概率值；q 为目标位置热辐射通量；t 为热辐射持续时间，取值为30s。

个体风险考虑人员处于室外的情况，社会风险应考虑人员处于室外和室内两种情况。在计算个体风险和社会风险时，可按式(5－12)和式(5－13)进行修正，修正因子的取值如表5－23所示。

$$P_{个体风险} = \beta_{个体风险} \times P_d \qquad (5-12)$$

$$P_{社会风险} = \beta_{社会风险} \times P_d \qquad (5-13)$$

式中，P_d为人员死亡概率；$P_{个体风险}$为个体风险计算时的死亡概率；$P_{社会风险}$为社会风险计算时的人口死亡百分比；$\beta_{个体风险}$为个体风险计算时的死亡概率修正因子；$\beta_{社会风险}$为社会风险计算时的人口死亡百分比修正因子。

表5－23　修正因子β取值

场景		$\beta_{个体风险}$	$\beta_{社会风险}$	
		室外	室外	室内
热辐射强度小于37.5kW/m²	火球	1	0.14	0
	喷射火焰	1	0.14	0
	池火	1	0.14	0
热辐射强度大于37.5kW/m²	火球	1	1	1
	喷射火焰	1	0.14	0
	池火	1	1	1

注：当计算社会风险时，通常认为在衣服着火以前，室外人员因受到衣服的保护而减弱了热辐射的影响，与没有衣服保护相比，其死亡百分比减小至0.14倍，因此修正因子为0.14。

5. 风险计算

1)个人风险

个人风险是指在评价位置长期生活的、工作的、并未采取任何防护措施的人员遭受特定危害而死亡的概率。对于给定的管道，个体风险沿管道轴线平行分布。

按照定量风险评价的相关标准，管道沿线某位置个人风险计算步骤如下：

(1)根据不同失效原因造成的管道失效概率的基准概率和修正系数，计算油气管道微孔泄漏频率、中孔泄漏频率和破裂泄漏频率。

(2)忽略风速和天气条件对泄漏的影响，计算微孔、中孔和破裂三种不同泄漏条件下，泄漏油气被引燃的概率。

(3)计算在微孔、中孔和破裂三种不同泄漏条件下，管道沿线该特定位置的死亡概率 ΔIR_{leak}、ΔIR_{hole}、$\Delta IR_{\text{rupture}}$；

(4)该位置的个体风险计算公式为：

$$IR = \Delta IR_{\text{leak}} + \Delta IR_{\text{hole}} + \Delta IR_{\text{rupture}} \tag{5-14}$$

在某种泄漏模式(微孔、中孔、破裂)下，管道个体风险 ΔIR 的计算模式如下：

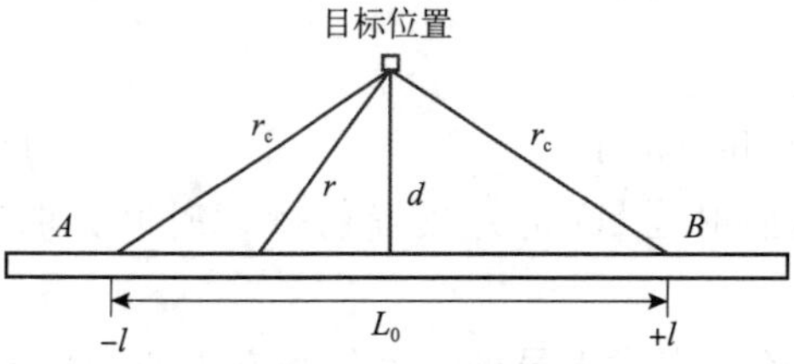

图5－6　管道个人风险计算

如图5－6所示，个体位置距离管道位置垂直距离为 d，该位置个人风险的计算公式如式(5－15)所示。该式中，p_k 根据泄漏点发生泄漏在个体位置处产生的热辐射通量确定，泄漏火灾影响的临界位置为热辐射致死概率为1%的位置，该位置与目标位置距离为 r_c(见图5－6)。

$$\Delta IR = \int_{-l}^{+l} f_k\, p_k \mathrm{d}l \tag{5-15}$$

式中，ΔIR 为个人风险值；k 为不同的泄漏模式，微孔、中孔和破裂；f_k 为不同泄漏模式发生并引燃的概率；p_k 为不同泄漏模式，目标位置人员死亡的概率；

其中，$l = \sqrt{r_c^{\ 2} - d^2}$

式中，d 为目标位置距离管道的垂直距离，m；r_c 为目标位置距离临界失效点的距离，m。

对于特定的敏感位置，如果影响该位置的管道区段失效频率存在显著差异，则采用分部积分的方式计算敏感目标位置的个人风险(见图5－7)。

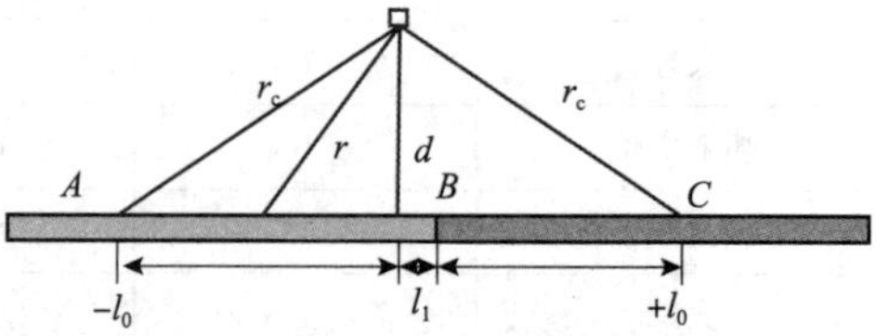

图5－7　影响范围内管道区段存在显著差异情况下的个人风险计算

如图5－7所示，在计算某敏感位置的个人风险过程中，管道 AB 区段与 BC 区段失效频率存在显著差异，则采用分部积分的方式计算该点的个人风险。

$$\Delta IR = \int_{-l_0}^{+l_1} f_{k1}\, p_k \mathrm{d}l + \int_{+l_1}^{+l_0} f_{k2}\, p_k \mathrm{d}l \tag{5-16}$$

式中，ΔIR 为个人风险值；k 为不同的泄漏模式，微孔、中孔和破裂；f_{k1} 为区段 AB 不同泄漏模式发生并引燃的概率；f_{k2} 为区段 BC 不同泄漏模式发生并引燃的概率；p_k 为不同泄漏模式，目标位置人员死亡的概率；

其中，$l = \sqrt{r_c^{\ 2} - d^2}$

式中，d 为目标位置距离管道的垂直距离，m；r_c 为目标位置距离临界失效点的距离，m。

2)社会风险

社会风险是在管道失效频率和失效危害后果计算的基础上，考虑到危险源周边区域的人口密度，以免群死群伤事故的发生概率超过社会公众的可接受范围，通常用累积频率和死亡人数之间的关系曲线($F-N$ 曲线)来描述。

建立管道周边区域社会风险的 $F-N$ 曲线，按照 SY/T 6859—2020《油气输送管道风险评价导则》，假设人口在平行于管道中心线方向均匀分布。在很多情况下，管道沿居民区敷设，可近似认为人口在管道中心线方向均匀分布。在该假设基础上构建 $F-N$ 曲线，计算微孔、中孔和破裂三种泄漏模式发生造成的人员死亡数量。

构建 $F-N$ 曲线的过程，首先将管道周边区域分割成宽度为 25m，平行于管道中心线的条状区块，统计调研每个区块内的人口数量，假设区块内人口沿管道中心线方向均匀分布，计算人口分布线密度，然后计算该区块内由于泄漏造成的人员死亡数量。构建 $F-N$ 曲线的计算流程如图 5-8 所示。

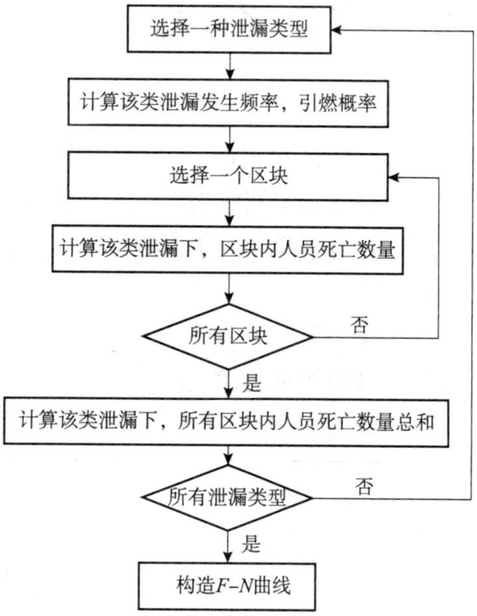

图 5-8　$F-N$ 曲线计算流程

6. 可容许风险

个人风险的可接受性一般采用 ALARP(As low as reasonably practical)原则确定。

如图 5-9 所示：如果风险高于可容许上限，则该风险不能被接受；如果风险低于可容许下限，则该风险可被广泛接受；如果风险介于上限和下限之间，则管道管理者需要权衡风险减缓措施的效益，尽可能降低该处的风险。SY/T 6859—2020《油气输送管道风险评价导则》规定的可容许风险的上限和下限分别为 10^{-4}/年和 10^{-6}/年。

SY/T 6859—2020《油气输送管道风险评价导则》规定的可容许风险的 $F-N$ 曲线如图 5-10所示：该图表示每公里管道事故发生的概率(每年)F 和事故导致 N 人以上死亡之间的对应关系。$F-N$ 准则线上方为风险不可接受区域，准则线下方为风险可接受区域。

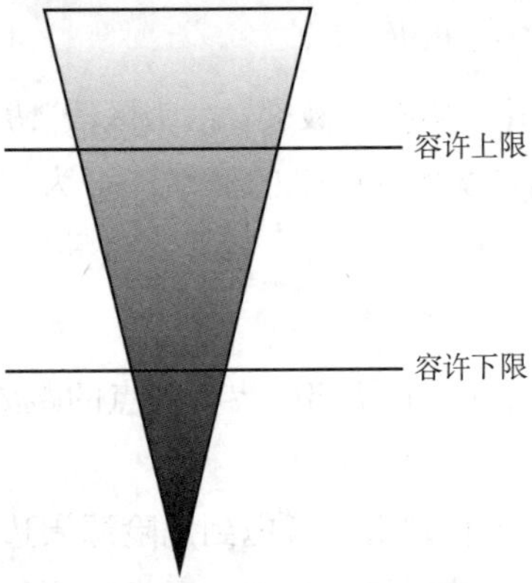

图 5－9　个体风险的可容许上限和下限

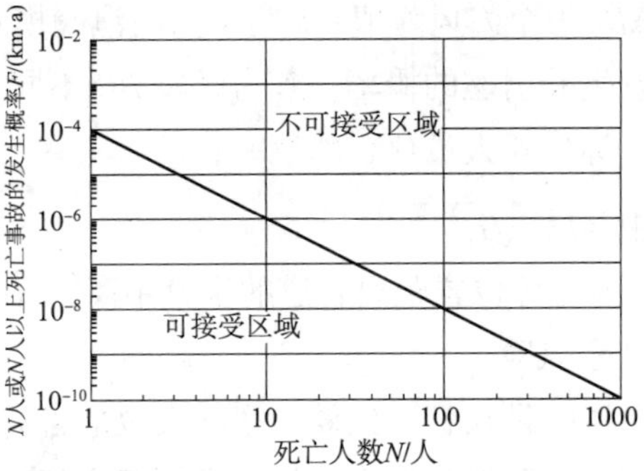

图 5－10　社会风险的 $F-N$ 曲线可接受水平

5.5　风险减缓与应急

企业根据风险等级，制定风险减缓措施并实施，将管段风险控制在合理、可接受的范围内，针对“两高”管道(段)和“两特两重”时期制定专项风险减缓措施。在风险减缓措施制定后，对措施的实施效果和有效性进行分析，并且在保障管道安全运行的同时，控制管道维护成本。对管道失效历史进行记录分析，通过对管道失效历史的研究，预测管道未来可能面临的危害。

风险等级分为 4 级，应针对每一级风险的可接受性做出不同的响应(见表 5－24)，确定实施风险减缓措施的优先顺序，从危害因素和后果两方面来制定并落实风险减缓措施。

表 5－24　风险分级管理

风险分级	描述
高风险(Ⅳ级)	不可接受风险，应尽快采取有效措施降低风险
较高风险(Ⅲ级)	不可接受风险，应在限定时间内采取有效措施降低风险
中等风险(Ⅱ级)	可接受风险，但应保持关注
低风险(Ⅰ级)	可接受风险，说明当前应对措施有效，可不采取额外技术、管理方面的预防措施

5.5.1　风险减缓

1. 第三方施工风险减缓

应采取媒体、宣传品、标语、举报电话等手段，加强管道保护和第三方施工防范的宣传工作，提高管道附近单位及群众的管道保护和安全意识，畅通有关第三方施工信息的举报途径。建立管道巡线管理制度、与地方政府管道主管部门联系机制、大型施工机具及操作人员信息网络，对管道周边第三方施工早发现、早介入、早控制，做到“五个查清”和“四个告知”。在管道保护范围内发现第三方施工作业，应立即制止并督促建设单位办理施工许可，并及时向其送达“油气输送管道安全保护工作告知书”。

管道保护范围内第三方施工的保护方案，应聘请管道专业设计院进行勘察设计，并组织行业专家评审，完善保护方案，同时与建设单位签订管道保护协议。对于未取得备案和批准的第三方施工，企业应立即报告地方政府管道保护主管部门和执法部门进行监管、协调和处理。同意第三方施工前，应检测管道(含光缆)走向和埋深，并人工开挖验证，采取物理隔离手段进行隔离，增设警示桩(牌)，设置钢板、盖板等安全保护措施。

第三方施工作业过程中，应安排现场监护人员，并与施工人员同步对施工现场实行24小时监护，并做视频录像。对安全风险大的第三方施工和重大工程，应聘请专业监理公司现场同步监护、同步盯守。严禁在管道保护范围内采用机械作业。安全风险较大的第三方施工，应编制管道保护应急预案。应对第三方施工点及时建立管理台账，实现动态管理。

2. 腐蚀风险减缓

依据管道风险评价结果确定的腐蚀危害因素制定针对性防控措施。加强对管道阴极保护系统的监控与维护，确保阴极保护系统的有效性。定期检测管道通/断电电位。定期开展管道交直流干扰检测，采用管道智能桩实施动态监测并进行干扰排流。定期开展管道外腐蚀检测评价，并依据评价报告开展管道腐蚀防护工作。

定期进行管道清管，并对清管杂质和细菌进行分析。对管道低点等腐蚀易发区可考虑安装腐蚀监测设备。应定期进行管道内检测评价，并依据评价报告开展管道腐蚀缺陷修复工作。

3. 设计与施工风险减缓

管道设计阶段需要结合实际编制好管道的设计计划书，对管道质量设计做出详细、明确的规定，并对设计单位与审查单位的资质进行严格的考核。管道设计施工阶段宜进行高后果区识别、危害识别和风险评价，从而确定安全距离，规避风险，优化路由。

管道施工阶段加强对施工过程管理，建立完善的施工管理制度，加强对施工人员的管理、培训，要求施工人员严格执行相关技术规范，杜绝施工安全事故，保证施工质量。应在管道施工时加强材料进场把关，施工材料应具备质量合格证书，对于不符合标准的材料、设备要予以及时替换。

4. 运行维护风险减缓

建立管道运行操作规程和相关管理制度，加强日常维护。定期开展注入油品的腐蚀性检测，控制注入油品质量。定期开展工艺联锁保护系统、泄压系统、ESD系统的检测校验，确保各系统安全可靠。加强工控系统安全运行管理，实行“专网专用、封闭运行”，落实各子系统的防护隔离措施。加强外管道巡护管理，落实年度检验(春秋检)。定期组织员工培训，加强员工绩效考核。

5. 自然及地质灾害风险减缓

针对极端天气、地震等自然灾害，建立动态管控机制，落实应急防范措施。应定期开展地质灾害排查、识别及风险评价，在风险评价的基础上制订管道地质灾害风险控制方案，削减地质灾害风险。建立地质灾害风险点管理档案，落实巡护责任，利用测试桩(永久地面标识)坐标偏移、地质探针对管道位移进行监测，提前预判地质灾害隐患。结合管道地势特点，部署分布式光纤综合预警系统等技术手段，开展地质灾害预警监测，制定针对性的防护措施。

加强管道穿越河流、湖泊等的巡检，调查河流特性、水流性质、河道地貌、地质等因素，查清管道敷设方式、实际埋深，检查核实水工设施是否满足防护要求和有效性。定期检查管道周边地貌及构筑物变化情况，排查垮塌、松弛、裂缝、鼓包、沉陷等现象。对管道两侧50m范围内的堆土、弃渣、挖沟、回填、取沙、开山炸石等可能危及管道的活动及时制止，并进行登记建档；对地势复杂区域管道应扩大排查范围。制订防洪、防汛和应对地质灾害应急预案时，应考虑管道途经地质特点、河流和水源地等情况，根据需求配备应急物资和机具。与地方政府有关部门建立防洪、防汛、防震等信息共享和联防机制，建立管道沿线雨情、水情、汛情、地震等信息快速报告制度。

6. 蓄意破坏风险减缓

加强管道巡护管理，制订完善的管道巡护方案，细化巡线时间、巡线路径、巡线必经点、巡线频次等要求。排查管道巡线盲区和隐蔽、易发案部位，增加或调整巡线必经点，加密重点部位巡线频次，及时发现管道周边可疑地点、车辆和人员。定期研判分析管道沿线社会治安环境，排查梳理易发案部位和防范薄弱环节，制订完善的防范工作方案，落实具体防范措施。积极与地方政府及其公安机关、管道主管部门建立管道安全保护联防机制，开展重点区域特防特护和专项治理。

积极利用广播、电视、网络等媒体在管道沿线地区开展管道保护宣传，面向管道占地户、周边厂房院落业主大力宣传占压、打孔盗油的危害性以及管道相关的违法犯罪政策，积极在管道沿线发展特情人员，畅通信息举报反馈渠道。在易发生违章占压、打孔盗油、蓄意破坏、恐怖势力等重点区域采用周界防入侵报警、视频监控、泄漏监测、警犬等物防技防手段，积极探索管道安全保护新技术应用。

5.5.2 应急管理

将高后果区段、高风险段、高风险因素及管体缺陷作为应急预案编制过程中的重点预控对象。根据风险评价结果和缺陷分布情况，保证应急资源供应与配备，确保应急措施能够顺利实施。应急资源包括应急物资、应急人员及现场作业条件等。

将应急抢险所需的资料进行整理，并配发给应急相关部门或个人，确保应急管理人员能够获取所需资料。这些资料包括但不限于：

(1)管道地理信息，包括管道走向图、管道路由影像图、管道高程图等；

(2)管道基本信息，包括材质、管径、壁厚、焊接工艺、管道埋深、地下设施情况等；

(3)管道运行信息，包括油品介质、压力、温度、流量、泄漏量等；

(4)管道周边信息，包括人员分布、道路交通、河流水源、环境敏感区、地方政府、公安消防、医院等。

应基于管道路由影像图、地图、高程图和水力分布图，预估管道泄漏对人员伤亡、环境污染以及舆情等影响。根据风险评价结果制订管道在应急状态下的应急处置方案。发生管道泄漏事故时，首先要按照管道水力特性采取降压、停输、大流量泄放、关断截断阀室等工艺操作，采取措施，实施泄漏事故前期处置和扩散控制，重点防范泄漏事故引发的着火、爆炸、人员伤亡、环境污染等事故。

5.6 应用案例

5.6.1 半定量风险评价

1. 失效可能性分析

某成品油于 2005 年 12 月底投产运行，输送介质为汽油、柴油，管道及管件采用 Φ273.1mm×6.4mm 的 L360 直缝电阻焊钢管，设计压力 6.4MPa，外防腐层主要为环氧粉末，穿跨越区域为 3PE 防腐层。考虑站场、阀室、高后果区、穿跨越、管道材质规格、外部腐蚀环境等因素，将管道划分为 32 段。通过管道危害因素识别后，对各主要危害因素进行评分，结果见表 5－25。

表 5－25 某管道风险评价失效可能性评分

分段	第三方损坏评分	腐蚀评分	设计与施工评分	运行维护评分	自然及地质灾害评分	蓄意破坏及其他评分
1	55	94.5	87	100	87	90
2	85	94.5	90	100	87	90
3	70	94.5	87	100	87	90
4	70	94.5	90	100	84	90
5	55	94.5	87	100	84	90
6	70	94.5	87	100	84	90
7	65	94.5	87	100	84	90
8	60	94.5	87	100	84	90
9	70	94.5	90	100	84	90
10	60	94.5	90	100	84	90
11	65	94.5	87	100	84	90
12	70	94.5	90	100	84	90
13	60	94.5	87	100	84	90
14	55	94.5	85	100	87	90
15	85	94.5	88	100	87	90
16	70	94.5	85	100	87	90
17	70	94.5	85	100	87	90
18	55	94.5	85	100	87	90
19	70	94.5	85	100	87	90
20	65	94.5	85	100	87	90
21	60	94.5	85	100	87	90
22	70	94.5	88	100	87	90

续表

分段	第三方损坏评分	腐蚀评分	设计与施工评分	运行维护评分	自然及地质灾害评分	蓄意破坏及其他评分
23	90	94.5	88	100	87	90
24	90	94.5	88	100	87	90
25	55	94.5	97	100	73	90
26	85	94.5	93	100	87	90
27	70	94.5	97	100	87	90
28	70	94.5	95	100	87	90
29	55	94.5	95	100	87	90
30	70	94.5	98	100	87	90
31	65	94.5	95	100	87	90
32	60	94.5	98	100	88	90

1)第三方损坏

对于部分区段第三方损坏失效可能性相对较高的区段，主要有如下原因：

(1)地区等级较高(三级和四级)，使得管道用地与沿线居民的生产建设用地存在冲突，管道沿线第三方施工作业活动较频繁；

(2)管道沿线存在较多农耕区域，农耕活动易产生管道破坏；

(3)部分管道埋深不足；

(4)管道无附加保护。

2)腐蚀

该管道腐蚀失效可能性整体偏低，防腐工作开展较好。2017～2018 年期间开展了清管、变形及高精度漏磁内检测作业，明确缺陷点，并制定维修决策。同时公司输送的油品质量较好，管道服役年限短，阴保良好，且有智能阴保桩。

3)设计与施工

该管道设计与施工失效可能性整体较低。管道的设计和施工严格按照相关的标准执行，设计资料全面、翔实。管道施工和验收严格按照相关标准规定实行，施工质量较高。自投产以来，管道运行平稳。

4)运行维护

该成品油管道的运行维护失效可能性整体处于很低的水平。管道 SCADA 系统运行良好，得到了很好的维护；查阅管道设计与施工档案，管道设计与施工完全按照国家相关标准进行，设计符合相关标准，施工质量可靠；HSE 理念与原则得到了很好的贯彻与执行，HSE 的管理思路渗透到每一名员工；管理处和站库建立起了较健全的培训制度，包括入职培训、岗前培训、培训检测等。

5)自然及地质灾害

该管道的自然与地质灾害失效可能性处于较低水平。该管道处于平原地区，滑坡、泥石流、塌陷、水毁等地质灾害发生的可能性较低，且在设计与施工阶段采取了措施以防范可能地质灾害，针对极端天气制定了针对性的预防措施。对于失效可能性相对较高段，主要由于管道穿越河床，易受河沟道水毁。

6) 蓄意破坏及其他

自管道投入运营以来，未发生过打孔盗油等蓄意破坏事件，且企业积极清理占压隐患，目前，管道基本不存在占压。由于管道经过部分区段远离城区，存在便于盗油犯罪分子作案的环境，建议管道管理者加强巡护，严格防范打孔盗油。

2. 失效后果分析

管道不同管段的失效后果评分在125～1250，具体如表5－26所示。

表5－26　某管道风险评价失效后果评分

分段	失效后果评分	分段	失效后果评分
1	875	17	125
2	200	18	250
3	125	19	500
4	125	20	125
5	125	21	125
6	500	22	250
7	125	23	437.5
8	125	24	125
9	200	25	437.5
10	500	26	200
11	250	27	125
12	500	28	125
13	125	29	125
14	437.5	30	125
15	200	31	125
16	125	32	1250

该成品油管道不同管段失效后果差别较大，但大部分区段管道失效后果处于较低的水平，对于失效后果评分较高的区段主要是由于：

(1) 管段所在区域属于三级和四级地区，人口稠密且在管道两侧200m范围内分布较为密集；

(2) 管段所在区域附近或500m范围内存在较大型的活动水系，如河流、湖泊、水库等，部分水系属于饮用水源，因此一旦发生管道泄漏，油品流入活动水系中扩大了危害区域，同时引发环境污染；

(3) 管段所在区域周边存在较多的高后果区，特别是存在一定数量的Ⅲ级高后果区，若发生火灾、爆炸等事故，极易引起人员伤亡、财产损失、环境污染的严重后果。

3. 风险评价结果

结合第三方损坏、腐蚀、设计与施工、运行维护、自然和地质灾害、蓄意破坏及其他

6 类因素的权重，得到总失效可能性值。根据失效可能性值和失效后果值得到失效可能性等级和失效后果等级，并结合两者得到风险等级。该管道不同管段的风险评价结果如表 5－27 所示，该管道风险状况较好，只有 1 处为中等风险。

表 5－27　某管道风险评价结果

分段	失效可能性值	失效后果值	失效可能性等级	失效后果等级	风险等级
1	78.775	875	2	B	Ⅰ
2	89.575	200	1	A	Ⅰ
3	84.025	125	1	A	Ⅰ
4	84.025	125	1	A	Ⅰ
5	78.475	125	2	A	Ⅰ
6	83.725	500	1	A	Ⅰ
7	81.975	125	1	A	Ⅰ
8	80.225	125	1	A	Ⅰ
9	84.025	200	1	A	Ⅰ
10	80.525	500	1	A	Ⅰ
11	81.975	250	1	A	Ⅰ
12	84.025	500	1	A	Ⅰ
13	80.225	125	1	A	Ⅰ
14	78.575	437.5	2	A	Ⅰ
15	89.375	200	1	A	Ⅰ
16	83.825	125	1	A	Ⅰ
17	83.825	125	1	A	Ⅰ
18	78.575	250	2	A	Ⅰ
19	83.825	500	1	A	Ⅰ
20	82.075	125	1	A	Ⅰ
21	80.325	125	1	A	Ⅰ
22	84.125	250	1	A	Ⅰ
23	91.125	437.5	1	A	Ⅰ
24	91.125	125	1	A	Ⅰ
25	78.375	437.5	2	A	Ⅰ
26	89.875	200	1	A	Ⅰ
27	85.025	125	1	A	Ⅰ
28	84.825	125	1	A	Ⅰ
29	79.575	125	2	A	Ⅰ
30	85.125	125	1	A	Ⅰ
31	83.075	125	1	A	Ⅰ
32	81.725	1250	1	C	Ⅱ

4. 风险削减措施

针对该管道的风险评价结果与因素敏感性分析，根据 GB 32167—2015 等相关标准要求，结合输油站的实际需求，提出如下风险削减建议：

(1)加强管道高后果区，特别是人口密集区域(三级、四级地区)管段的巡护、第三方施工、检测评价与维修维护工作。

(2)特殊时期加密巡线，及时掌握所辖管道周边情况，发现情况立即制止并上报；在大雨等恶劣天气后，进行重点巡查，发现问题及时上报。

(3)定期对巡线员进行技能培训，每月对巡线员进行安全教育，及时传达相关要求、规定和事故案例，每月对巡线质量进行检查、抽查，每月考核兑现。

(4)与管道经过的村镇、厂矿企业、沿线农户保持联系，加大安全宣传，了解该地区情况。

(5)按要求设置各类桩牌，设置加密桩牌，加强检查、维护，确保桩牌的完好和信息的正确有效。

(6)在管道沿线，发展信息员，发现危及管道安全的行为时，及时报告。

(7)尽快开展管道地质灾害危险性专项评价，确定管道地质灾害隐患点及危险性等级，制定管道地质灾害预防措施并落实。

(8)不定期开展管道沿线的宣传，对附近居民开展安全知识宣传，提高保护管道的意识。

(9)每日检测恒电位仪运行状态；每月进行管道阴保电位测试、阳极床测试、绝缘接头测试，分析数据，及时发现数据变化，检查阴保测试桩是否完好。

(10)每季度清管一次，检查管道运行状态。

(11)加强管道完整性管理体系建设，编制并完善管道完整性管理相关规程，积极做好完整性管理技术的应用。

5.6.2　定量风险评价

某成品油管道2008年投入使用，设计输量为285万t/a，设计压力为10MPa，工作压力为4.7MPa，工作温度为常温，输送介质为汽油、柴油，管道规格为Φ323.9mm × 7.1mm，管道材质采用L360直缝电阻焊钢管，外防腐层采用聚氨酯系列环氧粉末，采用外加电流阴极保护法进行了阴极保护。

图5-11　高后果区示意图

该管道识别一处典型人口密集型高后果区。该高后果区管段分布有医院、小学、居民小区，同时与省道公路交叉，具体如图5-11所示

(管道东侧距小区最近约15m，距小学约5m，距医院约150m，同时与省道交叉)。对该高后果区管段采用半定量评价方法开展管道线路风险评价，评价结果为：该管段风险等级为较高。

1. 模型构建

1)失效概率分析

采用基于历史失效数据修正的方法进行失效概率计算。参考管道历史失效频率，并根据评价管段的实际情况，依靠失效统计或者技术人员的经验对历史失效频率进行修正。管道失效概率需要考虑的因素主要包括：

(1)腐蚀，包括外腐蚀、内腐蚀、应力腐蚀开裂；

(2)管体制造与施工缺陷；

(3)第三方损坏，如开挖施工破坏、打孔盗油等；

(4)地质灾害，如滑坡、崩塌和水毁等；

(5)误操作。

综合考虑管道的多维数据，得到管道的失效概率为8×10^{-5}。

2)失效后果分析

建立失效后果模型时需要确定泄漏场景、当地气候、泄漏修正等参数，如泄漏形式为全尺寸断裂；释放位置为0m(地面)；响应(泄漏)时间分别为20min；扩散类型为土地、无堤岸；爆炸冲击波伤害方式为多能量均匀受限；燃烧热辐射水平数量为致死率99%、10%、1%三级分析；大气温度13℃；相对湿度40%；等等。

基于以上参数的选择与确认，建立泄漏、火灾、爆炸模型。

2. 结果分析

1)个人风险分析

个人风险的计算结果如图5-12所示。医院区域的个人风险计算值在10^{-9}和10^{-8}之间，低于标准可接受值，可以不予考虑。小学和居民小区的个人风险计算值均在10^{-6}和10^{-5}之间，根据SY/T 6859—2020《油气输送管道风险评价导则》的规定，个人风险可接受。

根据GB 36894—2018《危险化学品生产装置和储存设施风险基准》的要求，小学属于高敏感场所，小区属于居住类高密度场所，两类场所的个人风险可接受标准为$\leqslant3\times10^{-6}$，得到管道的个人风险较高(见图5-12)。

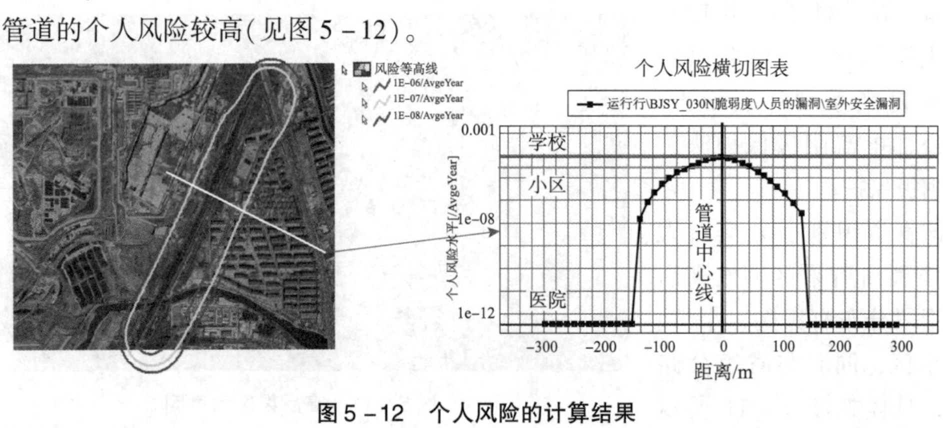

图5-12　个人风险的计算结果

对各高敏感场所的个人风险分析结果见图 5 – 13。

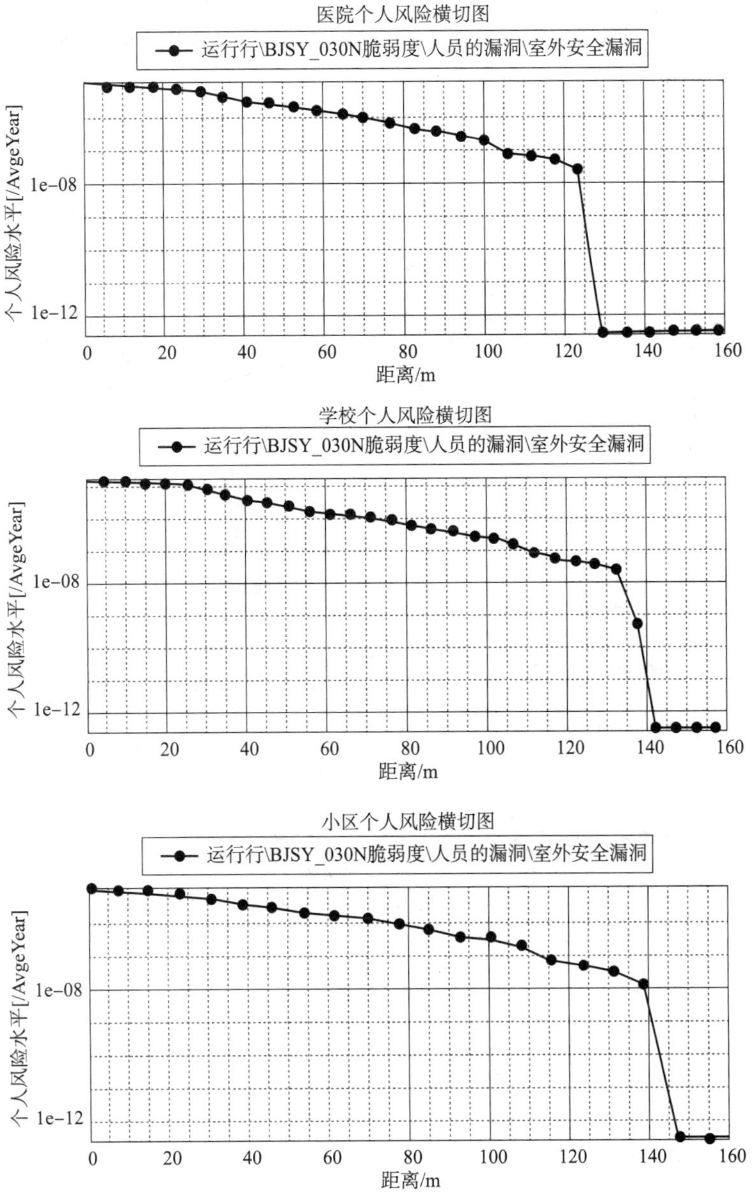

图 5 – 13 各高敏感场所的个人风险分析结果

2)社会风险

当响应时间为 20min 时，社会风险的计算结果见图 5 – 14。整段管道以及在小学和小区处的社会风险均为可接受风险，而在医院处的社会风险为可忽略风险。

当响应时间缩短为 5min 时，社会风险的计算结果见图 5 – 15。可以看出，随着响应时间的缩短，社会风险随之降低。

当人为将管道与各场所距离增大 30m 时(管道在图中左平移 30m)，社会风险的计算结果如图 5 – 16 所示，可以看出，随着人口密集场所与管道距离的增加，社会风险显著降低。

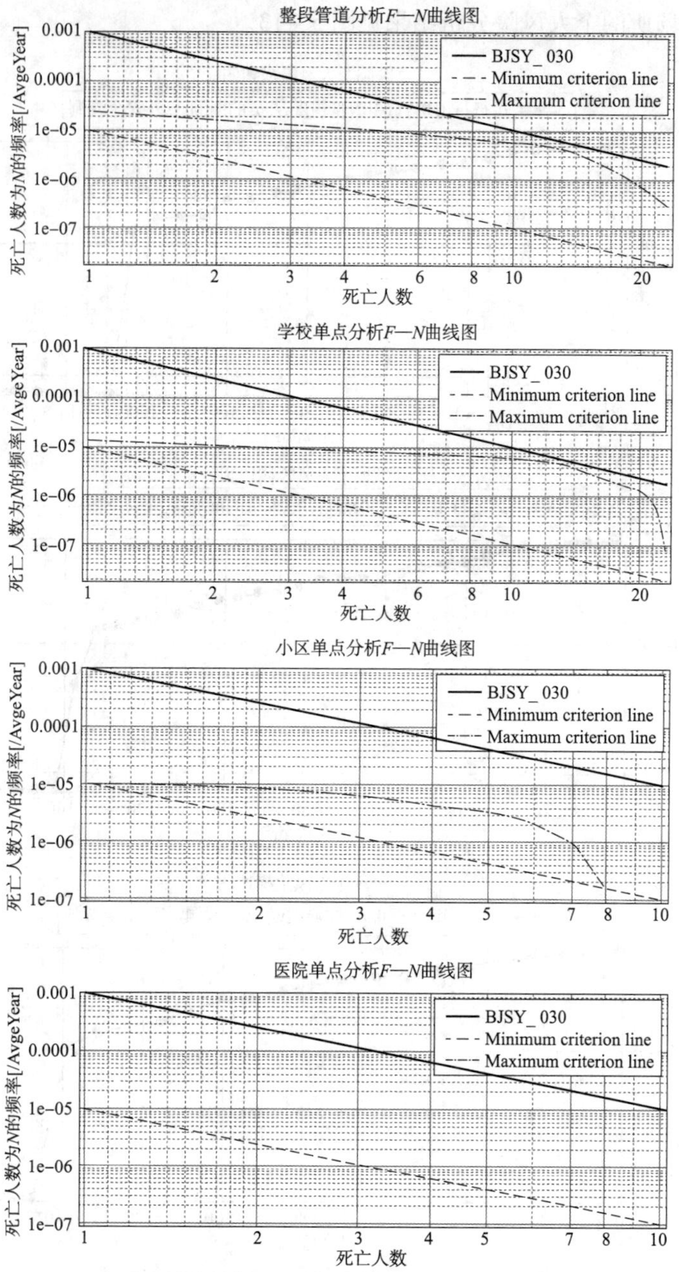

图 5-14　20min 泄漏时间下的社会风险

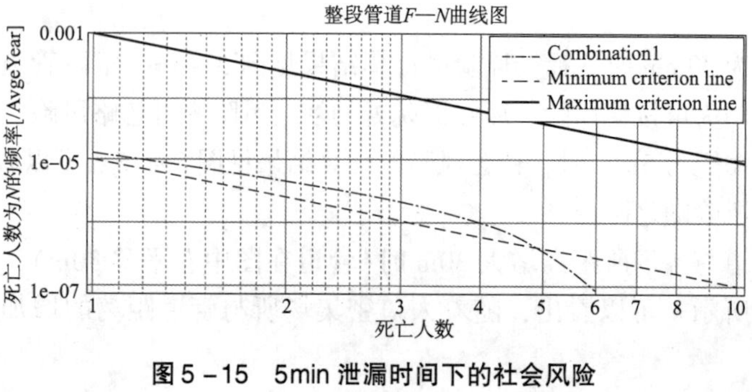

图 5-15　5min 泄漏时间下的社会风险

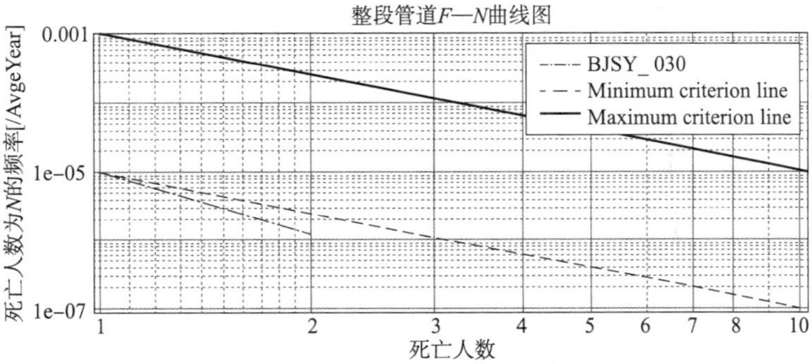

图5－16 平移后的社会风险

3)火灾辐射强度分析

如图5－17所示，在距泄漏点120～210m范围内，热辐射强度超过4kW/m²，该辐射强度会对人员造成轻微伤害，存在1%致死率；在距泄漏点30～120m范围内，热辐射强度超过12.5kW/m²，该辐射强度会对人员造成较重伤害，存在10%致死率；在距泄漏点0～30m范围内，热辐射强度超过37.5kW/m²，该辐射强度会对人员造成严重伤害，存在100%致死率。

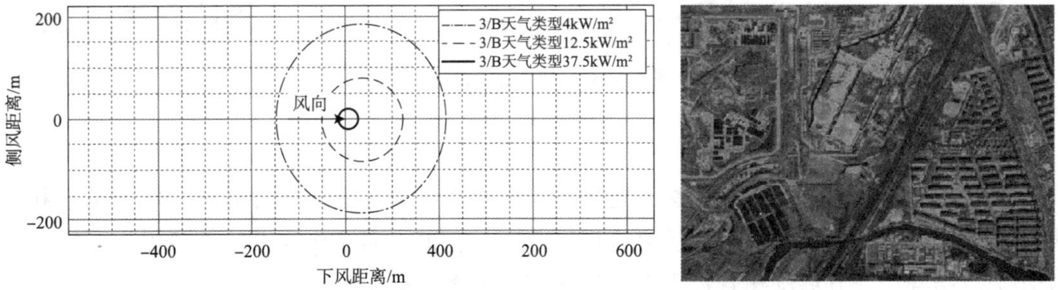

图5－17 火灾辐射强度

如图5－18所示，在火灾事故情况下，管道安全距离为210m。

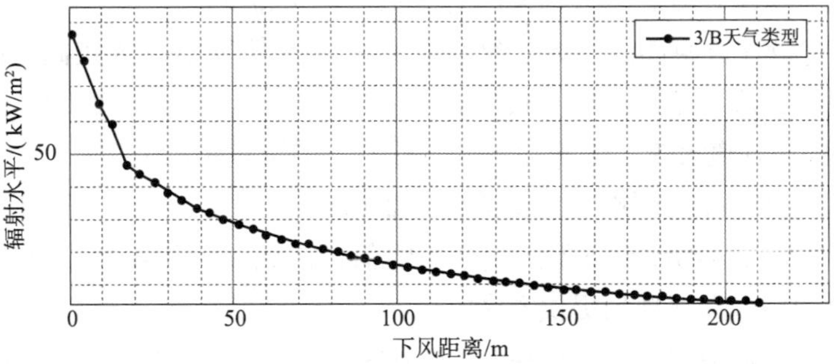

图5－18 火灾的影响距离

4)爆炸冲击强度分析

如图5－19所示，爆炸超压随距离变化曲线总体上呈抛物线趋势，爆炸超压最大值为19.91bar；当风速为年平均风速3m/s时，大气稳定度为B时，爆炸超压在顺风向距离26～33m范围内达到最大值。

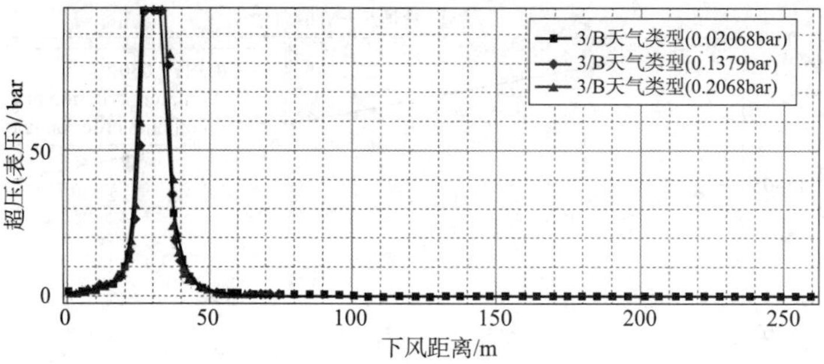

图 5－19　爆炸的冲击强度

如图 5－20 所示，在爆炸事故情况下，管道安全距离为 230m。

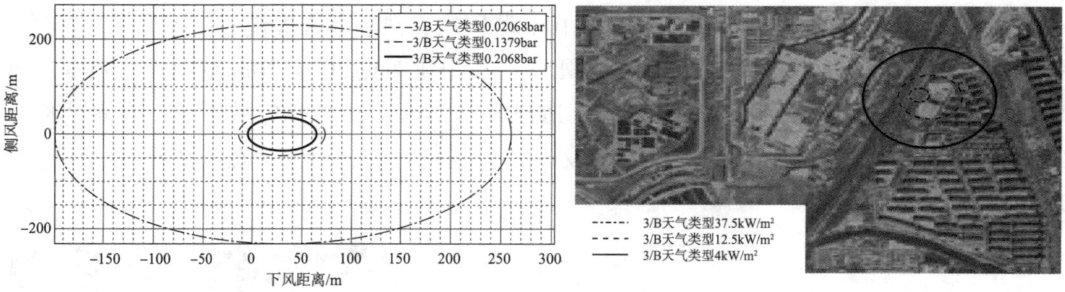

图 5－20　爆炸的影响距离

3. 结论

相比于定性及半定量评价方法，定量风险评价方法可量化表征管道安全风险水平和可接受程度，并进一步确定管道高后果区识别范围、管道火灾爆炸等事故破坏后果范围及安全距离，指导企业开展细化管控重点、优化应急方案、优化管道路由等工作。

针对上述典型高后果区案例，得到以下结论：

(1)该区域人口密度大，高敏感场所、居住类高密度场所距离管道近，但由于管道本体状况和企业管理效果良好，个人风险、社会风险均可接受。

(2)由于学校距管道距离近，人口密度大，人员室外暴露系数较高，故其个人风险、社会风险相对较高，应着重加强对学校的管道安全宣传、应急联动等工作。

(3)计算该区域管道火灾、爆炸在最低致死率下的影响距离为 230m，实际管道管理工作中可将该高后果区管控范围扩大到管道两侧 230m。

(4)通过计算与管道不同距离下的社会风险值，区域风险能够降到可接受范围的距离为 30m，由此可为城市发展规划提供参考。

(5)当响应时间从 20min 缩短到 5min 时，社会风险明显降低，由此说明通过增加截断阀、泄漏监测系统等管控措施，缩短响应时间，可有效降低管道的风险水平。

(6)综合个人风险、社会风险的计算值，根据人口密集型高后果区风险值的高低进行排序，优化管道管理资源配置。

(7)可根据风险等高线、火灾和爆炸安全距离指导编制应急处置方案，合理规划该高后果区紧急撤离路径、应急救援路径，合理设置应急疏散点。

第 6 章　管道内检测与管理

6.1　内检测概述

管道内检测是指通过安装有无损检测设备、数据采集和存储装置的智能清管器在管道中运行，完成对管体的逐级扫描，达到对管体缺陷大小、位置检测的目的。管道内检测技术可以在保证管道正常运行的状态下，定量检测出管体存在的缺陷并进行缺陷定位，为保障管道安全运行提供重要科学依据。

作为管道完整性管理的核心环节，内检测是目前国内外全面获取管道信息、了解管道缺陷状态的最为有效和可靠的技术手段。国际上油气管道内检测技术经过几十年的发展，已形成四类特定功能的内检测技术：(1)金属损失(腐蚀、划伤等)；(2)裂纹(疲劳裂纹、应力腐蚀开裂等)；(3)几何形状异常(凹陷、椭圆变形、内径变化等)；(4)测绘(路径)。国内外各大内检测公司及科研机构开发研制了基于不同检测原理的内检测技术及设备，目前主要的检测技术有几何变形检测、路由测绘检测、漏磁检测、超声检测、涡流检测、射线检测等。

6.2　内检测主要技术

1. 变形内检测

变形内检测是以检测几何变形为主要目的的内检测。

变形检测器主要采用机械爪或者有机械爪的辐射架，机械爪紧贴着管道内壁运行。当管壁存在凹陷、偏圈、褶皱或附着在管壁上的碎屑等引起管道横断面变化的缺陷时，机械爪就会发生偏移。检测器将这些偏移转化为相应的电信号并储存起来，后期通过对电信号的分析就可确定影响管道完整性的几何异常情况。

变形内检测通常用于检测管道施工过程中外力、管沟碎石挤压等因素造成的凹陷、椭圆度和弯曲度等，还用于检测管道吊装、下沟过程中附件应力造成的管道局部变形，以及检测管壁内部环境清洁度和粗糙度，验证是否满足连续发送清管器(球)的能力，也是新建管道竣工验收的重要组成部分。德国 ROSEN 公司的电磁涡流 - 变形内检测器，在传统的弹性辐射状机械臂上安装了电磁涡流传感器，除能实现变形内检测器常规的检测功能外，电磁涡流传感器还可以探测管道局部的较小变形。

2. 路由测绘内检测

路由测绘是利用惯性导航技术，通过惯性传感器不断对载体运动产生的惯性数据进行测量，获得精确的管道中心线坐标数据。

利用路由测绘获得的高精度中心线坐标参数，可以有效识别出由环境因素诱发的管道位移，并评估整个管道的曲率及与曲率变化相关的弯曲应变。利用测绘信息和内检测数据可计算出管道所有参考环焊缝的 GPS 坐标，以此绘出工程图，能够帮助制订完善的维修方案并确定缺陷的位置。结合遥感影像数据，可以进行高后果区识别、风险评价及缺陷的高精度定位。

3. 漏磁内检测

漏磁内检测是利用磁铁磁化管壁，通过磁通量变化来检测管体和焊缝中存在的缺陷及管道特征的内检测技术。

漏磁内检测是研制时间最久也是应用最广泛和成熟的技术之一，该技术几乎对管道检测环境无要求，且操作简单、价格低廉，油气管道适用范围很广。其优点是可检测管道内/外腐蚀体积型缺陷、焊缝缺陷和径向裂纹等，缺点是要求管壁达到磁饱和状态。

目前漏磁检测技术主要发展了三轴高清漏磁检测技术、周向励磁漏磁内检测技术、三维脉冲漏磁内检测技术、旋转漏磁内检测技术等。三轴高清漏磁内检测器增加了探头中传感器的数量，能同时记录泄漏磁场的三维分量，可提高对缺陷的位置、类型、形状和尺寸等识别能力及测量精度。周向励磁漏磁内检测技术通过管道周向分布的磁化场对管壁进行检测，可改变管壁的磁场分布，提高检测轴向延伸缺陷的准确率。三维脉冲漏磁内检测技术是将具有一定占压比的脉冲电压(流)加载至激励线圈来实现对测试件的局部磁化，如果被测试件存在缺陷，其漏磁场发生变化，感应电压也随之变化。旋转漏磁内检测技术将周向漏磁技术和轴向漏磁技术相结合，解决了检测器难以检测很浅、长且宽的金属损失缺陷的问题，提高了对狭长裂缝的检测精度。例如，德国 ROSEN 公司研发的第六代三轴高清漏磁检测器，可同时记录 3 个独立方向的漏磁信号，实现了准确检测管道环向螺旋焊缝缺陷。

4. 传统超声内检测

传统超声内检测是电压或电容传感器通过液体耦合与管壁接触，检测管道缺陷，主要应用于原油和成品油管道。目前，该检测技术在理论研究方面已近乎完备，在工程应用方面已进入成熟阶段，可检测大口径和大壁厚管道，可直接测量管壁内/外金属损失，也是检测轴向/径向裂纹首选方法。但在某些新领域的应用上，该技术还存在一定的难点，如对管道内壁环境清洁度要求很高，不能检测杂质积液多、结蜡沉积严重的管道。ROSEN 公司研发的超声内检测器，可用于测量管道壁厚和金属损失，可检测大部分平面和体积型裂纹缺陷，可实现同时检测金属损失和裂纹缺陷。

5. 电磁超声内检测

为解决传统超声检测技术需要液体耦合的问题，电磁超声检测利用电磁场和涡流场在管壁上产生复合交替的超声波，可检测应力腐蚀开裂裂纹、疲劳裂纹、轴向裂纹和焊缝缺陷等。由于电磁超声在产生和接收过程中具有无须耦合剂、重复性好、检测速度快、换能器与被测物体表面非接触等优点，因而在无损检测领域受到广泛关注。

目前，国际上具备电磁超声检测技术的主要是美国GE－PII公司和德国ROSEN公司，可检测的管道尺寸为16～48in。国外已有超过1万km管道进行了电磁超声检测，主要分布于北美、南美、中美、中东、欧洲和独联体国家。我国目前尚未有大规模应用。

6. 超声相控阵检测

超声相控阵检测方法是在普通超声检测方法的基础上，增加了对超声声束的偏转和聚焦控制，提高检测精度，对于结构复杂的物体也能够进行检测。相对超声内检测技术，超声相控阵系统包含更多电子元件和复杂探针阵列，不仅可以完成金属腐蚀缺陷和裂纹缺陷的检测，而且实现了裂纹的分类检测，例如可以区分应力腐蚀开裂导致的裂纹、疲劳裂纹和焊接裂纹等。

7. 涡流检测技术

目前已应用的涡流检测技术包括单频、多频、远场、脉冲和深层涡流技术，新发展的有阻抗平面显示技术和磁光涡流成像技术。传统的涡流检测技术是用单一频率的正弦波电压或电流作为其激励信号的单频涡流对管壁进行内检测。多频涡流检测技术是采用多种频率的正弦波电压或电流作为激励信号，由于获得的检测失真较少，检测精度较高。远场涡流检测技术采用的是低频涡流，能够穿透管壁，检测探头主要有激励线圈和检测线圈组成，其克服了趋肤效应，能够对管壁外表面的缺陷进行检测，但对轴向裂纹检测效果不好。目前，远场涡流内检测器主要有加拿大Russell公司的See Snake管道内窥镜。

8. 其他内检测新技术

随着电子、通信和计算机技术发展，弱磁应力内检测和阴保电流内检测等成为新兴的技术，目前仍处于验证阶段，尚未大规模成功应用于工业管道。

弱磁应力内检测是基于金属磁记忆检测技术发展而来的，在非励磁条件下(地磁环境下)，通过检测铁磁材料在应力作用状态下的外部弱磁场大小及分布特征来判断材料的应力变形及损伤状态。作为一种新兴的检测技术，目前尚存在磁记忆现象明确而机理模糊、检测标准未定量化、对“危险区”的判断手段仍不完善等问题，基础理论和检测手段都有待完善。

阴极保护电流内检测是在不影响阴极保护系统正常工作条件下，通过测量阴极保护电流流回电源中形成的压降，清晰地记录管中阴极保护电流的大小和流向，了解管道不同位置的电流分布情况，对于铁路、其他管道等设施造成的干扰可以发现并判断方位，能有效解决公路、河流、沼泽、盆地等穿跨越区域的检测，且避免了路权问题。

6.3　内检测作业流程

管道内检测应综合考虑多方面因素，结合管道失效历史、风险评估结果及历史检测情况选择合适的内检测技术及设备，并制订详细的内检测方案和计划。内检测基本流程见图6－1。

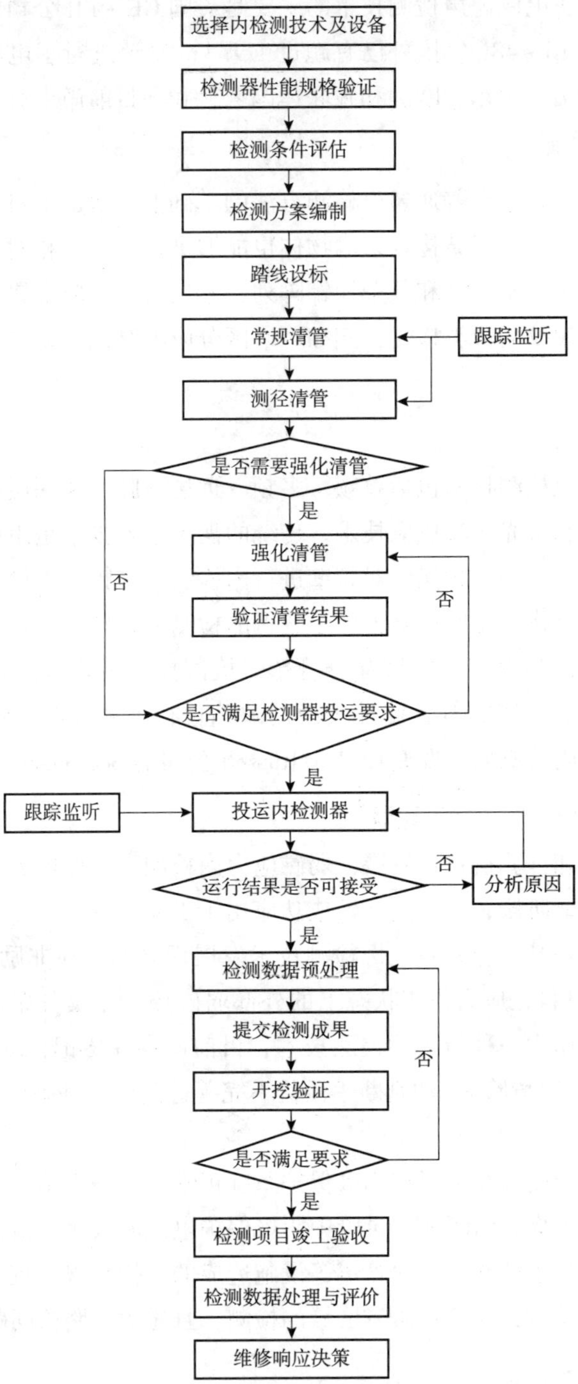

图6－1　管道内检测作业流程

1. 检测器的选择

管道企业应与检测服务商共同分析内检测的目的和管道的工况条件，结合管道存在的危害因素、风险评价结果及历史检测情况，选择合适的检测设备。

常用内检测器类型及其适用性见表6－1。

表6-1 检测器类型及其适用性

异常	瑕疵/缺陷/特征	金属损失检测器		裂纹检测器			变形检测器
		轴向漏磁（MFL）	超声测厚（WM）[m]	超声裂纹（CD）[m]	电磁超声（EMAT）	环向漏磁（TFI）	
金属损失	外腐蚀 内腐蚀 划痕	可检出 可判定尺寸	可检出 可判定尺寸	可检出 可判定尺寸	可检出 可判定尺寸	可检出 可判定尺寸	检不出
类裂纹	狭长轴向外腐蚀	可检出	可检出 可判定尺寸	可检出 可判定尺寸	可检出 可判定尺寸	可检出 可判定尺寸	检不出
	应力腐蚀裂纹（SCC）	检不出	检不出	可检出 可判定尺寸	可检出 可判定尺寸	有限检出[a] 可判定尺寸	检不出
	疲劳裂纹	检不出	检不出	可检出 可判定尺寸	可检出 可判定尺寸	有限检出[a] 可判定尺寸	检不出
	直焊缝裂纹等（焊趾裂纹、钩形裂纹、未焊透、焊缝优先腐蚀）	检不出	检不出	可检出 可判定尺寸	可检出 可判定尺寸	有限检出[a] 可判定尺寸	检不出
	环向裂纹	可检出[a] 可判定尺寸	检不出	可检出[b] 可判定尺寸[b]	可检出 可判定尺寸	检不出	检不出
	氢致裂纹	检不出	可检出[a]	有限检出	检不出	检不出	检不出
焊缝异常	直焊缝未熔合	检不出	可检出[c] 可判定尺寸[c]	可检出[c] 可判定尺寸[c]	可检出[c] 可判定尺寸[c]	可检出[c] 可判定尺寸[c]	检不出
	环焊缝未熔合	可检出[c] 可判定尺寸[c]	检不出	检不出	检不出	检不出	检不出
	环焊缝异常（气孔等）	可检出	可检出	可检出[b]		检不出	检不出
变形	尖锐凹陷	可检出[d,e]	可检出[d,e]	可检出[d,e]	检不出	可检出[d,e]	可检出[f] 可判定尺寸
	平滑凹陷	可检出[d,e]	可检出[d,e]	可检出[d,e]	检不出	可检出[d,e]	可检出[f] 可判定尺寸
	鼓胀	可检出[d,e]	可检出[d,e]	可检出[d,e]	检不出	可检出[d,e]	可检出[f] 可判定尺寸
	皱纹、波纹	可检出[d,e]	可检出[d,e]	可检出[d,e]	检不出	可检出[d,e]	可检出[f] 可判定尺寸
	椭圆度	检不出	检不出	检不出	检不出	检不出	可检出 可判定尺寸[b]

续表

异常	瑕疵/缺陷/特征	金属损失检测器		裂纹检测器			变形检测器
		轴向漏磁（MFL）	超声测厚（WM）[m]	超声裂纹（CD）[m]	电磁超声（EMAT）	环向漏磁（TFI）	
各种部件	管式阀和配件	可检出	可检出	可检出	可检出	可检出	可检出
	套管（同心）	可检出	检不出	检不出	检不出	可检出	检不出
	套管（偏心）	可检出	检不出	检不出	检不出	可检出	检不出
	弯头	有限检出	有限检出	有限检出	检不出	有限检出	可检出[h] 可判定尺寸[h]
	支管附件/带压开孔	可检出	可检出	可检出	可检出	可检出	检不出
	临近金属物	可检出	检不出	检不出	检不出	可检出	检不出
	铝热焊接	检不出	检不出	检不出	检不出	检不出	检不出
	管道坐标	可检出[k]	可检出[k]	可检出[k]	可检出[k]	可检出[k]	可检出[k]
维修记录	A 型套筒	可检出	检不出	检不出	检不出	可检出	检不出
	B 型套筒	可检出	检不出	检不出	检不出	可检出	检不出
	复合套筒	可检出[i]	检不出	检不出	检不出	可检出[i]	检不出
	补丁/半圆补强板	可检出	可检出	可检出	可检出	可检出	检不出
	沉积焊	有限检出	检不出	检不出	检不出	有限检出	检不出
各种损伤	分层	有限检出	可检出 可判定尺寸[b]	有限检出	检不出	有限检出	检不出
	夹杂物	有限检出	可检出 可判定尺寸[b]	有限检出	有限检出	有限检出	检不出
	冷作	检不出	检不出	检不出	检不出	检不出	检不出
	硬点	可检出[j]	检不出	—	—	检不出	检不出
	磨痕	有限检出[a]	可检出[a,b]	可检出[a,b,n]	可检出[c]	有限检出[a,b]	检不出
	应变	检不出	检不出	检不出	检不出	检不出	可检出[j]
	疤/毛刺/鼓泡	有限检出	可检出	可检出[a,b]	可检出	有限检出[a]	有限检出
	涂层剥离	检不出	—	检不出	检不出	可检出 可判定尺寸	检不出

a：用于探测类裂纹特征，需要一定开口宽度，闭合裂纹减小了检测概率(POD)。

b：传感器旋转90°。

c：取决于异常的方向。

d：POD的减小取决于尺寸与形状。

e：尺寸量化取决于使用的检测器。

f：如装配设备，也可检测环向位置。

g：尺寸不可靠。

h：如装配弯头测量设备。

i：不可探测未做铁磁性标记的复合套筒。

j：如装配设备，取决于参数。

k：如装配具有测绘能力的设备。

l：技术可能用于检测涂层结合性能的变化。

m：仅在液体环境，即液体管道或液体耦合的气体管道中能使用的内检测技术。基于电磁超声的壁厚测量不需要液体耦合。

选择内检测器时，应考虑的因素包括但不限于：

(1)检测概率；

(2)检测阈值；

(3)类型识别能力；

(4)尺寸量化精度；

(5)特征定位精度；

(6)置信度；

(7)传感器采样频率或采样间距；

(8)壁厚范围；

(9)速度范围；

(10)温度范围；

(11)压力范围；

(12)可通过的弯头最小的曲率半径；

(13)可通过的最小内径；

(14)检测器长度、重量和节数；

(15)发送和运行检测器所需的压差；

(16)单次运行所能检测的管道长度(由运行时间和管道条件等共同决定)；

(17)收、发球筒的尺寸和操作空间；

(18)收发球筒阀门和大小头(异径管)之间的最小距离；

(19)电池类型及电池寿命；

(20)检测器发生卡停时泄流指示。

2. 检测器性能规格验证

内检测器性能规格应达到一定要求，性能规格指标应包括但不限于异常或特征类型、检测阈值和检测概率(POD)、识别概率(POI)、量化精度、定位精度以及各种限制。首次应用的内检测技术、新设备或检测新的缺陷类型应进行检测器性能规格验证，验证方法可以基于历史数据、牵拉试验或开挖验证。

惯性测绘检测性能规格应满足以下要求：

(1)地面设标点之间距离小于1km时，定位偏差不大于±1m；

(2)单次检测应识别出半径小于400D(D为管道直径，下同)的弯曲变形特征，重复检测应识别出曲率半径小于2500D的弯曲变形特征。

几何变形检测器性能规格应满足：

(1)凹陷、椭圆度、褶皱、屈曲、鼓胀和焊缝的POI大于90%。

(2)阀门、三通、弯头、壁厚变化等特征的POI大于98%。

(3)几何变形检测尺寸量化精度和定位精度应分别满足表6-2和表6-3的要求。

表 6－2　几何变形检测尺寸量化精度

量化项目	POD＝90%时的检测阈值	可信度＝90%时的精度		
		OD≤406mm	406mm＜OD＜1016mm	OD≥1016mm
壁厚变化	1.5mm	±1mm		
椭圆度	1%	±1%		
凹陷深度	1% OD	±2mm	±3.5mm	±5mm
椭圆度（%）＝（最大直径－最小直径）/公称直径，OD 为管道外径				

表 6－3　几何变形检测特征定位精度

可信度＝90%时的轴向定位精度	特征与参考环焊缝之间的距离误差小于±0.1m
	参考环焊缝与设标点之间的距离误差小于±1%
可信度＝90%时的环向定位精度	±15°

漏磁内检测的性能规格应满足：

（1）内/外金属损失、凹陷、偏心套管、部件和焊缝的 POI 大于 90%。

（2）阀门、三通、弯头、壁厚变化等特征的 POI 大于 98%。

（3）具备识别焊缝异常并对焊缝异常进行分级的能力。

（4）具备识别已发生腐蚀迹象的补口失效能力。

（5）漏磁检测的金属损失尺寸量化精度和特征定位精度应分别满足表 6－4 和表 6－5 的要求。

表 6－4　金属损失尺寸量化精度

量化项目	均匀金属损失（4A＊4A）		点蚀（2A＊2A）		轴向沟槽		环向沟槽	
	无缝钢管	直（螺旋）焊缝钢管	无缝钢管	直（螺旋）焊缝钢管	无缝钢管	直（螺旋）焊缝钢管	无缝钢管	直（螺旋）焊缝钢管
POD＝90%时的检测阈值	9% WT	5% WT	13% WT	8% WT	13% WT	8% WT	9% WT	5% WT
可信度＝90%时的深度精度	±10% WT	±10% WT	±10% WT	±10% WT	－15%/＋10% WT	－15%/＋10% WT	－10%/＋15% WT	－10%/＋15% WT
可信度＝90%时的宽度精度	±15mm	±15mm	±15mm	＋15mm	±15mm	＋15mm	±15mm	＋15mm
可信度＝90%时的长度精度	±10mm	＋10mm	±10mm	＋10mm	±10mm	＋10mm	±10mm	＋10mm

注：（1）WT 为钢管壁厚。

（2）A 是几何参数，如果 $t<10\text{mm}$，那么 $A=10\text{mm}$；如果 $t\geq10\text{mm}$，那么 $A=t$；t 表示管道公称壁厚。

表 6－5　漏磁内检测特征定位精度

可信度＝90%时的轴向定位精度	特征与参考环焊缝之间的距离误差小于±0.1m
	参考环焊缝与设标点之间的距离误差小于±1%
可信度＝90%时的环向定位精度	±5°

超声波测厚检测器性能规格应满足：

(1)内/外金属损失、夹层、部件和焊缝的 POI 大于 90%。

(2)阀门、三通、弯头等特征的 POI 大于 98%。

(3)金属损失尺寸量化精度和特征定位精度分别满足表 6-6 和表 6-7 的要求。

表 6-6 超声波测厚检测尺寸量化精度

量化项目	可信度	直径≥10mm的点蚀	直径≥20mm的点蚀	均匀金属损失	轴向沟槽	环向沟槽	制造相关或由氢致裂纹造成的分层
POD =90%时的检测阈值	—	1.5mm	1mm	1mm	1mm	1mm	1mm
深度测量精度	80%	可探测到	±0.4mm	±0.4mm	±0.4mm	±0.4mm	±0.4mm
	90%	可探测到	±0.5mm	±0.5mm	±0.5mm	±0.5mm	±0.5mm
宽度测量精度	80%	±10mm	±10mm	±10mm	±10mm	±10mm	±10mm
	90%	±12mm	±12mm	±12mm	±12mm	±12mm	±12mm
长度测量精度	80%	±5mm	±5mm	±5mm 或 ±5% 长度	±5mm 或 ±5% 长度	±5mm	±5mm 或 ±5% 长度
	90%	±6mm	±6mm	±6mm 或 ±6% 长度	±6mm 或 ±6% 长度	±6mm	±6mm 或 ±6% 长度

表 6-7 超声波测厚检测特征定位精度

可信度 =90% 时的轴向定位精度	特征与参考环焊缝之间的距离误差小于 ±0.1m
	参考环焊缝与设标点之间的距离误差小于 ±1%
可信度 =90% 时的环向定位精度	±5°

超声波裂纹内检测的性能规格应满足：

(1)对于长度25mm 以上、母材中深度1mm 以上或焊缝中深度2mm 以上的裂纹，*POD* 大于 90%。

(2)裂纹尺寸量化精度和特征定位精度分别满足表 6-8 和表 6-9 的要求。

表 6-8 超声波裂纹检测尺寸量化精度

量化项目	可信度	测量精度
深度	80%	能进行深度分级： <12.5% *WT* 12.5%~25% *WT* 25%~40% *WT* >40% *WT*
长度	80%	±10% *WT*(特征长度 >100mm) ±10mm(特征长度≤100mm)
宽度	80%	对于裂纹簇 ±50mm

表 6 - 9　超声波裂纹检测特征定位精度

可信度 =90% 时的轴向定位精度	特征与参考环焊缝之间的距离误差小于 ±0.1m
	参考环焊缝与设标点之间的距离误差小于 ±1%
可信度 =90% 时的环向定位精度	±5°

如果采用组合型检测器(多种功能组合在一个检测器上或串联检测器)，应满足各种检测技术的性能指标要求，且各种检测结果应在中心线对齐基础上体现在同一个报告中。

3. 检测条件评估

管道企业应向检测服务商提供管道调查表，列出待检管道的物理特征和运行条件，并与检测服务商共同评估检测的适宜性。

检测条件评估应至少包括以下内容。

1)收发球条件

(1)球筒长度。检测方应评估发球筒与收球筒尺寸的适用性。

(2)操作空间。内检测器收发球操作时，应具有足够的操作空间。

2)三通

(1)是否存在无挡条或挡板三通。

(2)套管三通开孔区域轴向长度。

(3)两相邻三通中心间距。

3)弯头

(1)管道上存在的最小弯头曲率半径。

(2)两相邻弯头之间的直管段长度。

(3)斜接弯头及弯头斜接角度。

(4)连续弯头。

4)阀门

(1)阀门类型及阀腔内径。

(2)如果存在单向阀，应确保其在清管器或检测器运行时能锁定在全开位置。

5)管道材质

(1)钢材等级、焊缝类型。

(2)管道壁厚分布和范围。

6)运行条件

(1)介质类型，介质类型影响检测技术的选择。

(2)介质成分，腐蚀性介质可能损坏检测器。

(3)介质流速，介质流速影响内检测器检测的速度、检测所需总时间和检测精度。

(4)介质温度，运行期间温度不应超过内检测器所能接受的范围。

(5)运行压力，大多数检测器都有适用的压力范围，运行压力过低会导致检测器驱动力不足，运行压力过高并超过检测器的耐压设计，则会导致内检测器失效。

7) 其他限制

(1) 管道内涂层。

(2) 管道清洁度。

(3) 管道内径变化。

(4) 植入管道的探头。

(5) 管道机械支撑与非设计跨越。

(6) 管道内水合物与自燃材料。

4. 检测方案编制

管道企业应配合检测服务商制订详细的检测方案。检测方案应至少包括下列内容:

(1) 管道基本情况。

(2) 检测目的与目标。

(3) 运行条件评估及运行工艺要求。

(4) 现场勘测结果及风险分析。

(5) 检测组织机构及检测程序。

(6) 检测跟踪、设标及地面测量要求。

(7) 清管方案。

(8) 检测器运行。

(9) 数据下载。

(10) 检测结果可接受性准则。

(11) 开挖验证。

(12) 检测计划表。

(13) HSSE 作业要求。

(14) 应急预案。

5. 检测前准备

1) 检测计划

管道企业应与检测服务商依据核实后的管线调查表及实际情况，共同制订检测计划，考虑因素包括但不限于:

(1) 检测进行时间。

(2) 运行工艺条件。

(3) 人力和物力资源。

(4) 进场条件。

(5) 健康、安全、环境因素。

2) 踏线选点

检测前管道企业应配合检测服务商对管道沿线进行现场勘察，了解管道走向及路况，选择并确定设标点位置。设标点宜设在管道里程桩等永久标识附近且容易进入的位置，并以一定的间隔设置，通常不大于 1km。在高程落差较大或阀室、穿跨越、转角等特殊位置宜加密设标点，如间距可设为 500m。

3）设标点位置测量

管线设标点应设置为永久性地面标识，进行统一管理和维护，用于后期内检测数据对齐。设标点位置坐标测量应满足智能化管线管理系统测绘数据验收要求，精度达到亚米级。设标点位置坐标数据的测量、存储及使用等应符合有关数据保密要求。

4）设标点跟踪

跟踪开始前应列好参考点位置清单，并根据参考点位置、数量提前制订跟踪计划。管道检测方应根据现场需要提供相应数量的标识器，并确保每个标识器功能正常。提前对跟踪人员培训标识器使用方法，且保证所有跟踪人员都能正确操作。

清管及检测前，跟踪人员应提前对全线设标点进行踏线，设定跟踪进入路线，必要时可组织模拟跟踪。检测器发出后，跟踪人员手持标识器根据事先设置的参考点进行跟踪。当检测管道较长时，可采取交替方式进行跟踪。在人员和车辆难以进入的区域，可在参考点提前埋设跟踪标识器。检测器通过阀室、穿跨越等重要参考点时，跟踪人员应及时汇报运行状况。

如遇特殊情况，跟踪人员应立即向调度汇报。跟踪时如发现连续 3 个以上标识器没有触发，且通过震动等观察不到清管器/检测器通过，应启动相应的应急预案，及时寻找检测器或清管器具体位置。

6. 检测前清管

内检测前首先应进行常规清管。常规清管后通过测径进行验证性清管，确认是否需要进行强化清管。

选择清管器时，应考虑各类型清管器的材质、清管能力和过盈量。清管器应装有跟踪仪器，并根据生产要求，设定清管器跟踪方案并组织跟踪监听。特殊管段应加密跟踪。

清管期间管道的运行应尽可能保持稳定，及时分析清管对管道运行的影响，计算清管器到达的位置，出现异常情况采取相应措施。清管过程中，不宜进行流程及设备的切换和管线停输。

测径清管阶段可使用通过能力不低于日常维护所使用的清管器进行清管，并通过安装测径板等方式来判断管道通过能力。测径板宜为铝制圆板，直径不应小于检测器的最小通过直径。若测径板发生损伤，应及时分析损伤原因。若通过分析确定损伤是由于管道存在较大变形，检测服务商应评估管道变形是否满足检测器通过条件。若评估后检测器无法通过且无法定位变形点的准确位置，应进行几何变形检测。

强化清管阶段使用直板、钢刷、磁力等清管器清管直至满足内检测的要求，并满足：

（1）投运检测器前，钢刷、磁力清管器宜至少各运行一次，若管道清洁状况较好，各分公司可与检测服务商协商进行适当调整。

（2）清出杂质重量小于 5kg 或连续两次清管清出杂质重量相当且满足检测要求。

7. 投运检测器

管道企业应配合检测服务商进行检测器发送、跟踪、接收等工作，并在检测完成后与检测服务商共同检查检测数据的完整性，至少包括：

（1）各通道信号应清晰、完整。

（2）地面标识器数据是否完整。

若数据不完整，且影响检测结果有效性，应要求检测服务商重新运行检测器。

检测完成后，检测服务商应提交检测运行报告，宜包含如下条款：

(1)管道名称。

(2)运行日期。

(3)运行类别。

(4)运行距离和直径。

(5)对检测器采取的所有重要改动。

(6)运行的平均速度或速度曲线。

(7)运行成功或失败。

(8)如果失败，解释失败的原因和再次运行措施。

8. 检测风险控制与应急处置

1)预防性措施

(1)对内检测项目相关工作人员提前进行安全风险及防范措施培训。

(2)检测期间，配备至少1套泡沫清管器和1套带测径板、接收机、发射机的清管器。

(3)确保内检测器地面跟踪器到位，在每次检测器或清管器发送前更换发射机和接收机电池，并将发射机和接收机调整至最佳的工作状态。

(4)确保维抢修人员和物资到位。

(5)清管器、内检测器(含模拟检测器)收发操作过程中的阀门开关、流程切换等由输油站操作人员完成，严禁内检测服务商人员参与操作。

(6)针对内检测器在管道中解体的风险，提前对检测器各部件进行检查，并对管道存在较大落差处进行识别、分析及采取相应措施；在检测器运行过程中，提前安排人员在这些位置值守监听。

(7)针对内检测器皮碗失去驱动的风险，提前对皮碗的磨损或可能造成失去驱动的位置进行识别、分析并采取相应措施。

(8)针对内检测器卡停的风险，提前对管道可能存在大变形位置、支管等进行识别、分析并采取相应措施，对沿线阀门进行排查，确保内检测器运行时阀门保持在全开位置。

(9)针对内检测过程中工艺流程切换可能导致内检测器运行异常的风险，内检测实施过程中尽量保持工艺平稳，如必须进行切换，则选择检测器在较平缓的区域时进行操作。

(10)管道上下游相关方制定管道运行中断的应急措施。

(11)运行过程中考虑跨越管道或架空管道对检测器的负载影响。

2)应急处置

检测器地面跟踪信号丢失且管道运行压力升高并影响输量，可初步判断检测器发生卡停。应及时上报并启动相关应急程序和预案，同时可按如下措施进行处理：

(1)对地面标识器信号进行分析，初步给出卡停位置，同时根据检测器(清管器)跟踪信号丢失时的运行时间来计算位置。

(2)根据相关资料和现场地形分析管道情况，如疑似卡停位置是否存在弯头、管道爬坡段，信号丢失或压力出现异常时是否进行了工艺切换。

(3)根据识别的管道情况，使用跟踪器进行地面信号查找。

(4)通过信号查找确认卡停位置后，进行开挖确认。

(5)动火切除并更换相应管段，取出检测器。

检测器地面跟踪信号丢失，运行压力无异常或者运行压力升高但不影响输量，可按以下处理：

(6)在跟踪信号丢失点下游 3 ~ 10km 范围内加密设置跟踪标识器，若重新发现信号，则恢复正常检测。

(7)若仍未发现检测器信号，可初步判断为检测器出现卡停，应及时上报并启动相关应急程序和预案。

(8)按照上述步骤(1) ~ (3)对检测器进行地面查找，确认检测器卡停位置。

(9)适当提高运行压力增大检测器驱动力，提压上限宜为近 5 年内该管道的最高运行压力，提压过程中安排人员加密巡线。

(10)若提压后检测器开始移动，则正常进行检测器跟踪；若检测器仍未移动，则应使用泄流量大于检测器泄流量的泡沫清管器作为救援清管器进行推球。

(11)在发救援清管器前，收球站应做好同时接收两个清管器的准备，应严密监控推球过程中两球撞击时造成的撞击力和压力波。

(12)若救援清管器将检测器推动，则继续进行跟踪，应同时跟踪检测器信号和救援清管器信号。

(13)若救援清管器未推动检测器，则应动火切除并更换相应管段，取出检测器。

检测器(清管器)发不出去时，应检查流程及压差，存在问题及时修正。快开盲板泄漏时，应检查快开盲板是否变形、密封胶圈是否损坏、密封处是否有杂质，及时采取相应措施修正，更换密封圈、清理胶圈处杂质，甚至更换快开盲板。

9. 检测数据预处理

在完成检测后，检测服务商应向管道企业报告较严重的缺陷点，如支管、变形量超过管道外径 5% 的几何变形点及金属损失大于管道公称壁厚 50% 以上的金属损失点。

10. 检测成果提交

检测方应按照事先约定的要求向管道企业提供电子版检测报告，具体应包含如下信息：

(1)检测工程概述，包括管道缺陷状况。

(2)检测技术性能指标。

(3)检测时间。

(4)检测器运行数据。

(5)管道列表。

(6)异常列表。

(7)统计数据和概要。

(8)缺陷评价方法。

(9)严重缺陷开挖单。

(10)地面参考点与管道上相对永久标志(如里程桩等)的对应关系。

报告中应给出如下检测器运行数据，对于每一种检测器应单独描述如下信息：

(1)数据采样频率或间距。

(2)检测阈值。

(3)报告阈值，如果双方未指定则采用 $POD = 90\%$ 时的特征。

(4)检测器运行速度曲线、压力曲线和温度曲线。

(5)损坏的传感器统计。

(6)若采用超声波检测器，进行回波损失统计。

检测方应提供异常特征列表文件，并提供检测数据的硬盘拷贝和客户版管理软件。软件应具有的功能包括但不限于：

(1)展示原始数据。

(2)展示特征的绝对距离和相对距离。

(3)展示特征的时钟方位。

(4)测量管道上任意两点的轴向距离和环向距离。

(5)生成螺旋焊缝(直焊缝)与环焊缝交点的时钟方位。

(6)生成开挖单。

(7)能基于焊缝编号或检测里程快速定位查询。

如果检测项目采用了多种检测技术(如漏磁和超声波检测器)或多种功能组合在一个检测器上(如漏磁和惯性测绘检测组合检测器)，不同类型检测器获得的管道信息应组合在同一报告和同一异常(缺陷)列表中。

6.4　检测结果开挖验证

开挖验证点数量根据管道条件和缺陷分布情况确定，宜选择相对集中、较严重或典型的缺陷，一般每百公里不少于 10 个。将验证点的现场测量结果与检测结果进行比对，确认实际检测精度是否达到双方约定的检测器精度指标要求。若检测结果验证不合格，应及时分析原因，采取修正措施，若验证仍不合格，应重新运行检测器。

在完成验证后，检测服务商应提交开挖验证报告。验证报告中应以表格的形式详细描述验证开挖点的检测结果和实测结果。

开挖后应对缺陷进行检测验证与记录，外部缺陷应进行拍照。验证检测方法及适用的缺陷类型主要有：

(1)渗透检测，检测表面开口型缺陷。

(2)磁粉检测，检测表面与近表面裂纹。

(3)涡流检测，检测表面与近表面裂纹。

(4)超声检测，检测管体裂纹或其他缺陷、焊缝缺陷、内腐蚀、划痕及其他金属损失。

(5)射线检测，探测体积型缺陷。

(6)深度尺，可测量外腐蚀及凹陷等外部缺陷。

检测服务商应提交开挖验证报告，报告内容应包括：

(1)验证点的全部描述。

(2)验证点现场测量结果。

(3)缺陷照片。

(4)检测报告与现场测量结果之间的误差，包括定位误差、深度误差、长度误差、宽度误差。

(5)如有必要，可对检测结果的可靠性进行进一步的计算、验证。

6.5 内检测数据管理

管道企业应按照档案管理要求保存与维护管道检测数据，便于后续应用，并录入信息化管理系统。将检测数据与现存的所有建设期与运营期数据相关联，结合多源数据分析和开挖测量数据，充分挖掘数据应用价值。当存在多次内检测时，应开展内检测数据对比，通过数据对比以分析识别出腐蚀、裂纹、凹陷等可能随时间发展的缺陷。

无论检测是否成功，都应收集并保存有益于再次执行检测的信息，包括但不限于：

(1)运行前的调查表。

(2)管道运行参数。

(3)管道改线改造。

(4)维修历史。

(5)清出的污物量及原因分析。

(6)检测器类型。

(7)地面设标点位置。

(8)检测过程。

(9)检测成果。

(10)开挖验证。

6.6 应用案例

6.6.1 内检测项目概况

某成品油管道全长 119.7km，管道外径为 406.4mm，材质为 L415，设计压力为 10MPa，利用 Φ406.4mm 管道清管设备、多通道变形检测器、三轴高清晰度漏磁检测设备对该段成品油管道实施了清管、变形及三轴漏磁检测。

管道基本信息如下：

(1)管道类型：直焊缝管。

(2)管道材质：L415。

(3)管径：406.4mm。

(4)管道壁厚：7.1mm、9.5mm。

(5)设计压力：10MPa。

(6)设计系数：0.72。

(7)MAOP(最大允许操作压力)：9.5MPa。

(8)SMYS(规定的最小屈服强度)：415MPa。

(9)输送介质：成品油。

(10)运行压力：4～8MPa。

(11)输送介质温度：20℃。

(12)投产时间：2008年6月。

6.6.2　内检测设备

1. 三轴高清漏磁内检测器

此次检测所用的三轴高清晰度漏磁检测器如图6－2所示。检测器技术指标见表6－10。检测精度指标见表6－11。

图6－2　Φ406.4mm三轴高清晰度漏磁检测器

表6－10　Φ406.4mm三轴高清晰度漏磁检测器技术指标

序号	性能	参数
1	设备长度	2400(3300)mm
2	设备重量	324(390)kg
3	运行速度	0.2～2.0m/s
4	最小缩径	355mm
5	最小变形	330mm
6	曲率半径	≥2.5DN×90°
7	磁场方向	轴向
8	采样间距	2mm
9	探头尺寸	28mm
10	环向间隔	4.5mm
11	压力范围	0～10MPa
12	温度范围	－10～65℃
13	电池寿命	75h
14	检测里程	300km

表 6-11　三轴高清晰度漏磁检测器精度指标

精度指标	一般金属损失		点、坑蚀		轴向沟槽		周向沟槽	
POD = 90% 时的深度评估精度	10% WT		10% WT		10% WT		10% WT	
	80%	90%	80%	90%	80%	90%	80%	90%
置信度 80% 和 90% 时的深度评估精度	±10% WT	±15% WT	±10% WT	±15% WT	-15%/+10% WT	-15%/+10% WT	-10%/+15% WT	-15%/+10% WT
置信度 80% 和 90% 时的宽度评估精度	±10mm	±15mm	±10mm	±15mm	±10mm	±15mm	±10mm	±15mm
置信度 80% 和 90% 时的长度评估精度	±15mm	±15mm	±10mm	±15mm	±20mm	±20mm	±20mm	±20mm
绝对轴向定位精度	(距离上下游焊缝)为 ±0.1m							
环向定位精度	±15°							

2. 多通道变形内检测器

此次检测所用的多通道变形内检测器如图 6-3 所示。检测器技术指标见表 6-12。检测精度指标见表 6-13。

图 6-3　Φ406.4mm 多通道变形检测器

表 6-12　Φ406.4mm 多通道变形检测器技术指标

序号	性能	参数
1	设备长度	1062mm
2	设备重量	70kg
3	运行速度	0.1 ~ 4.0m/s
4	最小缩径	304mm
5	最小变形	288mm
6	曲率半径	≥2.5DN × 90°
7	压力范围	0.3 ~ 10MPa
8	温度范围	-20 ~ 70℃
9	采样间距	3.33mm
10	探头尺寸	52mm(圆周方向弧长)
11	环向间隔	0mm(前后排交错)
12	电池寿命	150h
13	检测里程	300km

表 6－13　变形检测器精度指标

缺陷类型	检测精度/%D	可检测最小变形/%D	检测概率	置信度
壁厚变化或管道内焊缝	±0.1%	0.3	90%	90%
凹陷	±0.5%	0.5	90%	90%
椭圆度	±0.5%	0.5	90%	90%
里程定位精度：距离最近环焊缝 ±0.1m				
周向偏差：±15°				

3. 牵拉试验

实施检测前，对漏磁内检测器进行牵拉试验，牵拉管材壁厚为 7mm、9mm，设备主探头、ID/OD 探头均采用了霍尔形式。此次共牵拉 3 遍，速度分别为 1m/s、2m/s、3m/s。牵拉试验检测器参数为：里程轮直径 68.01mm，里程轮脉冲数 108。以下为牵拉试验数据分析结果。

1）里程定位精度

里程定位精度满足验收要求，具体见表 6－14。

表 6－14　牵拉试验里程定位精度

速度	实际长度/m	检测长度/m	里程定位精度/‰
1m/s	35.85	35.89	+1.1
2m/s	35.85	35.86	+0.5
3m/s	35.85	35.89	+1.1

2）周向精度

牵拉数据中采集到的顶部探头位置与现场发、收球时顶部敲击探头位置基本重合，周向精度满足验收要求。

3）主探头信号质量、拾取缺陷能力及饱和情况

（1）主探头信号质量。此次牵拉数据主通道信号质量良好。

（2）主探头拾取缺陷能力。3 种速度下不同壁厚管段主探头拾取缺陷能力分别见表 6－15 和表 6－16。可以看出，在 7mm 壁厚和 9mm 壁厚管道上，该设备对于点蚀类型缺陷的检测阈值为 10% *WT*，对于普通类型缺陷的检测阈值为 5% *WT*。

表 6－15　7mm 壁厚管道上主探头拾取缺陷能力

缺陷尺寸（mm×mm）	制作的最小缺陷深度/（%*WT*）	1m/s	2m/s	3m/s
		可拾取最小深度/（%*WT*）	可拾取最小深度/（%*WT*）	可拾取最小深度/（%*WT*）
5×5	20	30	30	30
10×10	20	20	20	20
20×20	10	10	10	10
30×30	10	10	10	10
40×40	5	5	5	5
50×50	10	10	10	10

表 6－16　9mm 壁厚管道上主探头拾取缺陷能力

缺陷尺寸（mm×mm）	制作的最小缺陷深度/（%*WT*）	1m/s	2m/s	3m/s
		可拾取最小深度/（%*WT*）	可拾取最小深度/（%*WT*）	可拾取最小深度/（%*WT*）
5×5	20	40	40	40
10×10	20	20	20	20
20×20	10	10	10	10
30×30	20	20	20	20
40×40	5	5	5	5
50×50	10	10	10	10

4）ID/OD 探头信号质量及拾取内部缺陷能力

（1）ID/OD 探头信号质量。3 遍牵拉 ID/OD 探头信号质量良好。

（2）ID/OD 探头拾取缺陷能力。在 3 种速度下，不同壁厚管段 ID/OD 探头拾取缺陷能力分别见表 6－17 和表 6－18。

表 6－17　7mm 壁厚管道上 ID/OD 探头拾取缺陷能力

尺寸（mm×mm）	识别情况缺陷					
	1m/s		2m/s		3m/s	
	个数比	百分比	个数比	百分比	个数比	百分比
10×10	4/4	100	4/4	100	3/4	75
20×20	3/4	75	3/4	75	4/4	100
30×30	4/4	100	4/4	100	4/4	100
40×40	4/4	100	4/4	100	4/4	100
总识别概率	15/16	93.8%	15/16	93.8%	15/16	93.8%

表 6－18　9mm 壁厚管道上 ID/OD 探头拾取缺陷能力

尺寸（mm×mm）	识别情况缺陷					
	1m/s		2m/s		3m/s	
	个数比	百分比	个数比	百分比	个数比	百分比
10×10	3/4	75	4/4	100	3/4	75
20×20	4/4	100	3/4	75	4/4	100
30×30	4/4	100	4/4	100	4/4	100
40×40	4/4	100	4/4	100	4/4	100
总识别概率	15/16	93.8%	15/16	93.8%	15/16	93.8%

6.6.3　内检测实施

清管及检测时间见表 6－19。

表 6－19　清管及检测时间表

序号	清管/检测设备	运行时间/h	平均速度/(m/s)
1	Φ406.4mm 带测径板的皮碗清管器	29.17	1.14
2	Φ406.4mm 钢刷清管器	27.48	1.21
3	Φ406.4mm 磁力清管器	18.15	1.83
4	Φ406.4mm 多通道变形检测器	21.20	1.57
5	Φ406.4mm 三轴高清晰度漏磁检测器(第一次)	26.52	1.25
6	Φ406.4mm 三轴高清晰度漏磁检测器(第二次)	28.00	1.19

1. 清管过程

分别使用带测径板的皮碗清管器、钢刷清管器、磁力清管器对该管道进行了 3 次清管，清管过程顺利。清管效果满足检测器运行要求。

2. 检测过程

1)变形检测

在确认清管效果满足变形检测器运行要求后，按照《变形检测器操作规程》对检测器进行了严格的调试。

变形检测器从首站发球筒发出，经 21 小时 12 分钟的运行，于次日 15：07 顺利进入末站收球筒。经检查记录仪运行正常，检测数据清晰完整。

Φ406.4mm 变形检测器运行速度范围为 0.1～4.0m/s，运行期间平均速度是 1.57m/s，满足检测器的最佳运行速度要求。变形检测器全程运行速度情况见图 6－4。

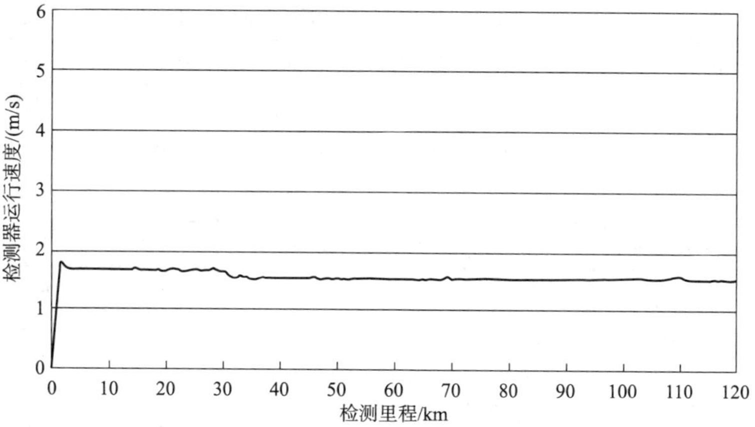

图 6－4　变形检测器运行速度曲线

2)漏磁检测

在确认清管效果满足漏磁检测器运行要求后，对漏磁检测器进行调试，各项技术指标均达到《三轴漏磁检测器操作规程》的要求。

三轴高清晰度漏磁检测器从首站发球筒发出，经 26 小时 31 分钟进入末站收球筒。根据初始校验分析，部分检测数据不满足验收要求。一个月后，进行第二次三轴高清晰度漏磁检测，经 28 小时运行顺利完成检测，检测数据清晰完整。

Φ406.4mm 三轴高清晰度漏磁腐蚀检测器运行速度范围是 0.2～2.0m/s，检测期间检测器运行速度平稳，运行期间平均速度是 1.19m/s。检测器全程运行速度情况见图 6－5。

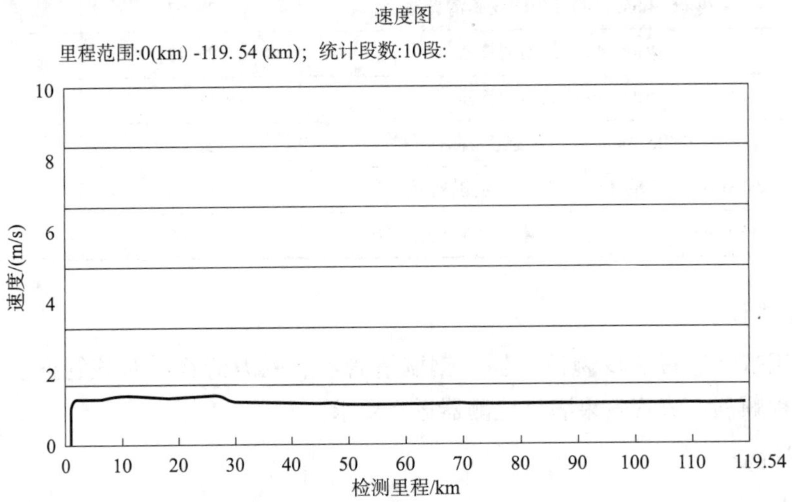

图 6－5　三轴高清晰度漏磁腐蚀检测器运行速度曲线

6.6.4　开挖验证

结合现场检测初始报告，最终确定对 6 处金属损失缺陷点进行现场开挖验证。表 6－20 列出了开挖点内检测结果及现场测量验证结果对比情况。

表 6－20　内检测结果与现场测量结果对比表

项目名称		开挖点 1	开挖点 2	开挖点 3	开挖点 4	开挖点 5	开挖点 6
缺陷类型		金属损失	金属损失	金属损失	金属损失	金属损失	金属损失
内部/外部		外部	外部	外部	外部	外部	外部
里程定位	检测里程/m	5123.336	10964.047	13704.595	14191.766	31156.162	31463.683
	定位误差	吻合	吻合	吻合	吻合	吻合	吻合
周向定位	周向位置/(h:min)	9:28	9:08	4:26	0:58	7:24	7:26
	定位误差	吻合	吻合	吻合	吻合	吻合	吻合
深度/(%*WT*)	内检测值	28	25	46	32	13	12
	现场测量值	47	41	69	44	9	9
	检测误差/%	－19	－16	－23	－12	4	3
长度/mm	内检测值	30	27	36	27	50	46
	现场测量值	31	20	38	28	49	47
	检测误差/%	－1	7	－2	－1	1	－1
宽度/mm	内检测值	31	28	64	30	30	31
	现场测量值	38	22	32	30	30	30
	检测误差/%	－7	6	32	0	0	1

6.6.5 检测数据汇总

通过此次内检测，识别出该成品油管道存在特征类型及其数量见表6－21。检出缺陷信息汇总见表6－22。缺陷详细信息此处暂不列出。缺陷评价与维修决策参考本书第8章。

表6－21 管道内检测检出特征信息表

组件	数量
阀门（VALV）	8
法兰（FLAN）	4
三通（TEE）	7
小开孔（TAP）	19
套管（CASB/CASE）	18
弯头（BEND）	157
冷弯（CBND）	928
金属增加（TMTM）	168
外部支撑（ESUP）	203
维修点（REPA）	2
未知物（OTHE）	1
总数	1515

表6－22 管道内检测检出缺陷信息统计表

缺陷类型		深度范围	数量	总量	总计
金属损失	内部金属损失	5% *WT*≤深度＜10% *WT*	244	279	540
		10% *WT*≤深度＜20% *WT*	27		
		20% *WT*≤深度＜30% *WT*	5		
		30% *WT*≤深度＜40% *WT*	3		
	外部金属损失	5% *WT*≤深度＜10% *WT*	176	261	
		10% *WT*≤深度＜20% *WT*	53		
		20% *WT*≤深度＜30% *WT*	17		
		30% *WT*≤深度＜40% *WT*	4		
		40% *WT*≤深度＜50% *WT*	5		
		50% *WT*≤深度＜60% *WT*	1		
		60% *WT*≤深度＜70% *WT*	2		
		70% *WT*≤深度＜80% *WT*	2		
		80% *WT*≤深度＜90% *WT*	0		
		90% *WT*≤深度＜100% *WT*	1		

续表

缺陷类型		深度范围	数量	总量	总计
变形	普通凹陷	变形量≥6% *OD*	1	22	45
		2% *OD*≤变形量<6% *OD*	21		
	受直焊缝影响的凹陷	变形量<2% *OD*	2		
	疑似包含金属损失凹陷	变形量<2% *OD*	1		
	焊接产生的斜接角	2% *OD*≤变形量<6% *OD*	14		
	椭圆度	2% *OD*≤变形量<6% *OD*	6		
焊缝异常	环向焊缝异常	50			93
	纵向焊缝异常	43			

第7章 管道外检测

区别于管道内检测，外检测是指从管道的外面进行检测，包括地面进行的非开挖检测和开挖后对管道进行的检测。外检测包括腐蚀环境调查、外防腐层检测、阴极保护系统检测、排流保护装置检测、管道应力检测、开挖检测等内容。

管道外检测结合前期高后果区识别、风险评价及内检测评价结果，确定外检测(含监测)重点区段。若管段进行过内检测，外检测数据应与内检测数据对齐，并进行综合分析。当外检测结果(数据)不满足合格判据时，应查明原因，排除隐患，重新检测，同时保存相应的记录和报告。管道外腐蚀检测方法选择应考虑该方法对防腐层漏点及腐蚀活性点的检出能力，对一种检测方法检测和评价的“严重”点应采用另一种互补的间接检测方法进行再检验证。无损检测方法各具特点和适用范围，为提高管道无损检测结果的准确性，应根据被检管道材质、制造方法、工作介质、使用条件等预计可能产生的缺陷种类、形状、部位和取向，选择合适的无损检测方法。开挖检测发现的管体损伤应进行适用性评价，根据评价结果选择修复措施。适用性评价方法应根据缺陷类型、载荷状况、评价目标以及评价数据的质量和类型等因素进行选择。安全运行和维修计划应考虑缺陷是否位于高后果区、周围土壤腐蚀情况、管道运行年限等综合情况。

7.1 腐蚀环境调查

7.1.1 土壤腐蚀性调查

埋地管道外腐蚀最常见的是土壤腐蚀。土壤中存在极其复杂而又不均匀的腐蚀介质，当埋地金属管道与不同性质的土壤相接触时，就会在其界面形成不同的金属电位。不同部位电位差的存在，是引起金属电化学腐蚀的根本原因。影响土壤腐蚀的最主要的因素就是土壤的理化性质，要分析土壤的腐蚀性就必须先分析土壤的理化性质。

土壤腐蚀性调查包括以下内容：土壤电阻率、氧化还原电位、管地电位、土壤 pH 值、土壤含水率、土壤含盐量、土壤 Cl^- 含量。土壤腐蚀性评分准则及土壤腐蚀性分级准则表7－1和表7－2。

表7－1　土壤腐蚀性单项检测指标评价分数

序号	检测指标	数值范围	评价分数/N_i(i=1，2，3，…，8)
1	土壤电阻率/(Ω·m)	<20	4.5
		≥20～50	3
		>50	0

续表

序号	检测指标	数值范围	评价分数/N_i(i=1，2，3，…，8)
2	管道自然腐蚀电位 vs. CES/mV	< -550	5
		≥ -550 ~ -450	3
		> -450 ~ -300	1
		> -300	0
3	氧化还原电位 vs. SHE/mV	<100	3.5
		≥100 ~ 200	2.5
		>200 ~ 400	1
		>400	0
4	土壤 pH 值	<4.5	6.5
		≥4.5 ~ 5.5	4
		>5.5 ~ 7.0	2
		>7.0 ~ 8.5	1
		>8.5	0
5	土壤质地	沙土(强)	2.5
		壤土(轻、中、中壤土)	1.5
		黏土(轻黏土、黏土)	0
6	土壤含水率/%	>12 ~ 15	5.5
		>25 ~ 30 或 >10 ~ 12	3.5
		>30 ~ 40 或 >7 ~ 10	1.5
		>40 或 ≤7	0
7	土壤含盐量/%	>0.75	3
		<0.15 ~ 0.75	2
		>0.05 ~ 0.15	1
		≤0.05	0
8	土壤 Cl 含量/%	>0.05	1.5
		>0.01 ~ 0.05	1
		>0.005 ~ 0.01	0.5
		≤0.005	0

注：表中"%"含量均指质量分数。

表 7-2　土壤腐蚀评价等级

N 值	土壤腐蚀性等级	N 值	土壤腐蚀性等级
$19 < N \leq 32$	4(强)	$5 < N \leq 11$	2(较弱)
$11 < N \leq 19$	3(中)	$0 \leq N \leq 5$	1(弱)

①N 为表 7-1 中的($N_1 + N_2 + N_3 + N_4 + N_5 + N_6 + N_7 + N_8$)之和。

②特殊情况下或 N 值的分项数据不全时，应根据实际情况确定土壤腐蚀性评价指标。

7.1.2　杂散电流干扰

对处于交直流电气化铁路、阴极保护系统及其他交直流干扰源附近的管道，进行干扰源侧和管道侧两方面的调查测试。干扰源侧的调查测试内容宜包括但不限于以下方面：交直流铁路供电系统分布与运行情况、交直流铁路轨道电位分布与泄漏电流趋向及地电位梯度、高压输电线路运行情况与线塔接地情况、构筑物阴极保护系统的电位分布、电车运行情况。被干扰管道侧的调查测试内容宜包括但不限于以下方面：腐蚀案例、交直流管地电位分布(包括沿管道的管地电位分布以及随时间变化的分布)、流入与流出管道的干扰电流大小及位置、管道沿线大地的土壤电位梯度、管道沿线的环境腐蚀性、管道防腐层状况、管道阴保设施与排流设施运行参数及状况、管道与铁轨之间的电压及方向。

1. 直流干扰测试与评价

采用管道任意点上的管地电位较自然电位的偏移量进行直流干扰测试和评价，当难以测试时，可采用管道附近土壤表面电位梯度来进行测量和评价，也可采用试片法测量试片24h断电和通电电位，根据电位的波动来判断是否受到干扰以及阴极保护是否达标。按表7－3进行干扰程度的评价：当电位偏移≥20mV或土壤表面电位梯度>0.5mV/m时，确认为有直流干扰；当管道任意点上的管地电位较自然电位正向偏移≥100mV或管道附近土壤表面电位梯度>2.5mV/m时，应采取直流排流保护或其他防护措施。直流干扰程度评价指标如表7－3所示。

表7－3　直流干扰程度评价指标

直流电流干扰程度评价参量	弱	中	强
管地电位正向偏移/mV	<20	20～200	>200
土壤表面电位梯度/(mV/m)	<0.5	0.5～5.0	>5.0

2. 交流干扰测试与评价

使用管道交流干扰电压和交流电流密度进行交流干扰测量和评价，按表7－4进行干扰程度的评价。当管道上任意一点上的交流干扰电压都小于4 V时，可不采取交流干扰防护措施；高于此值时，应采用交流电流密度进行评估。交流电流密度可按下式计算：

$$J_{AC}=\frac{8V}{\rho\pi d} \tag{7-1}$$

式中，J_{AC}为评估的交流电流密度，A/m^2；V为交流干扰电压有效值的平均值，V；ρ为土壤电阻率，Ω·m；d为破损点直径，m。

注：(1)ρ值应取交流干扰电压测量时，测试点处与管道埋深相同的土壤电阻率实测值。

(2)d值按发生交流腐蚀最严重考虑，取0.0113。

表7－4　交流干扰程度的判断指标

交流干扰程度	弱	中	强
交流电流密度/(A/m^2)	<30	30～100	>100

当交流干扰程度判定为“强”时，应采取交流干扰防护措施；判定为“中”时，宜采取交流干扰防护措施；判定为“弱”时，可不采取交流干扰防护措施。

3. 特殊情况下的测试与评价

当上述测试与评价方法难以进行，或发现有杂散电流源，但无法判定是直流或交流时，可采用静态或动态杂散电流测试法，测试管地电位波动值或感应电流波动值，并按表7－5进行干扰程度的评价。当管地电位波动值大于200mV或感应电流波动值大于2A时，应采取杂散电流排流保护或其他防护措施。

表7－5　特殊情况下干扰程度的判断指标

杂散电流干扰腐蚀危害程度	弱	中	强
管地电位波动值/mV	<50	50～350	>350
感应电流波动值/A	<1	1～3	>3

7.2　外防腐层检测

管道企业在春季或秋季安排一次全线防腐层检漏工作，并对发现的防腐层漏点开展有效性评价，且每半年对探坑、阀井、进(出)站弯管(头)和出入土端防腐层测试一次。对评价需要实施修复的漏点应立即制定修复策略并在当年度完成修复。

当埋地管道埋深超过正常埋深时，可能影响对防腐层漏点检测的敏感性，现场环境和地形也可能影响检测深度范围和灵敏度。下列情况会使得一般性间接检测方法应用困难或产生测量误差，应在检测过程中加以注意：防腐层剥离引起的电屏蔽部位；石方区、沥青路面、冻结地面、钢筋混凝土地面；附近埋设有金属构筑物的部位；穿跨越地区及其他不易进行检测或检测不能实施的区域。

外防腐层检测分为开挖检测和不开挖检测。开挖检测应选择最可能出现的腐蚀活性区域，检测人员应首先按严重程度的不同对所有破损点进行分类并确定开挖检测顺序，开挖检测顺序确定可参考表7－6。开挖检测项目应包括外观检查、漏点检测、厚度检测、黏结力检测等。

表7－6　防腐层开挖检测顺序分类

一类	二类	三类
优先开挖	计划开挖	监控
多个相邻管段外防腐层均被评为4级的管段上的破损点。两种以上不开挖检测手段均被评为4级管段上的破损点。初次开展外防腐层评价时，检测结果不能解释的点或采用不同的不开挖检测方法进行检测，评价结果不一致的破损点。存在于外防腐层等级为4级、3级管段上，结合历史和经验判断有可能出现严重腐蚀的破损点。无法判断腐蚀活性区域严重程度的破损点	孤立未被列入一类中的4级的点。只存在外防腐层评为3级管段上集中区域的点，且已有腐蚀事故记录	不开挖检测判断为2级的点。未被列入一类、二类的点

对列入一类的点，原则上应全部开挖检测。如果数量多，可按抽样检查顺序，按一定比例抽样开挖。对列入二类的点，开挖数量按下列情况确定：同一检测管段中，对二类点至少选择一处相对严重点进行开挖检测，首次检测时，至少选择两处；如果在二类点的开挖检测结果表明腐蚀深度超出管壁原厚度的20%，并比一类点更严重，那么需要至少增加一处以上的直接开挖检测点，首次检测时，应至少增加两处直接开挖检测点。对列入三类的点，一般不需要开挖检测；如果不开挖检测的评价结果均为三类点，可选择一个较为严重的点进行开挖检测，首次检测时，应至少选择两处直接开挖检测点。

外防腐层不开挖检测包括外防腐层整体状况不开挖检测和破损点定位不开挖检测，常用的检测方法包括交流电流衰减法、电流－电位法、交流电位梯度法(ACVG)、直流电位梯度法(DCVG)。

交流电流衰减法适用于埋地管道外防腐层整体状况的检测，此方法属多频管中电流法，理论依据是“线传输函数”。将信号输入管道，理论上可视为单线—大地回路，电流沿管道纵向逐渐衰减，衰减率与防腐层质量优劣有关。该方法通过测取感应电流(代替管中电流)沿管线纵向传输系统的衰减来定性判断管道外防腐层的好坏，同时该系统具备探管功能。电流－电位法适用于埋地管道外防腐层电阻率的测量，应用本方法时，要求所测管段无分支、无接地装置，长度宜为500～10000m(一般为5000m)。

交流电位梯度法向管道发送特定频率的交流信号，当防腐层出现破损时，破损处泄漏的信号电流会在管道上方地表产生交流电位梯度变化，采用埋地管道电流测量系统与交流电位差测量仪(A字架)，通过测量土壤中交流电位梯度的变化，从而对埋地管道防腐层破损点进行查找和准确定位。交流电位梯度法测试设备包括发射机、接收机、交流电位差测量仪(A字架)，以及配套的电源设备、连接线、接地电极等。

直流电位梯度法采用周期性同步通/断的阴极保护直流电流施加在管道上后，利用两根硫酸铜参比电极探杖，以密间隔测量管道上方土壤中的直流电位梯度，在接近破损点附近电位梯度会增大，破损面积越大，电位梯度也越大，根据测量的电位梯度变化，可确定防腐层破损点位置；通过检测破损点处土壤中电流的方向，可识别破损点的腐蚀活性；依据破损点 *IR*% 定性判断破损点的大小及严重程度。

外防腐层状况分级评价应充分考虑不开挖检测与开挖检验结果，并依据开挖检验结果，对不开挖检测评价结果进行修正，然后进行外防腐层状况分级评价。

7.3　阴极保护系统检测

阴极保护效果主要是看保护电位是否能处于有效的保护范围内，是否出现欠保护与过保护的情况。阴极保护系统检测包括保护电位测试和电性能测试两方面。

管道保护电位每日检查测试一次恒电位仪运行参数和通电点电位，每月进行一次测试桩的管道阴极保护电位测试，并进行保护状态分析(测量管道阴极保护电位时，应考虑消除 *IR* 降的影响)，新建管道阴极保护投用前，测试全线自然电位；运营管道每年测试一次全线断电电位和自然电位。

电性能测试工作应每6个月测试一次辅助阳极地床接地电阻，每6个月测试一次牺牲阳极输出电流、开路电位、阳极接地电阻和阳极埋设点土壤电阻率，每月检测一次绝缘接头(或绝缘法兰)两侧的管道对地电位，如绝缘接头两侧设有防雷接地电池，每月应对接地电池性能进行测试。每月检查维护一次测试桩，测试线绝缘电阻值应大于 $10\times10^4\,\Omega$，标记应清楚、完整。每月检测一次非焊接件连接部位跨接电缆或其他连接设施的电连续性，每年维护一次牺牲阳极保护系统。

在阴极保护状态下，测得的管地电位至少达到 -0.85V(vs. CSE)，但不能负于 -1.2V(vs. CSE)，此测试值不包括 *IR* 降。在特殊情况下，阴极保护效果应满足：对于高强度钢(最小屈服强度大于550MPa)，极限阴极保护电位应大于实际析氢电位；对于防腐层状况为4级或裸管，在阴极极化和去极化时，被保护管道表面与土壤接触、稳定的参比电极之间的阴极极化电位差应小于100mV；当土壤中含有硫酸盐还原菌(SRB)且硫酸根质量分数大于0.5%时，测得的管地电位至少达到 -0.95V(vs. CSE)。当土壤电阻率大于 500Ω·m 时，测得的管地电位至少达到 -0.75V(vs. CSE)；对存在杂散电流干扰的管道，可通过腐蚀危害检测、检查片腐蚀速率测试和均匀腐蚀速率或局部腐蚀速率现场测试等方法，来评判阴极保护的有效性。

阴极保护电位测试方法通常采用密间隔电位测量(CIPS)。密间隔电位测量技术是一种用来提供管道对地电位和距离关系详细情况的地面检测技术，也是目前国内外评价阴极保护系统是否达到有效保护的首选标准方法之一。在阴极保护运行过程中，多种因素，例如防腐层大面积破损引起保护电位低于标准规定值、杂散电流干扰引起的管道腐蚀加剧等，都能引起阴极保护失效。因此，阴极保护的有效性评价日益受到重视。

密间隔电位测量法的原理是：当防腐层在某一位置处存在破损点时，破损点的电流密度会增大，在该点周围的土壤就会产生比其他地方较大的电位降，使得保护电位较正常时向正的方向漂移。当这种漂移达到一定程度时，地表就可以测量到。将一个参比电极放置于地面与电压表相连，表的另一端与管道测试桩相连，读取管地电位。通过测量的管地电位分布，即可得出管道的保护程度。

为了消除土壤 *IR* 降，获取外加电流阴极保护下的真实管地电位，在阴极保护电源的阴极输出上串接一个电流中断器。在中断器断开期间，由于阴极保护系统已关断，此瞬时土壤中没有电流流动，采集的断电电位 V_{off} 不含土壤的 *IR* 电压降，被认为是管道的保护电位。国外评价阴极保护系统效果的方法完全是用 V_{off} 值来判断的，即 $V_{off} > -850$mV 为欠保护，$V_{off} \leqslant -1250$mV 时为过保护。而在中断器接通期间采集的通电电位 V_{on} 含有 *IR* 降成分。在每次数据采集前，电流采集器与数据采集器之间要通过GPS进行同步，以便让采集器分辨其采集的电位是 V_{on} 还是 V_{off}。

采用密间隔电位测量对有阴极保护的管道实施检测，具有以下优点：

(1)检测效率高，通常由测量者背负里程记录器和数据采集器，手持两只装有参比电极的测量探杆在管道的正上方行走。两只测试探杆是连通的，交替向前，以保证参比电极始终与地面接触，人以正常偏慢的速度向前行走即可。此方法在检测环境比较好时，检测速度可达8~15km/d。

(2)可以详细地了解阴极保护电位的变化情况，测试得到的是从阴极保护站出站到末端的全程阴极保护电位情况，且评价阴极保护的效果完全是通过断电电位来判断的。

(3)能够发现管道防腐层存在的严重缺陷，分析检测结果曲线可以确定防腐层漏点处保护电位是否在有效保护线以上，从而判定该处管道是否发生腐蚀。防腐层的破损越严重，管地电位中的断电电位就下降得越大。

(4)由于消除了土壤 *IR* 降的影响，评价阴极保护电位的方法更科学、更准确，测量结果更接近实际保护情况。

7.4　排流保护装置检测

排流保护措施实施后，应立即投入使用，在系统运行稳定后，进行排流保护效果检测评价。排流保护效果检测评价包括直流排流保护效果检测评价和交流排流保护效果检测评价。

1. 直流排流保护装置检测

在一般情况下，对于直流排流保护系统采取排流保护措施后应达到如下要求：对于排流保护系统中的管道(包括共同防护构筑物)，其任意点上的管地电位达到阴极保护电位标准或达到或接近未受干扰时的状态；对于排流保护系统中的管道(包括共同防护构筑物)，管地电位最大负值尽可能不超过管道所允许的最大保护电位；对排流保护系统以外的埋地管道或金属构筑物的干扰尽可能小。

如果检测评价的结果未能满足上述要求，则可通过电位正向偏移平均值比来进行直流排流保护效果的进一步评定。直流排流保护效果评价指标见表 7－7。

表 7－7　直流排流保护效果评价

排流方式	干扰时管地电位/V	电位平均值比 η_V/%
直接向干扰源排流（直接、极性、强制排流）	>10	>95
	10～5	>90
	<5	>85
间接向干扰源排流（接地排流）	>10	>90
	10～5	>85
	<5	>80

注：$\eta_V = \frac{V_1(+) - V_2(+)}{V_1(+)} \times 100\%$

$V_1(+)$——排流前，在规定时间段内的正管地电位算术平均值。

$V_2(+)$——排流后，在规定时间段内的正管地电位算术平均值。

直流排流保护效果的进一步评定满足下列要求：排流保护效果的评定点一般不应少于 3 点(不包括排流点)，当干扰段较长、管道系统复杂、管地电位复杂多变时，不应少于 5 点(不包括排流点)；排流保护效果的评定点应包括排流点、干扰缓解较大的点和干扰缓解较小的点，其他评定点可根据实际情况选择；在测取排流保护前后参数时，应统一测试点、测试时间段、读数时间间隔、测试方法和仪表设备。

2. 交流排流保护装置检测

交流排流保护装置的检测评价点包括防护接地点、检查片安装点、干扰缓解较大的点、干扰缓解较小的点，其他评定点可根据实际情况选择。在测取干扰防护措施实施前、后参数时，应统一测量点、测定时间段、读数时间间隔、测量方法和仪表设备。交流干扰防护效果应符合表7－8的要求。

表7－8　交流排流保护效果评价

周围土壤电阻率/(Ω·m)	保护效果要求
≤25	管道交流干扰电压低于4V
>25	交流电流密度小于60A/m^2

7.5　管体缺陷外检测方法

管体缺陷无损检测的目的是，通过采用无损检测方法，发现管道存在的缺陷，为完整性评价提供依据。管道无损检测可采用常规无损检测方法，也可采用其他经验证可靠的新技术和方法。管道线路无损检测重点针对管道内检测发现的缺陷并对其进行复核。

无损检测方法、检测比例、合格级别及检测时机应符合管道设计文件和相关标准规范的要求。采用超声检测时，对于只能从一侧进行扫查的铁素体钢焊接接头，还应进行表面磁粉或渗透检测。对裂纹敏感性大的材料，其焊接接头除经射线或超声检测外宜增加表面无损检测。当采用两种或两种以上检测方法对钢制管道同一部位进行检测时，应符合各自合格级别。如果采用同种检测方法、不同检测工艺进行检测，当检测结果不一致时，应以质量级别最差的级别为准。

检测工作可选择采用但不限于以下方法：

(1)常规超声检测：可用于检测管体和焊缝缺陷的位置与尺寸。常用的探伤波形有纵波、横波、表面波等，前两者适用于探测内部缺陷，后者适用于探测表面缺陷，但对表面的条件要求高。

(2)超声相控阵检测：可用于检测钢制管道对接接头内部缺陷，及对管壁腐蚀形貌进行准确扫描，得出内外腐蚀缺陷的轴向和环向尺寸。

(3)TOFD检测：TOFD方法能够对焊缝缺陷进行定量测量，超声相控阵技术提供的S扫描、B扫描、C扫描图像能够帮助分析缺陷性质，得到较高的缺陷检出率，弥补TOFD方法在管壁上下表面存在的盲区。

(4)射线检测：可用于钢制管道对接接头内部体积型缺陷和薄壁管对接接头缺陷检测。

(5)磁粉检测：可用于钢制管道焊接接头表面和近表面缺陷检测，铁磁性材料表面检测应优先采用磁粉检测。

(6)渗透检测：可用于钢制管道焊接接头表面开口缺陷检测。

本书对常规外检测方法不再赘述，重点介绍超声导波检测、磁应力检测和激光变形检测技术及应用案例。

7.5.1　超声导波检测

大部分无损检测技术采用的都是逐点扫描、抽查检测的方法，对于大范围或长距离管线进行检测时，其速度慢、效率低。特别是对于穿越管道、架空管道或套管等难以接近的管段，大部分无损检测技术都难以对管体缺陷进行检测。超声导波检测是一种能够快速、长距离、大范围、低成本的检测方法。

超声导波检测原理如下：在介质中传播的导波如果遇到不连续处，如孔洞、腐蚀、裂纹、焊缝余高等，就会发生反射、散射以及模态转换等现象，管道的不连续处和几何形状改变处会引起导波传播速度的变化，这样便会产生回波；回波中携带了管道的结构信息，接收器对接收的信号进行处理，便能对缺陷的位置进行判断，并估计缺陷的尺寸。

超声导波检测具有如下特点：

(1)在管道外部实现局部长距离检测。快速实现对管道腐蚀的重点区域局部检测，只需清理管道局部表面覆盖物，无须大面积开挖或大量拆除保温层，就可以实施检测，大大降低检测成本。

(2)检测距离长。对于架空无防腐层直管道，检测距离最长可达 100 多米。

(3)能够实现全覆盖检测，实现对管壁一次性 100% 检测。

(4)通过对速度模式和频率的选择，可确定缺陷类型和尺寸。

超声导波检测技术具有距离长、操作简单和灵敏度较高等优点，但其仅是对管道缺陷的一次初步筛查，可初步判断缺陷的大小和位置，还需要通过使用其他检测技术对发现的超标缺陷进行复检。超声导波检测技术也可用于重点部位的检测。

7.5.2　磁应力检测

金属磁应力检测技术一种金属疲劳损伤和濒临损伤状态的方法，也是一种非主动的检测方法。它的基本原理是：工件在不进行任何外部励磁仅在工作载荷和地磁场的共同作用下，在应力和形变集中区内会发生具有磁致伸缩性质的磁畴组织的定向和不可逆的重新取向，并在应力与应变集中区形成最大的漏磁场的变化。以金属的力磁效应为基础，金属磁应力检测通过在地磁场环境下检测铁磁材料应力集中及塑性变形区产生的自有微弱漏磁场信号特征，对材料的应力集中及由应力集中引起的相关问题进行检测和分析。

磁应力检测技术最初是由俄罗斯学者杜波夫提出的，并指出应力集中区的磁场信号特征为磁场切向分量出现最大值及法向分量过零值，应力集中区的磁信号特征如图 7－1 所示。同时，应力集中导致的磁状态不可逆变化在工作载荷消除后继续保留，从而通过对漏磁场信号特征的测定，便可以确切地推断构件的应力集中区。磁应力检测方法能够确定铁磁构件的应力集中区(破损发展的主要根源)、应力集中区中金属组织的损伤(已经出现的微观缺陷或塑性变形)以及金属的非致密度(宏观缺陷)。该方法具有设备简单、操作方便、无须与工件直接接触、成本低、适用范围广等诸多优点，并可应用于各个行业中铁磁性构件的应力集中检测及危害预防与评价(如油气管道、锅炉压力容器、航空结构件、石化设备、轨道交通设备等)，因而具有重要的应用意义和广泛的应用前景。

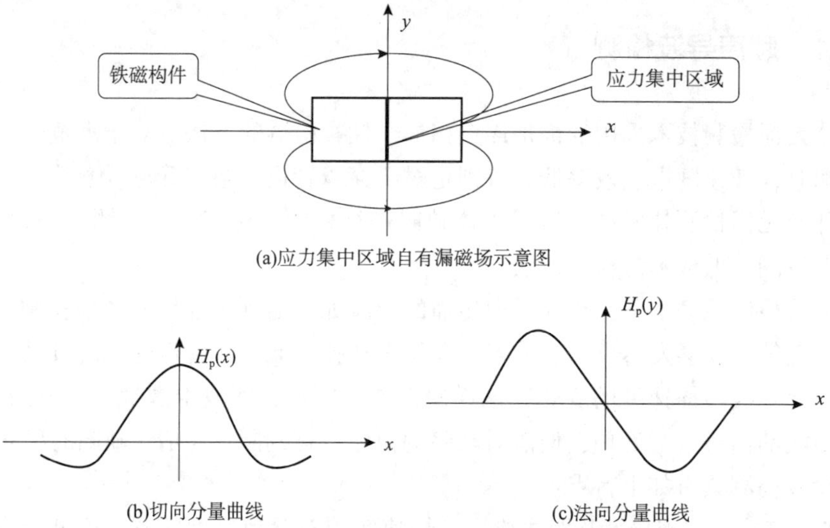

图7-1 应力集中区域自有漏磁场分布

相比于其他检测方法，金属磁应力检测技术具有如下优点：

(1)无须耦合，不需要与被检工件直接接触，因而不需要清理金属被检测表面或做其他准备工作，可以在保持金属的原始状态下进行检测。

(2)不需要采用专门的充磁装置，而是利用构件工作过程中的自磁化现象。

(3)传感器和被测表面间不需要充填耦合剂，传感器可以离开金属表面。

(4)金属磁应力检测技术可以确定设备应力集中及塑性变形区的方法。

(5)金属磁应力检测仪器体积小、质量轻、便于携带、检测速度快、效率高。

(6)和传统无损检测方法配合，能提高检测效率和精度。

作为一种新的无损检测技术，金属磁应力检测技术对金属构件早期损伤的检测能力显示出其巨大的优势和应用前景，对于工程实际保证质量安全具有重要意义。但目前对于金属磁应力的检测机理尚无统一定论，对磁应力信号如何产生的物理本质尚不完全清晰，因而导致对很多磁应力检测现象难以解释。例如：在一些检测过程中非应力集中也会产生漏磁场信号，而有些检测过程中存在应力集中的部位又未出现漏磁信号，同时对于材料塑性变形时的磁信号变化特征不清楚等。国内外很多学者目前提出了一些与金属磁应力检测相关的金属磁应力理论，包括 Notoji 提出的地磁场与应力共同作用下的应变磁化理论、Doubov 提出的应力位错的磁应力理论、由能量平衡的最低原理决定的应力磁化理论、Jiles 提出的应力等效磁场的磁机械理论等。这些理论分别是从不同的角度对金属磁应力现象进行分析解释。同时，现有的实验研究方法多采用在铁磁构件上人为制造缺陷，通过对构件的拉伸在缺陷处产生应力集中区域，进而研究磁应力信号与应力的对应关系。由于检测机理的不明确和实验方法的局限性，该方法在无损检测领域进行实际应力的科学性与有效性受到质疑，也在一定程度上限制了该检测方法的广泛应用。

金属磁应力检测技术作为一种非主动的无损检测技术，在无须外部励磁仅在地磁环境下即可实现对材料应力状态的检测，其具有设备简单、使用方便、成本较低、可非接触式检测等诸多优点，一经提出便得到了世界各国的广泛关注，一致看好该项技术在设备早期损伤检测及事故预防等方面的应用前景。很多国家开展了大量磁应力检测技术的工程应用研究。目前在俄罗斯，磁应力检测技术的发起者杜波夫教授成立了动力诊断公司以推广开展磁应力检测技术的工程应用，目前在石油化工、能源、航空等各领域几百家企业中进行了实际应用，取得了较好的应用效果。杜波夫利用磁应力检测和超声检测相结合的方法对热电厂蒸汽轮机的部件进行检测，对钢材及其焊缝区的缺陷在形成的早期阶段进行检测，实现设备的缺陷检测及事故预防。同时，结合焊接部位的硬度等机械性能检测，探索利用磁应力检测技术对焊接部位机械性能进行检测。在油气管道安全维护领域，杜波夫等人在大量实验研究基础上开展了利用磁应力技术监测管道及焊接结构的疲劳损伤阶段。在实际工程中，利用装有磁应力信号检测传感器探头的专用扫查架对实际管道进行100%外部检测，对管道的应力应变阶段进行评估，找到管道疲劳损伤的根源，有效地保障了管道的安全运行。

随着研究的深入，有学者提出可以利用金属磁应力检测方法检测材料内部组织不均匀性以及一些缺陷，通过磁应力信号变化来判断出缺陷处的应力集中状态。目前，俄罗斯已将磁应力检测技术作为一种应力集中及早期损伤的无损检测技术推出磁应力检测国家标准，其应用范围涉及俄罗斯国内各领域，每年有超过1000家的企业应用该项技术和仪器进行安全检测，在设备安全保障方面发挥了重要作用。目前在世界范围内，包括中国、波兰、澳大利亚、印度、乌克兰、保加利亚等国家在内的超过26个国家和地区引入了磁应力检测技术及相关仪器，培养了超过2000名的磁应力检测技术专家，使得该项技术在世界范围内得到推广和应用。2007年国际焊接协会和国际标准化技术委员会共同推出磁应力检测国际标准，包括ISO 24497-1:2007(无损检测 - 金属磁应力：通用要求)、ISO 24497-2:2007(无损检测 - 金属磁应力：术语和定义)和ISO 24497-3:2007(无损检测 - 金属磁应力：焊缝的检测)系列标准，明确磁应力检测技术为实用有效的金属结构应力及变形状态检测方法，从而实现磁应力检测技术的国际认可。

在磁应力检测设备研发方面，俄罗斯动力诊断公司最早推出了TSC系列金属磁应力检测仪，包括8通道、16通道以及32通道等系列产品，并可根据实际检测需求配备专用扫查装置。TSC系列检测仪成功应用于实际铁磁金属结构的磁应力检测，设备运行稳定，检测结果精度较好，满足了工程应用的要求，目前已推广到多个国家或地区，得到了广泛应用。同时，动力诊断公司的研究人员也开发出磁应力检测数据处理软件MMM - System，用于对检测数据和分析处理。

磁应力检测技术自1999年引入我国，因该技术具有检测条件简单、检测过程直观、检测成本低廉、仪器装置小巧便携、可以实现设备在役检测、符合工矿等铁磁材料应用企业与各相关行业的需求等诸多优点。从应用前景来看，磁应力检测技术已得到国内很多专家学者的认可，非常看好该技术在设备早期危险诊断及预警方面的应用优势。国内很多研究机构和学者开展了大量关于该项技术的理论与应用研究，特别是在压力容器、油气管道、航空航天等领域。南昌航空大学在进行磁应力检测相关研究的基础上，研发了金属磁应力检测仪并应用到电厂的汽轮机叶片、压力容器及压力管道、航空结构件以及一些焊接结构件的磁应力检测中，取得了较好的检测效果。北京航空工程技术研究中心将磁应力检测技术应用于飞机主承力部件的状\态检测及早期损伤的快速诊断中，对飞机的一些关键结构件进行疲劳寿命预测。北京铁路局科学技术研究所研制了 MTR 型铁路专用金属磁应力检测仪并开展了铁路钢轨的磁应力检测技术应用，检测结果显示出良好的重复性和规律性。中国特种设备检测研究院开展了特种设备的磁应力检测技术研究及应用，对压力容器、游乐设施等进行磁应力检测，对检测信号及检测能力进行分析研究，推动了磁应力检测技术在特种设备行业的发展。北京理工大学开展了管道应力腐蚀的磁应力检测应用研究，并以 HMC－1022 磁敏元件为基础开发了二维弱磁检测仪器，检测效果与俄罗斯 TSC 系列检测仪器基本相同。磁应力检测技术在我国油气管道行业也得到了快速的发展，如沈阳工业大学将磁应力检测技术成功应用于长输油气管道应力集中的内检测中，自主研发油气管道应力内检测装置，实现对油气管道早期损伤的在线检测。图 7－2 为用于长输管道应力内检测的磁应力内检测装置。

图 7－2　长输管道应力内检测的磁应力内检测装置

另外，还有研究人员和机构开展了磁应力检测技术在焊接裂纹、残余应力以及桥梁损伤等方面的应用研究。在设备研发方面，除了针对各个领域特殊应用的磁应力检测仪器设备外，厦门爱德森公司专门研发了 EMS 系列智能磁应力检测仪，在各领域中都具有较好的应用前景。为了更好地实现对管道的检测，应将磁应力检测和其他检测方式结合起来对管道有针对性地实施检测，利用磁应力检测方法非接触式检测出应力集中区后，再进行开挖或使用超声检测等其他的无损检测方法做进一步的验证来提高检测精度。

7.5.3　激光变形检测

随着管道智能检测技术的发展，大量几何变形缺陷被检测出来。加拿大能源委员会 2010 年 6 月 18 日给出的安全建议 NEBSA2010－01 中提及两起管道泄漏事故，均由凹陷变形缺陷所致。虽然有些变形缺陷没有导致管道立即失效，但缺陷的存在势必削弱了管道的正常服役性能，一旦达到管道所能承受的极限状态，则后果不堪设想。因此，对于管道变形缺陷的管理必须引起管道运营公司的高度关注，对管道变形缺陷精确测量尺寸并开展适用性评价，安全、经济地对变形缺陷进行优先级排序及修复处理。

传统的变形缺陷检测方法有两种。一是传统工具检测，即使用直尺、深度尺、游标卡尺等直接测量数据，然后计算相对变形深度和曲率半径。这种方法稳定性差、精度低，受人为因素和环境条件影响较大。二是内变形器检测。在管道内部通入带传感器的变形检测器，通过角度等指标来计算检测管道的变形量。这种方法不仅成本高，而且由于机械动态性能较差、量化误差大，导致精度较低，不能满足实际检测要求。

3D 激光扫描技术是目前最先进的一种测绘技术，集距离、影像测量于一体，超出单一的地面平面测量，扩展为三维空间测量，具有快速、高精度、非接触、实时动态、不受环境影响、范围面积广等多种优点。国外发达国家的很多科研工作者在很久之前就开始重视3D激光扫描技术的研究，并在很多领域取得了重大的成果。3D激光扫描技术也被称为高清晰测量(High Definition Surveying，HDS)，它是利用激光测距的原理，通过记录被测物体表面大量密集点的三维坐标信息和反射率信息，将各种大实体或实景的三维数据完整地采集到电脑中，进而快速复建出被测目标的三维模型及线、面、体等各种图件数据。结合其他各领域的专业应用软件，所采集的点云数据还可进行各种后处理应用。

由于三维激光扫描系统能够密集地、大量地捕捉目标对象表面的点云数据，因此和传统的单点测量相比，三维激光扫描技术被视为单点测量到面测量进化革命的技术性突破。随着三维激光扫描技术的不断发展，其已在建筑物形变监测、小型储罐容积测量等多个领域得到应用。将三维激光扫描技术应用于管道缺陷检测，探索基于激光扫描检测模型的管道变形缺陷分析评价方法和在该领域的应用，具有极其现实的意义。

变形管道的三维扫描通常用手持式三维激光扫描系统，如图7－3所示。世界最先进的手持三维激光扫描系统的精度可达0.02mm，通过特有的自定位技术，能够在任何场地快速实现三维数据信息的采集。手持三维激光扫描系统是激光技术与影像技术相结合的扫描仪，基本构成为一个激光发生器和两个工业CCD(电荷耦合器件图像传感器)。扫描时，三束激光线交叉打到被测物体表面，两个工业CCD镜头捕捉激光线在物体表面发生的形变量并通过软件计算得到物体表面的实时三维形貌，同时CCD完成目标点的定位和数据的拼接以获取完成的曲面数据，生成最终的三维模型。

图7－3　变形管道三维激光扫描示意图

7.6　应用案例

7.6.1　超声导波检测

近年来，超声导波检测技术已多次应用于各类油气管道，尤其是管道的穿跨越段。利用某国产导波检测设备对Φ508mm×12mm、长10.26m、材质为L360的试验管道进行检测，该试验管段上预制多种缺陷，见图7－4。

检测时先在管道上打磨出一道约15 cm的光洁环带，然后粘贴磁致伸缩带，其上安装全覆盖型换能器，选择不同频率的探头进行扫频，获取扫频图，根据扫频图选择合适的频率，本次选择的频率为128kHz。检测结果见图7－5和图7－6。

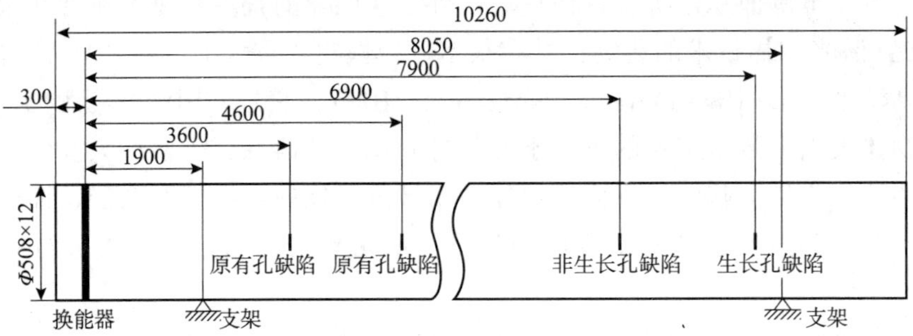

图 7-4　试验管段示意图

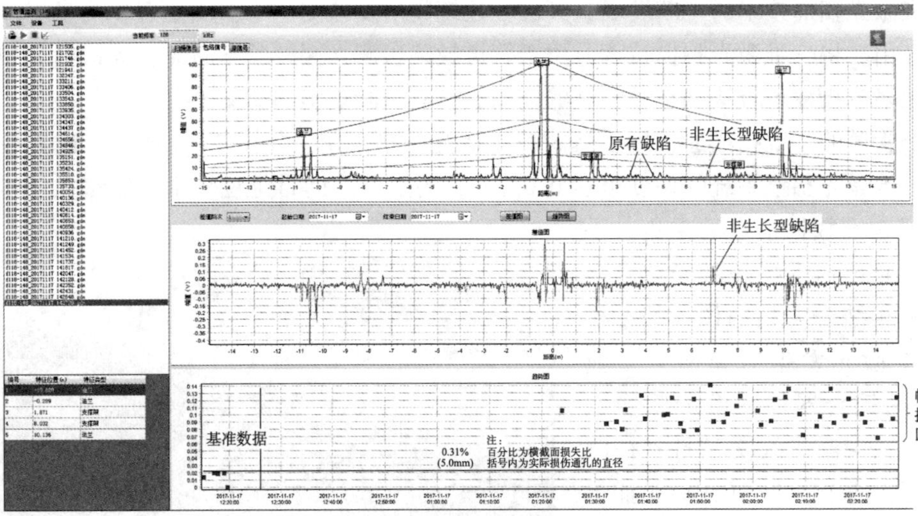

图 7-5　非生长型孔缺陷的数据分析图

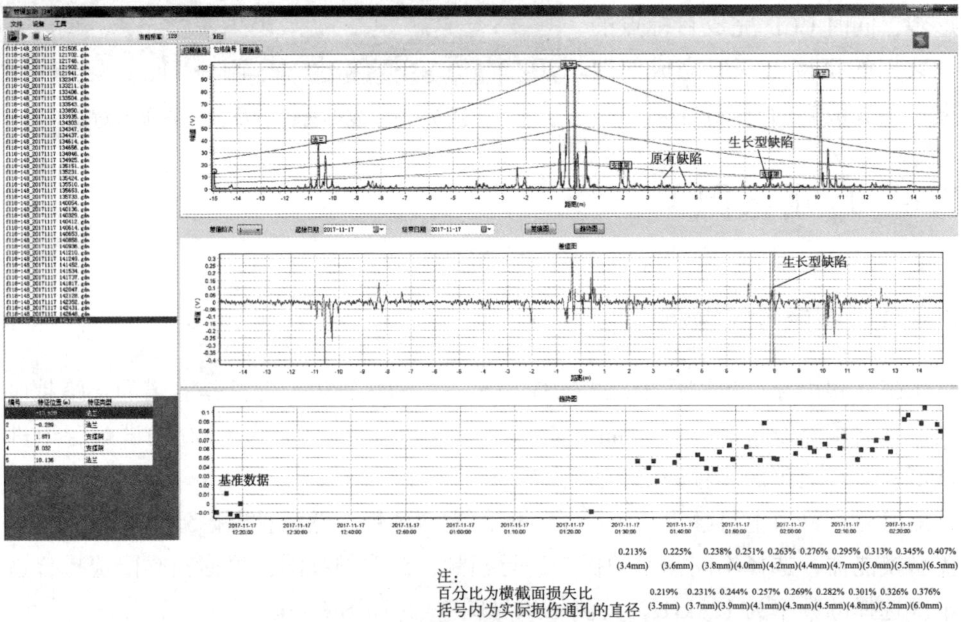

图 7-6　生长型孔缺陷的数据分析图

根据非生长型缺陷分析图可知，在6.9m时，可检测获得0.3%的缺陷，且最终缺陷幅值来回振荡，无生长趋势。根据生长型缺陷分析图可知，在7.91m时，可检测测缺陷横截面损失比从0.213%到0.407%的变化趋势，其变化趋势与缺陷大小设置的趋势一致，可判断该缺陷正是试验设置的缺陷。

7.6.2　磁应力检测

某油库埋地管线因不具备漏磁内检测条件，采用基于磁应力的管道完整性检测，以期获取管道缺陷信息，并对缺陷部位进行开挖验证及完整性评价。

选择油库内四段管道作为检测目标管线：

第一段：管径326mm，长度62m；

第二段：管径610mm，长度27m；

第三段：四条并行管线，长度36m。

对油库内所有目标管线进行实地探勘，对目标管线线路、管线所处的地形地貌进行调研分析。评估目标管道地表可能会对检测数据造成影响的金属物体，并进行记录，便于后期数据分析时排除管道地面上的干扰因素造成的错误结果。检测采用应力集中磁检测仪、埋地管道非接触式检测专用扫描装置和GPS接收机。

连接应力集中磁检测仪主机与非接触式检测扫描装置。为保证检测长度和定位的准确，工程师连接专用的测距轮编码器测量记录检测长度。在埋地管道上方地面上推动扫描装置沿管道扫描采集数据，以2~3km/h的速度行进。测距轮编码器会把行走长度数据传输到主机并与磁场信号整合为磁场分布曲线。设置为测距轮每行走4mm采集一组磁场数据。根据目标管道地表状况，不适合测距轮编码器行走的地面，检测人员手持非接触式检测扫描装置匀速行走，并采用仪器的计时器模式自动采集数据。扫描至终点，查看并保存检测数据。检测数据图谱可直接在主机屏幕上显示，对于比较明显的异常数据图谱，根据情况进行二次扫描检测，验证信号重复性和排除人为影响。重复上面步骤，直到所有的检测完成。在采集磁场数据的同时，利用GPS接收机同步采集检测区间的地理坐标数据。金属磁应力非接触式检测及分析流程如图7-7所示。

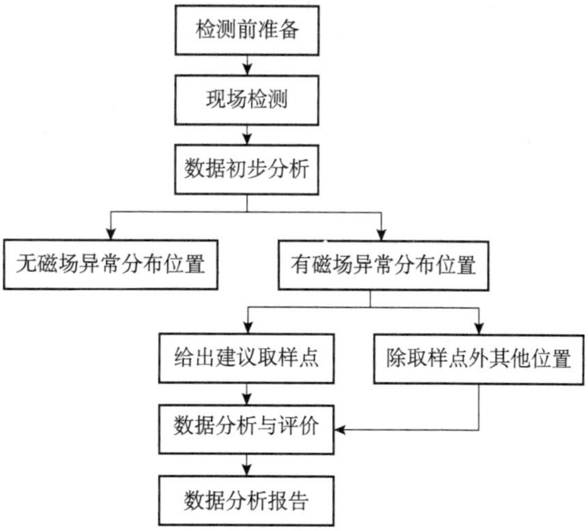

图7-7　金属磁应力非接触式检测及分析流程图

第一段检测结果见图7-8，检测长度约62m，在扫描起始点起2~8m位置出现异常磁信号。如可确认管道上无其他附属物，可开挖复验。通过现场与操作员确认，此处地下有一个绝缘法兰。

第二段检测结果见图7-9，检测长度约27m，在扫描起始点起3~6m位置出现异常磁信号。在现场可看到该处地面上有一些金属装置。

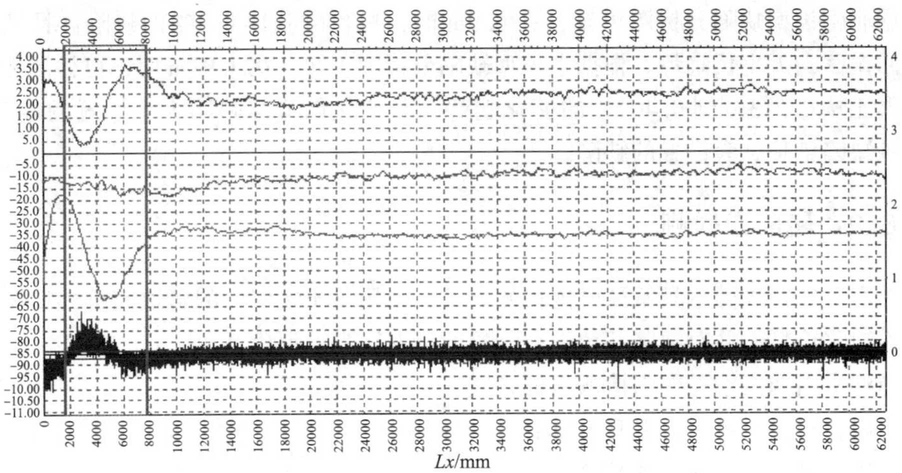

图 7－8　第一段埋地管道磁场分布图

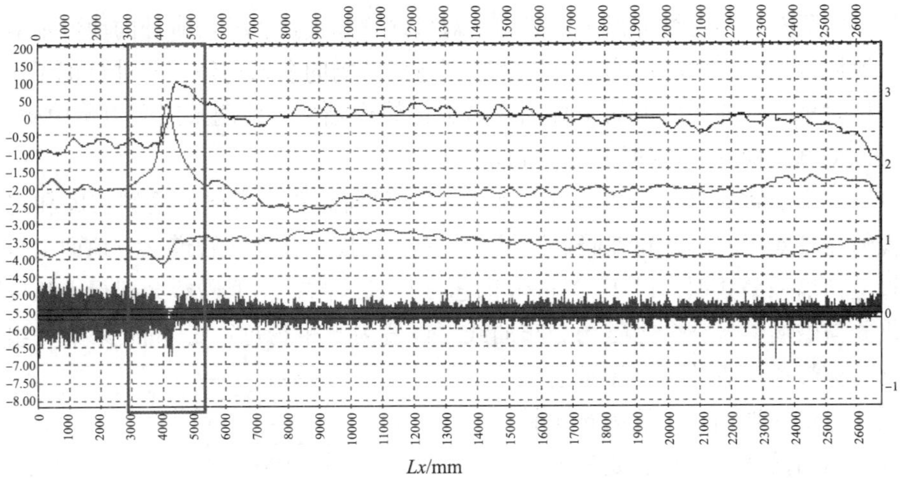

图 7－9　第二段埋地管道磁场分布图

第三段检测结果见图 7－10，检测长度约 36m，在距扫描起点 23～28m 位置出现异常磁信号，离扫描终点(水泥井台)8～13m 处。如可确认管道上无其他附属物，可开挖复验。

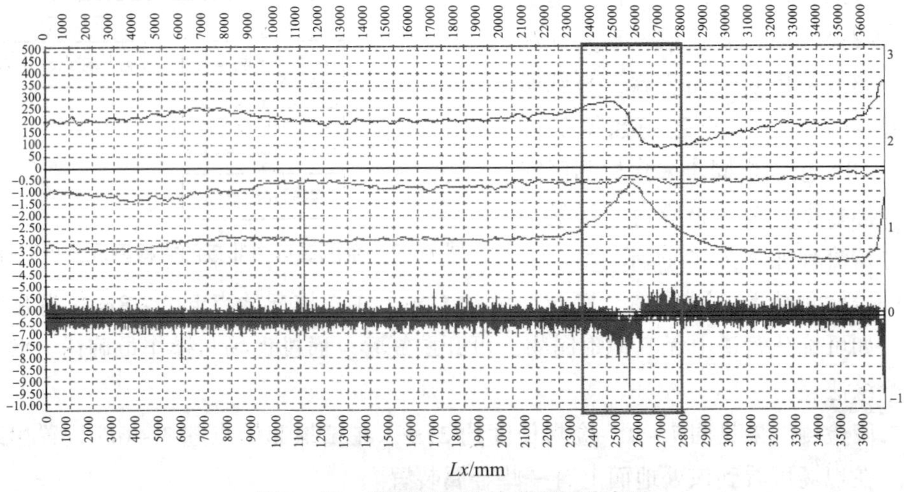

图 7－10　第三段埋地管道磁场分布图

根据检验结果，判断第三段检测点存在异常应力反应，选取作为开挖验证的区段。将检测起点的8～13m处的应力异常点作为开挖验证的区段，开挖现场照片见图7－11～图7－14。

图7－11 开挖后发现30cm区段已无防腐层

图7－12 未做清理前的表面腐蚀情况

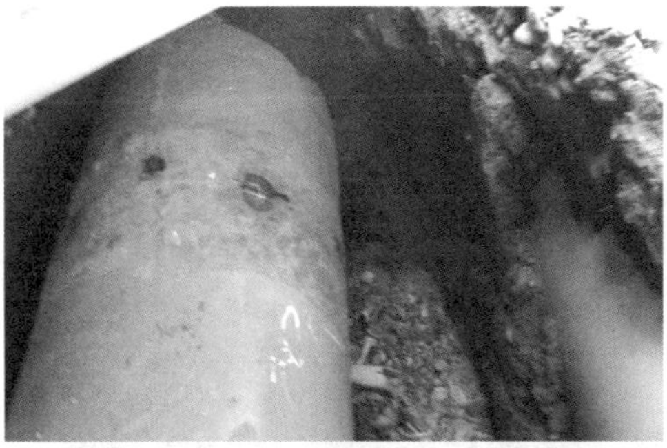

图7－13 未做清理前的表面腐蚀情况

图7－14 清理管道表面后发现遍布明显腐蚀坑

管径为Φ508mm，管道防腐材料为环氧粉末，管道的应力异常点位焊缝区域，在焊缝两侧，长约为30 cm的区域，开挖后发现该区域未发现防腐层，表面锈蚀严重。对该区域管道本体进行了壁厚抽检和焊缝渗透着色(PT)检测，因现场开挖条件限制未能对焊缝进行X射线检测。

开挖后，对该区域管道表面进行除锈打磨，表面遍布腐蚀坑。在焊缝7点钟方向，距离焊缝13cm位置，发现一处腐蚀深坑，腐蚀深度为1.15mm，腐蚀坑大小为0.26mm×0.8mm×1.15mm，原始管道壁厚为8mm，剩余壁厚为6.85mm，见图7－15。

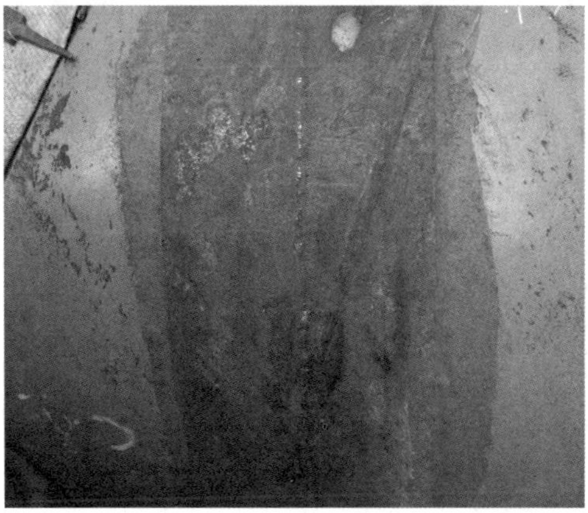

图7－15 深度达1.15mm的腐蚀坑

通过对油库区来油管道1处应力集中异常点进行开挖验证评价可知：

(1)现场开挖3.3m深后，发现一段有30cm区域已看不到防腐层，表面锈蚀严重，经过手工打磨后，金属表面可见多处片状腐蚀坑。

(2)发现在焊缝7点钟位置，距离14 cm处，有一处腐蚀深坑，腐蚀深度为1.15mm，剩余壁厚为6.85mm，属于深度腐蚀。

(3)使用渗透着色对焊缝表面区域检测，未发现异常。

7.6.3 管体变形激光扫描检测

某公司成品油管道实施内检测后发现3处管道凹陷变形，遂进行了现场开挖验证检测。检测过程中，为了精确获取管道凹陷变形尺寸，在采用传统工具检测的同时，采用3D激光扫描仪开展管道变形缺陷扫描检测。

对3处凹陷变形管段的表面进行清洁处理，利用扫描精度为0.02mm的手持三维激光扫描仪分别对3处凹陷管段进行表面形貌扫描，保存相关点、线、面、体等模型数据信息，生成各自的三维模型。对3处管道凹陷变形缺陷分别记为凹陷1、凹陷2和凹陷3；图7-16为凹陷1现场实际形貌图，图7-17为凹陷1三维激光扫描形貌图。

图7-16 凹陷1现场实际形貌图

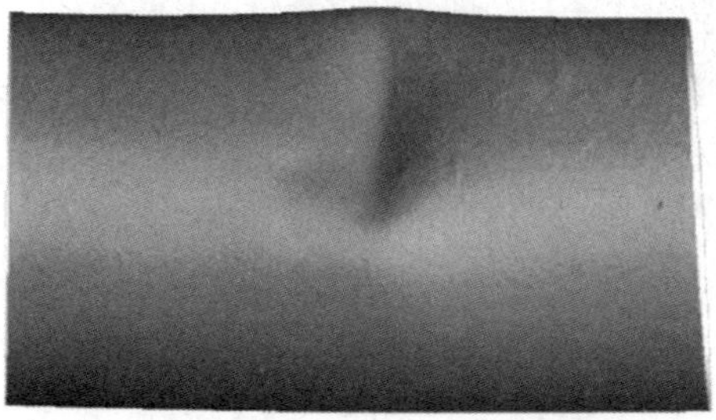

图7-17 凹陷1三维激光扫描形貌图

将生成的三维形貌模型依次导入分析软件中，对其进行横截面切片处理，筛选出最大变形的横截面开展变形结构分析。为了对比研究，对3处凹陷变形管段采用传统工具测量结果和内检测数据进行对比分析，如表7-9所示。

表7-9 三种检测方法变形管段检测数据对比

变形管段	检测方法	绝对变形深度/mm	相对变形深度/%	最大管道外径/mm	最小管道外径/mm
凹陷1	传统工具	37.9	11.7	365.3	286.0
	内变形器	35.6	11.0	364.5	288.3
	三维激光扫描	41.376	12.8	366.550	282.524
凹陷2	传统工具	12.6	3.9	335.7	311.3
	内变形器	11.7	3.6	335.3	312.2
	三维激光扫描	12.989	4.0	335.826	310.910
凹陷3	传统工具	50.5	15.6	342.8	273.4
	内变形器	45.3	14.0	341.0	278.6
	三维激光扫描	51.602	15.9	343.126	272.298

由表7－9可以看出，三维激光扫描得到的每处凹陷相对变形深度最大，传统工具检测的次之，内变形器检测的最小。分析以上对比结果，三维激光扫描技术检测的凹陷相对变形深度较大，是因为三维激光扫描得到的凹陷三维模型是高精度还原现场实际形貌，计算数据准确；而传统工具由于人为因素的影响，检测数据存在一定误差，无法避免；内变形器由于机械振动和其他技术问题等，所得检测数据误差相对较大。所以，三维激光扫描技术在3种变形管道检测方法中精度最高。

通过现场基于3D激光扫描检测，3处凹陷中有2处的相对变形深度已经超出6%，应立即给予维修。

某段成品油长输管道规格为Φ457mm×7.1mm，由于受到机械施工破坏，在管道顶部产生较为严重的凹陷变形。图7－18为管道凹陷现场实际形貌图。

对管道凹陷变形段的表面进行清洁处理，利用扫描精度为0.02mm的手持三维激光扫描仪分别对凹陷管段进行表面形貌扫描，保存相关点、线、面、体等模型数据信息，生成三维激光扫描模型。图7－19为管道凹陷三维激光扫描形貌图。

图7－18 管道凹陷现场实际形貌图

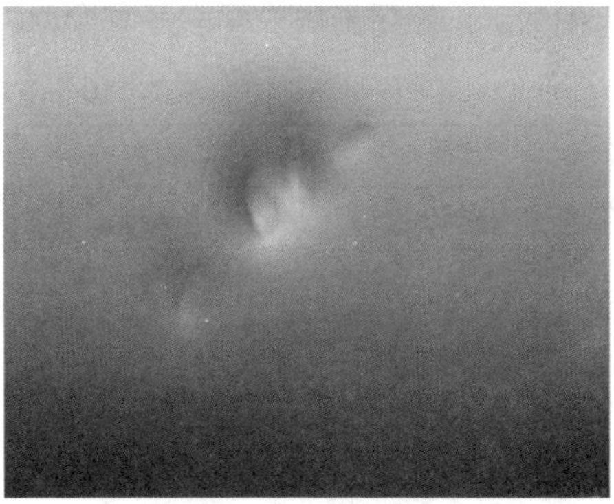

图7－19 管道凹陷三维激光扫描形貌图

将生成的三维形貌模型依次导入分析软件中，对其进行横截面切片处理，筛选出最大变形的横截面，如图7－20所示，使用软件内置的测量工具分别测量最大变形横截面的最大外径和最小外径。通过测量，管道凹陷的最大管道外径为458.978mm，如图7－21所示；最小管道外径为422.710mm，如图7－22所示。

图7－20 管道凹陷横截面切片处理图

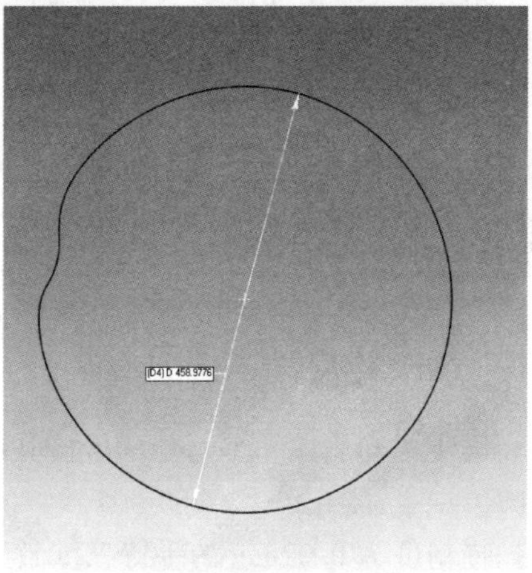

图7-21　管道凹陷最大管道外径

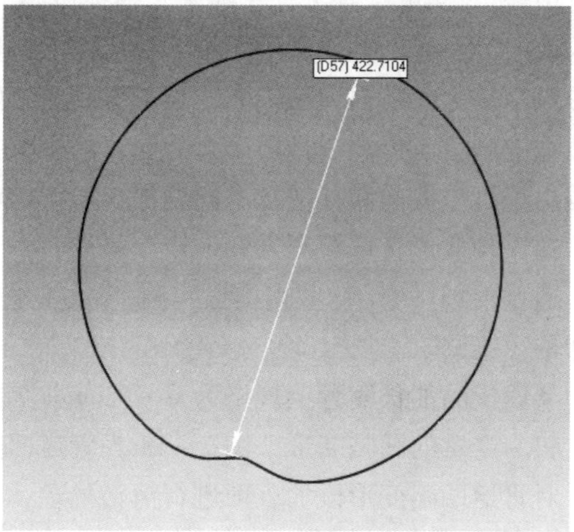

图7-22　管道凹陷最小管道外径

通过计算，结果见表7-10。该管道凹陷相对变形率为8%，超出基于深度的评定准则中6%的要求，建议采用换管或B型套筒方式立即维修。

表7-10　三维激光扫描结果

变形管段	检测方法	绝对变形深度/mm	相对变形深度/%	最大管道外径/mm	最小管道外径/mm
凹陷	三维激光扫描	36.268	8.0	458.978	422.710

第 8 章　管道适用性评价与维修决策

8.1　腐蚀缺陷评价

8.1.1　剩余强度评价

以腐蚀为代表的管道金属损失会导致管道壁厚减薄和承压能力降低，直接威胁管道运行安全性，必须针对腐蚀等金属损失缺陷进行剩余强度评价。剩余强度评价的目的是，明确在当前操作压力下管道缺陷是否可接受，同时确定金属损失区域的剩余强度和最大运行工作压力，及某一操作压力下允许存在的最大缺陷尺寸，从而科学指导管道维修决策和安全生产管理，保证管道运行安全性和经济性。

国际上含缺陷管道剩余强度评价方法研究始于 20 世纪 70 年代，目前已形成许多评价标准和规范。

1. *原始* ASME B31G

原始 B31G 标准是评估腐蚀管道的最初和最基本的方法，它是一些评价标准的基础。其前身是基于断裂力学的 NG－18 表面缺陷计算公式，表达式为：

$$P_F = \frac{\sigma_{flow} \cdot 2 \cdot t}{D}\left[\frac{1-\dfrac{A}{A_0}}{1-\dfrac{A}{A_0}\cdot\dfrac{1}{M}}\right] \tag{8-1}$$

式中，P_F为爆破失效压力，MPa；A_0为未受损管道纵向面积，$A_0 = L \cdot t$，其中 L 为腐蚀缺陷轴向投影长度，mm；A 为腐蚀缺陷的轴向投影面积，mm^2；σ_{flow}为流变应力，取 1.1 倍 $SMYS$（$SMYS$ 为规定的管材最低屈服强度），MPa；D 为管线外径，mm；t 为管线公称壁厚，mm；M 为鼓胀因子。

鼓胀因子 M 简化计算式如下：

$$M = \sqrt{1 + \frac{0.8L^2}{D_t}} \tag{8-2}$$

投影面积 A 按照缺陷长短确定，对于短缺陷，即$\frac{L^2}{D_t} \leqslant 20$ 时，投影面积近似为抛物线形，即 $A = 2/3dL$；对于长缺陷，即$\frac{L^2}{D_t} > 20$ 时，投影面积近似为矩形，即 $A = dL$。

故原始 B31G 中剩余强度计算公式为如下形式：

$$P_F=\frac{\sigma_{flow}\cdot 2\cdot t}{D}\left[\frac{1-\frac{2}{3}\cdot\frac{d}{t}}{1-\frac{2}{3}\cdot\frac{d}{t}\cdot\frac{1}{M}}\right]\text{（短缺陷）}\tag{8-3}$$

$$P_F=\frac{\sigma_{flow}\cdot 2\cdot t}{D}\left[\frac{1-\frac{d}{t}}{1-\frac{d}{t}\cdot\frac{1}{M}}\right]\text{（长缺陷）}\tag{8-4}$$

式中，d 为腐蚀区域的深度，mm。

标准中规定缺陷最大许可深度为名义壁厚的 80%，当缺陷深度小于名义壁厚的 10% 时，可以忽略缺陷的存在。

2. 修正 B31G

实际应用中发现原始 B31G 过分保守，其预测失效压力大大低于实际失效压力，虽然这样的预测结果在工程使用上更为安全，但是它却造成了不必要的维修或更换。导致原始 B31G 保守的原因可总结为以下几个方面：

(1)流动应力定义不精确，仅考虑内压；

(2)鼓胀因子的近似表达不准确；

(3)腐蚀面积的近似表达不准确；

(4)不连续性腐蚀缺陷简化程度过大；

(5)半经验和实验条件局限性；

(6)未考虑蚀坑间及蚀坑边缘的全壁厚或近似全壁厚管段的强化作用的影响。

针对这些保守根源，有研究人员通过对相关系数进行修正，实现方法的改进。

1)流变应力

(1)对于运行在 120℃以下的普通碳钢材料，$\sigma_{flow}=1.1SMYS$；

(2)对于最小屈服强度不超过 483MPa 运行在 120℃以下的普通碳钢和低合金钢，$\sigma_{flow}=SMYS+69\text{MPa}$；

(3)对于最小屈服强度不超过 551MPa 的普通碳钢和低合金钢，$\sigma_{flow}=0.5(SMYS+SMTS)$，$SMTS$ 为规定的材料极限抗拉强度。

2)鼓胀因子

当$\frac{L^2}{D_t}\leqslant 50$ 时，

$$M=\left[1+\frac{0.6275L^2}{D_t}-\frac{0.0135}{4}\left(\frac{L^2}{D_t}\right)^2\right]^{\frac{1}{2}}\tag{8-5}$$

当$\frac{L^2}{D_t}>50$ 时，

$$M=0.032\frac{L^2}{D_t}+3.3\tag{8-6}$$

3)腐蚀面积

(1)0.85 面积法。腐蚀面积用 0.85dL 取代了 2/3dL 看上去似乎更加趋于保守，但是采用修正的流变应力值和鼓胀因子时，所计算出来的允许最大安全工作压力相对于原始

B31G 方法所计算出来的数值就会不再保守。

(2)有效面积法。有效面积法也称为 RSTRENG 方法。该方法需要沿着管道长度方向进行大量测量，以确定详细的腐蚀剖面图，针对腐蚀剖面内的一系列矩形截面计算出相关段的失效压力，把最小的失效压力作为管子的失效压力。该方法因计算量很大，有必要采用 PC 程序。

3. DNV RP F101

随着管道业的迅速发展，高强度大口径管道成为必然的发展趋势，B31G 标准显然有些落后。1999 年，BG 和 DNV 在前人研究基础上，经过大量实验研究，合作开发形成了 DNV - RP - F101 标准。此标准针对中高级钢管道，适用范围可以达到 X80 钢级管道，对于现代高强度大口径管道的安全评价而言更加适合。

DNV - RP - F101 分两部分提供了两种腐蚀评估方法，这两种方法的主要区别是安全准则不同。两种方法针对单个轴向腐蚀缺陷，在只有内压作用下的安全工作压力计算式分别如下。

(1)分项安全系数法

当 $\gamma_d(d/t)^* < 1$ 时，

$$P_S = \gamma_m \frac{2tSMTS}{D-t} \frac{1-\gamma_d(d/t)^*}{1-\dfrac{\gamma_d(d/t)^*}{Q}} \tag{8-7}$$

$$Q = \sqrt{1+0.31\left(\frac{l}{\sqrt{D_t}}\right)^2} \tag{8-8}$$

$$(d/t)^* = (d/t)_{meas} + \varepsilon_d S_t D[d/t] \tag{8-9}$$

当 $\gamma_d(d/t)^* \geqslant 1$ 时，$P_S = 0$

式中，P_S 为缺陷的安全工作压力，N/mm^2；Q 为长度校正系数；γ_m 为腐蚀预测模型的分安全系数，与管道的安全等级有关；γ_d 为腐蚀深度的分安全系数，与检测器的检测精度和管道安全等级有关；SMTS 为规定的最小拉伸强度；$(d/t)_{meas}$ 为检测得到的腐蚀区的相对深度；$S_tD[d/t]$ 为随机变量(d/t)的标准方差，与检测器的测量精度和置信度相关；ε_d 为确定腐蚀深度分位数的系数，与检测器的检测精度有关。

各参数的数值可根据管道参数和腐蚀参数的实际情况在 DNV RP - F101 标准中查表和计算获得。

(2)许用应力法

$$P_S = FP_F \tag{8-10}$$

$$P_F = \frac{2tUTS}{(D-t)} \frac{\left(1-\dfrac{d}{t}\right)}{\left(1-\dfrac{d}{tQ}\right)} \tag{8-11}$$

$$F = F_1 \cdot F_2 \tag{8-12}$$

式中，F_1 为模型安全系数，一般取 0.9；F_2 为许用操作压力安全系数，一般取初始设计安全系数；*UTS* 为极限拉伸强度，此参数不易获得，在实际评价中，可使用 *SMTS* 代替。

许用应力法在基本形式上还是与 NG－18 方程一样，但系数 M 通过数值分析结果修正为 Q，流变应力的定义不是根据屈服极限，而是根据极限拉伸强度。相比较而言，分项安全系数法考虑了腐蚀缺陷测量的不确定性和管道材料的不确定性等因素，能够更加客观地反映管线存在腐蚀缺陷后的剩余强度。但是对于现场操作人员而言，其计算过程和测定也要相对复杂一些，许用应力法则显得相对简单。

总体而言，该评价准则可用于 X65～X80 钢级管道内表面和外表面缺陷，也可用于焊缝缺陷，对于孤立缺陷、交互缺陷、复杂缺陷等都适用，但不适用于缺陷深度大于管壁厚度 85% 的缺陷和钢级超过 X80 的管道缺陷。

4. BS 7910

BS 7910 中附录 G 提供了局部减薄区域的强度评价方法，该评价方法是基于 ASME B31G 和 DNV－RP－F101 方法发展而来的。标准中腐蚀缺陷剩余强度计算综合考虑管道环向应力和轴向应力，其轴向应力计算与国际上较为通用的 Kastner 方法相同。

该标准的评价思路是：通过计算管道缺陷处的荷载比，并与预先设定的临界荷载比进行比较，最终确定缺陷可接受性。其中，临界荷载比和实际荷载比分别为：

$$L_{r,\max}=\frac{\sigma_{Y}+\sigma_{U}}{2\sigma_{Y}} \tag{8-13}$$

$$L_{r}=\frac{f_{c}\sigma_{ref}}{\sigma_{Y}} \tag{8-14}$$

式中，$L_{r,\max}$ 为临界荷载比；L_r 为缺陷处实际荷载比；σ_Y 为材料屈服强度，MPa；σ_U 为材料拉伸强度，MPa；f_c 为安全系数；σ_{ref} 为参考应力，MPa。

参考应力 σ_{ref} 由轴向参考应力 σ_{ref1} 和环向参考应力 σ_{ref2} 共同确定。

当 $\sigma_1 \geqslant 0$ 且 $\sigma_2 \geqslant 0$ 时，

$$\sigma_{ref}=\max(\sigma_{ref1},\ \sigma_{ref2}) \tag{8-15}$$

当 $\sigma_1<0$ 且 $\sigma_2>0$ 时，

$$\sigma_{ref}=\sigma_{ref2}-\sigma_{ref1} \tag{8-16}$$

$$\sigma_{ref1}=\left[\frac{\pi\left(1-\dfrac{a}{B}\right)+2\dfrac{a}{B}\sin\left(\dfrac{c_2}{r}\right)}{\left(1-\dfrac{a}{B}\right)\left(\pi-\left(\dfrac{c_2}{r}\right)\left(\dfrac{a}{B}\right)\right)}\right]\sigma_1 \tag{8-17}$$

$$\sigma_{ref2}=\left[\frac{1-\left(\dfrac{a}{B}\right)\dfrac{1}{M}}{1-\left(\dfrac{a}{B}\right)}\right]\sigma_2 \tag{8-18}$$

$$M=\sqrt{1+0.62\left(\frac{{c_1}^2}{rB}\right)} \tag{8-19}$$

式中，σ_1 为轴向应力，MPa；σ_2 为环向应力，MPa；B 为管道壁厚，mm；r 为管道半径，mm；a 为缺陷深度，mm；c_1 为缺陷半轴向长度，mm；c_2 为缺陷半环向长度，mm。

显然，BS 7910－2013 针对腐蚀缺陷的评价方法考虑了缺陷长、深和宽 3 个方向的尺寸，同时考虑了材料的受力情况，基本避免了 B31G 评价准则的一些弊端，可评价复杂复合缺陷和环向缺陷。

5. API 579

API 579 评价准则在 ASME B31G 基础上发展而来，按照缺陷类型分别进行评价，包括脆性断裂、金属损失、氢鼓泡、氢致开裂等氢损伤、焊缝焊偏、几何变形、裂纹等缺陷，并考虑相邻缺陷的相互影响和附加载荷的影响，为缺陷的剩余强度评价提供了更为准确的方法；建立了含缺陷管道的剩余承压能力、缺陷尺寸及有关材料强度参数三者之间的关系，较 B31G 评价方法更加全面。

API 579 将金属损失缺陷分为均匀金属损失、局部金属损失和点蚀三类，对每一类都建立了三级评价体系：一级评价提供保守的评价和审查准则；二级评价更详细，评价结果较一级评价更精确；三级评价最详细，评价结果也更精确。但 API 579 只给出一级和二级评价流程与方法，三级评价建议采用有限元法或其他方法。

针对均匀腐蚀，失效压力计算公式为：

$$P_f = SMYS\frac{t_{am} - FCA}{R + 0.6t_c} \tag{8-20}$$

$$t_c = t - LOSS - FCA \tag{8-21}$$

式中，P_f为缺陷处预测失效压力，MPa；$SMYS$ 为规定的管材最小屈服强度，MPa；t_{am}为平均测试壁厚，mm；FCA 为未来腐蚀裕量，mm；R 为内半径，mm；t 为名义壁厚，mm；t_c为腐蚀壁厚，mm；$LOSS$ 为管道均匀减薄厚度，mm。

针对局部腐蚀，失效压力计算公式为：

$$P_f = SMYS\frac{t_c}{R + 0.6\,t_c}\cdot\frac{RSF}{RSF_a} \tag{8-22}$$

$$RSF = \frac{R_t}{1 - \frac{1}{M_t}(1 - R_t)} \tag{8-23}$$

$$R_t = \frac{t_{mm} - FCA}{t_c} \tag{8-24}$$

$$\begin{aligned} M_t = {} & 0.0010 - 0.014159\lambda + 0.29090\,\lambda^2 - 0.09642\,\lambda^3 + 0.020890\,\lambda^4 - 0.0030540\,\lambda^5 + \\ & 2.9570\times10^{-4}\times\lambda^6 - 1.8462\times10^{-5}\times\lambda^7 + 7.1553\times10^{-7}\times\lambda^8 - 1.5631\times10^{-8}\times \\ & \lambda^9 + 1.4656\times10^{-10}\times\lambda^{10} \end{aligned} \tag{8-25}$$

$$\lambda = \frac{1.285s}{\sqrt{D\,t_c}} \tag{8-26}$$

式中，RSF 为剩余强度因子；RSF_a为许用剩余强度因子，一般取 0.9；R_t为剩余厚度比；M_t为傅里叶因子；λ 为壳体系数；s 为腐蚀缺陷轴向长度，mm。

总体而言，API 579 评价准则基本避免了 B31G 评价准则的一些弊端，考虑内压和附加荷载(局部腐蚀一级评价仅考虑内压)，适用于孤立缺陷、交互作用缺陷、复合缺陷和环向缺陷的评价，且未限制钢材等级。

8.1.2 剩余寿命预测

剩余寿命预测是确定管线检测周期及维修时间的前提，在管线的安全性评价及维修决策中占有重要位置，尤其是腐蚀剩余寿命预测，近年来在国际上日益受到重视。腐蚀剩余寿命预测建立在腐蚀速率预测模型基础上，目前国内外腐蚀速率的研究一直是比较热点的研究领域。

1. 基于腐蚀速率的预测方法

由于输送介质、周围环境以及各种载荷的不同，在役管道在诸多腐蚀因素下工作，最终腐蚀结果是各种腐蚀因素综合作用的结果。测定实际腐蚀速率十分复杂，通常做法是假定腐蚀均匀发生，或根据实测数据建立腐蚀模型。

1)仅考虑深度的腐蚀生长模型

从管壁的腐蚀深度考虑，可以得到一个简单的公式来计算腐蚀速度，从而确定管道腐蚀的剩余寿命。用管道剩余壁厚与腐蚀时间呈线性关系为基础作出图形，见图 8-1，从而得出如下计算管道的腐蚀速度和腐蚀剩余寿命预测的工程计算公式。

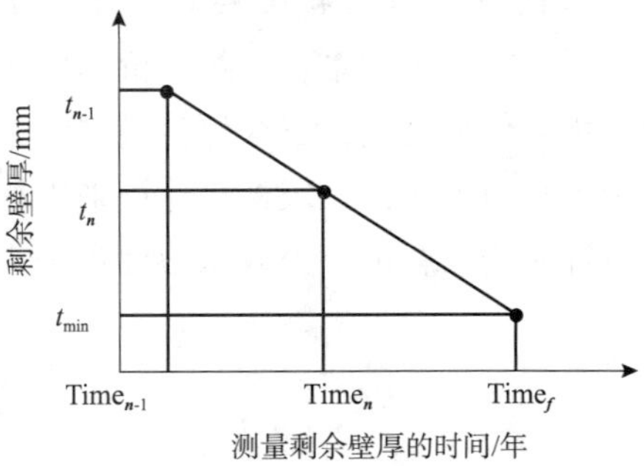

图 8-1　管壁剩余壁厚与测量时间的关系

若最近一次的测量时间为 $Time_n$，测得腐蚀处的管壁厚度为 t_n，上次检测时间是 $Time_{n-1}$，管壁腐蚀处厚度为 t_{n-1}，则得到这两次测量时间之内管壁的腐蚀速度 R_c 为：

$$R_c = \frac{t_{n-1} - t_n}{Time_n - Time_{n-1}} \tag{8-27}$$

若考虑强度等诸条件，管壁允许的最小壁厚为 t_{min}，管壁的腐蚀速度 R_c 从式(8-27)得到，则可以计算出从最近一次测量到管道剩余壁厚减小至最小壁厚所需要的时间，也就是管道的剩余寿命 RL：

$$RL = \frac{t_n - t_{min}}{R_c} = \frac{t_n - t_{min}}{t_{n-1} - t_n}(Time_n - Time_{n-1}) \tag{8-28}$$

对于只进行过一次内检测的管道，经验做法是：假设管道投产的起始时间为腐蚀开始生长的初始时间，使用全寿命或半寿命的方法来计算金属损失的生长速率。全寿命方法腐蚀速率计算式同式(8-28)，半寿命即在全寿命基础上减半。

2)线性比例腐蚀生长模型

线性腐蚀生长模型是指腐蚀呈线性生长，即深度腐蚀速率为定值，不考虑缺陷长度生长。线性比例腐蚀生长模型则是深度腐蚀速率为定值，且缺陷长度与深度成比例生长。腐蚀缺陷深度和长度始终具有如下关系：

$$\frac{L_n}{L_k} = \frac{d_n}{d_k} \tag{8-29}$$

式中，d_n 为 n 时刻缺陷的深度，mm；L_n 为 n 时刻缺陷的长度，mm；d_k 为 k 时刻缺陷的深度，mm；L_k 为 k 时刻缺陷的长度，mm。

该模型对应的腐蚀缺陷剩余寿命计算方法与仅考虑深度的腐蚀生长模型基本相同，只是在计算缺陷剩余强度时需要考虑缺陷长度的生长，通常计算的剩余寿命值较仅考虑深度的生长模型短。

3)时间相关性腐蚀生长模型

以上方法都是假定腐蚀速率是均匀的，实际管道的腐蚀速率并不一定是均匀的，而是比较复杂的，腐蚀速率一般会随着时间有所增加。根据腐蚀深度与使用年限的关系，可以使用工程上的经验公式，类似于腐蚀时金属损失量与腐蚀时间的关系，利用一个指数函数来近似腐蚀深度变化与管道使用年限的关系：

$$S = pT^{q} \tag{8-30}$$

式中，S 为管壁被腐蚀深度，mm；T 为使用年数；p 为待定常数；q 为待定常数。

可以用如下方法确定常数 p、q：

对式(8-30)两边取对数，有：

$$\log S = \log p + q \cdot \log T \tag{8-31}$$

记：$\log S = y$；$\log p = a_0$；$q = a_1$；$\log T = x$

则式(8-30)变为：

$$y = a_0 + a_1 x \tag{8-32}$$

根据历次实测的管道腐蚀深度数据，用最小二乘法求得待定系数 a_0 和 a_1。并可计算出常数 p 和 q，得到如式(8-30)腐蚀深度与使用年限的关系。

对于具体的管道，根据其工作压力、管道材料及使用环境等可以确定它的最小许用壁厚，由此可以计算出受腐蚀管道的剩余寿命。

4)模型适用性

计算腐蚀寿命时，当只有1次或2次检测数据时，则采用均匀腐蚀生长模型；当有3次或3次以上检测数据时，则采用时间相关性腐蚀生长模型，即利用式(8-30)计算腐蚀寿命。

5)NACE 剩余寿命计算方法

NACE 0502-2010 给出管道腐蚀剩余寿命计算式如下：

$$RL = C \times SM \frac{t}{R_c} \tag{8-33}$$

式中，C 为校正系数，取0.85；SM 为安全余量，其值为失效压力比减去最大操作压力比，即 $SM = \frac{P_f}{\sigma} - \frac{MAOP}{\sigma}$，$\sigma$ 为材料的屈服压力；t 为管道公称壁厚，mm；R_c为腐蚀增长速率，mm/a。

该计算模型是基于腐蚀均匀发生和腐蚀缺陷为典型尺寸与形状的假设，对于外腐蚀来说，由该模型计算的剩余寿命偏于保守。

2. 基于概率的综合预测方法

腐蚀影响因素的极大不确定性及缺陷发生和发展的不确定性，决定了腐蚀具有随机性的本质，尤其对于点蚀。因此，腐蚀缺陷的寿命具有一定的概率统计意义。基于腐蚀速率的预测模型，在确定缺陷形态、测定缺陷尺寸及预测缺陷发展时，引入概率统计方法，结合剩余强度评价方法，综合预测腐蚀剩余寿命，成为目前腐蚀剩余寿命预测的一种有效手段。

8.2 裂纹缺陷评价

8.2.1 裂纹缺陷评价原理

评价管道上裂纹缺陷的方法较多。这些方法采用线弹性断裂力学(LEFM)或弹塑性断裂力学(EPFM)原理。LEFM 不能用于断裂前发生较大屈服的情况。一般来说，在平面应变条件下，最大应力强度发生在半椭圆裂纹最深处。裂纹缺陷是断裂失效还是塑性失稳，这取决于材料性能、加载条件以及缺陷的形状和尺寸。

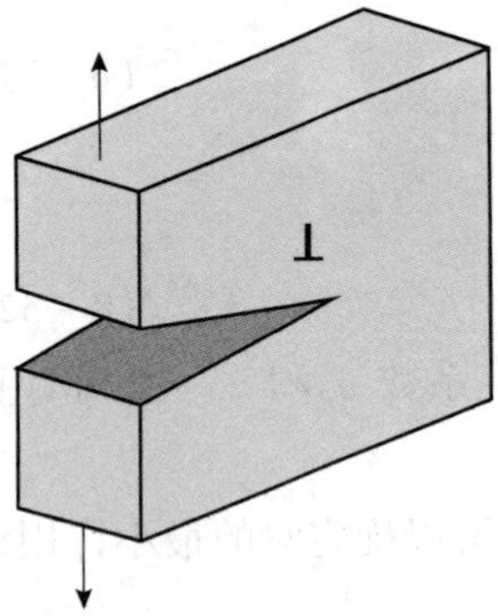

图 8-2 张开型(Ⅰ型)裂纹

1. 线弹性断裂力学(LEFM)

当裂纹尖端塑性较小时，可采用 LEFM。一般来说，当材料的韧性较低(脆性)，而且裂纹尖端的应力强度较高时，可采用 LEFM 方法。对于Ⅰ型加载，见图 8-2，线弹性应力强度因子(K_I)可如下表示：

$$K_I = Y\sigma\sqrt{\pi a} \tag{8-34}$$

几何因子 Y 可用手册和标准(如《应力强度因子手册》)计算。这个因子解决了裂纹几何尺寸、边界条件以及加载类型的影响。线弹性应力强度可计算任何 σ(应力)和 a(裂纹长度的一半)的组合情况。

断裂韧性用于评估结构上的裂纹缺陷。K_I 的计算是根据裂纹尺寸与载荷，并与断裂韧性值进行对比。断裂韧性是材料的性能，根据定义，当达到 K_I 的临界值(K_C)时，断裂发生。对于脆性断裂，K_I 和 K_C 都应该用到。

2. 弹塑性断裂力学(EPFM)

当裂纹尖端塑性区尺寸较大时，EPFM 是评估含裂纹型缺陷结构更为先进的方法。这个方法采用双参数，即 J 积分与总的应变能密度(U)。积分的定义是沿裂纹尖端的路径的独立积分。也就是说，J 积分是沿裂纹尖端(a)和($a+\Delta a$)两点之间势能的变化率，或者裂纹扩展速率。

$$J = -\frac{1}{B}\frac{\partial U}{\partial a} \tag{8-35}$$

既然材料是韧性的，在评估裂纹缺陷时应采用 J 和 J_C。

J_C 可用来预测等效的 K_C 值，计算公式如下：

$$K_C = \sqrt{J_C E'} \tag{8-36}$$

式中，E' 在平面应变情况下为：

$$E' = \frac{E}{1-v^2} \tag{8-37}$$

在裂纹尖端塑性区尺寸较小或裂纹尖端发生小范围屈服情况下，可使用式(8-35)。根据式(8-35)，J 的值包括弹性和塑性两部分，因此弹性部分的 J 值可在式(8-35)中使用（如$J_C = J_{el}$）。

$$J = J_{el} + J_{pl} \tag{8-38}$$

8.2.2　裂纹缺陷评价方法

1. CEGB R6 方法

英国中央电力局（Central Electricity Generating Board，CEGB）在1976年发表了题为“带缺陷结构的完整性评定”的R/H/R6报告（R6方法），给出了一条失效评定曲线，故亦称失效评定曲线法。该方法引入了所谓的双准则方法和失效评估图。当结构上的应力强度因子超过了线弹性K_{Ic}表示的断裂韧性时，或者施加的载荷超过了含裂纹结构净截面的塑性崩溃载荷时，就定义为失效。这种方法的优点在于，当后屈服断裂力学还处于发展之中时，这个双准则都已经被理解得很透彻了。在基于断裂的K_{Ic}和塑性崩溃的极端情况之间，弹塑性断裂的失效模式采用基于经验数据和窄带屈服方法之间的内插直线来模拟。后来R6经过了多次修改，改进之一是施加的K因子采用断裂韧性K_{mat}进行归一化处理，施加载荷F采用塑性崩溃载荷F_{pc}处理：

$$K_r = K/K_{mat} \tag{8-39}$$

$$S_r = F/F_{pc} \tag{8-40}$$

采用这种方法，内插线的表达式为：

$$K_r = S_r[(8/\pi^2)\text{lnsec}(\pi S_r/2)]^{-1/2} \tag{8-41}$$

这个内插线也成为FAD的失效评估曲线。

在FAD方法中，结构的评估是基于评估点（K_r，S_r）在图上与失效评估曲线的相对位置来进行的。这条曲线被认为是通用曲线，基本上与结构的几何尺寸和材料性能无关。在最简单的应用中，只要评估点位于失效评估曲线下方的阴影区域中，结构就被认为是安全的。

在R6方法第一次发布的同时，美国EPRH方法也在建立。下面的说明指的是J积分作为裂纹驱动力参数。然而，需要注意的是，采用δ_{45}定义的CTOD解也是适用的。在EPRI方法中，积分被分为小范围的屈服结构和大范围的屈服：

$$J = J_{ssy} + J_p \tag{8-42}$$

在小范围屈服部分，J_{ssy}是根据弹性应力强度因子采用较小的修正得到的，这个修正是基于塑性区对裂纹尺寸的修正。对于塑性部分，积分解决了HRR（Hutchinson－Rice－Rosengreen）场公式的无解难题。采用施加载荷P和参比载荷P_0（EPRI术语）给出如下公式：

$$J_p = \alpha\varepsilon_0\sigma_0 hL\left(\frac{P}{P_0}\right)^{n+1} \tag{8-43}$$

在EPRI方法中，与R6路径相似，施加载荷采用参比载荷进行归一化处理。原则上，参比载荷可以自由选择，但通常是采用裂纹结构的屈服载荷。等式中的ε_0，σ_0，α和n是应力应变曲线Ramberg－Osgood公式中的拟合参数。L是一个特征参数，通常指的是韧带长度或者裂纹尺寸。对于具体的几何结构，为了指定函数中的h，需要通过变化结构和裂纹尺寸以及材料的Ramberg－Osgood形变硬化指数n来进行两维的有限元计算。在EPRI

的工程手册中，列举了一些平板和圆筒体的 h 值。

EPRI 方法首先是在 SINTAP/ FITNET 中建立的，称为 CDF 技术，也就是 Crack Driving Force 的首字母缩写。与 R6 中使用的失效评估图相比，CDF 理念严格区分了应用与材料。结构中的裂纹驱动力的确定以及与材料断裂抗力的比较是两个分开的步骤。但是，这个也在 FAD 技术中实行。与 CEGB 的失效评估图相比，EPRI 的失效评估图是基于屈服载荷 F_Y 代替了含裂纹结构的 F_{pc}，失效评估曲线称为材料形变硬化的函数。

EPRH 方法的优点在于，它是基于有限元分析，尽管 EPRI 手册中的解都限制在两维计算，然而它的应用只是针对一小部分结构，这些结构的 h 参数可以得到。另一个值得关注的是，这种方法采用 Ramberg – Osgood 公式拟合应力应变曲线，但是大多数材料并不符合这个公式，特别是对于屈服强度附近的重要区域的描述，偏差较大。

这些不足都在 20 世纪 80 年代 CEGB 建立的参比应力方法中得到了解决。随后的研究表明，这种方法可以被解释为 EPRI 方法的普遍形式。在参比应力方法中，采用分段引入真实应力应变曲线，描述变形特征，这种方法可以精确描述任何材料。而且，通过重新定义参比载荷 P_0、h 对式(8 –43)中的形变硬化系数 n 的相关性可以最小化。在这个方法中，对于任何形变硬化指数大约等于 1 的情况，设置 h 都是可能的，这是线弹性材料的特征以及相关的线弹性因子。这就给出了参比应力方法的基本公式：

$$J_P = \frac{\mu K^2}{E}\left(\frac{E\varepsilon_{ref}}{\sigma_{ref}} - 1\right) \tag{8-44}$$

在平面应变状态下 μ 的值等于 0.75，而在平面应力状态下等于 1。在许多情况下，参比载荷 P_0 与屈服载荷 F_Y 接近，参比应力就可以定义为：

$$\sigma_{ref} = \frac{F}{F_Y}\sigma_Y \tag{8-45}$$

参比应变可以根据真实应力应变曲线上的 σ_{ref} 来确定。σ_Y 表示的是屈服强度，作为一个普通项与材料的 R_{eL} 有关，$R_{p0.2}$ 指的是没有 Luders 应变的材料。在式(8 –44)中，第二项可以解释为韧带屈服，纠正线弹性 K 因子。

尽管参比应力方法已经应用在 CDF 方法中，它首先是用于 R6 的失效评估图，式(8 –45)被替换成

$$K_r = K/K_{mat} = \left(\frac{E\varepsilon_{ref}}{L_r\sigma_Y} + \frac{L_r^3\sigma_Y}{2E\varepsilon_{ref}}\right)^{-1/2} \tag{8-46}$$

或者更普遍的形式

$$K_r = f_2(L_r) \tag{8-47}$$

式中

$$f_2(L_r) = \left(\frac{E\varepsilon_{ref}}{L_r\sigma_Y} + \frac{L_r^3\sigma_Y}{2E\varepsilon_{ref}}\right)^{-1/2} \tag{8-48}$$

$$L_r = \sigma_{ref}/\sigma_Y = F/F_Y \tag{8-49}$$

在 R6 第三版中，式(8 –48)中第一项 $\frac{E\varepsilon_{ref}}{L_r\sigma_Y}$ 描述了结构的弹性和全塑性特征，但是没有两种极限条件下的中间区域。这个中间区域由第二项 $\frac{L_r^3\sigma_Y}{2E\varepsilon_{ref}}$ 进行模拟，其最初源自 EPRI，

但是基于附加的不同几何形状的有限元结果进行了修正。L_r的最大值L_r^{max}用来覆盖塑性崩溃范围的失效，计算公式如下：

$$L_r^{max}=\frac{(\sigma_Y+R_m)/2}{\sigma_Y} \tag{8-50}$$

式(8-47)和式(8-48)中的$f(L_r)$函数指定为$f_2(L_r)$，2指的是R6第三版中的选择2。而且，这个方法包含了选择1，当只有材料的屈服和抗拉强度数据，而没有真实应力应变曲线时，选择1也是适用的。选择1中的$f(L_r)$指定为$f_1(L_r)$，是基于大量材料的选择2曲线拟合而来的，但是偏向于一个较低的范围。其表达式如下：

$$f_2(L_r)=(1-0.14L_r^2)[0.3+0.7\exp(-0.65L_r^6)] \tag{8-51}$$

L_r^{max}基于公式(8-50)确定。

R6第三版中的两种选择服从保守度阶梯式变化的原理。较低的选择1分析方法较为简单，但是评价结果满足很多情况。较高的选择2需要开展更多的工作，但是用于得到的评价结果保守度降低。这也就意味着，选择1中不可接受的评价结果有可能在选择2中是安全的。这种保守度阶梯式变化的原理在SINTAP/ FITNET中继续得到了发展。

在20世纪90年代，R6方法被大量缺陷评估方法采纳，包括英国标准BS7910、美国API 579、瑞典SAQ方法等。需要注意的是，R6第四版也被BS7910-2005采纳。

2. 失效评估图

管道上裂纹型缺陷的评估广泛采用失效评估图(FAD)。在3种不同的评估水平中，FAD方法能够适用于大范围的材料行为——从LEFM条件下的脆性断裂到韧性的全塑性失稳。FAD方法还可用于焊接结构。

1)1级FAD

这是最简单的FAD，在材料性能的信息较少时，可采用1级FAD，如图8-3所示。当K_r小于0.707且L_r小于0.8时，裂纹型缺陷被认为是可以接受的。如果评估点落在评估线确定的区域内，裂纹是可以接受的；否则，不能接受。需要注意的是，K_r和L_r分别是韧性比和塑性失稳参数，它们的计算公式如下：

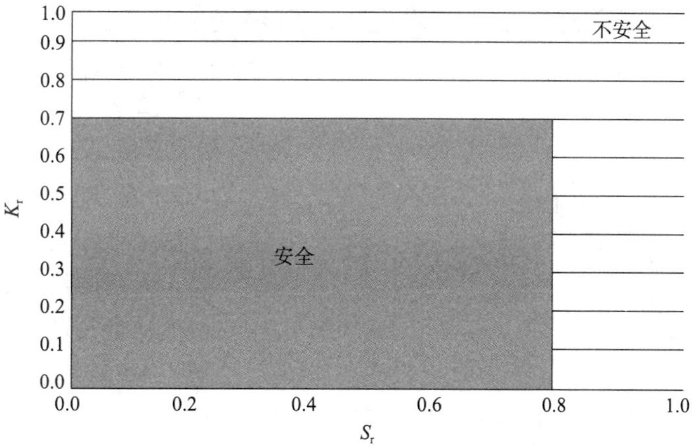

图8-3 失效评估图(1级)

$$K_r=\frac{K_I}{K_C} \tag{8-52}$$

$$S_r=\frac{\sigma_{ref}^P}{\sigma_{flow}} \tag{8-53}$$

$$\sigma_{flow}=\frac{\sigma_Y+\sigma_u}{2}\leqslant 1.2\sigma_Y \tag{8-54}$$

在 API 579 和 BS 7910 中，K_r和 L_r计算方法分别在附录 A 和附录 B 中有详细介绍。

2)2 级 FAD

与 1 级评价相比，2 级 FAD 可以提供更好的含裂纹结构完整性评估结果。在 1 级评价中，假设材料是完全弹性的，应力应变曲线没有形变硬化。2 级评价和 3 级评价使用材料真实的应力应变曲线。评估曲线公式见式(8－55)。如果评估点落在坐标轴与评估线圈定的区域内，则缺陷可以接受，否则不能接受，如图 8－4 所示。

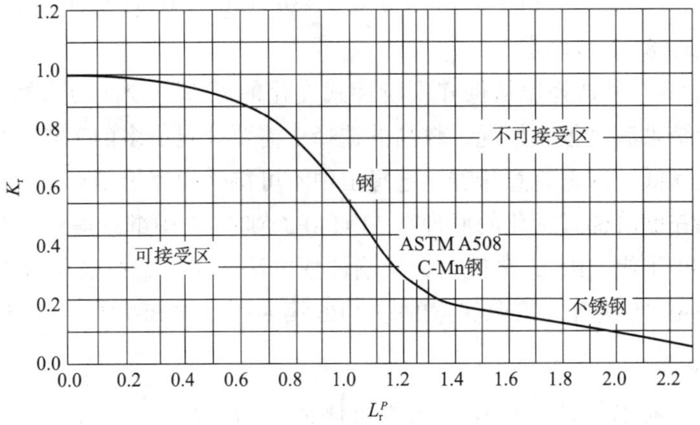

图 8－4　失效评估图(2 级)

$$K_r=[1-0.14\ (L_r^P)^2]\{0.3+0.7\exp[-0.65\ (L_r^P)^6]\} \tag{8-55}$$

截止线$L_{r(max)}^P$是为了阻止局部塑形失稳，计算公式如下：

$$L_{r(max)}^P=\frac{\sigma_y+\sigma_u}{2\sigma_{ys}} \tag{8-56}$$

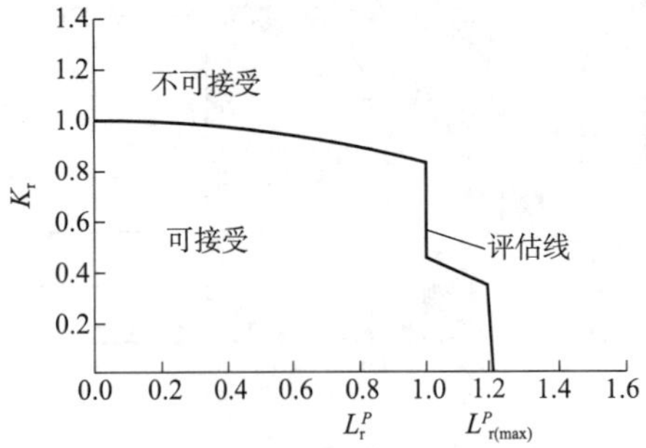

图 8－5　失效评估图(应力应变曲线)

3)3 级 FAD

3 级 FAD 可以提供最好的含裂纹结构完整性评估结果。它需要含缺陷材料的真实应力应变曲线。评估曲线公式见式(8－57)。如果评估点落在坐标轴与评估线圈定的区域内，则缺陷可以接受，否则不能接受，如图 8－5 所示。

$$K_r=\left[\frac{E\varepsilon_{ref}}{L_r^P\sigma_Y}+\frac{(L_r^P)^3\sigma_Y}{2E\varepsilon_{ref}}\right]^{-1/2} \tag{8-57}$$

API 579 和 BS 7910 之间的差异在于参比应力与应力强度计算方法的不同。K_r和 L_r计算方法(2 级和 3 级)分别在附录 A 和附录 B 中有详细介绍。

FAD 曲线分为 3 个区域：小范围屈服、包含屈服和塑性失稳。根据图 8－6，可以确定含裂纹结构是脆性断裂、包含屈服或塑性失稳。

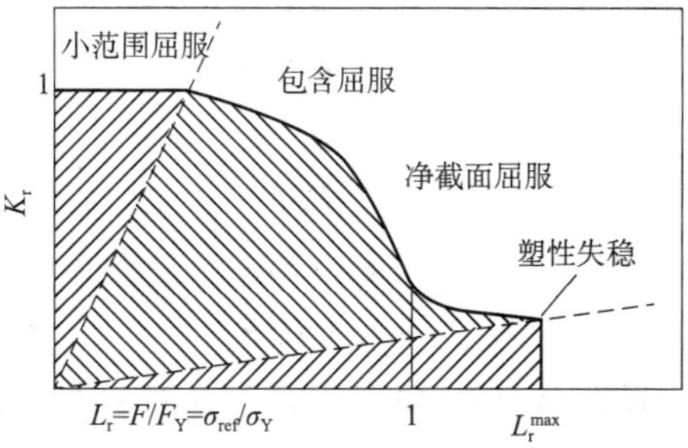

图8-6 韧带屈服范围

3. API 579

对于裂纹型缺陷的评价，API 579 依据缺陷的位置、类型和承受载荷情况将管道所含裂纹型缺陷评价方法分为 19 种。评价级别均为 1 级、2 级和 3 级。其中，3 级评价较为烦琐在此不予详述。

在 1 级评价中，API 579 依据管道的规格、缺陷的位置和管道的工作温度来选择相应的评价曲线对缺陷的可接受性进行评估。

在 2 级评价中，API 579 采用了失效评估图技术。失效评估图的示意图如图 8-7 所示。评估曲线方程如下：

$$K_r=(1-0.14L_r^2)[0.3+0.7\exp(-0.65L_r^6)] \quad L_r\leqslant L_r^{max} \tag{8-58}$$

$$K_r=0 \quad L_r>L_r^{max} \tag{8-59}$$

式中，$K_r=\dfrac{K_I}{K_{mat}}$，为韧性比，K_I为应力强度因子，与管道承受的压力和缺陷的尺寸大小有关；K_{mat}为材料的断裂韧性；$L_r=\sigma_{ref}/\sigma_y$为载荷比，$\sigma_{ref}$为参比应力，$\sigma_y$为材料的屈服强度；$L_r^{max}$为评估曲线的截止线，$L_r^{max}=\dfrac{\sigma_y+\sigma_u}{2\sigma_y}$，$\sigma_u$为材料的抗拉强度。

以(L_r，K_r)为坐标的评估点落在评估曲线(见图 8-7)左下方时，在管道当前工作压力下，缺陷可以接受；否则，缺陷不能接受。

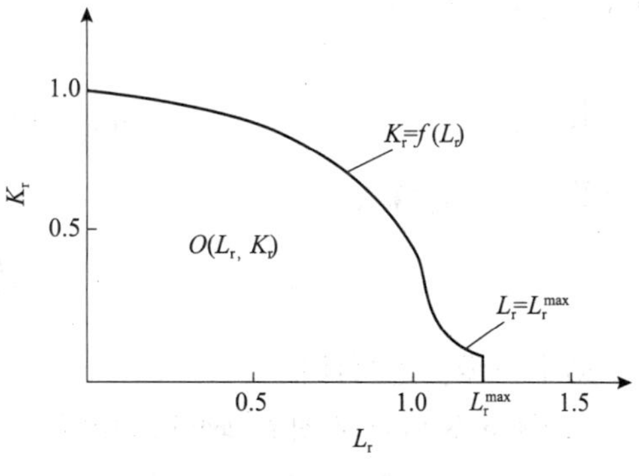

图8-7 失效评估图示意图

API 579 中的裂纹型缺陷评价方法简述如下：

第一步：选择裂纹类型。

第二步：输入裂纹的深度 a、长度 $2c$、管道内半径 R_i、管道外径 R_o、设计壁厚 t、工作压力 P，计算各类裂纹一次应力相应的薄膜应力 P_m和弯曲应力 P_b。

第三步：对薄膜应力 P_m、弯曲应力 P_b、裂纹尺寸 a 和 $2c$、断裂切性 K_{mat}进行修正。

依据失效后果严重程度，选择相应的分安全系数，包括应力分安全系数 PSF_s、断裂韧性分安全系数 PSF_k、缺陷尺寸分安全系数 PSF_a。

对相应参数进行修正：

$$P_{\mathrm{m}} = P_{\mathrm{m}} \times PSF_{\mathrm{s}} \tag{8-60}$$

$$P_{\mathrm{b}} = P_{\mathrm{b}} \times PSF_{\mathrm{s}} \tag{8-61}$$

$$K_{\mathrm{mat}} = \frac{K_{\mathrm{mat}}}{PSF_{\mathrm{k}}} \tag{8-62}$$

$$a = a \times PSF_{\mathrm{a}} \tag{8-63}$$

$$2c = 2c \times PSF_{\mathrm{a}} \tag{8-64}$$

第四步：根据修正后的薄膜应力 P_{m} 和弯曲应力 P_{b} 计算参比应力 $\sigma_{\mathrm{ref}}^{\mathrm{P}}$。

第五步：根据一次应力计算得到的 $\sigma_{\mathrm{ref}}^{\mathrm{P}}$，计算失效评估图的横坐标载荷比 $L_{\mathrm{r}}^{\mathrm{P}}$。

$$L_{\mathrm{r}}^{\mathrm{P}} = \frac{\sigma_{\mathrm{ref}}^{\mathrm{P}}}{\sigma_{\mathrm{y}}} \tag{8-65}$$

第六步：如果存在二次应力，输入二次薄膜应力 $P_{\mathrm{m}}^{\mathrm{s}}$ 和二次弯曲应力 $P_{\mathrm{b}}^{\mathrm{s}}$，根据第三步的方法进行校正，再根据第四步的方法计算二次应力相应的参比应力 $\sigma_{\mathrm{ref}}^{\mathrm{SR}}$。

第七步：计算各类裂纹一次应力相应的应力强度因子 $K_{\mathrm{I}}^{\mathrm{P}}$，如果计算得到的 $K_{\mathrm{I}}^{\mathrm{P}} < 0.0$，则按照 $K_{\mathrm{I}}^{\mathrm{P}} = 0.0$ 处理。

第八步：如果存在二次应力的情况，根据第七步的方法计算二次应力相应的应力强度因子 $K_{\mathrm{I}}^{\mathrm{SR}}$，如果 $K_{\mathrm{I}}^{\mathrm{SR}} < 0.0$，则按照 $K_{\mathrm{I}}^{\mathrm{SR}} = 0$ 处理。

第九步：计算塑性交互作用因子 Φ。

(1)如果 $K_{\mathrm{I}}^{\mathrm{SR}} = 0$，那么 $\Phi = 1.0$，进入第十步；否则，根据 $\sigma_{\mathrm{ref}}^{\mathrm{SR}}$ 与 σ_{y} 计算 $L_{\mathrm{r}}^{\mathrm{SR}}$。

$$L_{\mathrm{r}}^{\mathrm{SR}} = \frac{\sigma_{\mathrm{ref}}^{\mathrm{SR}}}{\sigma_{\mathrm{y}}} \tag{8-66}$$

(2)确定 ψ 和 ϕ，采用下式计算 Φ/Φ_0：

$$\Phi/\Phi_0 = 1 + \psi/\phi \tag{8-67}$$

当 $0 \leqslant L_{\mathrm{r}}^{\mathrm{SR}} \leqslant 4.0$ 时，$\Phi_0 = 1.0$，$\Phi = 1 + \psi/\phi$ 当 $L_{\mathrm{r}}^{\mathrm{SR}} > 4.0$ 时，$\Phi = \Phi_0 (1 + \psi/\phi)$，$\Phi_0 = \left(\frac{a_{\mathrm{eff}}}{a}\right)^{0.5}$

其中：

$$a_{\mathrm{eff}} = a + \left(\frac{1}{2\pi\tau}\right)\left(\frac{K_{\mathrm{I}}^{\mathrm{SR}}}{\sigma_{\mathrm{y}}}\right)$$

第十步：计算 K_{r}。

$$K_{\mathrm{r}} = \frac{K_{\mathrm{I}}^{\mathrm{P}} + \Phi K_{\mathrm{I}}^{\mathrm{SR}}}{K_{\mathrm{mat}}} \tag{8-68}$$

第十一步：进行评估。

(1)确定失效评估图 L_{r}^{P} 轴的截止线。

(2)将(K_{r}，L_{r}^{P})点画在失效评估图上，对该点进行评估。如果该点在失效评估图的下方或者线上，则该裂纹可以接受；否则，该裂纹不能通过二级评价。

4. BS 7910

针对裂纹型缺陷的评价，BS 7910《金属结构中缺陷验收评定方法导则》依据缺陷的形式和位置将管道所含的缺陷分为 10 种，评价方法分为 3 个级别，即 1 级、2 级和 3 级，均采用了失效评估图技术。当材料的性能数据较少时，采用 1 级评价；2 级评价为标准评价方法；3级评价较为烦琐，在此不再赘述。

1）一级评价

一级评价的评估曲线如图8-8所示。以(S_r，K_r)为坐标的评估点落在安全区时，缺陷在管道工作压力下可以接受；否则，该缺陷不能通过一级评价。也就是说，缺陷要通过一级评价，必须同时满足以下述两个条件：

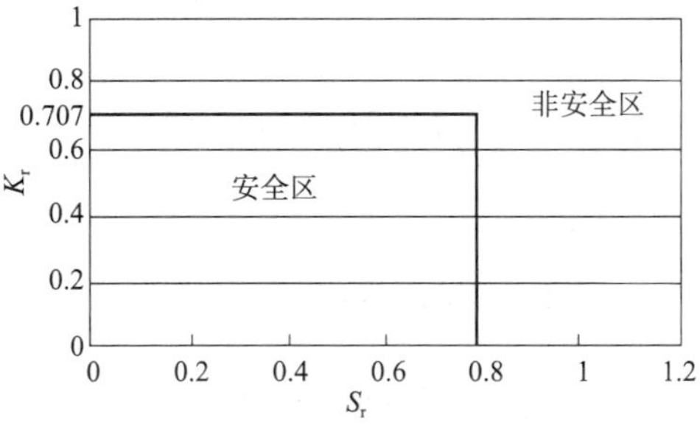

图8-8 裂纹型缺陷一级评价示意图

(1) $K_r<0.707$；

(2) $S_r<0.8$。

其中，K_r为初性比，S_r为载荷比，计算公式如下：

$$K_r=\frac{K_I}{K_{mat}} \tag{8-69}$$

$$S_r=\frac{\sigma_{ref}}{\sigma_f} \tag{8-70}$$

式中，K_I为应力强度因子，$K_I=Y\sigma\sqrt{\pi a}$；K_{mat}为材料的断裂韧性；σ_{ref}为参比应力；σ_f为流变应力，$\sigma_f=\min\left[\frac{\sigma_y+\sigma_u}{2},\ 1.2\sigma_y\right]$。

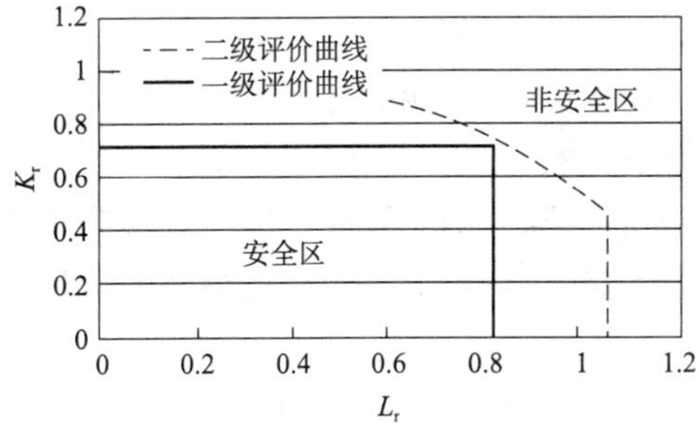

图8-9 裂纹型缺陷二级评价示意图

2）二级评价

二级评价的评估曲线如图8-9所示，从图中可以看出，与一级评价相比，二级评价的安全区域更大，评价结果的保守程度有所降低。以(L_r，K_r)为坐标的评估点落在安全区时，缺陷在管道工作压力下可以接受；否则，该缺陷不能通过二级评价。也就是说，缺陷要通过二级评价，必须同时满足下述两个条件：

(1) $K_r<(1-0.14L_r^2)[0.3+0.7\exp(-0.65L_r^6)]$；

(2) $L_r<L_r^{max}$

其中，K_r为韧性比，L_r为载荷比，计算公式如下：

$$K_r=\frac{K_I}{K_{mat}} \tag{8-71}$$

$$L_r=\frac{\sigma_{ref}}{\sigma_f} \tag{8-72}$$

$$L_r^{max}=\frac{\sigma_y+\sigma_u}{2\sigma_y} \tag{8-73}$$

式中，K_I为应力强度因子，$K_I=Y\sigma\sqrt{\pi a}$，$Y\sigma=(Y\sigma)_P+(Y\sigma)_S$；$K_{mat}$为材料的断裂韧性；$\sigma_{ref}$为参比应力；$\sigma_f$为流变应力，$\sigma_f=\min\left[\frac{\sigma_y+\sigma_u}{2},\ 1.2\sigma_y\right]$。

在进行裂纹型缺陷的可接受性评价时，BS 7910对评价对象的壁厚B与内半径r_i的比率做出了严格的限制，只能适用于$0.1 \leqslant B/r_i \leqslant 0.25$的厚壁管道。

8.3 几何凹陷评价

8.3.1 凹陷分类

根据凹陷的几何特征及其对管道损伤的影响，可将其分为不同的类型。常见的凹陷类型主要有：

(1)平滑凹陷：变形区域中管壁曲率变化较为平缓，管壁曲率直接影响到凹陷区域的应变，但应变较小。

(2)弯折凹陷：变形区域中管壁曲率变化梯度较大，最尖锐部分的曲率半径在任意方向上小于5倍壁厚的凹陷。该类凹陷应变较大。

(3)单纯凹陷：无金属损失或裂纹，且不改变邻近的环焊缝或制管焊缝曲率的平滑凹陷。该类凹陷最简单，相关研究也较多，如基于应变的评价方法多限于此类凹陷。

(4)焊缝凹陷：位于焊缝及其周边，在焊缝联合作用下，此类凹陷对管道影响较大，目前一般直接采取修复或替换管段的措施。

(5)划伤凹陷：外部物体接触导致管道表面金属损失的凹陷，与焊缝凹陷一样，结构较为复杂，工程评价较为困难，目前的维护方法与焊缝凹陷类似。

(6)非约束凹陷：外载撤去后在自身弹性恢复和内压作用下能够回弹的凹陷。该类凹陷通常位于管道顶部，在内压波动影响下易引起管道的疲劳损伤。

(7)约束凹陷：与非约束凹陷对应，即不能回弹的凹陷，如受管底土壤、岩石等硬物作用导致的凹陷。由于管底的硬物一般无法撤去，所以约束凹陷通常位于管道底部，且对疲劳问题不敏感。

(8)管顶凹陷：位于管道上部，即管道环向圆周上2/3区域(顺时针从8点钟方向到4点钟方向)的位置，一般与非约束凹陷对应。

(9)管底凹陷：位于管道环向圆周下1/3区域(顺时针从4点钟方向到8点钟方向)的位置，一般由下部硬物挤压形成，与约束凹陷相对应。

8.3.2 基于应变的评价

目前管道凹陷维修响应的决策依据主要是基于深度和基于应变的判定依据。基于深度的判定依据简单直观，目前主要以管径的6%作为凹陷修复的临界值，即当凹陷最大深度超过管径的6%时，需要采取修复措施，否则可以监测使用甚至忽略凹陷的影响。然而，基于深度的判定准则因无法准确反映管道的实际状态，往往存在较大误差，因此基于应变的判定准则更加科学合理。

凹陷的应变分为环向应变和轴向应变，各方向的应变又由薄膜应变和弯曲应变组成，如图8－10所示。薄膜应变由管道环向或轴向的拉伸/压缩产生，弯曲应变由管壁的局部弯曲产生。因此，弯曲应变关于管壁中性面对称分布，管壁上、下表面的应变应为薄膜应变和弯曲应变之和。

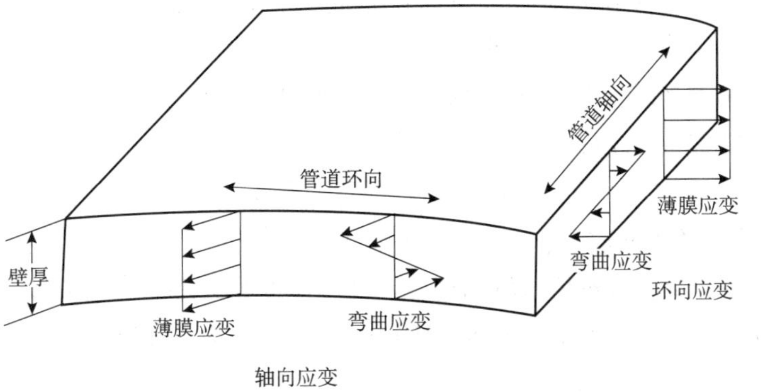

图 8-10　凹陷区域的应变组成

目前凹陷弯曲应变通常由管壁的曲率半径直接求得，管壁的曲率半径可由模拟或现场扫描的凹陷轮廓计算得出。薄膜应变的求解目前计算方法还不太成熟。

ASME B31.8 给出了凹陷环向弯曲应变、轴向弯曲应变和轴向薄膜应变计算公式，具体如下：

$$\varepsilon_1=\frac{t}{2}\left(\frac{1}{R_0}-\frac{1}{R_1}\right) \tag{8-74}$$

$$\varepsilon_2=-\frac{t}{2}\frac{1}{R_2} \tag{8-75}$$

$$\varepsilon_3=\frac{1}{2}\left(\frac{d}{L}\right)^2 \tag{8-76}$$

式中，ε_1为环向弯曲应变；ε_2为轴向弯曲应变；ε_3为轴向薄膜应变；t 为管道壁厚，mm；R_0为管道内半径，mm；R_1为管道横截面曲率半径，mm；R_2为管道轴向面曲率半径，mm；L 为凹陷长度，mm；d 为凹陷深度，mm。

两个曲率半径的定义如图 8-11 所示。对于环向曲率半径，当曲率圆圆心在管道轴线一侧时取正值，否则取负值；对于轴向曲率半径，一般均为内凹，取正值。

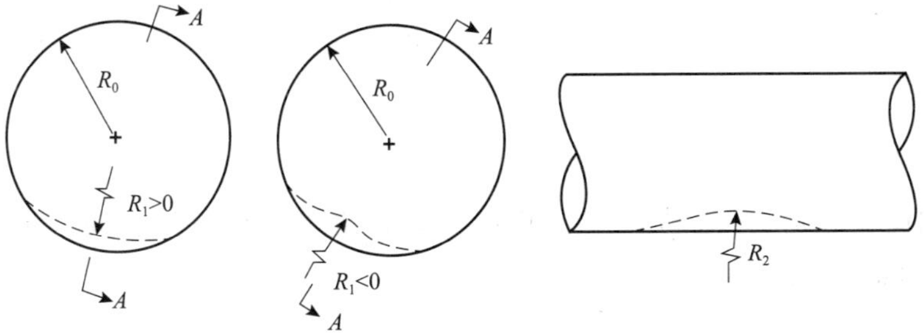

图 8-11　曲率半径的定义

关于凹陷长度，ASME B31.8 并未给出确定方法。常见的凹陷长度定义主要有两种：①凹陷两边形状没有改变(径向位移为 0)的两个最近的横截面的距离；②深度大于 1/2 凹陷深度的轴向范围的长度。具体如图 8-12 所示。

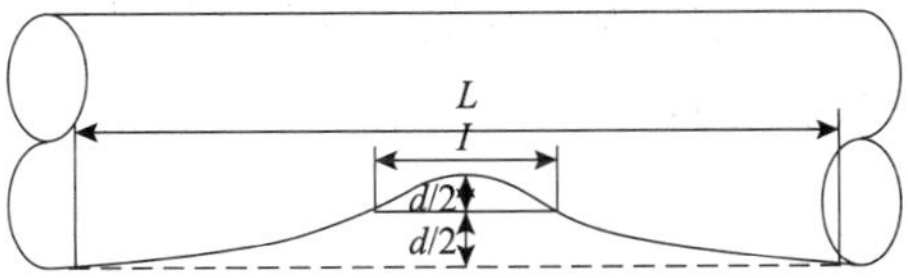

图 8-12　凹陷长度的定义

对于第一种定义，实际中在凹陷较远处可能存在较小径向位移，难以定位径向位移完全为0的分界点，且径向位移的较小变动即可能导致所定义凹陷长度的大范围变化；而第二种定义则不存在该问题，测量方便且准确。因此从这个角度来说，第二种定义更合理。

凹陷处总的等效应变为：

$$\varepsilon_{\text{eff}} = \sqrt{{\varepsilon_x}^2 - \varepsilon_x\varepsilon_y + {\varepsilon_y}^2} \tag{8-77}$$

式中，ε_{eff}为凹陷处总等效应变；ε_x为管道轴向总应变，$\varepsilon_x = \pm\varepsilon_2 + \varepsilon_3$；$\varepsilon_y$为管道环向总应变，$\varepsilon_y = \pm\varepsilon_1$（“±”分别表示所求轴向应变和环向应变为管道内表面或外表面应变）。

将式(8-74)、式(8-75)、式(8-76)代入式(8-77)，得到管道内、外表面等效应变值：

$$\varepsilon_{\text{in}} = [{\varepsilon_1}^2 - \varepsilon_1(\varepsilon_2 + \varepsilon_3) + (\varepsilon_2 + \varepsilon_3)^2]^{\frac{1}{2}} \tag{8-78}$$

$$\varepsilon_{\text{out}} = [{\varepsilon_1}^2 - \varepsilon_1(-\varepsilon_2 + \varepsilon_3) + (-\varepsilon_2 + \varepsilon_3)^2]^{\frac{1}{2}} \tag{8-79}$$

式中，ε_{in}为管道内表面等效应变；ε_{out}为管道外表面等效应变。

评价凹陷时，取内、外表面最大应变值中的较大者与许可应变做比较：

$$\varepsilon_{\max} = \max\{\varepsilon_{\text{in}},\ \varepsilon_{\text{out}}\}$$

值得注意的是，以上计算凹陷应变的方法并未涉及环向薄膜应变，这是因为环向薄膜应变值远远小于其他三个应变值。此外，ASME B31.8 并未给出凹陷曲率半径的求解方法。

8.4 其他缺陷评价方法

8.4.1 Kastner 方法

对于环向腐蚀缺陷和环向制造缺陷的剩余强度评估，国际上比较通用的方法为 Kastner 方法，其计算公式为：

$$\rho = \frac{\eta[\pi - \beta(1-\eta)]}{\eta\pi + 2(1-\eta)\sin\beta} \tag{8-80}$$

$$\eta = 1 - \frac{d}{t} \tag{8-81}$$

$$\beta = \frac{c}{r} \tag{8-82}$$

式中，ρ 为轴向失效应力/流动应力，MPa；c 为缺陷半环向长度，mm；r 为管道半径，mm；其他参数意义同前。

8.4.2 Shannon 方法

对于轴向制造缺陷的剩余强度评估，国际上比较通用的方法为 Shannon 计算方法，其计算公式为：

$$p_{\text{s}} = 1.15p\left(\frac{1 - \dfrac{d}{t}}{1 - \dfrac{d}{t}M^{-1}}\right) \tag{8-83}$$

$$M=\left[1+0.314\left(\frac{\sqrt{2}L}{\sqrt{Dt}}\right)^2-0.00084\left(\frac{\sqrt{2}L}{\sqrt{Dt}}\right)^4\right]^{1/2} \tag{8-84}$$

式中，p 为管道内部设计压力，MPa；其他参数意义同前。

8.5　评价方法适用性

不同缺陷类型推荐的评价准则见表 8－1。

表 8－1　缺陷类型与评价标准对照表

缺陷类型	推荐标准	
	国内	国外
腐蚀	SY/T 6151 SY/T 6477 SY/T 10048 GB/T 19624	ASME B31G DNV－RP－F101 API 579 BS 7910
划痕	—	API 579 BS 7910 Shannon 方法
管体制造缺陷①	—	API 579 BS 7910 Shannon 方法
凹陷	SY/T 6996	API 1156 API 1160 ASME B31.4 ASME B31.8 CSA Z662
焊缝缺陷②	SY/T 6477 GB/T 19624	API 579 BS 7910
裂纹	SY/T 6477 GB/T 19624	API 579 BS 7910

①评价时宜进一步区分为平面型、体积型或其他类型。

②应首先明确缺陷类型(平面型、体积型)，对于类型不明的，宜结合历史失效事故或现场检测进一步验证，或按照平面型缺陷进行评价。碰死口、返修口处的环焊缝缺陷通常承受较大的装配应力或残余应力，评价时应重点考虑。

结合不同评价方法的适用范围和局限性，可按下列原则选择评价方法：

(1)对裂纹、焊接裂纹、应力腐蚀裂纹以及其他损害机理产生的缺陷(如氢致开裂、离散型损伤、氢鼓泡、凹坑、凸起、焊缝、嘬嘴、错边、咬边、几何缺陷)进行评价，适合选择 API 579 方法。

(2)对裂纹、高温、蠕变、焊接接头的焊接性能、不对中以及其他金属结构的缺陷进行评价，适合选择 BS 7910 方法。

(3)对于大面积腐蚀缺陷、坑蚀缺陷，且材料为 API 5L、16Mn、20#等低碳钢和低强度钢种，适合选择 ASME B31G 方法。由于该种方法较保守，建议进一步使用 RESTRENG 方法来精确验证计算。

(4)对于 X60、X70、X80 钢材料的腐蚀缺陷，适合选择 DNV RP - F101 评价标准，同时考虑内压和弯曲载荷的影响，以及考虑管道缺陷的相互影响和作用关系。

(5)不同材料的复杂缺陷的验证，使用有限元方法。有限元方法使用 ABQUS 软件，建模计算。

8.6 维修响应决策

8.6.1 金属损失

结合管道缺陷特征信息及其适用性评价结果，制订缺陷的维修响应计划，是管道完整性管理的最终价值体现。实际上，各缺陷评价方法标准中基本都列出了缺陷可接受尺寸界限值，由此即可判定缺陷是否需要维修，但还需要进一步进行缺陷剩余寿命计算以确定缺陷计划维修时间，最终制订缺陷的维修响应决策计划。

目前，国际上对缺陷维修响应进行明确规定的主要是标准 ASME B31.8S 和 API RP 1160，其中要求将缺陷按照严重程度分为立即响应、计划响应和监测使用 3 个响应级别：

(1)立即响应：信号特征及分析表明缺陷处于失效临界点。

(2)计划响应：信号特征及分析表明缺陷很严重，但尚未达到失效临界点。

(3)监测使用：信号特征及分析表明在下次检测前，缺陷不会失效。

标准分别列出了不同缺陷类别进行响应分级的条件。例如，针对腐蚀类金属损失缺陷，通过判定缺陷深度或缺陷处剩余强度是否超过界限值，进行响应分级。表 8 - 2 为 API RP 1160 和 ASME B31.8S 针对腐蚀缺陷的响应分级准则。

表 8 - 2 不同标准腐蚀缺陷维修响应级别判定准则

响应级别	API RP 1160—2013	ASME B31.8S—2014
一级	$d/t > 80\%$； $p_F < 1.1MOP$	$p_F < 1.1MAOP$
二级	$50\% < d/t \leq 80\%$； $1.1MOP < p_F \leq 1.25MOP$	$p_F > 1.1MAOP$
三级	其他	其他

注：d 为腐蚀深度，mm；t 为管道壁厚，mm；p_F 为缺陷处预测失效压力，可由缺陷剩余评价方法计算，MPa；*MOP* 为管道最大运行压力，MPa；*MAOP* 为管道最大允许运行压力，MPa。

国内外有些管道企业以预估维修比 *ERF* 作为缺陷是否应进行立即维修的判定条件：当 $ERF \geq 1$ 时，缺陷需要立即维修；反之，不需要立即维修。预估维修比(ERF，Estimated Repair Factor)是管道最大允许操作压力(*MAOP*)与缺陷处最大安全压力(P_s)的比值，是判定缺陷是否需要立即维修及缺陷严重程度的重要依据。当 *ERF* 值大于 1 时，表示缺陷处的最大安全压力小于最大允许操作压力(*MAOP*)，缺陷需要立即维修；反之，当缺陷处的

ERF 小于或等于 1 时，表示缺陷处的最大安全压力大于或等于最大允许操作压力（*MAOP*），不需要立即维修。*ERF* 的计算公式如下：

$$ERF = MAOP/p_s \tag{8-85}$$

其中，p_s 表示缺陷处的最大安全压力，由失效压力 p_F 及安全系数 *SF* 计算得到：

$$p_s = p_F/SF \tag{8-86}$$

安全系数 *SF* 是一个大于 1 的数，通常根据管道设计系数及剩余强度计算模型的准确性来确定，至少取为设计系数的倒数。

实际评价工程中通常使用 ERF 曲线图来描述缺陷尺寸与压力之间的关系。在 ERF 曲线图中，横坐标描述的是缺陷的长度，纵坐标描述的是缺陷的深度；曲线上任意一点所对应的缺陷，在其长度和深度下，缺陷的 P_s 等于最大允许操作压力，即曲线上任意一点的缺陷尺寸稍有增长就不能满足最大允许操作压力的要求。因此，当金属损失位于 ERF 曲线上方时，表示该缺陷当前尺寸是不可接受的，需要立即维修；位于下方时，表示是可接受的，考虑计划维修或进行监控处理。

对于随时间生长的腐蚀类缺陷而言，确定缺陷响应级别只是维修响应计划的一部分，关键是确定每个计划响应类缺陷的具体响应时间，计划响应时间至少应保证在缺陷达到剩余寿命之前完成维修响应。由于进行缺陷维修需要经过立项到审批等一系列手续，耗时较长，为保证管道安全性，通常缺陷计划响应时间可以用缺陷剩余寿命乘以一个小于 1 的系数。考虑检测数据准确性，也可以将缺陷达到立即响应条件的时间作为计划响应时间。

8.6.2 几何凹陷

针对几何凹陷，国际上对于在役管道上平滑的几何凹陷的评价主要采用两个指标：几何凹陷的最大深度和几何凹陷在管道内外表面产生的最大应变。针对几何凹陷的安全判定准则见表 8－3。

表 8－3 几何凹陷安全判定准则

标准名称	单纯凹陷	裂纹和划痕凹陷	焊缝凹陷	腐蚀凹陷
ASME B31.8	临界深度为管道外径的 6%	不允许	塑性焊缝凹陷的临界深度为管道外径的 2%	依据腐蚀情况单独评估，且凹陷深度不超过管道外径的 6%
API 579	管道不受循环应力及考虑腐蚀余量情况下，临界深度为管道外径的 7%	依据划伤情况单独评估	—	—
CSA Z662	管径 > 101.60 mm 时，临界深度为 6mm	不允许	管道外径 > 323.9mm 时，深度为管道外径的 2%；管道外径 < 323.9mm 时，临界深度为 6mm	腐蚀最大深度为壁厚 40% 时，依据 ASME B31.8G 单独评估
AS 2885.3	临界深度为管道外径的 6%	不允许	不允许	进一步评估

续表

标准名称	单纯凹陷	裂纹和划痕凹陷	焊缝凹陷	腐蚀凹陷
EPRG	同时满足以下条件时凹陷判为安全：临界深度≤7%管道外径，且最小屈服极限SMYS>环向应力72%	不允许	不允许	不允许
PDAM	约束型凹陷：临界深度为管道外径10%	单独评估并推荐打磨处理	不允许	不允许
	非约束性凹陷：临界深度为管道外径7%			
UKOPA	临界深度为管道外径7%	不允许	塑性焊缝临界深度为管道外径2%	腐蚀深度不超过20%壁厚时，可按单独缺陷处理

8.7 应用案例

8.7.1 管道概况

某长输成品油管道全长81.5km，外径为355.6mm，管道材质为L360，壁厚为7.1/9.5mm，管道设计压力为10MPa，最大允许操作压力为9.5MPa，于2008年建成投产。2016年实施几何变形和三轴高清漏磁检测。

管道基本信息见表8-4。

表8-4 某成品油管道信息调查表

序号	项目	内容
1	管道长度	81.5km
2	管道类型	直焊缝管
3	管径	355.6mm
4	壁厚	加强段9.5mm，普通段7.1mm
5	管道材质	L360
6	*SMYS*(最小屈服强度)	360MPa
7	*SMTS*(最小抗拉强度)	460MPa
8	输送介质	成品油
9	输送介质温度	20℃
10	设计压力	10MPa
11	*MAOP*(最大允许操作压力)	9.5MPa
12	运行压力	4~8MPa
13	管道投产时间	2008年6月
14	本次检测时间	2016年9月

8.7.2　内检测缺陷分布统计

本次内检测结果显示共发现缺陷 1947 处，其中金属损失 1519 处、变形 87 处、焊缝异常 171 处、制造缺陷 170 处。

1. 金属损失

本次检测发现金属损失 1519 处，其中内部金属损失 531 处，外部金属损失 988 处。其中，深度大于等于 10% *WT* 的金属损失缺陷有 771 处，深度大于等于 40% *WT* 的金属损失缺陷有 12 处。

所有金属损失沿里程分布如图 8－13 所示。

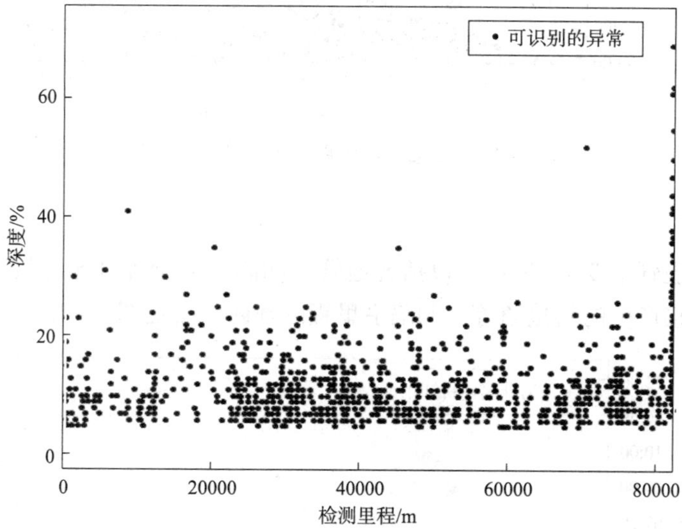

图 8－13　金属损失沿里程分布图

所有金属损失沿环向分布如图 8－14 所示。

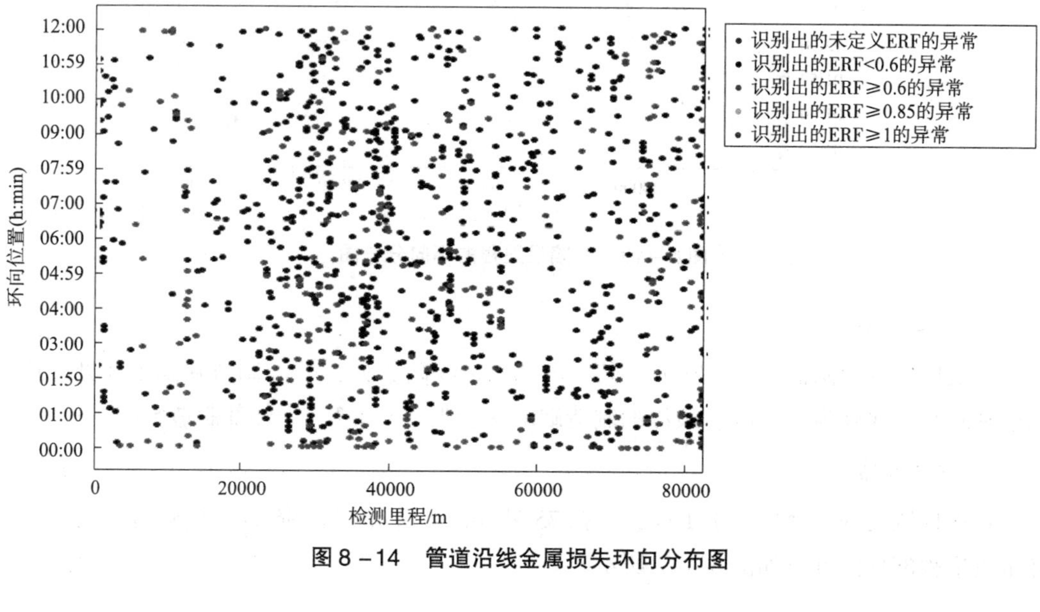

图 8－14　管道沿线金属损失环向分布图

所有外部金属损失沿环焊缝分布如图 8－15 所示。

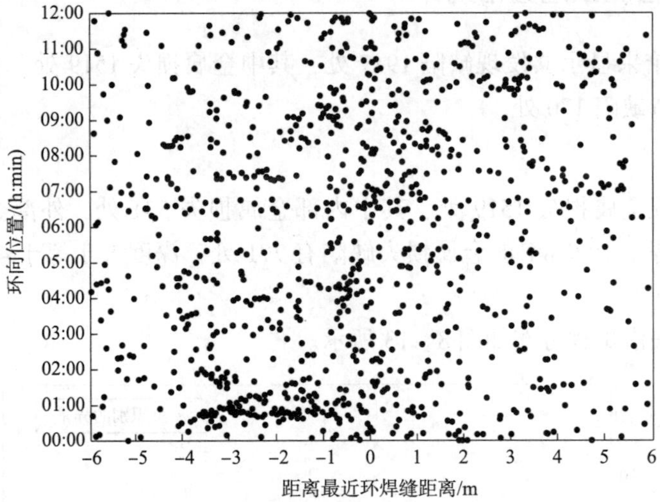

图 8－15　管道外部金属损失沿环焊缝分布

2. 几何变形

本次检测发现管道变形 87 处，包括普通管体凹陷、椭圆度变形、疑似包含金属损失的凹陷、焊缝焊接产生的斜接角等。凹陷沿里程的环向分布见图 8－16。

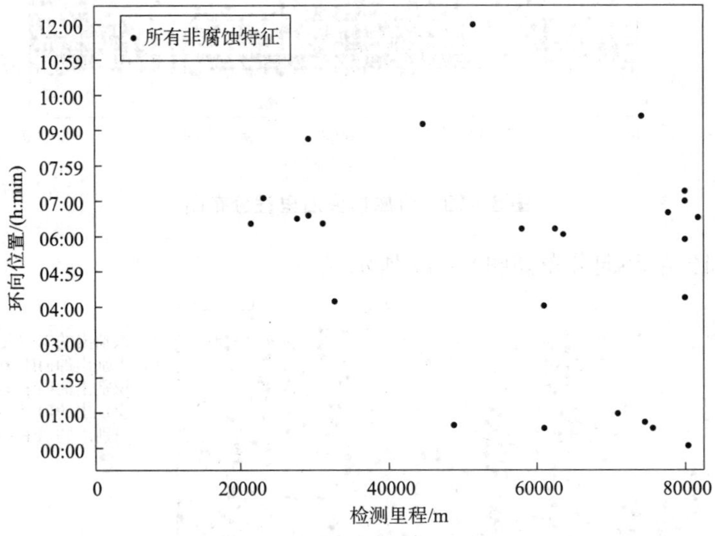

图 8－16　凹陷沿里程的环向分布图

3. 制造缺陷

本次检测发现制造缺陷 170 处，其中内部制造缺陷 2 处，外部制造缺陷 168 处。所有制造缺陷平均深度为 9% *WT*，最深的制造缺陷深度为 22% *WT*，为外部制造缺陷。

4. 焊缝异常

本次检测发现焊缝异常 171 处，包括 75 处环向焊缝异常和 96 处纵向焊缝异常。焊缝异常沿里程的环向分布如图 8－17 所示。

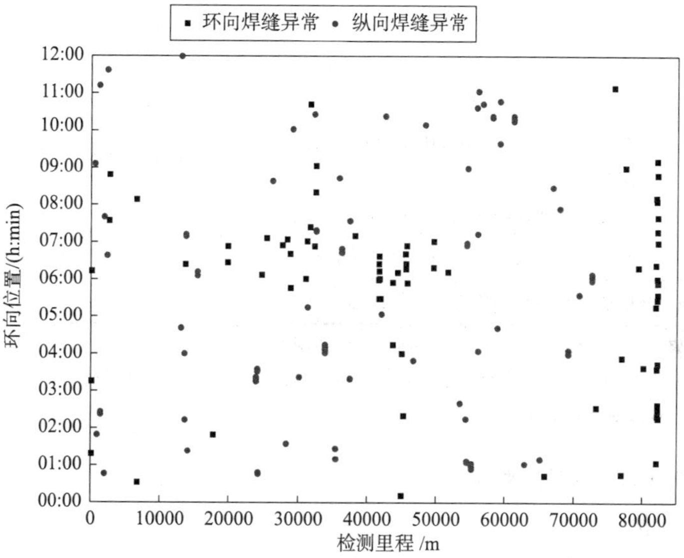

图8－17　焊缝异常沿里程的环向分布图

8.7.3　缺陷评价与维修决策

1. 缺陷维修决策准则

参考国外管道完整性管理相关标准 API RP 1160 及 ASME B31.8、管道维修手册 PRCI L52047、我国相关国家标准及行业标准，结合管道企业管理特点，确定该成品油管道缺陷维修判定准则，见表8－5。

表8－5　管道缺陷维修响应分级准则

缺陷类型	响应级别[a]	
	立即响应	计划响应
金属损失类缺陷	深度超过壁厚50%的腐蚀或制造缺陷	深度大于壁厚12.5%的划痕或凹沟
		位于与其他管道交叉处、深度大于壁厚30%的金属损失
		选择性焊缝腐蚀或沿焊缝的腐蚀[b]
	预估维修比 *ERF*≥1 的任何腐蚀或制造缺陷	深度大于壁厚30%的大范围环向腐蚀区域或影响环焊缝的金属损失[b]
		根据未来完整性状况预测，计划响应时间在下一次检测时间之前的其他金属损失
	深度超过壁厚40%且普遍集中的腐蚀或制造缺陷	深度为壁厚30%~40%且普遍集中的腐蚀或制造缺陷
几何变形缺陷	弯折凹陷	深度大于管径2%（管径小于300mm的管道，深度大于6.35mm）且位于管道上半部的凹陷
	与焊缝相关且深度超过管径2%（或应变超过4%）的凹陷	
	深度超过管径6%（或应变超过6%）的凹陷[b]	

续表

<table>
<tr><td rowspan="2">缺陷类型</td><td colspan="2">响应级别[a]</td></tr>
<tr><td>立即响应</td><td>计划响应</td></tr>
<tr><td rowspan="2">复合型缺陷</td><td>含有划痕、裂纹、电弧灼伤或焊缝缺陷等的凹陷或金属损失</td><td rowspan="2">含有腐蚀且腐蚀深度为壁厚 10%～40% 的凹陷[b]</td></tr>
<tr><td>含有腐蚀且腐蚀深度超过壁厚 40% 的凹陷[c]</td></tr>
<tr><td rowspan="2">其他缺陷</td><td>经开挖证实并经工程评估不能接受的裂纹</td><td rowspan="2">—</td></tr>
<tr><td>开挖验证达到计划修复条件的缺陷</td></tr>
</table>

注：a. 未立即维修也未列入维修计划的缺陷，列入监测使用类别。

b. 经工程评估对管道完整性危害较小的除外，否则依据评估结果制订维修计划。

c. 参考 SY/T 6996 第 6. 2. 2 条。

2. 腐蚀缺陷评价与维修决策

1) 剩余强度评价

鉴于该成品油管道材质为 L360，选用修正 ASME B31G 方法进行腐蚀剩余强度评价。该管道评价压力取为设计压力 10MPa，评价安全系数取为管段设计系数的倒数，壁厚 7. 1mm 和 9. 5mm 管段对应设计系数分别为 0. 72 和 0. 6。

基于以上参数，利用修正 B31G 方法进行缺陷剩余强度评价，计算所有 1519 处金属损失缺陷 SWP 及 ERF 值，得到沿线金属损失缺陷 SWP 及 ERF 分布图，如图 8－18 和图 8－19 所示。

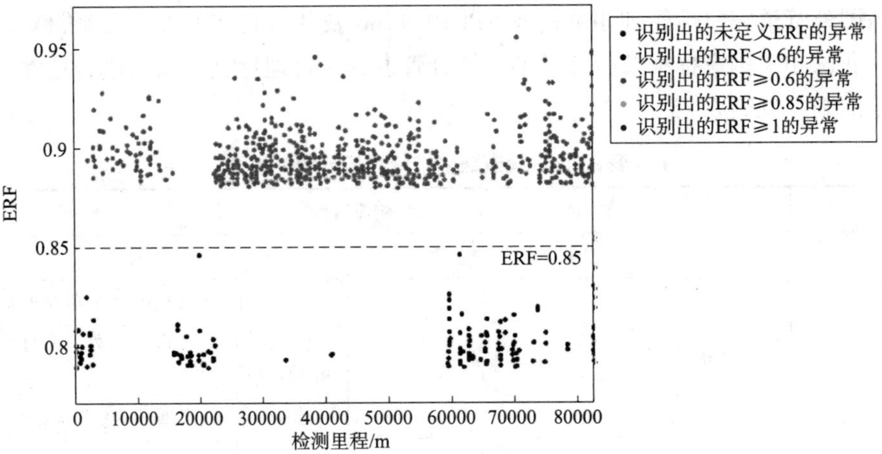

图 8－18　ERF 沿里程分布图

结合金属损失深度及剩余强度评价结果，存在 4 处深度大于等于 60% *WT* 的金属损失缺陷需要立即维修。具体信息见表 8－6。

表 8－6　立即修复金属损失缺陷信息

序号	检测里程/m	长/mm	深度/%	周向/h: min	壁厚/mm	内/外	ERF	金属损失类型
1	81974. 28	38	69	4: 20	9. 5	外	0. 948	GENE
2	82244. 57	27	62	10: 33	9. 5	外	0. 854	PITT
3	81956. 78	21	61	10: 33	7. 1	外	0. 937	PITT
4	82256. 1	27	61	0: 47	9. 5	外	0. 852	PITT

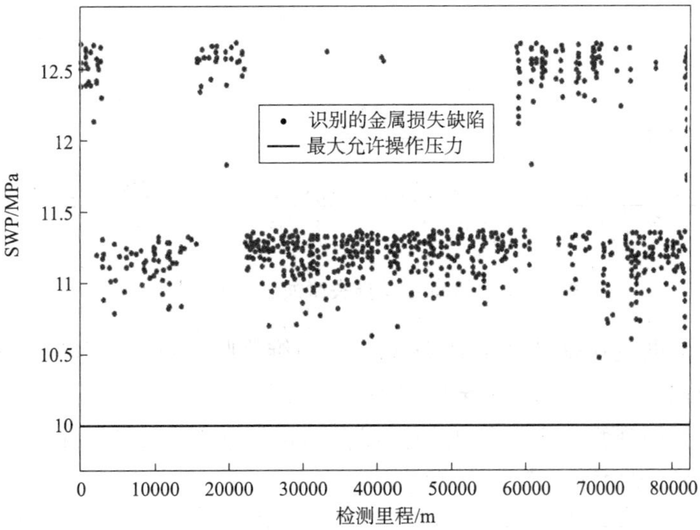

图 8－19 SWP 沿里程分布图

2）剩余寿命预测

截止到本次检测结束时间，该管道运营时间已超过 8 年。此外，根据管道相关信息，该管道于 2013 年进行过 1 处改线。鉴于本次检测为该管道的首次检测，对于非改线段，由于管道运营时间长，考虑到腐蚀发展的不确定性，依据金属损失生长速率估算保守的原则，本次金属损失生长速率使用半寿命的计算方法。对于改线段，截至检测时间，运行时间在 3 年内，使用全寿命方法进行剩余寿命预测。

半寿命法金属损失生长速率计算公式如下：

$$R_{ML}=\frac{Depth}{(InspDate-CommDate)/2} \tag{8-87}$$

式中，R_{ML}为金属损失的生长速率，mm/a；*Depth* 为金属损失深度，mm；*InspDate* 为管道检测日期，年；*CommDate* 为管道投产日期，年。

同时考虑不同土壤环境对腐蚀速率的影响，本次评价按照检测数据将金属损失生长速率分段计算，分别计算每一管段中金属损失缺陷的腐蚀速率，并以每一管段缺陷中腐蚀速率的最大值作为该节管段的腐蚀速率，从而得到管道内外金属损失的腐蚀速率。

内部金属损失和外部金属损失的腐蚀速率分布分别如图 8－20 及图 8－21 所示。

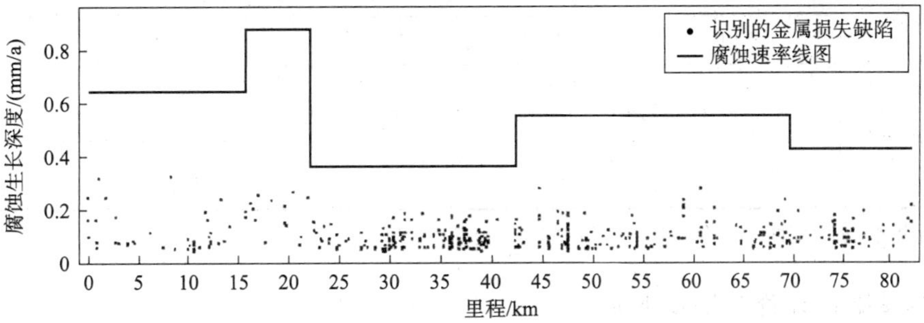

图 8－20 内部金属损失腐蚀速率沿里程分布

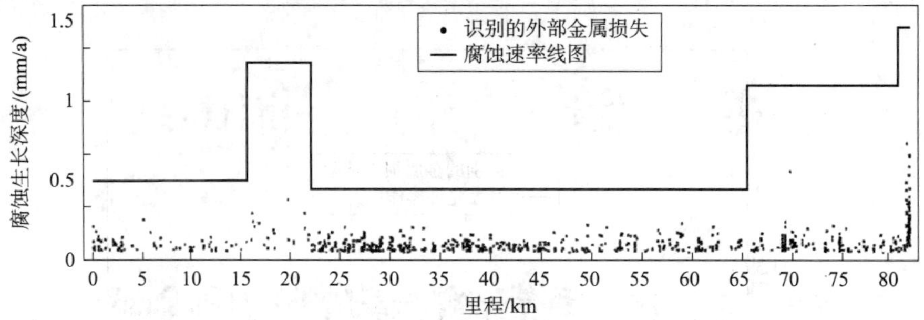

图 8-21　外部金属损失腐蚀速率沿里程分布

以金属损失深度达到 80% 或 ERF 达到 1 作为维修临界点，针对所有金属损失缺陷进行计划响应时间预测。图 8-22 为金属损失计划响应时间沿里程分布图。自检测结束的时间开始计算，除立即维修类金属损失外，存在 108 处预测剩余寿命在 1 年之内的金属损失，其中 64 处金属损失深度不小于 10%。

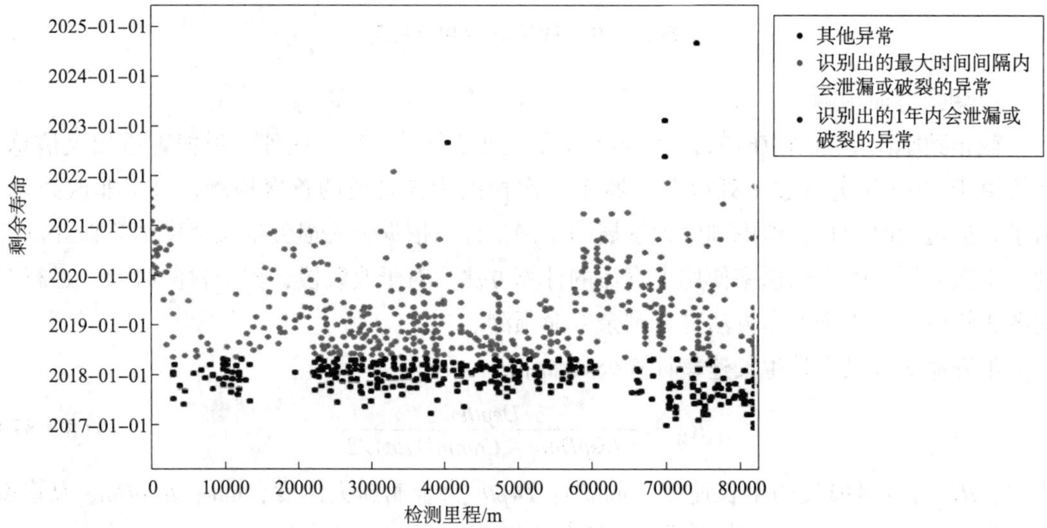

图 8-22　金属损失计划响应时间沿里程分布图

根据预测结果进行金属损失缺陷计划响应时间统计，具体信息见表 8-7。

表 8-7　金属损失计划响应时间统计①

深度范围	满足条件的金属损失数量				
	1 年内	1~2 年	2~3 年	3~4 年	4~5 年
深度 < 10% *WT*	44	514	113	32	10
深度 ≥ 10% *WT*	64	301	292	82	25
合计	108	815	405	114	35

①以内检测完成时间即 2016 年 9 月 9 日为时间计算起点。

3. 制造缺陷评价与维修决策

利用 Shannon 方法分别绘制管道设计压力 10MPa 下的 ERF = 1 曲线图，并将缺陷点按照长度和深度在图中进行显示，如图 8－23 和图 8－24 所示。

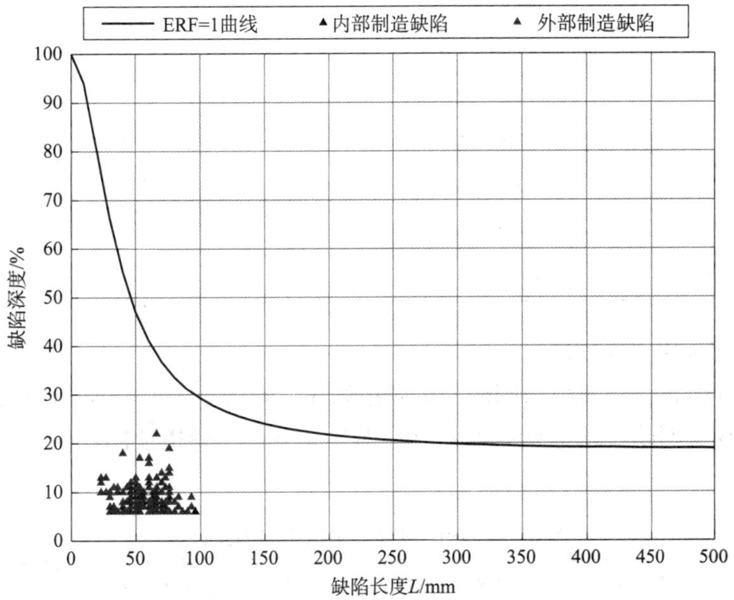

图 8－23 壁厚 7.1mm 对应 ERF＝1 曲线

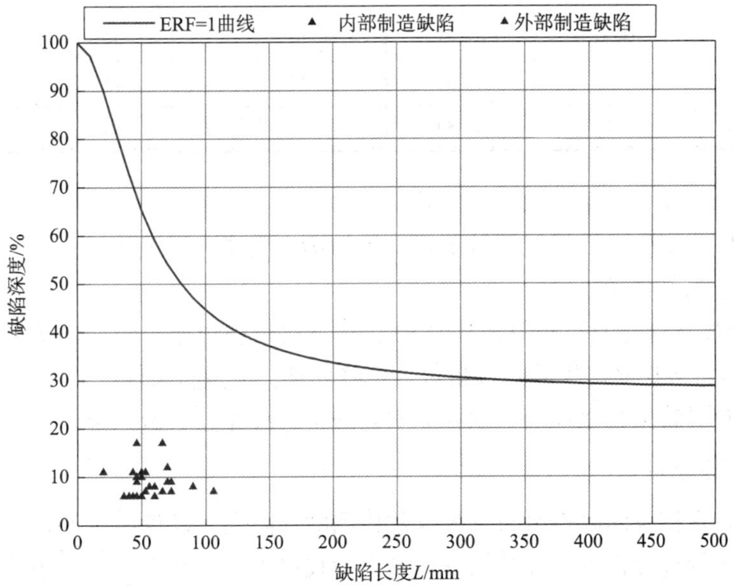

图 8－24 壁厚 9.5mm 对应 ERF＝1 曲线

从图中可以看出，在管道设计压力 10MPa 条件下，所有制造缺陷都是安全的，不需要进行维修。

4. 几何变形维修决策

1) 管体凹陷

存在 6 处深度大于等于 6% *OD* 的管体凹陷，应立即维修，具体信息见表 8－8。

存在 7 处深度大于等于 2% *OD* 且位于管道顶部的管体凹陷，建议进行计划维修。

表8－8　立即维修凹陷信息统计

序号	里程/m	环向钟点方位	变形量/% *OD*
1	79649.777	7：15	12.5
2	79585.339	5：53	9.9
3	81328.555	6：30	8.5
4	73930.740	9：23	8.5
5	77533.010	6：39	7.3
6	60503.508	4：01	6.0

2)疑似包含金属损失凹陷

存在5处疑似包含金属损失凹陷，金属损失深度均大于10%，应进行计划维修。5处疑似包含金属损失凹陷具体信息见表8－9。其中4处位于管道顶部且变形量大于2% *OD*。

表8－9　疑似包含金属损失凹陷统计表

序号	检测里程/m	凹陷深度/% *OD*	周向/h：min	金属损失深度/%	金属损失长度/mm	内/外部金属损失
1	32480.643	0.8	4：09	25	46	外
2	51265.756	2.5	11：58	18	36	外
3	70646.488	3.7	0：57	12	63	外
4	70647.757	3.6	0：58	11	43	外
5	70648.851	2.0	0：53	12	56	外

3)椭圆度

存在2处椭圆度变形，但变形量不超过3% *OD*，建议进行关注。

4)焊接产生的斜接角

存在57处焊接存在的斜接角，其中12处由弯头焊缝焊接产生，45处由直管段焊缝焊接产生。1处由弯头焊缝产生的斜接角包含焊缝异常，应进行关注。

关于斜接角对管道安全性的影响并无明确规定，故此处不做评价。

5. 焊缝异常分析

考虑焊缝特殊性及漏磁检测对焊缝异常检测的局限性，建议结合漏磁检测信号，选择信号较为突出的焊缝异常点或经数据分析判定为较严重的异常点，进行射线、磁粉、液体渗透或超声等无损检测，进一步确定异常类型及严重程度，据此进行维修维护决策。焊缝异常可接受程度具体可参考标准API Std 1104。

第9章　管道缺陷修复技术

9.1　管体缺陷修复

9.1.1　传统修复方法

1. 打磨(表面修整)

打磨是通过手挫或电动打磨机打磨缺陷部位，以去除金属微观结构发生蚀变的组织或消除应力集中。如果能达到下面要求，一般认为打磨是缺陷或瑕疵的修复方法：

(1)能消除掉缺陷或瑕疵的应力集中效应；

(2)能消除所有受损或硬度过大的材料；

(3)去掉的金属数量和分布不会明显减小管道的承压能力。

进行打磨修复前应将管道压力降至一定水平，一般不高于历史运行压力的80%，具体视打磨深度和长度确定。对于特定缺陷，打磨深度和长度设有限制值，打磨尺寸一旦超出此值，则视为打磨缺陷，应采用其他修复方法进行二次修复。

打磨修复操作相对简单，对维修人员技术要求较低，所用设备机具少，作业风险较小，但会影响管道的承压能力，一般作为其他维修方法的辅助手段和实施前提。

2. 堆焊

堆焊方法在我国有所使用，但在欧洲和美国因注重安全已禁止使用。该方法的应用注意事项和优缺点如下：

(1)堆焊必须将输油管道输送压力降低到设计压力的1/3以下。在英国的TRANSCO公司及美国、加拿大管道公司一般不推荐使用。这种方法一般主要用于非干线管道。

(2)先应考察缺陷的类型，对于单个体积型缺陷可以使用，但对于裂纹型缺陷，这种方法不适用。

(3)一般适用于深度较小的缺陷，对于深度较大的缺陷，不能使用这种方法。其原因有如下三种。一是，为了使缺陷底部平缓过渡，缺陷需要打磨。如果缺陷较深，加上打磨的深度，剩余母材可能会很少，在焊接时可能会有管体焊穿的危险性。二是，如果缺陷深度较大，在焊接区域产生的热影响区较大，应力集中也大。三是，焊接材料和母材不一样，如果焊接缺陷太大，焊材和母材的性能匹配问题就显得特别突出。

(4)需特别注意焊接时的外部环境条件，当空气湿度太大时，容易产生氢脆，当环境温度太低时容易产生冷脆。

(5)必须严格遵循焊接规程，采用经过严格筛选后的适合于母材的焊接材料。焊机的电流和电压都应通过前期试验后确定。

3. 打补丁

打补丁的方法适合于小面积多个点腐蚀情况的维修，维修时需将输送压力降低到设计压力的1/3。由于这种方法在焊接热影响区内容易产生氢脆，在北美和欧洲等国家一般不推荐使用这种方法，尤其对于输气管道，禁止使用这种维修方法。这种方法的应用注意事项和优缺点如下：

(1)焊接的补片应做圆角的，补片材料等级应与所修理的管子材料等级匹配，采用填角焊将补片焊牢，尽可能减小由于修理所造成的应力集中。

(2)对只使用填充熔敷金属的修理工作，焊接工艺应符合所修管子材料标准的等级和类型的要求。

(3)在有涂层的管子上进行修理时，应先除去所有受损的涂层，并涂敷新的防腐涂层。

(4)修理在役管道，应仔细进行检查，确保在经过打磨补焊前，管道具有足够的壁厚以使管道不被焊穿。

(5)在管道不能停输的特殊情况下，则应将管道的工作压力降低到能保证安全维修作业的水平，并制定严格的焊接作业规程。

9.1.2 套筒修复方法

1. A 型套筒

A 型套筒不需要焊接，是由放置在管道损伤部位的两个半圆的柱状管或两片适当弯曲的钢板，并经侧缝焊接组合而成。A 型套筒不用焊接就可安装到管线主体上，用作管道损伤部位的加强件。由于 A 型套筒不能承压，因此也就只能使用到非泄漏性缺陷的维修中。

A 型套筒安装时管线的压力条件必须低于可能引发缺陷区域失效的压力值。侧缝的焊接可以是单一 V 形平接焊接，也可以是叠缝角焊接。如果边缝焊接，采用的是平对焊，且这两块半圆加强板是采用同管径的管子制成的，则每块的实际弧长必须大于制作管的半圆弧长，否则在做两半的焊接时，其堆焊间隙就会太大。如果采用的是叠缝角焊接，则没有以上问题，因其间隙可做简单的桥接处理。

A 型套筒的主要优点是，用于相对短的缺陷维修，安装简单，不需要进行严格的无损检测来保证它们的有效性。

值得注意的是，当安装部位下有焊缝时，在安装时，需要对焊缝打磨处理，或在加强套内侧与焊缝接触的部位加工出一个沟槽；沟槽对应部位的加强套厚度要相应增加，以补偿沟槽造成的厚度减薄。

目前，国内长输管道主要使用螺旋焊管，在使用 A 型套筒时须谨慎选择，采取适当的措施，确保套筒能与管体紧密结合。

2. B 型套筒

B 型套筒同 A 型套筒的加工定位方式一样，由两半套筒组成或由两块适当弯曲的钢板组成。由于 B 型加强套需要承受工作压力，所以与 A 型加强套不同，必须将端头焊接到管子上。一般采用的是平接 – 焊接的边焊缝。

在维修大范围的金属损失缺陷区域时，由于要求将加强套焊接到管线上，可能会导致严重腐蚀，因此，加强套两侧必须超出缺陷部位各100mm。

国外公司的应用实践表明：加强套越长，与管线的配合就越困难，当加强套的长度超过3m时，安装就会变得十分困难。

B型加强套与A型加强套的主要区别在于，B型套筒可以用于修复泄漏缺陷，补强内腐 蚀缺陷，更多地用于较大面积的腐蚀区域。

对于螺旋焊管而言，B型套筒也存在同样的问题，所以，安装时必须处理好与焊缝的结合部位，确保套筒与管体的紧密结合。

无论是A型套筒还是B型套筒，安装人员必须接受充分的培训，具有相应的技能水平，以保证安装的效果，同时必须严格按照安装工艺谨慎焊接，尽量减少焊接可能造成的潜在风险。

3. 环氧填充套筒

环氧套筒技术分别由英国天然气公司(BG)、美国Battelle公司和荷兰的Gasunie公司等各自独立开发，虽然应用方法略有不同，但其原理均相同，即由两个直径比待修复的管道略大的钢壳连接在一起，覆盖在管线的受损部位，在现场将套筒安装在管道表面，将两端密封，然后注入环氧树脂，充满管线与修复套之间的孔隙。等环氧树脂完全固化后(通常为24h)，打磨掉套筒表面的螺栓和通风管即可。

这种修复技术可实施带压修复，避免了在工作状态下的管道进行焊接作业而产生的潜在危险，可在安全而经济有效的方式下恢复整个管道系统完整性。此方法最适宜修复高压天然气和成品油管道，因为它不需要直接在管道上进行焊接，或干脆不用焊接，仅采用螺栓进行现场的定位安装。目前，该方法的适用压力为10.0MPa，适用温度范围为3~100℃。

对于较长的缺陷，环氧套筒是一种有效的修复选择。同样，环氧套筒的施工也需要动用大型的机具，修复后等待固化的时间也比较长。

9.1.3 夹具

夹具修复方法的原理是：把金属夹具包覆在管道受损处，恢复管道的承压能力，适用于石油、天然气管道的临时抢修。由于造价较高，该方法主要针对管道发生了泄漏时使用。管道抢修时必须考虑将管道内的压力降到管道设计压力的1/3以下，可以考虑在以下几种情况下使用：

(1)管道机械损伤，如出现凹坑，在确认没有裂纹产生的情况下使用；

(2)管道单点腐蚀严重，超过管道壁厚的2/3；

(3)管道的临时维修和抢修。

9.1.4 复合材料修复方法

复合材料修复具有安装灵活、方便、修复时间短、费用低、可在不停输管道上使用、不需要焊接、通过正确安装可永久恢复管子的承压能力、适用于各种作业环境等优点。

复合材料修复的原理是，将缺陷部位所承受的应力通过高强度的填充物转移至复合套筒上，常用的复合材料有加入玻璃纤维增强聚酯(GRP)或碳纤维(CFRP)等强化物质的聚酯、乙烯酯或环氧基体材料。在复合修复技术领域，美国的Clock Spring公司的复合修复套筒最具代表性，在北美、欧洲等国家的陆上及海上油气管道上应用非常广泛，近年亚洲一些国家也陆续开始应用。

Clock Spring的复合套筒由三部分组成，即高强度的单向复合套筒、快速固化的强力双面黏合剂及极高抗压强度的填料。该产品可分别应用于管体补强、管道堵漏和管道抑制裂缝等不同场合，适用管径范围为101.6~1422.4mm。应用时，当土方开挖完成后，采用Clock Spring套筒，两个人30min即可完成安装。由于复合套筒具有记忆效应，安装3min后，各层材料就能紧紧地包覆在管体表面，构成一个完整持久的修复层。

管道复合材料补强套件可用于腐蚀或损伤程度低于80%的管道补强。修复后的管道，其承压能力将会100%地恢复到新建管道的水平。Clock Spring复合套筒的技术特点如下：

(1)不停输，对生产基本上没有影响(堵漏时，需将管道运行压力降至0.2MPa)；

(2)不动火，无须焊接作业；

(3)与传统方法相比，节约成本40%~50%；

(4)不受腐蚀；

(5)适用于各种作业环境；

(6)不影响阴极保护系统；

(7)修复层寿命超过50年；

(8)可用于石油、天然气、水管、各种化工管道；

(9)基本上不需要设备，现场施工非常简单，整个安装作业时间少于2h。

9.1.5 换管

换管修复就是切除管道缺陷部位，并利用一段新管段替换原缺陷管段，可以一次解决修复段所存在的所有问题，而且是永久性的。但是，换管修复也有着显而易见的缺点，即施工作业时管道公司必须停产，将会对下游的用户产生一定影响。同时，换管作业也存在一定的安全和环境风险，尤其是天然气、成品油等危险介质管道，对施工作业的安全措施要求较高。另外，换管施工作业需要大型的设备和优秀的焊接技术工人，耗费的时间也较长。因此，在大多数情况下，换管都是成本最高的修复方案，也是管道公司最不愿意选择的修复方案。但是当需要连续修复较长距离的管道时，或者管道存在包括材质在内的多个问题时，换管可能是唯一的选择。

9.2 修复方法选择

9.2.1 修复方法决策因素

选择管道缺陷修复方法时，应至少考虑以下因素：

(1)检测数据和开挖验证数据；

(2)管道结构参数，包括管径、壁厚、待修复部位附件及焊缝情况；
(3)管体材质、防腐涂层类型；
(4)管道运行参数，如运行温度、压力等；
(5)管道所处地理位置(高后果区级别)；
(6)待修复部位失效、缺陷或修复历史记录；
(7)缺陷产生机理及严重程度；
(8)修复的安全风险及成本；
(9)修复作业对下游用户的影响；
(10)修复方法可靠性。

9.2.2 修复方法适用性

常用管道缺陷修复方法适用性见表9-1。

表9-1 管道缺陷修复方法①

序号	修复方法	适用性	技术要点
1	表面修整	适用于修复深度不超过12.5% *WT* 的外腐蚀、划痕、表面裂纹等缺陷；不适用于修复管道内部缺陷或制造缺陷	(1)表面修整过程通常需要降压运行，避免管道表面过热； (2)表面修整后应采用无损检测方式(如渗透探伤或磁粉探伤等)，确认应力集中已消除； (3)表面修整后应确保所有受损或硬度过大的材料已去除； (4)表面修整后管体表面清洁程度应至少达到2.5级； (5)若表面修整后管道承压能力明显降低，应采用其他修复方式再次修复
2	补板	适用于修复管体小面积外腐蚀、划痕或裂纹缺陷、打孔盗油点；不适用于修复焊缝缺陷	(1)补板应使用与原管道材质相同的管材提前预制； (2)补板形状宜为矩形+圆角，其尺寸不宜过大，环向长度宜不小于管道圆周的1/3，且与轴向长度之比宜为1.5~2，厚度宜在待修复管道厚度基础上增加20%； (3)需要焊接作业，焊接前应进行焊接工艺评定，并由有资质的焊工进行焊接； (4)修复时应核实管道修复焊接压力，确认管道壁厚、材质、介质流速、环境因素等边界条件； (5)焊接完成后应采用渗透或磁粉探伤等无损检测方式对所有焊道进行检测，确保焊接质量
3	A型套筒	适用于修复无泄漏或不会发展为泄漏的直管段损伤缺陷，如腐蚀、划痕、凹陷等，用作管道损伤部位的加强件；不适用于修复环向缺陷和泄漏	(1)需要焊接作业，焊接前应进行焊接工艺评定，并由有资质的焊工进行焊接； (2)修复时管道应降压运行； (3)套筒材料一般与待修复管道材质相同，厚度宜在待修复管道厚度基础上增加20%； (4)套筒长度至少102mm(4in)，且两端至少超出缺陷51mm(2in)的距离； (5)套筒不得挤压环焊缝，如需要横跨环焊缝，中间应做凹槽

续表

序号	修复方法	适用性	技术要点
4	B 型套筒	适用于修复腐蚀、裂纹、焊缝缺陷、管体划痕、电弧烧伤、夹渣或分层、凹陷等多种类型的直管段缺陷，包括泄漏型、可能泄漏型及环向缺陷	(1)需要焊接作业，焊接前应进行焊接工艺评定，并由有资质的焊工进行焊接； (2)修复时管道应降压运行； (3)套筒材料等级应至少与待修复管道相同，壁厚宜在待修复管道厚度基础上增加 20%； (4)套筒长度至少 102mm(4in)，且两端至少超出缺陷 51mm(2in)的距离； (5)套筒末端周围进行角焊时，应沿着焊接处的环向每隔 50mm 进行壁厚测量，确保剩余壁厚足够； (6)修复完成后，直焊缝应采用超声波 + 渗透或磁粉检测方式，角焊缝应采用渗透或磁粉检测方式，对焊接质量进行检测，确保焊缝完整性
5	环氧钢制套筒	适用于修复直管段损伤缺陷，如腐蚀、划痕、凹陷等；不适用于修复环向缺陷	(1)需要焊接作业，焊接前应进行焊接工艺评定，并由有资质的焊工进行焊接； (2)套筒钢壳长度一般为 2m，材料与待修复管道材质相同或相近，壁厚宜在待修复管道厚度基础上增加 20%，套筒与管体之间宜保留 20mm 间隙； (3)钢壳上片顶部及两侧应留有若干监测螺孔(一般 2 个/m)，以便监测和控制环氧填胶的紧实度； (4)钢壳片四周应打磨出坡口，以便于“V”形平焊连接； (5)钢壳片靠近两端的左上、左下、右上、右下应各留有 1 个定位螺栓，用于调整钢壳与管道之间的同轴度
6	机械夹具	适用于管体上缺陷或泄漏的临时抢险修复	(1)点状式堵漏夹具主要用于对尖锐物体撞击或铁锈侵蚀形成的小穿孔修复； (2)对开式堵漏夹具用于管道出现裂纹或破裂的修复； (3)柔性堵漏夹具用于漏点直径不超过 50mm、运行压力不超过 10MPa 管线的带压临时修复，若结合环氧钢制套筒可永久性修复管体泄漏缺陷
7	换管	适用于修复管体上任何类型的缺陷、损伤和泄漏	(1)连续修复较长距离管段，或管段存在包括材质在内的多个问题时，应采用换管修复； (2)修复时管道切除位置离缺陷、破坏或泄漏处顶端至少应有 100mm 距离，切除管段长度应超过 3 倍管道直径； (3)替换的管段材料等级应与现有管道的相同，壁厚不小于现有管道壁厚； (4)替换管段应进行压力试验； (5)替换管段与原管道采用对接环焊缝进行焊接，焊接前应进行焊接工艺评定，焊接完成后应进行焊缝质量检验

①针对穿跨越段管道，除换管可作为永久修复方式外，其他修复方式均只能作为临时维修手段。

9.2.3 不同类型缺陷修复

1. 泄漏

管道发生泄漏，或管体缺陷深度大于 80% 管道壁厚，可采用机械夹具进行临时修复，采用 B 型套筒、环氧钢制套筒与柔性夹具组合或换管进行永久修复。

2. 外腐蚀

对于深度小于50%管道壁厚的外腐蚀，可采用A型套筒、B型套筒、环氧钢制套筒或换管修复中的任意一种技术，进行永久修复。补板可作为一种临时修复方式。

对于深度大于等于50%管道壁厚的点蚀，可采用B型套筒、环氧钢制套筒与柔性夹具组合或换管进行永久修复。

管体焊缝处存在损伤或腐蚀时，宜采用B型套筒永久修复。B型套筒修复时，应确保缺陷长度小于其扩展临界值。

3. 内部缺陷或内腐蚀

管体内部存在缺陷或腐蚀时，应分析缺陷原因及发展趋势，若缺陷有进一步扩展可能，宜采用B型套筒或换管进行永久修复。

4. 划痕或其他金属损失

管体存在划痕或其他金属损失时，如果缺陷金属的去除量满足要求，可采用表面修整方式修复。若金属去除量超出要求，表面修整清理缺陷部位后，检测合格，可采用补板、环氧钢制套筒或B型套筒进行永久修复。采用补板或套筒修复之前，应确保缺陷进行了表面修整处理并检测合格，否则进行换管修复。若缺陷轴向长度较长，开挖修复过程应注意管道悬空距离。

5. 凹陷

当管体凹陷深度小于6%管径且为平滑凹陷时，除非凹陷影响管线清管，否则无须修复。

当管体凹陷深度小于6%管径，并伴有金属损失、开裂或应力集中时，应在凹陷填充后进行凹陷疲劳评估，如评估合格，宜采用环氧钢制套筒进行永久修复；如不合格，应采用B型套筒或换管进行永久修复。

当管体凹陷深度大于6%管径且为平滑凹陷，同时不影响清管通球时，可采用环氧钢制套筒、B型套筒、换管进行永久修复。

当管体凹陷深度大于6%管径，且影响清管通球，或存在复合型缺陷，或与焊缝相关，或为弯折凹陷时，应采用换管进行永久修复；若无法换管，可采用B型套筒或环氧钢质套筒进行临时修复。

当管道的环焊缝处有应力集中的凹陷时，应采用B型套筒或换管进行永久修复。

上述凹陷深度均指消除外部干扰凹陷回弹后的深度。

6. 裂纹

对于深度小于50%壁厚的管体表面裂纹，若缺陷金属的去除量满足要求，可采用表面修整方式修复；若表面修整尺寸超出要求，可在表面修整方式清理缺陷部位后，检测合格，采用A型套筒或环氧钢制套筒进行永久修复；对于裂纹长度小于裂纹扩展临界值的情况，也可直接采用B型套筒修复，否则采用换管修复。

对于深度超过50%壁厚的裂纹，应进行换管修复。

7. 制管焊缝缺陷

如果缺陷金属的去除量满足要求，宜采用表面修整方式修复；如果金属去除量超出要求，表面修整去除缺陷金属后，检测合格，宜采用 A 型套筒或环氧钢制套筒进行永久修复，也可直接采用 B 型套筒或换管修复。采用 B 型套筒直接修复时，缺陷长度应小于裂纹扩展临界值。

电阻焊焊缝处或附近有缺陷时，如果缺陷长度小于其扩展临界值，应采用 B 型套筒永久修复。

8. 环焊缝缺陷

环焊缝如有表面浅裂纹缺陷，可采用表面修整方式修复，表面修整深度最大为管体壁厚的 12.5%；当焊缝内有气孔、夹渣、未焊透、未融合等缺陷时，应采用 B 型套筒进行永久性修复。

9. 褶皱、屈曲

管体存在褶皱、屈曲时，应分析缺陷产生原因，优先采用换管进行永久修复。永久修复难以实施时，可暂时采用 B 型套筒进行临时修复。

10. 砂眼

管体存在砂眼时，可采用补板、A 型套筒、环氧钢制套筒或 B 型套筒进行永久修复。

11. 硬点

管体存在硬点时，可采用 A 型套筒、B 型套筒、环氧钢制套筒或换管进行永久修复。

12. 电弧烧伤、夹渣

管体存在电弧烧伤、夹渣时，如果缺陷金属的去除量满足要求，可采用表面修整方式修复，否则可采用 A 型套筒、B 型套筒、环氧钢制套筒或换管进行永久修复。

9.3 防腐层修复

管道防腐涂层修复普遍采用机械化修复，但有时也采用手工修复，或者机械修复与人工修复结合使用，主要由管道的实际状况而定。人工修复的优势比较灵活，但施工质量和速度与操作人员的水平和熟练程度密切相关。机械修复无论在质量和速度上都优于人工修复，但其修复成本高，对管道状况、周围环境以及修复人员的素质等要求也相对较高。因此，通过多年的实际应用，国外一些管道公司普遍认为，对于 402mm 或以下口径的管道，采用人工修复较为经济有效，而对于大口径管道，机械化修复则更经济高效。

管道修复工程所用防腐材料的性能一般与新建管道的要求相同。在 NACE RP0169 标准中规定了理想的涂层材料应具备的物理及化学性能指标，例如电绝缘性、防水性能、黏结性等。但在修复工程中，还需考虑管道所处的地理位置环境、管道原有涂层类型、管道运行条件、重新涂敷方法、涂层的适用条件、涂层材料成本以及管体表面预处理条件、重敷周期/回填时间、应用装置的复杂性、新老涂层材料的化学兼容性等因素。

一般依据被修复管道管体处理可达到的清洁度，确定选择使用防腐材料的种类。大致可分为 3 种对等情况：一是表面处理最佳的对应聚氨酯类，二是表面处理较好的对应环氧树脂，三是表面处理较差的对应改性聚合物。

国外普遍认为，在管道防腐层修复中，聚氨酯和环氧材料应用效果最好。聚氨酯涂层具有快速固化和良好的机械性能，而环氧涂层具有广泛的表面耐受性和相对较低的漆膜厚度等优良的机械性能。其他可选用的涂层材料还包括煤焦油瓷漆、冷敷聚烯烃带、FBE 以及蜡涂层和胶带涂层(wax coating and tapes)。

涂层的选择与很多因素有关，并不是高性能的涂层就是好的修复涂层，只有适合的才是最好的。在选择涂层材料之前，需要进行大量的测试筛选工作。考察涂层应用历史和进行涂层测试，是评估涂层系统以及改善修复性能的两个重要途径。

9.4　修复流程与质量控制

9.4.1　管道修复流程

管道缺陷修复作业流程见图 9－1。

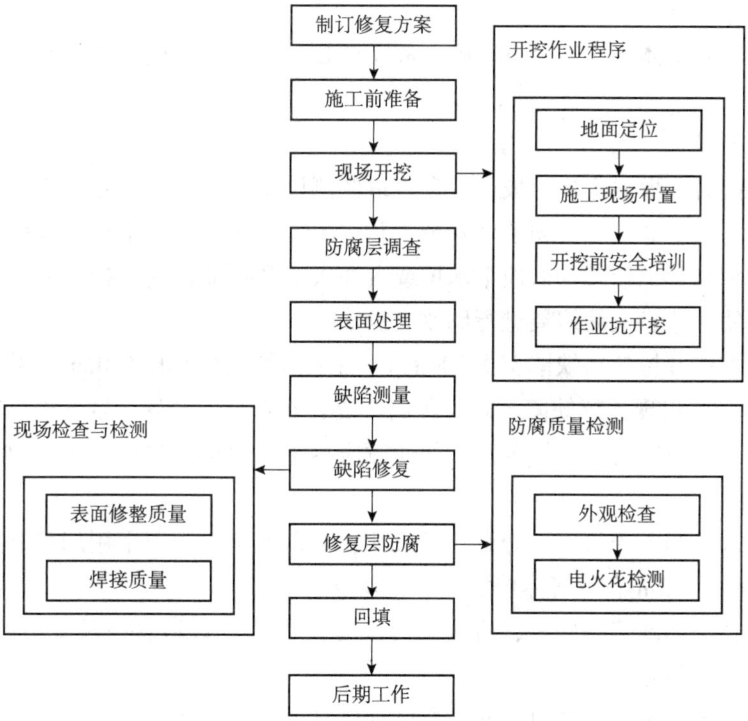

图 9－1　管道修复作业流程

1. 制订修复方案

结合管道缺陷检测评价结果及缺陷成因调查分析结果，确定适用的修复方法，制订详细的修复方案。修复方案应考虑所有可能的作业风险因素及其对应的防范与应急措施，需要动火作业时应考虑天气、风向等因素的影响，同时明确施工组织与计划安排。

2. 施工前准备

根据制订的修复方案及厂家提供的修复产品说明书，准备必要的修复材料和施工机具。做好施工方案和动火作业程序的技术交底，进行现场实测，做好施工现场设备区、材料区的划分。办理动火票和各种施工作业票。检查核实进场材料设备，安全劳保用品配备齐全，保证质量合格。

3. 现场开挖

1)地面定位

根据开挖单寻找参考桩，其中开挖单中应至少包括参考环焊缝编号、缺陷与参考环焊缝距离、缺陷时钟位置、缺陷所在管段及相邻管段相关信息。采用米尺、测距仪、GPS等设备对缺陷点参考环焊缝地面位置进行定位。

2)施工现场布置

开挖点地面定位完成后，根据探测的管道埋深、管径、自然条件等信息计算开挖作业坑长、宽、深、放坡比例，计算出土量，预估所需占地面积；与土地承包者或土地使用者协商青苗赔偿事宜；根据所需占地面积，进行现场布置，包括施工现场警戒带、警示牌、施工设备机具等。

3)开挖前安全培训

动土前，应对全体工作人员进行施工前安全教育。对工人进行技术交底，交代安全注意事项。

4)作业坑开挖

作业坑开挖时应根据土质放坡，并在管道两侧设立维修人员逃生阶梯或逃生通道。维修施工人员在进入作业坑时必须系好安全带和逃生绳。对于地下水位较高的地方，可根据实际情况使用水泵等工器具降低地下水位或者在人工开挖部位支撑挡土板。如遇流沙土等特殊土质，可使用草袋或编织袋进行码放支护。

管道轴向方向开挖超出缺陷至少500mm，管道两侧至少开挖650mm，管道下方至少开挖500mm。遇管体出现连续缺陷，宜长距离修复，作业坑的升挖长度应根据管道直径、壁厚、材质、输送介质等进行计算确定。作业时应尽量减少接头数量，支撑墩长度宜与作业坑长度相当。

对壁厚减薄≥50%的缺陷，无论缺陷尺寸、面积大小，均应采用局部开挖方式，开挖长度超出两侧各1～2m满足管体修复所需作业空间即可。

对于连续长距离缺陷的修复，应采用分段开挖方式，管道悬空长度不超过6m，修复完成后再开挖未修复管段。

当作业现场地下水位较高时，必须在坑内较低处设立集水井，并由专人在修复过程中进行人工排水。开挖至管体下部时，要注意对光缆的保护。

4. 防腐层调查

开挖后应进行防腐层状态调查，包括外观检查、漏点检测、厚度检测、剥离强度检测、涂层附着力强度检测等，并拍摄检测过程照片。

根据防腐层调查结果，分析缺陷产生的根本原因，若与之前分析存在较大差异，应及时修订修复方案。

5. 表面处理

在开挖之后和修复之前，采用溶剂、动力工具、手工工具、水利清除相结合的方式彻底清除缺陷处防腐层至裸露处的金属。清除后的表面应无明显的旧涂层残留，所有缺陷特征应显现出来。

缺陷处钢管采用磁粉或渗透进行无损检测，若存在金属损失或裂纹等缺陷，采用表面修整方式进行清理。表面修整深度不超过壁厚的12.5%。若不存在其他缺陷，采用动力工具对钢管表面进行除锈作业，除锈等级达到GB/T 8923.2规定的St3级。

除锈后，应对可能刺伤防腐层的尖锐部分进行表面修整，并将附着在金属表面的磨料和灰尘清除干净。

钢管表面预处理后至涂刷底胶前的时间间隔不宜超过4h，其间应防止钢管表面受潮或污染。涂刷底胶前，如出现返锈或表面污染，应重新进行表面预处理。

6. 缺陷测量

针对裸露处的缺陷进行测量，包括缺陷定位信息和几何形貌信息。如果缺陷现场测量结果与检测结果不符，应重新进行适用性评价并修订修复方案。

7. 缺陷修复

需要进行现场焊接时，焊接之前应进行焊接工艺评定。

A型套筒在安装前，套筒覆盖的管体表面应清理至近白级(Sa2.5)；如果使用填充材料，填充材料应用于所有缺口、深坑、空隙，套筒应紧密地贴近管体；套筒侧缝焊接可采用搭接角焊双面胶条方法完成，胶条的强度和厚度至少与套筒的相同。胶条采用角焊焊接在套筒上，焊角长度等于套筒厚度，焊接应符合焊接程序规范。

B型套筒焊接时，首先进行对接侧缝焊接，焊接时应保证有足够的壁厚，以防止管道焊穿，焊接中保持通风，直至焊接完成。套筒末端与管道的角焊接应遵照相应的焊接工艺规程，角焊缝的焊接工艺应当严格地与材料和焊接情况相匹配，确保侧边对接焊缝和无裂缝末端角焊缝的全穿透。

8. 现场检查与检测

当仅采用表面修整修复方式时，采用磁粉探伤或染色探伤以检验应力集中是否已被去除，并记录修复的总长度和深度。

采用表面修整方式修复电弧灼伤区域时，采用10%过硫酸铵溶液进行检查，确保所有冶金异常均被去除。

目视检查所有焊接部位工作质量，确保没有明显的缺陷。

通过无损检测方式检查所有套筒末端角焊缝和B型套筒水平焊缝的焊接质量，包括未熔合、气孔、裂纹、咬边等。

9. 修复层防腐

修复层防腐处理前，应清除所有暴露表面的铁锈、锈皮、焊渣、焊接飞溅、焊剂、焦层和其他外来金属。油和油脂可用非油溶剂去除，锐边、毛刺、预焊、电弧灼伤和渣粒可在喷砂处理之前通过表面修整去除。

10. 防腐质量检测

防腐施工完成后应进行防腐层质量检验，包括防腐层外观检查和电火花检测。防腐层外观应平整、无皱折、无气泡、无烧焦等现象。应对防腐层进行100%电火花检测，发现漏点做好标记，及时进行修复。补口、补伤处应逐个进行检查。

11. 回填

防腐层质量检查合格后应进行回填。回填后应恢复原有地面管道标识桩。

12. 后期工作

应及时进行资料归档，并对修复段管道数据信息进行更新，保证智能化管线管理系统的数据真实有效。

维修工作完成后，宜进行压力试验，并对被修复管道进行全面检查后，通知调度运行单位，管道已处于可投入运行状态；管道启动后，对所修复管段进行现场监控以防泄漏，直至管道恢复正常运行；管道运行中，应对被修复管段定期开挖检查。

9.4.2 修复过程 HSE 管理

1. 环境保护要求

维修过程中开挖的非适应性材料、钻孔施工的弃渣、维修施工垃圾等应根据实际情况进行利用，当不能利用时，按环境保护的有关规定进行弃放。

施工场地内路基施工时，对取土场、路基开挖边坡应及时进行防护，并进行植被，防止环境污染和水土流失。

维修过程中，一般不占用、侵占河道，需要占用时，应向有关部门提出申请，经批准后使用。若管道发生油品泄漏，应及时对产生的污染进行处理。

2. 人员保护要求

施工现场应采取防尘、降尘措施。施工前对接触有毒操作的施工人员进行防护知识培训，施工过程中配备相应的防毒用具。为接触超限值噪声操作施工人员配备耳塞、减震手套等防护用品，尽量选用低噪声施工机械设备，合理安排施工时间，防止噪声扰民。

施工区设置良好的照明设备，进行夜间施工时应保证充足的照明条件，配备必要的发电装置，保证施工过程中紧急情况下的照明供应需要。

若施工现场存在有毒有害气体，应进行通风置换，并做好人员防护。

3. 安全注意事项

施工现场内，设置醒目的安全、防火、防爆等标识。根据泄漏源的危险性，设置危险地区、限制出入区、禁入区等标识。限定来自危险易燃区的设备及其他引燃源，如果危险区向公共区域延伸，当地政府应向公众发出警告并限制该区域的进入。泄漏区路口设置路障标志，并做出标识以防止事故和人员伤亡的发生。切实做好现场内易燃物品的管理工作，应有专人负责，严格按照有关制度和规定管理、使用。

施工前按要求办理动火、动土等各类作业票，严禁无票作业。动火前进行作业现场可燃气体检测，确保可燃气体浓度检测合格后方可动火。

施工现场的临时高、低压设备及电路，应按规定架设；安全员应经常对施工现场临时电路的安全用电进行检查，任何人未经允许，不得擅自更改线路。

施工前进行杂散电流检测，做好杂散电流排除工作。

需要焊接作业时，提前确认焊接边界条件，确保焊接作业安全。

第 10 章　管道完整性管理效能评价

10.1　效能评价内涵及开展方式

效能评价是管道完整性管理系统的重要组成部分，可有效指导完整性管理工作开展，避免不必要的资源浪费，实现资源高效利用，进一步提高管道企业的完整性管理水平和管道安全水平。同时，随着企业对效益的要求越来越高，对完整性管理进行经济效益和效率分析，可以为管道完整性管理的进一步推广提供有力支持。

10.1.1　效能评价内涵

关于系统效能的定义，主要有如下几种：①麻省理工学院的 Levis A H 等人的定义——系统与使命的匹配程度；②美国海军的定义—系统能在规定条件下和在规定时间内完成规定任务之程度的指标；③目前应用较广的是美国工业界武器效能咨询委员会(WSEIAC)的定义：“系统效能是预期一个系统能满足一组特定任务要求的程度的度量，是系统的有效性、可信赖性和能力的函数，或者说是系统在给定条件下达到特定使用目标的能力。”

系统效能是不同于系统性能的独立概念。系统性能是指系统能够发挥表现出的处理能力，它往往为执行者所关注；而系统效能不仅是其所具有的内在执行任务的能力，而且是在系统的全生命周期中围绕系统的一些活动所取得的效果，它往往为决策者所关注。综合上面对于系统效能概念的分析，管道完整性管理效能分析比较接近系统效能分析内容。

美国政府责任办公室(GAO)对效能评价的解释是，对方案实施过程，特别是达到预期目标的进展情况的持续监测和报告，包括活动开展过程、活动导致的直接产出及直接产出导致的结果，即从过程和产出角度来实现效能的评价。

英国健康与安全执行局认为，效能评价是所有管理过程的关键步骤，是管理系统持续提升的基石，并提出“输入—过程—结果”的效能评价模式。其中，输入是指由组织的活动引起的危险，包括危险规模、特征和分布，即危险指标；过程包括健康与安全管理系统实施过程和为确保健康和安全所发生的活动，即绩效指标；结果指导致的伤亡、损失和事故，以及造成伤亡或损失的潜力，即失效指标。

从经济角度出发，效能包含有效性和效率两层含义。其中，有效性是指达到预期目标的程度，侧重于管理目标的实现，与目前效能的普遍释义一致；效率则反映了欲达到特定结果所付出的代价，即“成本 - 效益”或“投入 - 产出”关系，侧重于资源的合理分配。

10.1.2　效能评价目标及原则

管道完整性管理国际标准 ASME B31.8S 及 API 1160 指出，管道完整性管理效能评价应有利于管道企业回答以下问题：

(1)是否所有完整性管理项目的目标都已完成？

(2)通过完整性管理项目，管道完整性和安全性是否得到有效提高？

可见，管道完整性管理效能是管道完整性管理工作所获得的管理效果、效率及效益的综合反映，是衡量从事管道完整性管理工作过程与结果的尺度。而效能评价是对完整性管理系统中反映效能的各项指标的量化计算或结论性评价。效能评价作为完整性管理系统的重要组成部分，为确保管理体系的持续循环与提升提供了动力和保障。

管道完整性管理效能评价通过发现和查找管道企业管理短板和提升空间，不断改进并完善完整性管理系统，有效指导后续管理工作的开展，持续提高管道完整性管理水平，保障管道安全可靠运行。效能评价已成为深入开展和实施管道完整性管理的重要保障。

管道完整性管理效能评价工作应至少围绕以下目标开展：

(1)发现完整性管理过程不足，明确改进方向；

(2)明确管道完整性管理工作进程及完成率；

(3)明确完整性管理体系有效性；

(4)明确完整性管理经济效益和效率；

(5)降低管道风险，实现风险受控。

开展管道完整性管理效能评价过程中，应遵循以下基本原则：

(1)效能评价应公开、公正、公平，保证评价过程的科学性、客观性和可重复性；

(2)效能评价应建立在真实、有效的数据基础之上；

(3)效能评价人员应具备较高的专业知识和业务水平；

(4)应针对核心业务环节开展专项效能评价，并贯穿于整个完整性管理过程；

(5)一个完整性管理周期结束前，应开展综合效能评价，提出改进措施并作为下一周期完整性管理方案编制的依据；

(6)评价过程及结论等资料应及时存档。

10.1.3 效能评价开展方式

评价需要解决的主要问题是分类、排序和整体评价，评价方法主要围绕此类目的展开。有关系统评价的理论和方法大致可以分为3类：①以数理理论为基础的方法，以数学理论和解析方法对评价系统进行定量描述和计算，通常需要在一定的假设条件下进行评价，评价方法主要有模糊分析法、灰色系统分析法和技术经济分析法等；②以统计分析为主的方法，其特点是把统计样本数据看作随机数据处理，对指标数据进行转化，所得均值、方差、协方差反映指标潜在的规律，通过统计方法对指标体系进行分析，得出在大样本数据下对评价对象的综合认识，评价方法主要有主成分分析法、因子分析法、聚类分析法、判别分析法、关联分析法、层次分析法等；③重现决策支持的方法，以计算机系统仿真和模拟技术为主，研究如何使系统的运行和人类行为目标一致，以此得出系统评价结果。常用的统计分析方法有德尔菲法、层次分析法、模糊综合评价法、数据包络分析法(DEA)及对标与差距分析法。常用综合效能评价方法对比见表10－1。

表 10－1　常用综合效能评价方法对比

评价方法	适用性	优缺点	应用关键点
德尔菲法	专家可以足够多地参加到评估之中，此方法需要反复收集意见、综合意见、反馈给专家、专家修改意见、重新收集意见	优点：互动性很强，是参与性很高的简便方法。缺点：人为因素太大，数学方法对模型中数据的处理不够充分	该方法本质为一种主观赋予指标权重方法
层次分析法	需要较全面以及有层次化的指标体系	优点：定性与定量相结合，是应用广泛且颇为成熟的效能评估方法	该方法本质为一种主观赋予指标权重方法
模糊综合评价法	评估的指标不多，专家对指标的评价等级基本一致	优点：对定性的判断进行量化，计算过程简洁。缺点：分析的粒度比较粗，得到的评估结果不够精确	该方法本质为一种主观赋予指标权重方法
包络分析法	适用于多投入、多产出且投入(产出)性质与价值迥异的综合相对有效性评价	优点：客观性强，受主观因素影响较小，不需要考虑指标量纲归一化问题，经济意义(与物理含义)清晰	该方法本质为一种线性规划求解最优的方法
对标与差距分析法	常被用来评价整个完整性管理系统的宏观情况，是目前比较常用的外部效能评价方法	优点：通过与技术先进的管道公司完整性管理系统的比对，能较快地找出本公司在完整性管理工作上的差距和不足。缺点：完整性管理比较成功的管道公司，不一定是行业最佳实践	该方法的关键是如何选取行业最佳实践的公司或组合

管道完整性管理是个庞大的系统工程，工作量大且涉及多个学科领域，其效能评价具有内容多、过程复杂的特点。为此，建议管道企业采用定性评价与定量评价相结合，在咨询业内专家基础上，运用层次分析法构建完整性管理效能评价指标体系，通过指标评分，同时结合评价模型实现管道完整性管理效能评价。在能够获取其他效能数据基础上，可以实现不同年份、不同站场、不同管道企业甚至不同行业的效能对标与差距分析评价。

ASME B31.8S 明确指出，管道企业可以通过系统内部和系统外部来进行管道完整性管理的效能评价。基于系统内部的评价方法可以 3 种方式开展：确定评价指标，直接通过指标值来进行评价；通过对比相邻管段或同一条管道不同区域的管段来进行内部标杆管理，实现完整性管理的效能评价(评价风险预防或减缓措施的有效性)；通过系统内部审核，验证完整性管理的有效性及完整性管理活动的符合性。基于系统外部的评价方法，包括通过与其他管道公司或工业数据源的比较来进行标杆管理，或系统外部审核。总体来看，完整性管理效能评价的开展可以概括为以下 3 种方式。

(1)内部纵向效能评价法。内部评价人员根据公司所制定的一些具体目标，通过对比其过去的效能来评估当前的效能，不断改进系统的整体效能，全面提高系统的效能水平。例如，把 12 个月中检测管道的长度作为效能评价指标基础，其检测数据增长的趋势从一个侧面表明公司在检测方面的管理提高，同样也可以把过去 5 年系统静压测试的频率或内检测里程和目前系统测试的频率和检测里程做一个类似比较。

(2)内部横向效能评价法。内部评价人员通过对比同一条管道中的不同部分来评价效能水平以及具体预防和减轻措施的有效性，或者通过对比内部不同公司的效能指标来评价它们当前的效能。在同一个运营公司内部评价应该考虑不同地理区域管段之间的差异，鉴别不同，求同存异，洞察不足，采用有效方式，提取合理评价指标。

(3)外部效能评价法。管道运营单位委托第三方机构对管道运营单位的完整性管理工作开展独立的效能评价，它可以采用横向的效能评价方法，也可以采用纵向的效能评价方法。一般来说，它都是以行业的最佳实践作为基准来进行比较的。

10.2 效能评价指标体系

10.2.1 指标体系构建原则

效能评价指标是反映完整性管理效果、效率及效益的评判准则，包括完整性管理过程中各项业务活动的实施指标、效果指标及失效事故率指标等。效能评价指标体系的构建应遵循以下基本原则。

(1)全面性和典型性相结合原则。指标体系的建立必须遵循全面性和重要性原则，以使指标体系全面反映各有关要素和各有关环节的关联，能全面评价管道企业的完整性管理状况。指标体系建立全面性原则体现在指标应能全面反映管道完整性管理系统的全部内容。典型性则是指指标的选择要富有代表性，能反映效能的主要方面，同时应该避免指标之间的重复设置。

(2)定量指标和定性指标相结合原则。定量指标具体、直观，评价时可以计算实际数值，而且可以制定明确的评价标准，通过量化表述，达到使衡量结果直接、清晰的目的。然而，管道完整性管理是一个复杂的综合系统，不是所有指标因素都能够被量化，需要设计定性指标予以反映。这些定性指标所含信息量的宽度和广度要远大于定量指标，使指标衡量结果更具综合性和向导性。

(3)过程性和结果性相结合原则。效能评价评价的不仅是完整性管理的结果，更是整个管理过程。管道完整性管理效能评价应从两方面同时突破，过程指标和结果指标呼应协调，互为补充。

(4)统计上的可行性和准确性原则。效能评价指标数据来源应易于采集，表达方式简单易懂，而且数据真实、准确，为评价单位所熟悉，便于评价。

10.2.2 指标体系的构建

管道完整性管理效能评价指标体系根据企业自身实际需求自行确定，同时应根据管道企业完整性管理的推进和公司需求不断更新。

标准 ASME B31.8S 规定，效能评价指标应至少包括：完整性评价覆盖率与计划完成率；已完成完整性评价建议的立即维修次数；已完成完整性评价建议的计划维修次数；管道发生泄漏、失效和事故的次数(按原因分类)。此外，针对管道各类风险的控制情况，效能评价指标尚需包括非强制性附录 A 所列的每一种危害的危害特性度量指标，如表 10－2 所示。除上述度量指标外，管道运营企业还可以根据实际情况，选择 3～4 个指标用以评价完整性管理程序。建议指标包括：检测的里程数或完整性管理程序要求检测的进程数；管理机构要求变更完整性管理程序的次数；单位时间内报告的与事故、安全相关的法律纠纷；管道完整性管理程序所要求的活动完成数量；影响管道系统安全的活动数量；发现的要求维修或维护的缺陷数量；维修的泄漏点数量；试压失效次数和压力试验次数；第三方损坏事件、几乎失效以及探测到的缺陷数量；实施完整性管理程序后减少的风险数量；未经许可的穿越数量；检查出的事故前兆数量；入侵通行带数量；因未按要求发放通知而导致的第三方入侵数量；空中或地面巡线检查到的入侵数量；收到的开挖通知数量；已公布的与公众通信数量和方式；通信的有效性；公众对完整性管理程序的信心；反馈过程的有效性；完整性管理程序的费用；新技术使用对管道系统完整性的改善；对用户的非计划停气及影响。

表 10－2 各危害类型对应的效能指标

危害类型	度量指标
外腐蚀	外腐蚀造成的试压失效次数；根据内检测结果立即实施和计划实施的维修作业次数；根据直接评价结果实施的维修次数；外腐蚀泄漏点数
内腐蚀	内腐蚀造成的试压失效次数；根据内检测结果实施的维修次数；根据直接评价结果实施的维修次数；内腐蚀泄漏点数
应力腐蚀开裂(SCC)	应力腐蚀造成的泄漏或失效次数；因应力腐蚀换管的次数；应力腐蚀造成的试压失效次数
制管缺陷	制管缺陷造成的试压失效次数；制管缺陷引起的泄漏点数
施工缺陷	施工缺陷造成的泄漏或试压失效次数；环焊缝、连接管加固的次数；消除的皱褶、弯头数量；检测到的皱褶、弯头数量；焊缝修补或去除的数量
设备失效	调压阀的失效次数；减压阀的失效次数；垫圈或O形密封圈的失效次数；设备失效引起的泄漏点数
第三方破坏	第三方破坏造成的管道泄漏或失效次数；以往的破坏引起的管道泄漏或失效次数；故意破坏造成的管道泄漏或失效次数；因第三方破坏实施的维修次数
误操作	误操作造成的管道泄漏或失效次数；检查次数；每次检查发现的误操作数量(按严重程度分类)；检查引起操作步骤改变的数量
天气或外力	天气或外力引起的管道泄漏点数；天气或外力引起的维修、换管或改线数量

完整性管理的实质是实现管道风险受控，围绕这一目的展开的一系列工作，包括人员、组织机构、文件管理等基础性保障工作，数据收集与管理、高后果区识别与管理、风险评价与管理、完整性评价、风险预防措施、管道维护维修等完整性专项管理工作，以及事件事故管理工作，都应作为效能评价内容。完整性管理过程评价指标体系可参考图 10－1 构建。

完整性管理的效果，可从管道系统表现出的完整性状况和管道系统潜在风险水平两方面进行评价。管道系统完整性状况可通过失效指标进行体现，包括停输、泄漏和爆炸。潜在风险水平从风险改善角度来衡量管道完整性管理的效果，综合两方面因素建立管道完整性管理效果评价指标体系，如图 10－2 所示。

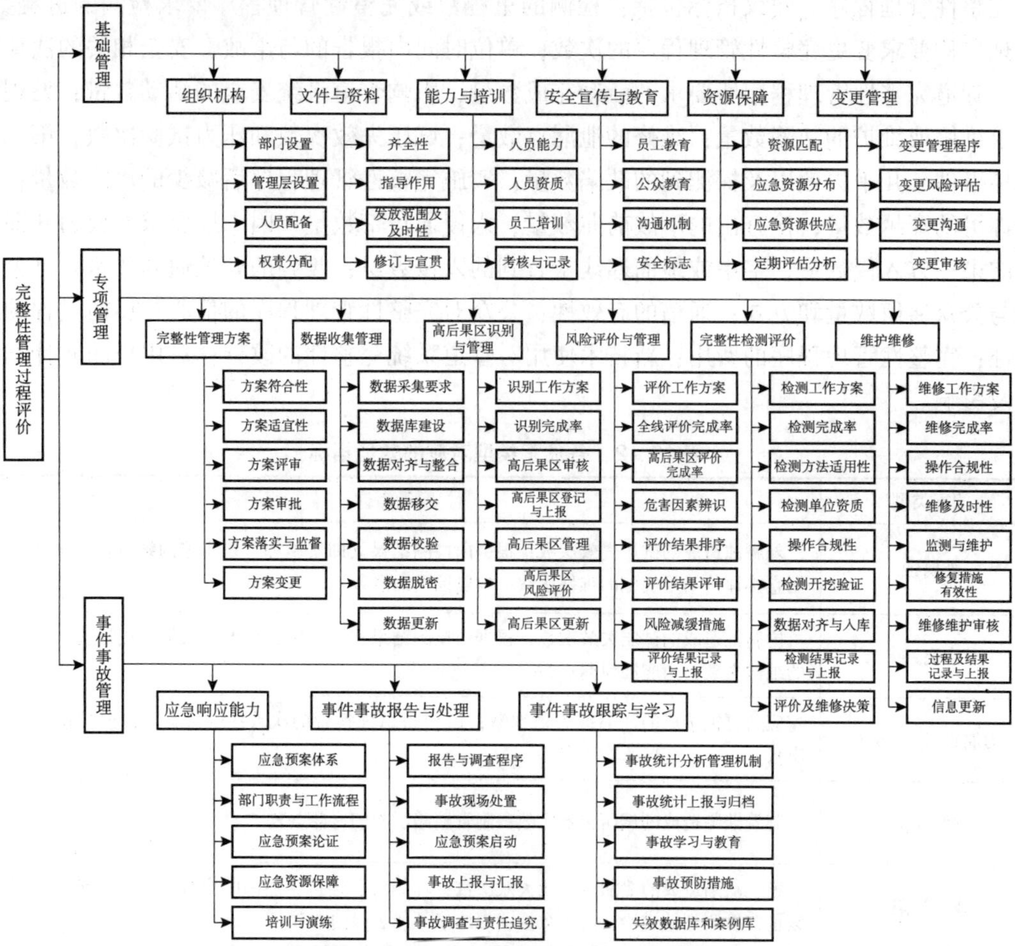

图 10－1　完整性管理过程评价指标体系

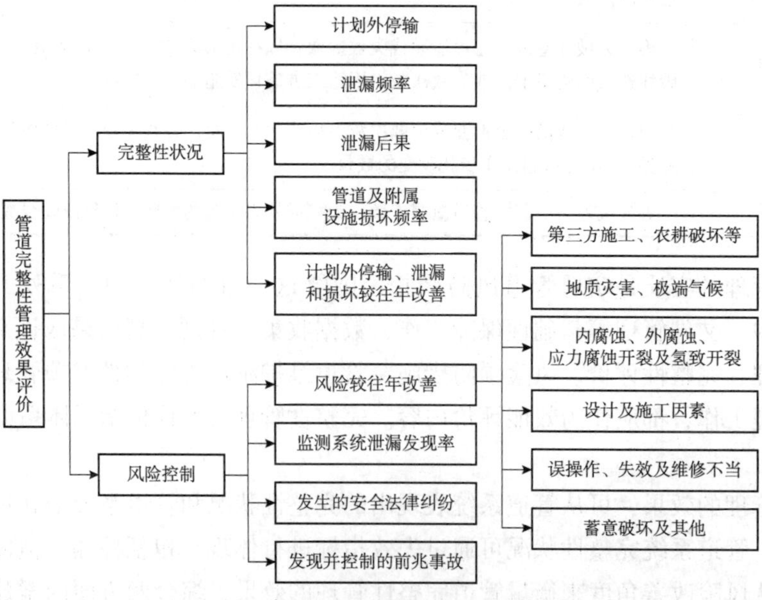

图 10－2　完整性管理综合效果评定指标体系

10.3　效能评价方法

10.3.1　效能评分准则

基于构建的完整性管理效能评价指标体系，建立效能评分细则，具体分值分配见表10－3。完整性效能评分细则见表10－4～表10－7。

表10－3　效能评分分配表

评价范围	评价单元	评价指标	分项分值	合计
过程评价	基础管理	组织机构	15分	100分
		文件及记录	20分	
		能力与培训	20分	
		安全宣传与教育	15分	
		资源保障	15分	
		变更管理	15分	
	专项管理	完整性管理方案	100分	600分
		数据收集与管理	100分	
		高后果区识别管理	100分	
		风险评价与管理	100分	
		完整性检测与评价	100分	
		维修维护	100分	
	事件事故管理	应急响应能力	40分	100分
		事件事故报告及处理	30分	
		事件事故跟踪与学习	30分	
效果评定	管道完整性状况		50分	100分
	风险控制情况		50分	

备注：得分越高表示效能越好。

表10－4　完整性基础管理评分细则

基础管理					
评分项	评分细则	选项	分值	合计	满分
组织机构	是否在管理制度或管理文件中明确完整性管理的组织机构？				3
	是否建立专门的完整性管理职能部门或业务处室？				3
	是否设立完整性管理各个业务环节对应的岗位并配备对应人员？				3
	各级管理者是否明确其各项管道完整性管理职责与权限？				3
	各岗位人员是否明确其岗位职责和工作目标？				3
文件及记录	是否建立公司自己的完整性管理相关文件？				5
	是否对完整性管理相关文件进行管理和归档？				2
	完整性管理相关文件是否得到有效贯彻执行？				2
	是否根据需要评审文件的适用性并进行适时修订？				2
	文件修改后是否重新发放与宣贯？				2
	是否在所有的工作地点都能方便获取最新版本的有关基本操作的文件？				2
	对管道完整性产生影响的重要记录是否保存在适当地点？				2
	文件及记录是否有信息化档案？				3

续表

基础管理					
评分项	评分细则	选项	分值	合计	满分
能力与培训	是否对管道完整性管理的相关工作人员的能力胜任与否定期进行评价?				2
	是否开展管道检验人员的资质考核?				2
	每年是否有针对完整性管理的培训计划?				2
	完整性管理培训计划实施是否有效?				2
	承包商进行完整性管理活动之前是否对其进行了相关培训?				2
	是否为新员工提供管道完整性岗位知识和技能的培训?				2
	是否为转岗员工提供管道完整性岗位知识培训?				2
	是否定期开展员工专项技能强化培训，以保证特定岗位员工对关键管道完整性问题的把握?				2
	是否对参加培训人员进行考核?				2
	培训活动是否有明确清晰的记录?				2

表10-5 完整性专项管理评分细则

完整性专项管理					
评分项	评分细则	选项	分值	合计	满分
完整性管理方案	年初是否按照相关文件要求制订完备的年度完整性管理方案?				10
	完整性管理方案制订是否考虑管道生产运行状况?				10
	完整性管理方案制订是否考虑上一年管道管理效果或存在问题?				10
	完整性管理方案的制订是否综合各部门或相关人员意见?				10
	完整性管理方案是否明确年度工作目标、任务?				5
	完整性管理方案是否给出各项工作具体指标要求?				5
	完整性管理方案是否明确各业务环节责任主体及计划安排?				10
	完整性管理方案发布前是否进行讨论和评审?				5
	各业务部门是否针对公司完整性管理方案制订具体实施计划?				10
	完整性管理方案的实施落实是否安排专门人员或业务部门进行监督?				10
	完整性管理方案是否按需及时变更?				5
	每年年底是否对完整性管理方案内容进行评价与总结?				10
数据收集与管理	是否规定了基于完整性管理的数据采集格式要求?				10
	是否制定了适合本公司的管道完整性数据模型并建立数据库?				10
	建立的数据库是否具有良好的可扩展性?				5
	是否制订了本年度所有完整性相关数据的采集和更新计划?				5
	是否按计划完成本年度数据采集和更新任务?				10
	所有数据是否都是按照源头采集原则进行采集的?				10
	采集的数据精度是否满足完整性管理要求?				5
	采集的数据是否按照统一的线性参考体系进行对齐?				10
	采集的数据是否按照数据模型和线性参考体系进行整合?				5
	采集的数据是否进行了真实性、有效性、现势性校验?				10
	涉密数据是否按照国家或公司要求进行脱密处理或制定了数据保密相关程序?				10
	完整性管理过程中产生的数据是否及时录入数据库?				5
	日常数据收集填报后是否进行数据审核?				5

表 10-6 完整性事件事故管理评分细则

事件与事故管理					
评分项	评分细则	选项	分值	合计	满分
应急体系建设	是否建立完备的应急预案体系，包括公司级综合应急预案、专项应急预案、现场处置方案？				4
	应急预案是否明确规定相关部门职责及工作流程？				3
	应急预案中的处置程序、方法、措施是否经过专家论证？				3
	应急预案是否明确预案启动条件和对应的工作程序？				3
	是否与地方政府及企事业单位建立应急联动机制？				3
	应急资源是否能够得到有效保障(包括公司内部和社会资源)？				4
	是否定期对预案进行评审、修订并记录？				3
	公司是否定期组织培训并进行应急演练？				4
	基层处置单位是否具有“一点一案”或专项处置方案？				3
应急响应能力	公司是否有专门的应急队伍或与有关应急单位建立合作机制？				5
	公司应急相关人员是否具备应急抢险能力？				5
	应急机具是否齐全？				5
	是否定期组织应急人员进行应急水平培训？				5
	是否与应急抢险协议机构或单位进行定期联络与关注？				5
事件事故报告及处理	是否有事件事故报告和调查程序，以规范事件事故报告与管理？				5
	事故发生时现场人员是否及时采取措施以控制事故蔓延？				5
	发生事件事故时相关人员或部门是否及时上报并如实汇报？				4
	事件事故发生后是否及时启动相应应急预案并按正确方法和流程进行处置？				4
	管道泄漏时，是否在现场设置警戒线和疏散区，并告知周边居民和当地政府？				4
	事件事故处置完毕后是否展开调查并追究相关人员责任？				3
	事故报告原始资料是否妥善留存？(关键项，占比大)				5
事件事故跟踪与学习	公司是否建立事故上报、统计、分析等管理机制？				3
	是否对发生的事件事故进行登记、统计上报并归档？				3
	是否组织员工进行事件事故的学习与教育？				3
	是否利用分析的结果评价管道完整性管理体系的适宜性和有效性？				3
	公司是否建立管道失效数据库和案例库？				3

表 10-7 完整性管理效果评分细则

管理效果评定					
评分项	评分细则	选项	分值	合计	满分
完整性状况	管道计划外停输(非生产运行需要)次数(次/a)				10
	管道泄漏频率[次/(10^3km·a)]				10
	本年度内管道泄漏最严重后果				10
	管道及附属设施损坏频率[次/(10^3km·a)]				10
	管道计划外停输、泄漏、损坏较往年改善情况				10

续表

管理效果评定						
评分项	评分细则		选项	分值	合计	满分
风险控制情况	较往年改善	由第三方施工、农耕破坏等引起的断裂、泄漏、爆炸次数及维修次数				5
		由地质灾害、极端气候导致的破裂、泄漏、爆炸及维修次数				5
		由内腐蚀、外腐蚀、应力腐蚀开裂、氢致开裂造成的水压试验失效次数、泄漏次数、内腐蚀导致的维修次数				5
		由管材及焊缝缺陷、设计不当、材料失效、施工损伤/安装不当等导致的破裂、泄漏、爆炸及维修次数				5
		由设备失效、控制系统失效、误操作及维修不当等导致的泄漏及维修次数				5
		由打孔偷盗、违章占压、恐怖活动及其他未知原因导致的泄漏、爆炸及维修次数				5
	监测系统泄漏发现率(监测到的泄漏/实际泄漏)					5
	一年内报告的与事故/安全相关的法律纠纷					5
	发现并有效控制的事故前兆数量					10

10.3.2 综合效能分析

完整性管理综合得分以过程效能评分值为基数，通过效果评分值来进行调整修订，具体如下：

$$综合效能值 = 过程效能评分 \times (效果评分/100) \tag{10-1}$$

若年度内因管道失效发生过人员伤亡或环境污染事故，根据事故或事件严重程度对效能评价分值进行相应调整。

通过本年度效能值与上一年度效能值比较，分析本年度内完整性管理工作的改进和有待改进之处，明确下一年度改进方向和工作重点。结合本年度效能目标完成情况，制定下一年度效能目标。

针对站场级或管理处级效能评价结果进行效能对比及考评，树立效能标杆单位，明确效能差距并分析原因，确定奋斗目标和工作重点。

若进行不同管道的完整性管理效能对标与差距分析，应将效能值进行标准化处理，考虑因素包括管龄、管道里程、管道所处地区环境、高后果区覆盖率、高风险管段率等，引入效能标准化因子，如下所示。

$$z = \gamma \cdot \frac{1}{\kappa} \cdot \frac{1}{2}(\alpha + \beta) \tag{10-2}$$

式中，z 为效能标准化因子；γ 为管道地形系数，取值参考表 10－8；κ 为管龄系数，取值参考表 10 - 9；α 为管道高后果区覆盖率；β 为管道高风险段覆盖率。

表 10 - 8 管道地形系数取值表

地形等级	地形特征说明	系数 γ
Ⅰ级	管道基本处于平原地区，巡线基本无困难	1
Ⅱ级	小部分管道位于地形复杂地段，巡线存在一定难度	0.8
Ⅲ级	相当一部分管道位于地形复杂地段，巡线困难	0.6

表 10 - 9 管龄系数取值表

管龄/年	≤3	3 ~ 5	5 ~ 10	10 ~ 20	20 ~ 30	>30
系数 κ	0.6	0.8	1	0.8	0.6	0.5

按照综合效能分值将完整性管理效能分为 4 级—优、良、中、差，分级标准见表 10 - 10。

表 10 - 10 完整性管理效能分级

效能等级	效能分值范围
优	[700，800]
良	[550，700)
中	[400，550)
差	[0，400)

10.3.3 效能 KPI 考核

结合管道企业完整性管理效能评价需求，建立企业完整性管理年度效能 KPI 考核指标。从完整性管理方案、数据收集与管理、高后果区识别管理、风险评价、完整性检测与评价、管道维修维护及效能评价等 7 个方面进行考核。详细考核指标及权重、年度目标见表 10 - 11。

表 10 - 11 完整性管理效能 KPI

考核项目	关键绩效指标	权重		即期计分标准	
项目	KPI	总权重	分权重	力争目标	确保目标
完整性管理方案	完整性管理方案内容覆盖率	8%	8%	100%	90%
数据收集与管理	管道数据采集率	12%	3%	100%	90%
	采集数据审查率		3%	100%	100%
	数据入库率		3%	100%	100%
	数据更新率		3%	100%	90%
高后果区识别管理	高后果区识别率	10%	4%	100%	90%
	高后果区信息更新率		3%	100%	100%
	Ⅲ级高后果区“一区一案”率		3%	100%	100%

续表

考核项目	关键绩效指标	权重		即期计分标准	
项目	KPI	总权重	分权重	力争目标	确保目标
风险评价	危害因素识别率	10%	3%	100%	90%
	线路风险评价覆盖率		4%	100%	90%
	高后果区专项风险评价覆盖率		3%	100%	100%
完整性检测与评价	检测计划执行率	20%	5%	100%	90%
	检测数据有效率		5%	100%	90%
	完整性评价覆盖率		5%	100%	90%
	完整性评价结果准确性		5%	100%	90%
管道维修维护	缺陷修复计划完成率	30%	4%	100%	90%
	高后果区及高风险段安全宣传		2%	100%	90%
	管道沿线安全标识		2%	100%	90%
	高后果区及高风险段日常巡护		2%	100%	100%
	第三方施工管理		2%	100%	90%
	地质灾害防治		2%	100%	90%
	占压物清除计划完成率		2%	100%	90%
	改线计划完成率		2%	100%	90%
	防腐层修复计划完成率		2%	100%	90%
	水保工程计划完成率		2%	100%	90%
	阴保系统有效性		2%	100%	90%
	杂散电流防治		2%	100%	90%
	计划外停输次数(次/a)		2%	0	1以内
	计划外维修次数[次/(1000km·a)]		2%	0.2以内	0.4以内
效能评价	效能评价内容覆盖率	10%	5%	100%	90%
	效能评价计划完成率		5%	100%	90%

10.4 应用案例

10.4.1 被评价单位概况

某成品油管道企业于某年度开始全面推行管道完整性管理，主要工作包括构建公司管道完整性管理体系，涵盖完整性管理体系文件、完整性管理相关技术实施应用及技术培训等。其中，完整性管理体系文件充分结合现有法律法规及标准规范，与公司原有管理制度文件相融合，内容包括：

(1)成品油管道完整性管理总则；

(2)成品油管道完整性数据采集与管理规程；

(3)成品油管道高后果区识别管理规程；
(4)成品油管道风险评价与管理规程；
(5)成品油管道内检测与评价规程；
(6)成品油管道外检测管理规程；
(7)成品油管道缺陷修复规程；
(8)成品油管道完整性管理效能评价规程；
(9)成品油管道完整性管理变更管理规程；
(10)成品油管道内腐蚀直接评价规程；
(11)成品油管道外腐蚀直接评价规程；
(12)成品油管道防腐层管理规程。

此次效能评价旨在明确公司某年度管道完整性管理实施情况，包括完整性管理相关工作进度、预期目标的实现程度，及与现有法律法规、标准规范及公司制度文件的符合性。通过效能评价查找完整性管理实施过程存在的问题与不足，发现管理短板，明确改进方向，为公司完整性管理综合水平提升提供指导。

10.4.2　效能评价与分析

利用本书提供的效能评价方法及评分细则，针对该管道企业某年度完整性管理情况进行效能评价与分析，确定该企业完整性管理综合效能得分为552.9分，效能等级为良。

其中，基础管理效能评价结果见图10－3，具体得分情况见表10－12。

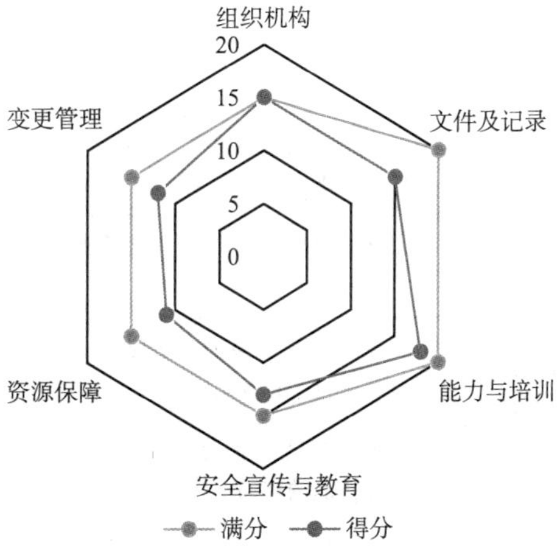

图10－3　完整性基础管理效能评价结果

表10－12　完整性基础管理效能得分表

评分项	评分细则	选项	分值	合计	备注
组织机构	是否在管理制度或管理文件中明确完整性管理的组织机构？	A 明确了完整性管理组织机构	3	15	3
	是否建立专门的完整性管理职能部门或业务处室？	A 建立了专门机构，或虽未建立专门机构，但各项业务均有对应分管部门	3		3
	是否设立完整性管理各个业务环节对应的岗位并配备对应人员？	A 所有业务环节都设置并配备了对应岗位并配备了人员	3		3
	各级管理者是否明确其各项管道完整性管理职责与权限？	A 各级管理者均明确各自完整性管理对应职责与权限	3		3
	各岗位人员是否明确其岗位职责和工作目标？	A 各岗位人员均明确各自岗位职责与工作目标	3		3

续表

评分项	评分细则	选项	分值	合计	备注
文件及记录	是否建立公司文件对完整性管理相关工作进行规范化管理？	B. 80%以上工作纳入了公司文件	4	15	5
	完整性管理相关文件是否得到有效贯彻执行？	B 80%以上得到贯彻执行	4		5
	是否定期评审文件的适用性并进行适时修订？	A 至少每年一次	2		2
	文件修订后是否及时发放与宣贯？	B 一个月内进行发放和宣贯	2		3
	与管道完整性管理相关的重要记录是否保存在合适地点并易于获取？	B 大部分都保存在指定地点并易于获取	1		2
	文件及记录是否有信息化档案？	B 80%以上有信息化档案	2		3
能力与培训	每年是否对管道完整性管理相关工作人员的能力胜任与否进行评定？	A 针对大部分人员进行评定	2	18	2
	是否定期开展完整性管理培训需求分析？	B 至少每年一次	1		2
	每年是否根据完整性管理培训需求制订全面培训计划？	A 培训计划涵盖大部分内容	2		2
	完整性管理培训计划是否全部按计划实施开展？	B 完成大部分	1		2
	承包商进行完整性管理活动之前是否对其进行了相关培训？	A 大部分开展了培训	2		2
	是否为新员工提供管道完整性岗位知识和技能的培训	A 所有都提供岗位知识与技能培训	2		2
	是否为转岗员工提供管道完整性岗位知识培训	A 全部都提供岗位知识与技能培训	2		2
	引入新技术、新设备或新方法时，是否针对相关工作人员开展专项技能强化培训？	A 大部分开展专项培训	2		2
	是否对参加培训人员进行考核？	A 大多数培训需要考核	2		2
	培训活动是否有清晰完整的记录？	A 大部分培训有完整记录	2		2
安全宣传与教育	是否在公司内部定期组织员工安全知识教育？	C 超过每季度一次	1	13	3
	是否对管道沿线进行管道安全宣传和民众教育？	A 所有区域都进行安全宣传与教育	3		3
	管道沿线是否设立明显的安全警示标志？	A 所有区域设立安全标识并满足通视要求	3		3
	是否与地方政府或监管机构建立信息沟通机制并有效实施？	A 所有相关区域都与地方政府或监管机构建立了信息沟通机制	3		3
	是否与外部相关单位建立信息沟通机制并有效实施？	A 所有相关区域都与外部相关单位建立了信息沟通机制	3		3

续表

评分项	评分细则	选项	分值	合计	备注
	是否按照管道完整性管理业务的重要性及评估结果进行预算分配?	A 预算分配综合考虑了各方面因素	2		2
	管道检维修及大修计划是否按照综合评价结果来分配资源?	A 所有检维修及大修计划均由综合评价结果决定资源分配	3		3
	人员、设备及预算等内部完整性管理资源是否能够得到保障?	B 大部分情况能够得到保障	1		2
资源保障	是否建立医院、消防,公安等社会应急资源分布档案?	A 全部建立了社会应急资源分布档案	2	11	2
	应急条件下各类抢维修资源是否能够及时到位?	B 大部分能够及时到位	1		2
	是否对资源保障进行定期评估和分析?	B 至少每年进行一次评估分析	1		2
	是否有计划采用新技术、新设备、新方法或信息手段提高资源保障水平?	B 偶尔有	1		2
	是否有针对变更的正式的管理程序,如线路变更、路权变更、工艺工况变更等?	B 有变更管理程序,但涵盖内容不够全面	2		3
	变更管理程序内容是否全面(包括变更原因、变更许可、变更生效日期、变更影响分析、变更记录、与相关方的变更沟通)?	A 变更程序内容全面具体,涵盖所有相关内容	3		3
变更管理	是否对变更进行了风险评估?	A 全面进行了风险评估	3	12	3
	变更管理是否得到有效的沟通,相关人员是否熟悉变更管理的要求?	B 大多数进行了有效沟通	1		2
	对于对管道完整性有重大影响的变更是否进行变更管理审核?	A 全部进行了变更管理审核	2		2
	对于变更,是否更新或修订完整性管理方案中受影响的部分?	B 大部分进行了更新和修订	1		2
总分	84				

完整性专项管理效能评价结果见图 10－4,具体得分情况见表 10－13。

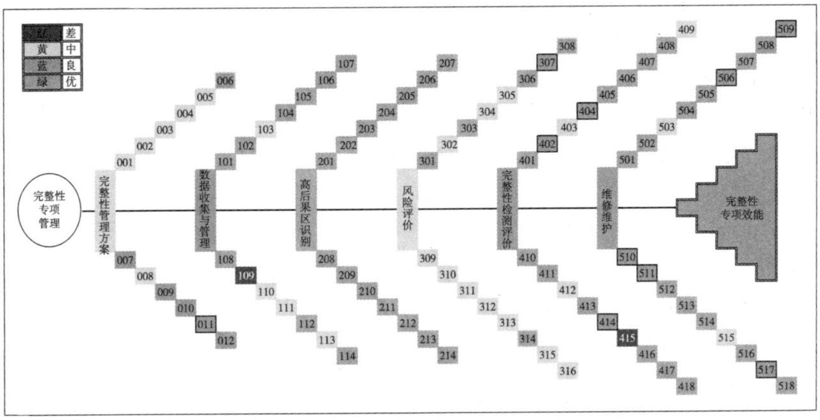

图 10－4 完整性专项管理效能评价结果

表 10－13　完整性专项管理效能得分表

评分项	评分细则	选项	分值	合计	满分
完整性管理方案	每年是否按照相关文件要求制订完备的年度完整性管理方案?	B 制订了年度完整性管理方案，但内容不全面	7	66	10
	完整性管理方案制订是否考虑管道生产运行状况?	B 限于其他因素，尽量考虑管道生产运行状况	7		10
	完整性管理方案制订是否考虑上一年管道管理效果或存在问题?	B 完整性管理方案仅考虑上一年度发现的部分问题，不能周全	7		10
	完整性管理方案制订是否综合各部门或相关人员意见?	B 小范围内征询意见	5		10
	完整性管理方案是否明确年度工作目标、任务?	B 涉及年度工作目标和任务要求，但不够明确	3		5
	完整性管理方案是否给出各项工作具体指标要求?	B 明确了 80% 以上工作的具体指标要求	3		5
	完整性管理方案是否明确各业务环节责任主体及计划安排?	B 80% 以上业务环节明确规定了责任主体和工作计划	7		10
	完整性管理方案发布前是否进行讨论和评审?	B 完整性管理方案在小范围内讨论和评议后发布	3		5
	各业务部门是否针对公司完整性管理方案制订具体实施计划?	B 80% 以上制订了具体实施计划	7		10
	完整性管理方案的实施落实是否安排专门人员或业务部门进行跟踪和监督?	B. 80% 以上业务环节进行了跟踪和监督	7		10
	完整性管理方案是否按需及时修订或变更?	B 基本 80% 以上进行了及时修订与变更	3		5
	每年年底是否对完整性管理方案内容进行评价与总结?	B 对 80% 以上实施内容进行评价并总结	7		10
数据收集与管理	是否规定了基于完整性管理的数据采集格式要求?	A 所有数据都明确了采集格式要求	10	76	10
	是否制订了适合本公司的管道完整性数据模型并建立数据库?	A 数据模型及数据库涵盖所有数据	10		10
	建立的数据库是否具有良好的可扩展性?	B 具有一定可扩展性	3		5
	是否制订了本年度所有完整性相关数据的采集或更新计划?	A 数据采集计划涵盖所有管道及数据范围	5		5
	是否按计划完成本年度数据采集或更新任务?	100%	10		10
	所有数据是否都是按照源头采集原则进行采集的?	A 所有数据都是按照源头采集原则采集的	5		5
	采集的数据精度是否满足完整性管理要求?	A 所有数据均满足精度要求	5		5
	是否建立了完整的管道中心线?	A 建立了全面完整的管道中心线	10		10
	采集的数据是否按照统一的线性参考体系进行对齐?	D 大部分数据未进行对齐整合	0		10

续表

评分项	评分细则	选项	分值	合计	满分
数据收集与管理	相关数据的移交是否及时合规?	C 50%以上数据移交及时，并符合数据移交相关规定	1	76	5
	采集的数据是否进行了真实性、有效性、现势性校验?	C 50%以上数据进行了校验	1		5
	涉密数据是否按照国家或公司要求进行脱密处理或制订了数据保密相关程序?	A 所有涉密数据进行了脱密处理	10		10
	完整性管理过程中产生的数据是否及时录入数据库?	C 50%以上相关数据及时录入数据库	1		5
	日常数据收集填报后是否进行数据审核?	A 所有数据经过审核	5		5
高后果区识别管理	是否按照完整性管理方案要求制订高后果区识别管理工作方案与计划?	A 所有管道都制订了高后果区识别管理工作方案和计划	10	100	10
	是否对管道全线进行高后果区识别或复核?	100%	10		10
	是否对高后果区进行准确定位(桩号+偏移量)?	A 所有高后果区定位准确	5		5
	高后果区信息描述是否准确全面(包括类型、地区等级、特征物类型及与管道距离、相对位置等)?	A 所有高后果区信息描述准确全面	5		5
	是否对高后果区信息进行审核并汇总上报?	A 所有高后果区都进行了审核并汇总上报	5		5
	高后果区管段是否设立安全警示牌并符合通视要求?	A 所有高后果区均按照通视要求设置了安全警示牌	8		8
	高后果区管段是否进行定期巡线并加强管理力度?	A 所有高后果区按规定加密巡线或采取其他管理措施	8		8
	是否针对高后果区开展公共安全教育与宣传?	A 所有高后果区开展安全教育与宣传且效果较好	8		8
	是否与高后果区周边地方政府、企事业单位等建立沟通机制?	A 所有高后果区与周边建立了沟通机制	8		8
	高后果区是否按规定建立“一点一案”进行专项管理?	A 所有相关高后果区按规定建立了“一点一案”	8		8
	高后果区识别及管理信息是否记录并存档?	A 所有高后果区信息进行了存档	5		5
	是否定期开展高后果区识别?	A 至少每年开展一次	10		10
	发现高后果区信息有重大变更的，是否将变化及时上报并通知相关方?	A 所有情况都进行了上报并通告	5		5
	高后果区信息变化时，相关工作是否进行适当调整，如风险评价、检测评价等?	A 全部都做了相应调整	5		5

续表

评分项	评分细则	选项	分值	合计	满分
风险评价与管理	是否按照完整性管要方案表制订风险评价管理工作方案与计划？	A 所有管道都制订了风险评价管理工作方案和计划	10	67	10
	是否按计划完成风险评价任务？	60%	6		10
	是否对所有高后果区内管道都进行了风险评价？	100%	10		10
	采用的风险评价方法是否经过论证并得到广泛认可，或按照公司？	B 评价方法未得到论证，但相关业务人员普遍认可	3		5
	风险评价前是否对管道危害因素进行了辨识？	B 开展评价前仅针对部分危害因素进行了辨识	3		5
	风险评价时是否对管道进行合理分段？	A 按照站场、阀室及管道材质等分段必选因素进行了分段	5		5
	风险评价中涉及的基础数据是否真实准确？	B 80%以上数据来源可靠	7		10
	是否对风险评价结果进行分级并排序？	B 80%以上进行风险分级并排序	3		5
	是否设置管道风险可接受水平？	B 直接以行业平均水平为准	3		5
	是否对风险评价结果进行审核？	B 小范围内对风险评价结果进行审核	3		5
	是否将风险评价结果应用于管道管理中？	B 对风险评价结果将信将疑，只针对部分高风险管道进行重点关注与管理	3		5
	风险减缓措施实施后是否进行风险再评价？	B 采取风险减缓措施后不定期关注管段风险状况	3		5
	管道日常巡护、高后果区管理、检测评价、运行维护是否根据风险评价结果进行优化？	C 仅50%以上情况进行了优化调整	1		5
	风险评价过程及结果是否及时记录并汇总上报？	B 80%以上进行及时记录并汇总上报	3		5
	当管道或周边环境发生变更时，是否及时修正风险评价结果？	C 50%以上情况得到及时修正	1		5
	是否定期开展风险评价？	B 至少每18个月一次	3		5
完整性检测与评价	是否按照完整性管理方案要求制订管道检测工作方案与计划？	A 所有应检测管道制订了检测工作方案和计划	10	77.9	10
	完整性评价计划是否依据高后果区识别和风险评价结果进行了优化？	B 80%以上情况做了优化	3		5
	完整性评价是否按计划完成？	69%	6.9		10
	公司是否按照失效历史和风险评价结果选择了适用的检测和评价方法？	B 80%以上情况考虑管道失效历史和风险评价结果	3		5
	公司向检测单位提供的相关管道信息是否准确齐全？	A 能够提供所有需要数据并保证其准确性	5		5
	开展内检测前是否进行了检测器性能规格验证？	A 全部进行了性能规格验证	5		5
	检测作业前是否明确了现场潜在危险源、环境因素及控制措施，并做好应急预案？	A 所有检测都能明确，并建立现场处置方案	5		5

续表

评分项	评分细则	选项	分值	合计	满分
完整性检测与评价	内检测结束后是否按照相关标准或公司文件要求进行开挖验证?	A 所有开挖验证能够达到标准或文件要求	5	77.9	5
	检测单位是否按时提交检测评价报告?	C 仅50%以上能按时提交	1		5
	压力试验方法是否符合相关标准及公司要求?	A 所有压力试验严格按照相关标准或公司要求	5		5
	压力试验是否制定风险防控措施和应急预案?	A 所有压力试验都制定了风险防控和现场处置方案	5		5
	外腐蚀检测评价是否按照相关标准制订计划并实施?	C 仅50%以上制订评价计划并按计划实施	1		5
	内腐蚀直接评价是否按照相关标准制订计划并实施?	A 所有都制订了评价计划并按计划实施	5		5
	是否利用完整性检测数据开展第三方评价，并给出缺陷维修维护及再检测建议?	B 80%以上开展第三方评价	3		5
	是否将检测数据与管道基础数据、以往检测数据进行对齐?	D 仅50%以下的数据进行了对齐	0		5
	检测相关涉密数据是否按照公司要求进行了脱密处理?	A 所有涉密数据都进行了脱密处理	5		5
	完整性检测评价过程及结果是否及时记录并汇总上报?	A 所有都进行了及时记录并汇总上报	5		5
	是否按《中华人民共和国特种设备安全法》相关规定对管道进行定期检验?	A 完成所有管道的定期检验	5		5
维修维护	是否根据完整性检测评价结果制订详细的维修响应计划?	A 所有都根据检测评价结果制订维修响应计划	10	79	10
	缺陷维修响应计划制订是否考虑高后果区的影响?	A 所有都考虑了高后果区影响	5		5
	缺陷维修响应计划制订是否考虑风险评价结果的影响?	C 50%以上情况考虑了风险评价结果的影响	1		5
	缺陷修复方法是否经过审核或专家论证?	A 所有都经过了审核或专家论证	5		5
	对于所有应立即维修的异常点，是否有降压运行或关停的应急措施?	A 所有都采取了降压或关停等应急措施	5		5
	对于所有应计划维修的异常点，是否按计划进行处理?	B 80%以上都按计划进行了处理	3		5

续表

评分项	评分细则	选项	分值	合计	满分
维修维护	无法计划完成维修活动时，是否进行了原因及后果分析？	A 所有都进行了原因及后果分析	5	79	5
	对逾期未完成修复的管段是否采取措施以保证管道安全性？	B 80% 以上采取了相关安全措施	7		10
	逾期未完成修复且无法采取临时降压或其他措施时，是否向有关部门报告？	B 80% 以上进行了报告与说明	3		5
	对于所有列为“监控使用”的异常点，是否采取监测手段持续跟踪其发展趋势？	B 80% 以上都采取了监测措施	3		5
	针对发现的异常点，在实施维修之前是否采取预防性维护措施？	B 80% 以上都采取了预防性维护措递	3		5
	缺陷点维修之前是否制订详细的维修作业方案？	A 所有都制定了维修作业方案	5		5
	是否针对维修作业方案进行了风险评估并制定现场处置方案？	A 所有都进行了风险评估并制定了现场处置方案	5		5
	维修作业完成后是否进行缺陷维修工程的验收？	A 所有都进行了验收	5		5
	是否对修复措施的有效性进行了跟踪验证？	C 50% 以上进行了跟踪验证	1		5
	是否采取措施保证阴保系统、防腐系统等腐蚀防护措施的有效性？	A 能够确保全部有效	5		5
	是否采取措施保证水工保护工程完好有效性？	B 能够确保 80% 以上完好有效	3		5
	维修维护过程及结果是否及时记录并汇总上报？	A 全部都进行了及时记录并汇总上报	5		5
总分	465.9				

事件事故管理效能评价结果见图 10－5，具体得分情况见表 10－14。

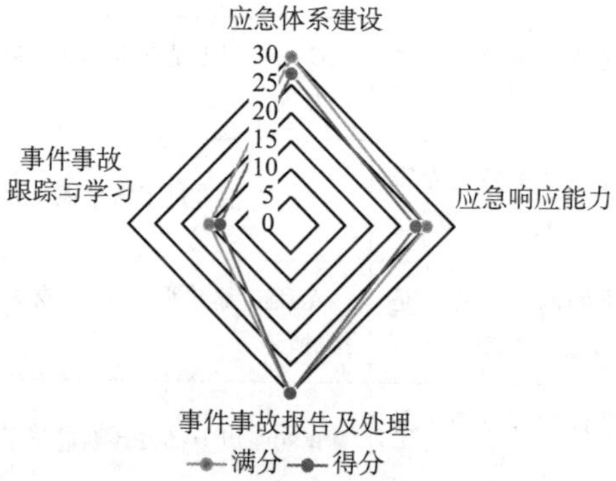

图 10－5　事件事故管理效能评价结果

表 10－14 事件事故管理效能得分表

评分细则	选项	分值	合计	满分
是否建立完备的应急预案体系，包括公司级综合应急预案、专项应急预案、现场处置方案？	A 建立了完备的应急预案体系	5	27	5
应急预案是否明确规定相关部门职责及工作流程？	A 明确了所有职责及工作流程	3		3
应急预案中的处置程序、方法、措施是否经过专家论证？	A 所有都经过专家论证	3		3
应急预案是否明确预案启动条件和对应的工作程序？	A 全部都明确	3		3
是否与地方政府及企事业单位建立应急联动机制？	A 80% 以上区域建立了应急联动机制	3		3
应急资源是否能够得到有效保障（包括公司内部和社会资源）？	A 80% 以上情况能够得到保障	5		5
是否定期对预案进行评审、修订并记录？	A 80% 以上预案进行定期评审修订	3		3
公司是否定期组织培训并进行应急演练？	A 按照相关标准要求开展培训和应急演练，且注重培训和演练效果	2		2
基层处置单位是否具有“一点一案”或专项处置方案？	A 所有都有	3		3
公司是否有专门的应急队伍或与有关应急单位建立合作机制？	A 有专门应急队伍或单位，能在第一时间赶赴现场	5	23	5
公司应急相关人员是否具备应急抢险能力？	A 所有相关人员都具备	5		5
应急机具是否齐全？	A 应急机具齐全，能够满足现场所有抢修需求	5		5
是否定期组织应急人员进行应急水平培训？	B 至少每年组织一次	3		5
是否与应急抢险协议机构或单位进行定期联络与关注？	A 经常性联络与关注	5		5
是否有事件事故报告和调查程序，以规范事件事故报告与管理？	A 有且内容齐全	5	30	5
事故发生时现场人员是否及时采取措施以控制事故蔓延？	A 基本上都能做到	5		5
发生事件事故时相关人员或部门是否及时上报并如实汇报？	A 基本上都能做到	3		3
事件事故发生后是否及时启动相应应急预案并按正确方法和流程进行处置？	A 基本上都能做到	5		5
管道泄漏时，是否在现场设置警戒线和疏散区，并告知周边居民和当地政府？	A 基本上都能做到	5		5
事件事故处置完毕后是否展开调查并追究相关人员责任？	A 基本都会调查并追究责任	2		2
事故报告原始资料是否妥善留存？	A 全部得到妥善留存	5		5

续表

评分细则	选项	分值	合计	满分
公司是否建立事故上报、统计、分析等管理机制?	A 建立了完善的相关管理机制	3	13	3
是否对发生的事件事故进行登记、统计上报并归档?	A 全部进行登记、上报并归档	3		3
是否组织员工进行事件事故的学习与教育?	A 每次都会组织学习教育	3		3
是否利用分析的结果评价管道完整性管理体系的适宜性和有效性?	A 每次都会进行评价分析	3		3
公司是否建立管道失效数据库和案例库?	B 未建立数据库和案例库，但有相关数据备份具备，建立条件	1		3
93				

完整性管理效果评价总分为 86 分，其中完整性状况 38 分，风险控制情况 48 分，具体得分情况见表 10－15。

表 10－15　完整性管理效果得分表

评分项	评分细则		选项	分值	合计	满分
完整性状况	管道计划外停输(非生产运行需要)次数(次/a)		B 1 次	7	38	10
	管道泄漏频率[次/(10^3km·a)]		A＜0.5	10		10
	本年度内管道泄漏最严重后果		A 无人员伤亡或轻伤，经济损失＜10 万，无环境影响	10		10
	管道及附属设施损坏频率[次/(10^3km·a)]		B [1，3)	7		10
	管道计划外停输、泄漏、损坏较往年改善情况		C 减少 10% 以上	4		10
风险控制情况	风险较往年改善情况	由第三方施工、农耕破坏等引起的断裂、泄漏，爆炸次数及维修次数	A 减少 50% 以上	5	48	5
		由地质灾害、极端气候导致的破裂、泄漏、爆炸及维修次数	A 减少 50% 以上	5		5
		由内腐蚀、外腐蚀、应力腐蚀开裂、氢致开裂造成的水压试验失效次数、泄漏次数，由内腐蚀导致的维修次数	A 减少 50% 以上	5		5
		由管材及焊缝缺陷、设计不当、材料失效、施工损伤/安装不当等导致的破裂、泄漏、爆炸及维修次数	A. 减少 50% 以上	5		5
		由设备失效、控制系统失效、误操作及维修不当等导致的泄漏及维修次数	A 减少 50% 以上	5		5
		由打孔偷盗、违章占压、恐怖活动及其他未知原因导致的泄漏、爆炸及维修次数	A 减少 50% 以上	5		5
	监测系统泄漏发现率(监测到的泄漏/实际泄漏)		B 50% 以上	3		5
	一年内报告的与事故/安全相关的法律纠纷		A 无	5		5
	发现并有效控制的事故前兆数量		10	10		10
总分	86					

10.4.3　效能评价结论与建议

1. 评价结论

根据管道完整性管理效能评价结果，该企业某年度管道完整性管理综合效能等级为良，整体情况较好，但仍存在一定改进空间。结合效能评价结果与现场实施情况，总结某年度完整性管理实施过程存在问题主要如下。

(1)基础管理方面：相关文件及记录有待进一步完善；完整性管理人员配备稍有不足；现场人员完整性管理专业性略有欠缺。

(2)完整性专项管理方面：未制订全面可操作的完整性管理方案并正式发布实施；各工作环节之间关联性不强，缺乏管理联动机制，相关数据未得到充分有效利用；完整性管理相关工作未能与原有工作充分结合，导致现场人员工作量大而管理效率并未显著提升；智能化系统入库数据校验工作滞后，且数据未进行对齐整合，目前未能完全实现管道完整性线上智能管理；管道风险评价工作稍有滞后，现场人员缺乏风险评价相关技术知识；完整性检测与评价工作稍有滞后，检测数据未进行有效整合与对齐；管道缺陷修复尚未建立明确的统一标准。

(3)事件事故管理方面：各项工作完成较好，但尚未建立公司管道失效数据库或案例库。

(4)完整性管理效果方面：本年度管道完整性状况与风险控制情况均较好，但泄漏监测系统存在漏报情况。

2. 改进建议

针对存在的主要问题，建议从以下方面进行改进。

(1)完善体系建设。一是按照国家及总公司成品油管道完整性管理实施要求，梳理公司现有规章制度，查漏补缺，适当融合，配套并完善公司管道完整性管理体系文件或相关规程并尽快发布实施，实现管道完整性全面规范化管理。二是结合公司完整性管理实施现状，制订下一年度完整性管理方案，确保方案的全面性与可操作性，为现场工作开展提供指导和依据。

(2)抓好学习培训。一是加大公司完整性管理人员投入，确保责任到岗、任务到人。二是全面开展公司成品油管道完整性管理实施体系文件的解读与宣贯，加强相关岗位人员技术培训，包括人员取证培训、完整性管理基础知识与标准规范培训、以现场实施为导向的技术方法类培训等，内外并举，促进员工整体技术水平和业务素质提升。

(3)深化系统应用。一是加快管线管理信息化系统建设进程，实现管道全生命周期完整性数据的有序管理。二是促进管线管理信息化系统的上线应用，鼓励员工充分利用信息化系统开展管道管理相关工作，并做好完整性管理相关工作与原有管道管理工作的衔接与融合，避免重复工作量，明确责权分配，提高工作效率，全面实现管道完整性线上智能管理。

(4)加强数据采集管理。一是重视管道全生命周期的数据采集与管理工作，确保入库数据满足信息化系统数据采集与入库要求。二是强化完整性管理各工作环节相关数据的整合对齐与关联分析(可由第三方单位开展)，充分利用高后果区识别、风险评价、完整性检测评价等数据结果，进行管道维修维护综合分析决策。

(5)做好管道风险管理。一是继续加强高后果区识别工作，并按要求进行高后果区填报与审核评审，制定高后果区管理对策并实施。二是强化管道隐患排查与风险评价，做好隐患台账管理，形成风险评价报告，保证风险评价结果的可追溯性。

(6)做好管道内检测与缺陷修复管理。一是继续推进管道内检测工作，确保管道完整性评价(内检测)覆盖率，并取得完整性评价报告与合于使用评价报告。二是规范管道缺陷修复管理，基于完整性检测评价结果进行缺陷致因分析，制订针对性缺陷修复方案并进行审查审批，提高管道缺陷修复技术水平，确保修复质量。

(7)加强管道失效数据积累与管理。

(8)尽可能尝试采用泄漏探测等新技术、新方法进行管道安全管理，提升管道本质安全和管道保护水平。

第 11 章　成品油管道完整性智能分析决策系统与应用

11.1　完整性管理信息化现状

完整性管理是一项长周期性工作，涉及面广、工作任务重、数据量巨大，核心业务理论性强、技术难度大。随着信息技术的快速发展，油气行业积极推进信息化融合创新，不断探索智能化发展道路，管道完整性管理也从计算机辅助管理逐渐向智能分析决策方向发展。

目前，国外在管道完整性管理信息化方面做了大量工作。美国管道与危险品管理局(PHMSA)基于 GIS 技术建立了面对全美长输管道的国家管道地图表示系统(NPMS)，用于存储和展示管道走向及周边地理环境等信息。美国哥伦比亚管道公司采用通用电气和埃森哲公司的“智能管道解决方案”，对多项数据源进行整合，集成管道本体属性、风险评估结果、管道内检测结果、计划性评估、高后果区定位以及泄漏历史记录等数据，实现了近乎实时的管道威胁检测、风险管控及情景感知。基于此，哥伦比亚管道公司在企业资产管理、完整性管理、数据整合等方面的工作效果和效率实现了大幅提升。为提升管道监控与管理水平，哥伦比亚管道公司利用虚拟现实技术，将多源信息进行融合，提供交互式的三维动态视景和实体行为的仿真系统，从而实现对管道等设施的情景模拟。为实现管道的可视化管理，加拿大 Enbridge 公司联合微软、Finger Food 公司开发了管道数字孪生技术，将管道数据以 3D 形式呈现。用户通过 3D 视图实时检测管道及管道周边区域发生的任何变化，更容易发现管道存在的潜在风险，包括管道缺陷及由地面移动引起的管道应变，并可对管道的虚拟图像进行旋转、放大与扩展，对管道附近的一些重点区域则以热图(Hot Map)的形式呈现。热图信息包括区域内地质情况，以及随时间推移的地质变化状况。此外，还可以对管道周边的每一个边坡测斜仪进行全息展示，使用户清晰观测到管道随地面运动而发生的移动情况。该技术提高了管道数据挖掘工作的效率，节省了用户数据分析的时间，有助于用户更好地监控管道运行状况，减少管道运维成本，因而提高了管道运维安全性及完整性管理水平。

在数据方面，国外十分重视油气管道完整性数据的采集、存储和管理，许多管道运营公司委托专业数据公司为其管理管道数据。在基础数据管理方面，New Century Software、Geo Fields、Eagle Information Mapping 等公司，具有成熟的基础数据处理流程及质量控制管理方法，既可以实现基于 PODS(管线开放数据标准)的传统关系型数据库构建，也可以实现基于 APDM/PODS Spatial 的 GIS 空间库的构建，并可提供基于 GIS 的数据编辑、维护软件产品。在专业检测数据管理方面，如内检测数据处理，鉴于技术的专业性，一般由 GE PII、Rosen 等专业检测公司提供数据处理服务。例如，GE PII 公司软件 Pipe View 在内检测数据加载、缺陷识别、缺陷评价等方面具有较强专业优势，内检测后期的数据处理通常选用这类专业分析软件。在失效数据管理方面，美国收集、整理了北美地区 6×10^4英里管道过去几十年的失效数据。欧洲天然气工业技术协会建立的“欧洲天然气数据库”，收集了欧洲 9 个大型天然气公司 1970 年以来的历史数据。欧盟 CONCAWE 公司从 1971 年开始收集 17 个西欧国家输油管道的事故资料，进行统计、分析并定期公布结果。加拿大国家能源委员会(NEB)收集了陆地输气管道和输油管道的事故资料。

在管道风险管理领域，针对管道线路风险评价，国外公司研发了系列的半定量和定量风险评价软件，诸如美国 GE PII 公司的 PVI、New Century 公司的 Spatial Risk Analyst、加拿大 CFer 公司的 PIRAMID、挪威船级社(DNV GL)公司的 Safeti 等软件。其中，New Century 公司的 Spatial Risk Analyst 软件基于 GIS 技术，针对空间地理数据进行管道风险评价，其评价结果以可视化的方式展示；CFer 公司的 PIRAMID 软件基于失效事故概率统计的定量评价方法开发。在管道应急抢险领域，GIS 技术应用较为广泛。2010 年 7 月，加拿大 Enbridge 公司运营的 6B 管道发生原油泄漏后，该企业利用 GIS 技术，对受污染河流的连通性进行了分析，发现原油可能会沿河流流入莫罗湖及西侧的密歇根湖，因此在受污染河流流向上设置了近 4.3km 的拦油栅，用以阻止原油扩散；2010 年 9 月，美国的太平洋煤电公司(PG&E)在圣布鲁诺的燃气管道发生爆炸后，进行了所属管道的风险排查工作，并基于 GIS 技术在地图上标出了辖区内 100 条最危险的天然气管道、管段名单及其位置。在管道专题图应用领域，美国 New Century 公司基于 ArcGIS 技术开发了 Sheet Cutter 软件，用于管道专题图的制作。该软件可基于 APDM 数据模型生成管道专题图，并可将制作的专题图分为管道索引图、管道工程对齐图、应急反应地图、公众意识地图、输气管道高后果区专题图、泄漏影响分析专题图、管道开发专题图、内检测专题图等 15 种类型，但未见应用该软件进行大规模管道专题图制作的报道；GE PII 公司综合 Arc FM 和 AutoCAD 技术，开发了 Alignment Sheet 制图软件，但该软件跨两个系统平台，操作步骤烦琐，配置专题图及制出图效率较低。

目前，兼具管理和专业分析决策的成熟系统有挪威船级社的 Synergi Pipeline 和英国 ATP 公司的 PIMSlider。挪威船级社开发的 Synergi Pipeline 完整性管理平台，支持海上和陆上管道及天然气输配系统的安全、可持续完整性管道线上管理，使得用户更加积极、更智能地开展管道完整性管理工作。该系统的分析框架能够根据不断变化的法规和一些行业内认可的标准(包括 ASME B31.8S、API 1160、ISO 55000、ISO 9000 和 DNV GL - RP - F116)来维护风险和完整性管理模型。用户可以在完整性管理过程的所有阶段计划、实施、跟踪和评价相关活动，以便保证 PDCA (计划、执行、检查、行动)循环，进而完整性管理人员可通过该系统对管道的完整性有一个清晰的定量或相对数字化的视图。但该系统为标准版或针对国外管道开发的系统，无法满足我国的管道特点和企业需求。一些管道运营企业和咨询公司也分别建立了相关的评价软件用于辅助管道完整性管理，如 Geo Fields 公司的高后果区分析软件。

国内管道行业已开始建立信息化系统，包括基于Web GIS技术的数字管道设计、管道调度系统、工作流系统设计、基于3S技术的管道巡检系统等，但是基于服务架构以及云计算的管道完整性管理系统并不多。中国石油管道科技研究中心建设了覆盖中国石油多家管道地区公司的管道完整性管理系统（PIS），该系统基于SOA架构建立了统一的资源共享架构，外部应用系统可依据统一的服务接口，将管道完整性管理环节与日常的管道管理业务深度融合，利用存储的管道基础数据和业务数据，并可根据自身业务需求，在此基础上建立不同规模的应用。该系统实现了企业管道完整性管理业务流程的信息化、规范化，为企业的科学决策提供了强有力的信息支撑。中国石化大连石油化工研究院开发了输油管道完整性管理系统，包括GIS系统、数据管理、高后果区管理、风险评价、完整性评价、活动管理等功能模块；录入管道测绘、检测及运行等数据，经测试合格后在部分输油管线试用。

在管道安全管理决策支持方面，国内做了较多的工作，其中一些主要集中在管道风险管理领域。中国石油管道科技研究中心开发了半定量评价软件Risk Score和定量评价软件Risk Sharp，中国安全生产研究院开发了针对站场定量评价的CASST－QRA软件，青岛安全工程研究院开发了QDRISE－QRA软件。上述软件基于故障树的逻辑门法则或基于失效概率统计等方法，均能依据自身定制的规则有效识别管道的高风险管段，为管道管理者提供决策支持。在管道专题图应用领域，中国石油管道科技研究中心研发了管道专题图制图技术及软件Pipe SG，制作了管道走向图、地质灾害专题图、内检测专题图、开挖定位修复图、水系布防图等系列图纸，并在国内逾1×10^4km的长输管道进行了应用，取得了良好效果，为管道的安全运营提供了数据支撑。2014年起，中国石化开始部署并着手智能化管线管理系统建设工作，按照“大平台、大系统、大安全、大运维”思路，结合SCADA等自动化控制系统、泄漏监测等专业应用系统，利用物联网和大数据等技术，拟建成集中集成的、覆盖中国石化长输和厂际的数据完整、真实唯一的管线数据中心和共享服务平台。该系统包括上下贯通的管线数字化管理、完整性管理、运行管理、应急辅助管理、隐患治理管理和综合管理等6大应用模块，和1套标准规范、安全可靠的支持环境，能够实现管道安全管理的模型化、自动化和智能化。在完整性智能分析决策技术方面，中国石化大连石油化工研究院开发了管道内检测数据对齐分析软件、内检测评价与维修决策软件，以及完整性智能分析决策系统。以上软件可实现内检测数据自动校验与对齐、管体缺陷自动快速图解评价、安全维修时限确定等，实现了基于动态数据流的完整性闭环管理、自动评价和维修决策。

11.2 成品油管道完整性智能分析决策数据模型

11.2.1 成品油管道完整性管理数据模型现状

目前，国际上应用最多的管道数据模型主要为以下3种：ISAT（集成空间分析技术）、PODS（管道开放数据标准）以及APDM（ArcGIS Pipeline Data Model）管道数据模型。其中

ISAT 与 PODS 是基于工业标准的关系型数据库管理系统设计而成的，APDM 模型基于 Geodatabase 设计。ISAT 是专门面向长输管道的数据模型，PODS 数据模型由 ISAT 衍生而来，在数据库标准化、管道检测监测、GIS 应用以及管道工业的一般业务活动之间具有衔接作用；APDM 模型于 2002 年 7 月提出，该模型的设计能更好地支持 GIS 系统的实现，管道空间分布具有明显的线性特征。

管道的建设与运营已经离不开一个成功的数据模型，因此采用成熟的数据模型是十分必要的。PODS、APDM 作为成熟模型的典型代表，也在国内外得到了广泛的应用。由于 PODS 推出的时间较长，又是源自 ISAT 模型，因此在国外的应用案例比较多。但由于 APDM 与 GIS 的结合更加紧密一些，根据国内应用的特点，采用 APDM 模型的项目多于 PODS。在实际管道工程中，需要根据数据、GIS 平台等情况来选择管道数据模型。

PODS 是一种适用于油、气的集输、长距离传输及配送管道系统的独立综合数据库建模，它提倡建立一个完全开放的数据库结构来满足管道公司的一般需求。其目标就是提供一个公共的平台，使管道公司能创建一个基于 GIS 标准的数据库，提高数据集成，改进数据的管理，降低执行风险。PODS 是基于关系数据库模型设计的，与 GIS 没有任何关系，管线相关的各种要素都以数据表格的形式存储，要素间的关系通过关系数据库模型的主、外键方式来建立。PODS 与 GIS 的结合有两种策略。①紧密结合，即直接空间化全部 PODS 实体，其优点是实现简单，在 GIS 中的性能可能较好，因为其进行较少的数据库关联操作。其缺点是某些要素(例如 Routes)的“在线”历史存储不能实现，一个要素对应多个图形存储也不能实现，PODS 变成依赖于 GIS 的“GIS - dependent”，企业应用集成变得复杂，特别是采用版本化的 Geodatabase 时。②松散结合，亦即建立单独的 GIS feature classes/layers，通过外键关系，链接到 PODS 表。其优点是，所有的实体都可以实现“在线”历史存储，必要的话能够给 GIS 要素类/层都添加 Audit 属性，一个 PODS 实体对应多个图形表达将得到支持，线性事件可以既采用点也可以采用线来存储，二者对于特别短的线性事件(例如套管)，是很有意义的。其缺点是，概念上略显复杂，性能方面会有些损失，需要通过数据库调优或硬件配置来解决，访问 PODS 属性数据要用到 Join。

APDM 模型的设计基础是 ESRI 公司的 Geodatabase 空间数据库，该模型是一种将地理数据作为关系型数据库中的要素来进行存储和管理的对象关系型框架。APDM 包括核心(Core)和备选(Optional)两大部分，核心部分相当于一个模板，目标是提供一系列的核心对象及其属性，来描述和有效处理里程线性定位，再加上一组核心的抽象类，为绝大多数管道要素提供分类；备选部分则根据行业最佳实践提供了若干管道设施的模型。模型中的要素类主要来自 ISAT 和 PODS 模型中所包含的表，地理数据库与 APDM 模型通过关系型数据库引擎连接在一起。定制与访问存储于 APDM 中的数据的基本方法是，利用 ESRI 公司的核心组件模型 Arc Objects。APDM 设计时包含了当前的热点术语，如管线检测、高后果区、风险分析等，以模板的形式来进行设计，通过添加要素或提炼现有要素来定制模型。APDM 模型包括以下四大部分：①抽象类，不是最终出现在 Geodatabase 中的实体类，但封装了核心属性和关系，所有的实体类都必须属于某个抽象类；②核心要素/对象类，这些类必须严格按照 APDM 来实现，如中线控制点、里程区间、副参考里程、管道线路、子系统、子系统的层级结构、产品、业主或运营商、子系统范围、场站、活动、活动的层级结构、外部文档等；③元数据类，是对模型结构和内容的描述，像参考系的元数据(如单位、基准、类型、类的列表和分类)，APDM 中的每个类都必须属于某个 APDM 抽象类，离线要素的在线位置类列出离线类与在线类的对应关系和在线位置的计算方法；④备选类是具体的设施，应根据实际需要定制。

11.2.2　数据模型

数据模型是“数字管道”研究和建设的基础，因为其涵盖的数据范围、内容、结构等要素与服务和应用的范围密切相关，而且确定了数据模型才能确定数据采集的方法和规范，才能确定数据质量要求和控制措施，并且影响到管理与服务平台(系统)的功能与架构，以及与业务应用系统之间的关系。

数据模型回答了以下问题：①包含哪些数据对象，或者说对哪些设施和地理要素建立数据模型；②这些设施和地理要素包含哪些属性数据；③这些数据对象之间的关联关系，例如管段与焊口的顺序连接关系、场站内设施与所处场站的从属关系等，以及这些关系的模型化；④线性参考和地理坐标的定义，及其与各个设施对象的属性数据如何整合；⑤按照面向对象的方法进行归纳和抽象，确定设施对象和地理要素的命名及继承结构等定义规范。

1. 数据模型的设计方法

数据库模型不仅要存储完整性管理必需的所有数据信息，还要保证数据存取与查询的高效准确、合理冗余及安全稳定。完善的底层数据结构、物理存储结构、要素间的逻辑关系，是管道完整性数据采集及各种应用软件开发的基础。

1)模型逻辑结构设计

模型中的对象类是继承等级中的最高对象，模型通过绝对定位和线性参考来提供一种沿管线中心线定位要素的机制。

(1)要素类(Feature Class)。空间数据库存储事物的空间信息主要包括空间的坐标系和图形信息(包括点、线、多边形等)，并以二进制的形式存储在数据库中。包含空间信息的事物模型中的统称为要素类，只保留纯属性信息的称为对象类。

(2)位置关系。管道要素根据与管道中心线的位置关系分为在线和离线的位置关系，根据不同的要素类型又分为在线点要素、在线线要素、离线点要素、离线线要素和多边形要素。

①在线点要素(Online Point)。该要素是根据管线设施与管线的位置关系而确定的一类要素，通过线性参考，在线点要素可以直接定位在管线上。

②在线线要素(Online Point)。在线线要素存在于管道中心线上，在图形形状上受管道中心线限制并与其一致。通过线性参考，在线线要素可以直接定位在管线上。

③离线点要素(Offline Point)。离线点要素不在管道中心线上，需要通过 GPS 地理坐标来定位。

④离线线要素(Offline Polyline)。该要素是根据管线周边事物与管线的位置关系而确

定的一类要素，管道中心线可能与其交叉或在其旁边，可与管道中心线在多个位置相交。一个离线线要素可能有一个或多个在线点位置，需要通过 GPS 地理坐标来定位。

⑤多边形要素(Offline Polygon)。该要素是根据管线周边事物与管线的位置关系而确定的一类要素，管道中心线可能通过离线多边形或在其旁边。离线多边形要素可能与中心线在多个位置相交，因此一个离线多边形要素可能有一个或多个在线点位置。离线多边形要素需要通过 GPS 地理坐标来定位。

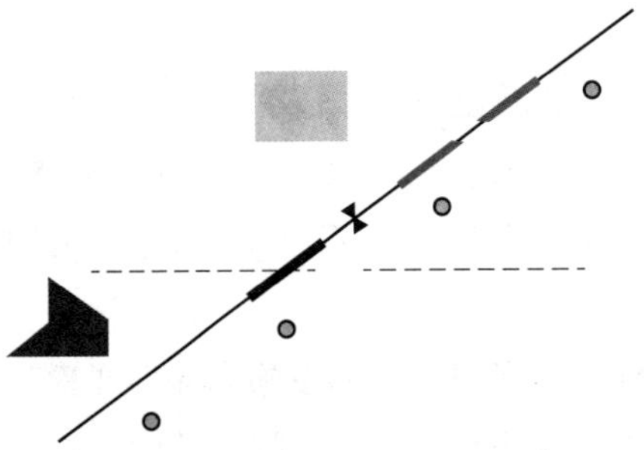

图 11－1　管道要素与管道中心线的位置关系

管道要素与管道中心线的位置关系如图 11－1 所示。

(3)核心要素。核心要素是模型中的基础要素，要素的属性是不变的。它们提供了线性参考(里程定位)机制，以把管道上的各种行为事件定义成为几何要素(点、线、多边形)的动态事件。

①控制点(Control Point)。控制点是指在管道中心线上具有已知地理位置坐标和里程值的点，包括站列要素的每个起点和终点、沿站列的变形(弯曲)点或者管线交叉点。在数据采集过程中，控制点可以是沿管线的转角桩或沿管线的 GPS 测量点，通过这些点可以在管线系统中明确地描述管线的走向。

控制点定义了管线中心线，控制点与站列是多对一的关联关系。在一个给定参考模式下，每一个站列要素是由两个或多个相同参考模式的控制点组成的。每一个控制点则是站列的一个拐点或终点。控制点存储的里程值可以用于定位所在站列的位置。

控制点的子类表示不同类型的线型参考度量系统，用于沿管线中心线进行里程定位。每一个控制点必须至少拥有一种控制点参考模式，避免不同参考模式可能不会共享相同的度量系统。

②站列(Station Series)。站列是通过已知坐标值(里程值、高程值等)所构成的连续折线段，具有起止里程值，模型中所有在线要素都需要引用站列的参考模式。站列要素中的每个顶点可以是一个指定里程值，沿站列路径的点和线性事件可以通过指定的 StationSeriesEventID 和里程值作为要素属性来定位，线性事件必须开始和终止于同一站列。

模型中实现了站列和每个在线要素类一对多的关联关系，这种关系是模型的核心对象。每一个在线要素定位于站列上，在线要素通过关联关系被约束在它所定位的站列上。同样，站列与控制点之间也是一对多关系，这种关联关系具体表达了站列是由两个或多个控制点组成的概念。

③站场(Site)。站场要素类是多边形要素类，用来存储各种不同站场的多边形边界。站场要素可以用来定义大型管线联合体(如分输站、压缩站、清管站等)的边界，也可以用来划分管道里程。

站场通过 SiteEventID 实现了与所有在线要素和离线要素类的可选的一对多的关联关系，可根据需要将设备要素与站场相联系，设备的一部分信息可以存储在模型中并通过与站场的关联关系进行获取。

④管网(LineLoop)。管网按照管线之间层次关系对管线进行分类、组织、管理，用于存储管线的描述性信息。管网以对象类的形式存在，不包含任何图形信息。通过管网和站列的关联关系来管理管线数据，每个站列可能属于一个或多个管网对象，而一个管网对象可能是一个或多个管网的父管网。

⑤子系统(SubSystem)。子系统是指按照各管道公司的管辖区域、省、市地理边界等地界范围对管线进行分类、组织、管理。子系统是对象类，不包含图形信息，通过 PolygonEventID 和省、市政边界等多边形要素的关联关系以及子系统范围和站列的关联关系来管理管线数据。

⑥度量参考(AltRefMeasure)度量参考是对象类，用来存储所有在线要素的度量系统的里程信息。在线点要素类的里程属性以及在线线要素类的起始里程和终止里程属性仅存储了初始度量系统的里程值。度量参考提供了改变度量系统后存储里程值的方法，同时也适用于初始度量系统。

2)模型数据结构设计

管道数据模型数据结构分为中心线及层次(Centerline and Hierarchy)、基础地理(Basic Geography)、沿线设施(Facilities)、阴极保护(Cathodic Protection)、运行(Operation)、占压、交叉与第三方破坏(TieUp, Cross and Third Party Damage)、高后果区识别与风险评价(HCA Identification and Risk Assessment)、完整性检测与评估(Integrity Inspection and Assessment)、海底管道(Subsea Pipe)及事件支持(Event Support)等 10 个要素数据集。

(1)中心线及层次。管道中心线及层次数据是指包括管道中心线在内的从设计、施工到运行的干线、支线上管道相关的基础数据，包括控制点、站列、管线、管网、管网层次、子系统、子系统层次、输送介质、运营单位、站场、站场位置、阀室、阀室位置等。控制点坐标采用中线测点或在线桩坐标，具有准确的坐标信息及高程值；区域管理依据实际管理部门进行管道子系统划分。管道中心线及管道设施的地理位置需要专业的测绘部门来进行测量，而其他管道相关管理数据需由管道管理单位及运营单位提供。

(2)基础地理。管道基础地理数据包含管线所在地理环境的基本信息，如高程点、边坡护坡、地表地貌、气候、气象、河流水系、大型水域等，涵盖管道周边乃至所在地质区域的地理信息。地理位置信息通过专业测量公司提供的高精度遥感影像数据矢量化来提取。

管道沿线地质、气候条件复杂，受地理环境和气候变化等因素的影响，管道工程中可能出现的地质灾害种类繁多且程度各异。掌握全面的基础地理数据信息，将为高后果识别及地质灾害风险的评价提供重要参考。

(3)沿线设施。管道沿线设施数据包含维持管道正常运营所必需的沿线基础设施，包括三桩、管段、防腐层、焊缝、附件、固定墩、封堵物、阀门、三通、补口、沿线水工保护等。设施信息数量庞大，需从各类施工资料、竣工资料及设备维护更换记录中提取，且具有准确定位坐标值或有在线参照物的设备将为完整性管理工作提供更大便利。

(4)阴极保护。包含阴极保护设备及阴保记录的相关信息，包括阳极材料、阳极地床、阴保电力设施、排流装置、阴保电缆、杂散电流干扰来源、阴保电位记录等。

(5)运行。“运行”要素数据集包含管道在运行期间产生的数据项，有运行压力、外业记录、管体维修、防腐层维修、换管、改线、泄漏、应急预案、监测等。

(6)占压、交叉与第三方破坏。长输管道所处环境复杂多变，第三方破坏以及城市规划不合理导致市政设施与管线交错等因素，造成管道失效事故频发，在人口密度大、经济发达的地区尤为明显。模型的“占压、交叉与第三方破坏”要素数据集以APDM中侵害类为基础，增加对打孔盗油、挖掘破坏、场地占压、露管等我国管道常见危害源的记录，拓展市政设施分类(如排污管道、消防管道、电气化铁路、电缆光纤等)，建立全局属性域标注市政设施线要素。

(7)高后果区识别与风险评价。ASME和API对高后果区潜在影响因素原始数据的要求均有相关规定。同时，作为油气管道完整性管理的中心环节，管道风险评价应全面考虑风险来源辨认、管段划分规则、评价模型选取、风险因素树状图层次及失效后果等因素。对监管类的高后果区、高后果区范围、高后果区管段以及运营类的风险分析进行改进，细化识别标准的分级指标；将主要风险因素划分为挖掘破坏、腐蚀、设计施工、运行维护、自然灾害、蓄意破坏6项；提供全面的风险分段依据，如里程、防腐层、土壤类型、地区等级、站场、阀室、穿跨越、占压物、人工维护等，使风险评价的指向性更加明确。

(8)完整性检测与评估。管道检测是辨析管道缺陷最直观的手段，检测结果决定了完整性评价的准确程度，对后续维修维护计划的制订提供依据。APDM检测类包含异常、异常簇、密间隔电位测量读数和检测范围，对于缺陷类型没有明确划分。“完整性检测与评估”数据集，提炼内检测数据，将管体凹陷、金属损失、制造缺陷、焊缝缺陷(环向、纵向和螺旋)分类标记，增加腐蚀应力分析、腐蚀缺陷分析、耐久性分析等评价信息，并包含对常用外检测方式(如DCVG、PCM、地面漏磁)等结果信息的录入。

(9)海底管道。海底管道作为海上油气田开发、储运的枢纽，具有运营环境复杂、检测维修难度大的特点。海底管道的完整性管理工作对环境数据要求严格，地质取样、静探坐标、潮位周期等需有详细的数据记录。APDM设计对象仅为地上或埋地管道系统，并未针对海底管道或近海设施进行专题拓展。“海底管道”数据集，采集整体环境信息(如海流、潮位、水深、含沙量、土壤力学指标、海床地形坐标等)，并对土基演变趋势进行预测。海底管道所需求的沿线设施、阴极保护等在模型其他数据集中均有包含。

(10)事件支持。包含特定的地址信息、与管线任意要素相关的公司信息、管道公司人员或其他相关联系人的通信信息、与要素或事件相关联的外部文档、审核记录等。

2. 数据字典

本小节所述的数据字典不同于数据库管理系统(Database Management System，DBMS)中的数据字典。DBMS中的数据字典，用户通常不能直接对它进行访问，只能通过DBMS对它进行访问和管理。本小节所提的数据字典具有DBMS中的数据字典对管道属性数据进行一般性的增加、修改、删除等操作管理的功能，还有对系统平台开发过程以及完整性管理数据库中的属性数据及相关方法的可配置和管理的功能。此外，数据字典还可通过特定权限实现系统的可维护，具有完整性管理属性且在前台可维护管理。数据字典须具有较高权限的用户可编辑，以保证固定属性数据和评价标准等数据的规范性，避免用户肆意篡改。

1) 属性数据

数据字典中可将管道部分固定属性(如管道钢级、介质属性、管道类型等)数据进行规范管理。

2) 方法库数据

(1) 高后果区识别评价方法。数据字典可通过字段、记录的维护，实现现有最新或认可度较高的高后果区识别评价标准的编辑和管理，从而在高后果区管理模块直接调用。此外，还可根据企业需求，定制适用于不同企业的高后果区识别方法。

(2) 风险评价标准及方法。类似于高后果区识别方法，数据字典可对风险评价标准或方法进行配置，在风险评价模块直接调用。也可根据企业需求，配置企业特定的风险评价标准方法。

(3) 可配置的维修决策判定准则。在数据字典中，实现国内外现有维修决策标准、企业内部维修标准的自定义和可配置，在管道维修决策之前，先配置该管道的维修决策判定准则，也可根据企业需求配置企业维修决策判定准则，或对于没有特定需求的，通过选择不同标准配置维修决策判定准则，配置完成后，可在后续维修决策模块选择不同的已配置的维修决策准则，为企业制订最优维修计划。

3. 数据采集模板设计

1) 管道本体及附属设施数据采集模板

管道本体及附属设施采集模板中一共分为管道中心线、管道本体、附属设施 3 个子模板。

管道中心线模板中包括如下数据列表：中线成果点、埋深、站场、阀室、站场边界。

管道本体模板中包括如下数据列表：钢管、焊缝、弯头、套管、三通、防腐层、保温层、开孔、焊缝补口、排凝管、异径管、阀、管线基本信息表、管道连接方式、管网、绝缘接头。

附属设施模板中包括如下数据列表：桩、穿跨越、隧道、其他穿跨越、水工保护点、线状水工保护、面状水工保护、埋地标识、封堵物、放压线、附属物、预留甩头、高点放空。

2) 管道运行数据采集模板

管道运行数据采集模板分为阴极保护、管道保护、维修维护、管道检测 - 外检测、管道检测 - 内检测、管道巡线、运行监控 7 个子模板。

阴极保护子模板包括如下数据列表：阴极保护电位测试、恒电位仪、牺牲阳极电参数测试、辅助阳极地床。

管道保护子模板包括如下数据列表：第三方破坏、第三方施工、打孔盗油、管道占压、高后果区、管道安全隐患、管道事故与灾害。

维修维护子模板包括如下数据列表：防腐层大修、管道清管、管道试压、管道维修。

管道检测 - 外检测子模板包括如下数据列表：外检测工程、外检测评价工程、防腐层漏点检测、密间隔电位 CIPS 测量读数、直流电位梯度 DCVG 测量读数、交流电位梯度 ACVG 测量读数、埋地探测仪 PCM 读数、音频管道检测、外检测开挖验证、土壤检测、杂散电流、管道交流干扰测试、管道直流干扰测试、测试桩检测、管道穿跨越测试、管道外防腐层间接检测、阀室测试数据、排流设施有效性检测、恒电位仪绝缘接头检测、三桩偏移。

管道检测－内检测子模板包括如下数据列表：内检测工程、内检测评价工程、内检测结果统计、金属损失、凹陷、制造缺陷、焊缝异常、参考点、环焊缝与管节、开挖验证、附件与搭接。

管道巡线子模板包括如下数据列表：巡线人员、巡线车辆、巡线计划、巡线任务、巡线计划路径。

运行监控子模板包括如下数据列表：720 全景影像配置、视频监控配置、实时数据配置。

3）管道地质灾害数据采集模板

管道地质灾害管理是指在一定的面积范围内，根据区域地质条件背景、地质灾害诱发因素及对管道状况影响，对地质灾害对管道影响发生的空间、时间和可能造成的危害、损失所做出的各种分析与判断。它包括区域易发性评价（以基本地质条件的分析为主）、区域危险性评价（在易发性基础上考虑管道失效等诱发因素）和管道区域风险性评价（在危险性基础上考虑管道安全及财产的损失）。

从数据采集标准方法的角度来看，易发性评价与危险性评价没有本质区别，它们是风险性评价的基础。区域地质灾害评价模型经历了定性模型、半定量模型到定量模型的发展。定性模型主要是基于专家的野外现场经验判断，直接从现场调查得出的易发性和危险性结果，或者根据各影响因素分区图来直接做出判断。定量模型基于控制灾害要素与地质灾害之间的数学表达，采用二元或多元回归等方法获得地质灾害的评价结果。计算机技术在地质灾害领域的应用，使地质灾害的评价研究呈现多种方法综合应用、现代数理科学理论广泛应用、地质灾害管理广泛应用的飞速发展局面，评价模型得到了前所未有的发展。目前常用的区域地质灾害评价模型主要有经验半经验模型、数理统计模型以及其他模型。

地质灾害管理是实例的概化，在确定地质灾害评价时，必须对研究区地质环境背景进行深入、全面、系统的定性分析，在此基础上建立数据采集标准，进而抽象出数学模型。现有的区域评价模型经历了从定性到定量的发展，也体现了相关研究人员对地质灾害发生发展认识的逐步深入。应用较多的地貌分析法与参数合成法其实并没有上升到标准的范畴。模糊综合评判模型属于半定量模型，需要专家的大量参与。而数理统计、人工神经网络、支持向量机等模型的定量化程度较高，同时也较复杂。但是区域地质灾害评价模型的选择并不应该一味地追求标准的复杂性，而应该根据研究区的实际情况去做选择。一般来说，对于研究程度较低、管道周边地质资料相对匮乏的区域采用定性的方法。对于研究程度相对较高，但区域已有地质灾害数量相对较少的情况，由于因变量样本数的限制，过多依靠数理统计、神经网络等模型将不太稳定，而应该选用专家参与较多的模糊综合评判等模型为佳。对于研究区已有地质灾害数量较多的情况，采用数理统计、神经网络、支持向量机等基于映像的模型将获得相对较好的效果。比如在地震发生后，整个灾区分布了大量崩塌、滑坡、碎屑流，选择逻辑回归方法在管道附近等部位获得了较好的地质灾害易发性评价结果。

11.3　完整性智能分析决策平台架构与数据流设计

11.3.1　管道完整性智能分析决策平台架构

1. 设计原则

完整性管理平台功能建设包括企业两级数据共享中心、1个共享服务平台、安全可靠的支持环境以及8个模块的应用功能(数据管理、高后果区管理、风险评价、完整性评价、维修管理、效能评价、知识库、业务活动)。

开放性要求：为了避免信息孤岛的产生，在系统运行过程中要考虑与内检测评价软件和数据对齐工具的接口问题。要求采用通用软件开发平台进行系统开发。采用标准开放接口，支持与其他系统的数据交换和共享。

可靠性要求：应能够连续7×24小时不间断工作，出现故障应能够及时告警，软件系统应具备自动或手动恢复措施，以便在发生错误时能够快速地恢复正常运行。软件系统要防止消耗过多的系统资源而使系统崩溃。

高效性要求：系统必须高效运行，普通操作反映时间不超过1s，统计查询时间应小于5s，系统的反馈时间与数据量的增长成对数比例。

宜用性要求：应具备良好的简体中文操作界面、详细的帮助信息，系统参数的维护与管理通过操作界面来完成。

先进性要求：采用信息化系统发展趋势的主流和成熟技术进行平台的架构设计，保证技术的先进性。

2. 平台功能设计开发

1)用户权限管理

(1)组织机构管理。组织机构管理是对系统功能涉及的组织机构进行管理，包括组织架构的层级管理，如新增、编辑、删除、查询、展示功能。

(2)角色管理。角色管理是对组织机构下用户角色进行管理和授权，如新增、编辑、删除、授权等功能。角色的权限包含属于该角色的用户有权使用何种功能，该功能可通过界面来配置。

(3)用户管理。用户管理包括系统用户的新增、编辑、删除、查询、展示功能。一个用户需要与组织机构进行关联，并且需要指定一个角色。

2)数据管理

(1)管线管理。管线管理功能包括对管线本体数据的新增、编辑、删除、查询、展示等功能。管线属性包括输油处、管线名称、输送距离、设计输量、设计压力、输送介质、管材、外径、壁厚、管线首站、管线末站和投产日期等。

(2)基础数据管理。基础数据管理包括对基础数据的新增、编辑、删除、查询、展示等功能。其中，基础数据模块还应设计与完整性管理核心模块之间数据交互的数据接口。基础数据包括定位数据、管材分布、涂层、土壤、场站、固定墩、穿跨越、弯头、地区等级和水压试验数据等。

(3)数据字典管理。数据字典是设计为基础数据(如管材、钢管、输送介质、土壤、涂层等固定数据)的取值列表，是高后果区识别、风险评价、维系决策判定准则、效能评价等方法和标准的标准库，同时还是使得系统平台部分后台字段前置化可编辑的字典库。例如，随着时间的推移，系统界面部分列表选项需要新增，则在该处可配置界面的列表选项，也可以在需要增删数据库中字段时，实现其前台可操作。因此，数据字典可实现数据取值列表、评价标准和字典库的可配置。数据字典管理包括新增、编辑、删除、查询、展示、导入、导出等功能。

3)高后果区管理

高后果区管理包括高后果区填报、审核、变更、登记卡、维护记录、应急处置等信息。高后果区变更记录了删除原因、申请删除人、审核人、审核意见和删除时间。

(1)高后果区工程。高后果区工程包括一次高后果区识别作业的信息，以工程管的形式来进行管理。

(2)高后果区分级。高后果区按严重程度按照输油/气管道高后果区识别与分级标准划分为Ⅲ(高)、Ⅱ(中)、Ⅰ(低)三级。

4)风险管理

风险管理模块包括管道自动分段、动态风险计算、风险实时展示和敏感性分析。

管道自动分段可以选择场站、阀室、管道、地区分级、固定墩、穿跨越、占压物、人工分段等分段依据，通过后台逻辑算法对管线进行自动分段，并展示管线数据变化。人工分段提供新建、编辑、删除展示等功能。

风险评价的评价项包括挖掘、破坏、腐蚀、设计与施工、运行与维护、自然与地质灾害、蓄意破坏、泄漏后果，从各个评价项中指定和基于基础数据自动获取当前管线的评分指标，最终计算出相对风险数值。

风险实时展示，是以图标形式展现当前管线的相对风险数值变化。

敏感性分析，是对每一分段管道风险值最敏感的影响因素(如设施因素、公众教育、巡线频率、非法打孔、违章占压、恐怖活动、其他形式的破坏等)以柱状图形式展现。

5)完整性检测评价管理

管道完整性评价管理模块由内检测评价管理、外检测评价管理、试压试验管理、评价结果展示、完整性评价报告构成。

(1)内检测评价管理功能。依前所述，内检测评价过程是利用各类不同评价方法对检测出的含缺陷管道的承压能力和剩余寿命进行分析评价。因此，内检测评价管理过程涉及检测数据、评价数据以及评价结果等的管理。内检测评价管理功能主要包括内检测工程管理、内检测数据管理、评价数据管理、统计分析 4 个子功能。

①内检测工程管理。针对不同内检测作业，建立内检测工程，实现以工程为管理单位的内检测作业管理。

②内检测数据管理。在内检测数据管理子模块，将内检测数据按缺陷类型进行分类，主要包括金属损失缺陷、裂纹缺陷、变形缺陷、制造缺陷、焊缝缺陷等，对不同类别内检测数据进行统一录入、上报、审核、查询、导出等功能化系统管理，并实现与完整性评价

软件的数据交互。

③内检测评价工程。针对不同内检测评价作业，建立内检测评价工程，实现以工程为管理单位的内检测评价数据管理。

④内检测评价数据管理。内检测评价数据包含金属损失、裂纹缺陷、变形缺陷、制造缺陷、焊缝缺陷等缺陷的评价数据管理功能，该部分数据来源于与完整性评价工具的数据交互。在完整性评价专业软件完成评价后，评价结果自动上传到该部分，并在该部分实现数据的增、查、改和结果展示等。

此外，该部分还包括按照缺陷的基本类型、严重程度等级、所在管线轴向和周向部位，用直观的方法进行管线不同区段、不同类缺陷分布密度和可靠性评估结果的分析，以便在进行管线的缺陷管理时调用以及在对该管段进行风险分析时给评估者一个参考。评价结果管理包括缺陷本体承压能力、剩余强度、响应决策建议等。

(2)外检测评价管理功能。本功能主要包括管道直接评价收集基础资料的管理、检测数据的管理、直接检查数据的管理以及评价结果反馈管理4个子功能。

①管道直接评价收集基础资料的管理。管道直接评价收集基础资料管理内容包括：管道的物理信息，包括管道材质、直径、壁厚、管件生产日期、管道焊缝类型等；管道设计施工数据，包括安装日期、管道走向和纵断面分布图、绝缘法兰等附属物的位置、套管的位置、施工方法等；管道腐蚀控制相关数据，包括防腐层类型、阴极保护类型、阴极保护站位置与保护范围、排流保护类型与安装位置、以往完整性检测结果等；管道周边环境数据，包括土壤特征与类型、地面地质状况、土地使用情况以及是否为冻土层等；管道运行的相关数据，包括管道工作温度、工作压力及其波动情况、管道维修历史、由外腐蚀引起的管道泄漏历史、微生物腐蚀等；ECDA(外腐蚀直接评价方法)管段划分数据，包括ECDA管段划分的标准、ECDA管段划分信息；选择的检测方法，包括ECDA过程涉及的常用检测方法，例如密间隔电位测试法(CIPS)、直流电位梯度测试法(DCVG)、交流电位梯度测试法(ACVG)、皮尔逊法和交流电流衰减法(PCM)。

②外检测工程管理。针对不同外检测作业，建立外检测工程，实现以工程为管理单位的外检测数据管理。

③检测数据管理。直接评价检测数据包括外防腐层缺陷检测数据、阴极保护有效性检测数据、埋深检测数据等。

外防腐层缺陷检测数据包括直流电位梯度检测数据、交流电位梯度检测数据、交流电流衰减检测数据、防腐层电阻率检测数据等。

阴极保护有效性检测数据包括密间隔电位测试数据、阴保电位测试数据、直流杂散电流干扰和交流杂散电流干扰测试数据。

管道埋深测试数据包括埋深分析对管道全线埋深进行数据统计、管道埋深随管道里程分布，埋深较浅部分的管段详细里程、埋深等详细信息。

④直接检查数据管理。包括开挖点数据管理、开挖采集数据管理、腐蚀管道的安全评价结果管理等。

开挖点数据管理对间接检测结果指示的防腐层缺陷点进行排序，排序时将间接检测结果与预评价中获取的相关数据结合起来综合考虑，根据排序结果确定开挖点的数量和位置。

开挖采集数据管理，开挖采集数据包括：土壤腐蚀性，如土壤分层状况、土壤电阻率、土壤和水样品的采集化验分析等；防腐层情况，如类型、外观与老化情况、厚度和黏接力、缺陷尺寸、缺陷形貌、电火花检测防腐层针孔缺陷等；管体腐蚀情况，如缺陷类型、尺寸、形貌，腐蚀产物采集等；管体剩余强度评价所需数据，如管体腐蚀缺陷位置的剩余壁厚等；管地电位，如通过近参比法测量开挖点的管道电位；拍摄影像资料。

腐蚀管道的安全评价结果管理，管壁减薄程度采用3步评价方法：最小剩余壁厚评价、危险截面评价和剩余强度评价。评价结果主要涉及最小剩余壁厚评价、危险截面评价和剩余强度评价结果。

⑤评价结果反馈管理。评价结果反馈管理包括评价结果数据管理、ECDA过程有效性管理和反馈管理。

评价结果数据管理包括对管道安全性的评价结果和管道腐蚀速率、安全裕量、公称壁厚等因素估算管道的剩余寿命，据此确定最大再评价的时间间隔等数据的管理。

ECDA过程有效性管理包括跟踪ECDA过程中分级和重排优先次序的数目变化、跟踪ECDA的应用过程和应用结果，从而确认ECDA过程的长期有效性。

反馈管理的主要内容包括对间接检测结果的确认和分类、间接检测的分级评价准则、直接检查中收集的数据、安全评价结果、腐蚀原因分析、周期性再评价的时间安排等。

(3)试压试验管理功能。

①试验基础数据上报管理包括：管道基础信息填报，管段材质、设计压力、外径、壁厚、屈服强度、设计系数；试验基本信息填报，试验编号、类型、起始里程、终点里程，试压介质、持续时间、管子温度、环境温度、试验数据、试验结论。

②试压试验数据审核管理包括：试验数据填报管理，上报水压试验数据及试验结论等，水压试验记录的填入、修改、删除；试验数据审核管理，水压试验数据及试验结论等，水压试验记录的审核、发布、查询、导出、存档；对水压试验发现各类缺陷进行分类统计分析，例如缺陷类型、位置信息、危害等级、采取措施等。

③评价决策反馈。针对水压试验发现各类缺陷和危害等级分析，实施评价决策，并对缺陷制订相应的维修维护计划。

④完整性展示管理功能。管道高后果区概览：对高后果区管理模块下的高后果区统计结果按照类型、等级、数量、比例等，用条形图、饼图表格等形式直观显示。管道风险图形概览：对风险隐患管理模块下的管道风险分析统计结果按照风险等级、失效概率、失效后果、敏感因素、隐患处置等，用条形图、饼图表格等形式直观显示。管道缺陷完整性数据统计展示：对完整性评价功能下的各种缺陷分析统计结果用图表的形式得以展示。管道缺陷实时显示：在管道数字化管理界面内，结合地理信息系统可显示所辖管道的管道缺陷信息，采用不同的颜色和标记等对各类缺陷按相应级别进行分布展示，便于日常管理。

⑤完整性评价报告管理功能。根据完整性评价过程生成的数据、图表和分析结果，通过人机交互定制完整性分析报告内容，依照报告模板自动生成管线的完整性评价报告。报告包括以下内容：内检测完整性评价，例如缺陷统计、缺陷评价、可靠性分析、再检测计划；修复结构评价，例如接管型修复结构评价、补板型修复结构评价、套筒型修复结构评价等。外腐蚀直接评价，例如防腐层漏点统计、防腐层绝缘电阻率、阴极保护有效性评

价、管道埋深评价等。

6)维修决策

(1)维修响应决策。按内检测评价结果中缺陷严重程度进行排序，制订立即修复、计划修复和监测使用三级维修响应方案，提供建议维护方法及修复时间。

立即修复：对不可接受缺陷，根据检测评价结果确定修复措施，并立即实施。

计划修复：对于暂时不会导致管道失效的缺陷，根据缺陷特征及发展趋势制订修复计划，包括维修列表、维修方法建议和计划修复时间。

监测使用：对于其他影响管道完整性的缺陷异常，应采取监测手段持续跟踪其发展趋势。

(2)维修工程。建立维修工程，通过维修工程管理需要维修的缺陷，并管理缺陷维修进度、维修方法选择。修复方法的选择依据缺陷修复相关标准、企业规范等，后台预设逻辑算法，通过缺陷特征，对剩余强度与剩余寿命评价结果中的缺陷给出维修方法的建议。

(3)维修状态。显示缺陷维修状态，可按照缺陷类型、维修工程、内检测工程等进行缺陷查询。

7)综合效能管理

(1)管理效果评定。完整性状况显示，可实现按全线、特定管段或时间查看以下数据：发现的第三方破坏数、发现的泄漏点数、修复的缺陷点数等，并查看相关的详细信息及处理情况。

风险水平变化显示，可查看上一评价周期中高风险管段累计长度与当前评价周期内高风险管段累计长度，以及上一评价周期中高风险或较高风险的管段在本次评价中的风险水平。

(2)综合管理。

①高后果区管理效能报告。列出高后果区识别评价覆盖率、高后果区整改率、I级高后果区即时处理率等，并指出未开展高后果区识别评价的区域、未采取整改措施的区域，以这些区域作为下一步工作重点区域。

②风险管理效能报告。列出全线风险评价覆盖率、高后果区段风险评价覆盖率、高风险段采取相关措施的概率等，并指出高后果区管段中未进行风险评价的管段、高风险段未采取任何措施的管段，进一步指出下一步工作重点。

③完整性评价效能报告。列出全线完整性评价覆盖率、高后果区段完整性评价覆盖率、高风险和较高风险段完整性评价覆盖率、严重缺陷即时修复率等，并指出高后果区管段中未进行完整性评价的管段、高风险和较高风险段未进行完整性评价的管段、发现的缺陷管段未采取任何措施的部分，进一步指出下一步工作重点。

④完整性管理年度报告。汇总高后果区识别评价效能报告、风险评价效能报告、完整性评价效能报告、完整性管理年度报告等内容，指出当前管理中存在的问题和不足，明确下一个完整性管理工作循环的重点。

8)知识库

知识库包括法律法规、标准规范、公司制度等文档的上传、管理，可根据不同用户权限，设置可上传文档分类，具备新增、删除、修改、查询和展示功能。

3. 平台架构

完整性智能分析决策平台一方面需满足6步闭环循环的管理功能，另一方面需要具备数据分析和评价决策功能；此外，不同企业的评价方法存在差异，管理机构设置千差万别，故系统数据库应具备方法指标、组织层级的可配置功能，还应具备用户与核心业务权限管理等功能。在集成完整性管理相关研发成果、相关国内外标准及现有完整性管理技术的基础上，开发完整性智能分析决策可视化平台。平台包括完整性管理系统和完整性专业评价与决策系统，完整性专业评价与决策系统主要包括基于C/S架构的完整性评价与维修决策软件和管道内检测数据校验与对齐软件。完整性管理系统基于B/S架构，其功能包括数据管理、高后果区识别与管理、风险评价与管理、完整性评价管理、维修管理及效能评价与管理、业务活动等。图11－2为管道完整性智能分析决策可视化平台架构。

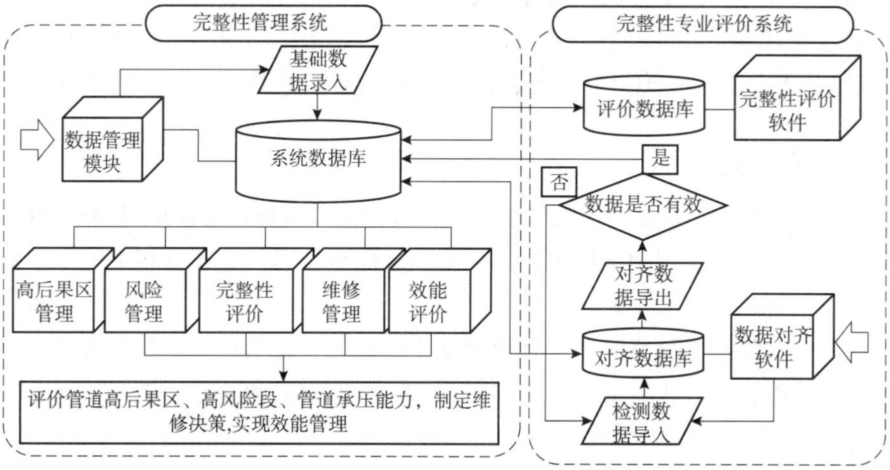

图11－2 管道完整性智能分析决策平台架构

11.3.2 数据流设计

完整性智能分析决策系统数据库基于Oracle与SQL server开发，通过数据端口实现B/S与C/S端的实时交互，数据流设计路线为：检测数据进入对齐软件数据库，经对齐后，传入B/S端Web主数据库的完整性评价模块；C/S端内检测评价数据库获取主数据库的基本数据和内检测对齐数据，经过分析计算，将评价数据回写至主数据库。数据流设计示意图如图11－3所示。

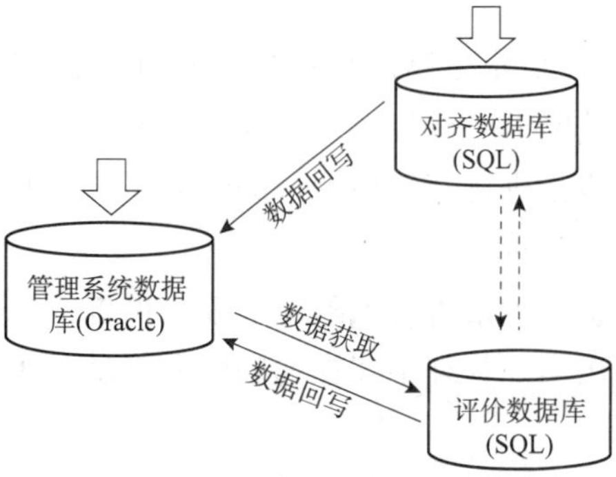

图11－3 系统开发数据流设计

11.3.3 核心功能模块

管道完整性智能分析决策平台包括6个核心业务模块、3个辅助模块和2个专业工具。6个核心模块分为数据管理、高后果区管理、风险管理、完整性评价、效能管理和维修管理模块；2 个专业工具为管道内检测评价与维修决策软件和内检测数据校验与对齐软件，如图 11－4 所示。

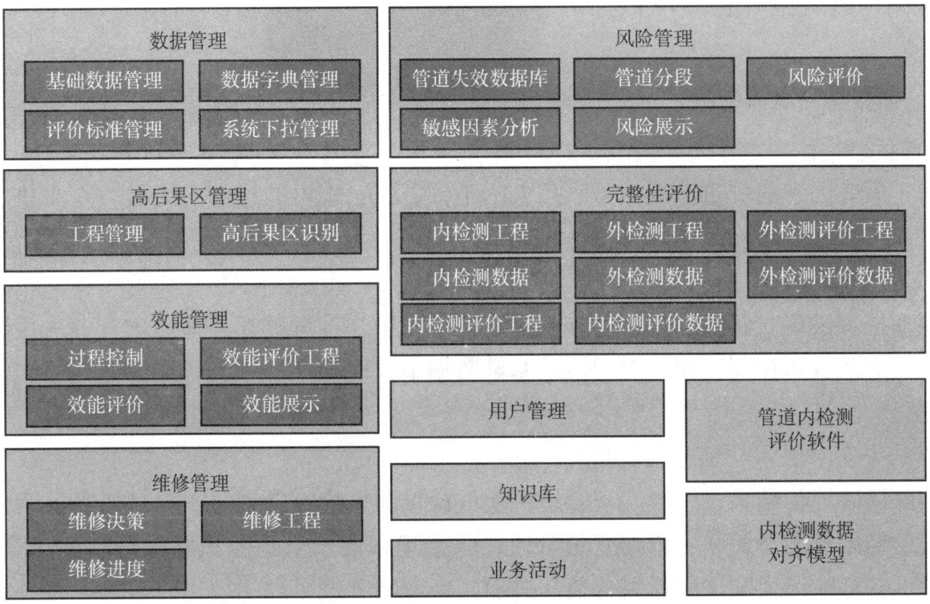

图 11－4 完整性智能分析决策系统功能模块示意图

11.4 完整性智能分析决策算法与模型

11.4.1 动态风险评价

动态风险评价模型的动态性主要体现在风险值影响因素的动态变化上。以指标评分法为例，由于指标评分法的特点导致其每一项指标必须进行录入，因此动态指标评分法的指标体系和权重应实时动态变化，进而评价单元的风险水平也动态变化。因此，要实现动态风险评价，必须将指标的判断依据直接与管道数据相关联。因此，在开发动态风险评价模型之前，应分析和梳理管道基础数据、运行数据与风险评价指标的关联性，通过基础数据、运行数据的实时、动态的改变，实现动态风险评价模型。此外，还应实现管道动态分段、动态风险计算、风险动态展示和敏感性动态分析等。

1. 管道动态分段

1) 分段依据关联情况

确定管道分段依据包括站场、阀室、敷设方式、高后果区、地区等级、防腐层类型和地质灾害隐患点等。其中站场、阀室和敷设方式为必选分段依据，其他为可选分段依据。在站场、阀室、敷设方式、地区等级关联数据管理中的基础数据中，各分段依据里程所对应的类型字段；高后果区关联高后果区管理中里程所对应的高后果区等级，防腐层类型关联基础数据－涂层中不同里程的不同材料分段，地质灾害隐患点关联业务活动中地质灾害的统计情况。

2)动态分段实现

用户通过勾选上述分段依据，后台通过循环判断管道里程，计算每一类分段依据的分段情况，最后整合各分段依据的分段情况，将管道自动分为所选分段的多个评价单元。

2. 动态风险计算

1)权重设置

对于失效因素的权重设置，可采用人为干预方式，也可通过历史失效数据来进行统计获取。

2)风险计算

梳理挖掘破坏、腐蚀、设计与施工、运行与维护、蓄意破坏、地质灾害等失效因素和泄漏后果下的各指标评分项，对于可从基础数据中获取的评分项，确定其数据来源，并形成关联。

3)结果实时展示与敏感性分析

关联风险评价结果，后台实现管道风险值计算和风险级别划分，实现风险展示模块与风险评价结果的动态关联；依据管道分段结果沿里程展示管道各风险评分项的计算结果，实时展示各危险因素和泄漏后果分值，进而判断影响管道风险的敏感因素。

11.4.2 内检测数据对齐

内检测是目前长输管道缺陷的主要检测方法，也是管道完整性管理的重要手段。近年来，国内长输管道开展了大量内检测工作，部分管道已经完成两次甚至多次内检测，但是内检测数据挖掘和利用却相对滞后。通过对内检测数据进行对比，能够计算出管道缺陷增长率，确定活性缺陷点，识别新增缺陷点，评估缺陷控制措施的有效性，评估内检测器的有效性和检测精度等。

当前，国内外管道从业者对内检测数据对比十分重视。Gu 等利用内检测数据对比方法计算腐蚀点长度和深度的增长率，从而制订修复计划。Desjardins 等对 2 条管道的内检测数据进行对比，分析了不同承包商检出焊缝的总数量和量化缺陷特征尺寸的能力。国内常采用内检测数据识别金属损失，评估管道的剩余寿命和剩余强度。在内检测数据利用方面，张鹏等根据内检测数据对比了漏磁和超声波两种技术检测管道缺陷的优缺点；滕延平等对高温原油管道的内检测数据和外检测数据进行了对比，发现可以利用内检测数据评价管道防腐层的剥离情况。在内检测数据对比方面，王丹丹等通过分析海底管道漏磁检测数据，提出在关键点对齐的前提下以相对里程、钟点方向及表面位置为核心参数的对比方法，并对海底管道的剩余强度和剩余寿命进行了评估。王良军等对内检测数据对比方法的研究现状进行了综述与对比，认为深度挖掘和综合利用内检测数据将是未来的研究发展方向。

内检测承包商提供的内检测数据中，主要参数包括焊缝参数、缺陷参数、表面位置参数及其他特征参数，包括阀门、三通及弯头等附件信息，见表 11 - 1。

表 11－1　内检测数据中的主要参数

参数类型	具体参数	备注
焊缝参数	焊缝里程	焊缝相对于管道起点的里程
	焊缝编号	每个焊缝均有唯一编号
	管段编号	管段编号一般为上游焊缝的编号
	绝对里程位置	相对于管道起点的里程
	相对里程位置	相对于上游或下游焊缝的距离
缺陷参数	钟点方向	管道环向位置
	缺陷长度	缺陷沿管道轴向的尺寸
	缺陷绝对深度	缺陷沿管道径向的尺寸
	缺陷相对深度	缺陷绝对深度与壁厚的比值
	缺陷宽度	缺陷沿管道环向的尺寸
缺陷位置	管壁外表面	缺陷位于管道外壁
	管壁内表面	缺陷位于管壁内部
	管壁内部	缺陷位于管道内壁

1. 基于环焊缝的线性参考系选取

内检测检出的管道本体特征类型包括缺陷、焊缝、阀门、弯头、三通等，实现多批次缺陷对齐必须建立参考体系。由于管道全线阀门数量过少，无法作为线性参考系，而弯头对于长距离管道而言，每隔几百米才有一个，以弯头作为参考系导致对齐误差较大。因此，选择管道中每隔约 12m 就有一个的环焊缝，以其作为特征数据对齐的线性定位参考系，可保证里程在误差允许范围内线性拉伸或收缩，实现缺陷对齐。以某条 102km 的管道为例，通过内检测，检出阀门 9 个、弯头 230 个、环焊缝 9660 个、缺陷 7548 个，因此，选择与缺陷数量最接近的环焊缝作为线性参考系最为合理。

1）线性参考系选取原则

在选择基于环焊缝的线性参考体系时，选择原则为：优先选择检测精度高的环焊缝数据作为参考系，若两次内检测器的检测精度相同，则优先选择最近一次内检测环焊缝数据作为线性参考系。

2）制定环焊缝和缺陷编号规则

为保证对齐数据的逻辑性、有序性及高效性，必须规定批次环焊缝及缺陷的编号规则，编号规则应易于区分对齐前后特征信息。

3）确定数据对齐偏差阈值

在进行内检测数据对齐时，由于数据较多，且由于受内检测器精度的影响，即使是两次检出的同一个内检测特征，其里程等参数也会在内检测允许的误差范围内有所变化，这种情况依然认为两组数据已经对齐。因此，为了保证在内检测数据对齐过程中这一类数据不被报为未对齐，需要针对特征的对齐参照值设定一定的偏差阈值，若对齐参照值的两次内检测数据在偏差阈值范围内，则认为两组数据属于对齐的情况。

根据 GB 32167—2015 对于内检测器性能的要求，以检测精度作为参考，提出对齐参照物的偏差阈值要求，详见表 11－2。

表 11－2 偏差阈值取值要求

对齐参照值		偏差阈值要求
特征里程	几何检测	0.2m
	漏磁检测	0.1m
缺陷长度	漏磁	10～20mm
缺陷宽度	漏磁	10～17mm
缺陷深度	几何检测	0.5%～1% *OD*
	漏磁检测	10%～20%
缺陷周向	几何检测	30min
	漏磁检测	10min
特征编号		完全相同

4）环焊缝对齐

环焊缝对齐的主要过程包括：①找出两轮数据的首对环焊缝，依据环焊缝编号规则，对下游环焊缝自动对应；②到硬性参考点也就是关键点时，以关键点为依据，判断两轮关键点是否对应，若硬性参考点对应，则继续对齐环焊缝直至结束；③若硬性参考点或环焊缝不对应，比较两个特征的里程差，若小于偏差阈值，则认为已对齐，若不小于或不满足偏差阈值，则为未对齐；④线性拉伸或收缩在偏差阈值内的特征里程，使其与基准环焊缝对齐，未对齐的特征则必须通过人工干预的方式，判断其为新增、遗漏或打滑导致后，继续下游环焊缝的对齐判断。

2. 关键点对齐

内检测数据对比的前提是关键点对齐，关键点包括焊缝、弯头、阀门、三通及其他显著特征点。由于前后两次检测往往使用不同承包商或不同精度的内检测器，因此容易造成关键点的两次检测数据相差较大。即使是同一承包商的检测数据，也会出现关键点数量和里程的差异。因此，进行关键点对齐时，必须保证数据对齐的有效性，找出检测过程中出现的漏检和误检问题，以便下一步缺陷匹配。若关键点匹配错误，将直接影响缺陷位置的确定，甚至造成误判。

关键点对齐的主要步骤：①确定起始里程，并归零；②确定两轮数据中首个关键点的位置和编号，将位置对齐，并将编号进行统一规划；③确定两轮数据最后一个关键点的位置和编号，将位置对齐，并记录编号；④根据记录的编号，计算两轮数据中关键点的总个数以及两轮关键点相差的个数，初步分析关键点漏检和误检的情况；⑤中间关键点对齐，充分利用各不同关键点（焊缝、弯头及阀门等）的位置和编号信息，判断漏检和误检的情况并且记录；⑥分析漏检和误检情况，并与步骤④中关键点的相差个数进行对比，确保关键点个数能够全部对齐，否则重复步骤⑤；⑦关键点全部对齐之后，对两轮内检测数据关键点进行统一编号，以便进行缺陷匹配。

在关键点对齐过程中，考虑到检测器精度、误差及环境的影响，在两轮内检测数据中，关键点往往会出现误报和漏报的情况。不同的承包商在检测过程中往往会出现起始位置不同的情况。此外，误差的存在也给数据对比造成诸多困难，因此建议长输管道在内检测之前，首先确定起始点并尽可能采用同一公司精度较高的内检测器。

3. 缺陷匹配

关键点对齐之后，即可进行缺陷匹配。由于内检测精度不同或不同检测公司的参考点不同等问题，可能会导致同一缺陷点前后两次检测数据相差较大。此外，检测过程往往会受到不同的外界环境因素影响，即使是同一公司的相同内检测器，前后两次检测结果也会存在差异。因此，两次内检测数据中缺陷长度、深度及宽度差别较大，可能是由于缺陷增长、误差或检测精度等因素造成的，并非不是同一缺陷点。即使两轮内检测数据的起始点相同，由于每个管段在测量过程中都存在误差，误差累积则会产生更大的误差，同一缺陷点的绝对里程位置可能相差很大。因此，绝对里程、缺陷深度、长度及宽度等数据不宜作为缺陷点匹配的依据。

缺陷匹配主要根据位置匹配，包括相对里程位置、钟点方向及表面位置。由于前后两个焊缝之间的距离一般为12m，因此相对里程位置产生的误差一般较小，可以作为缺陷匹配的依据；钟点方向也存在一定的误差，但其误差一般在允许的阈值范围内，因此可以作为缺陷匹配的依据；内检测数据一般能够准确表示缺陷所在的表面位置，因此进行缺陷匹配时，两次检测数据的表面位置必须完全相同。

4. 缺陷活性判断

缺陷匹配完成后，根据两次内检测结果，计算缺陷的增长速率，从而判断缺陷所属类型。根据缺陷的增长速率可以将缺陷分为活性缺陷点、非活性缺陷点、新增缺陷点及其他缺陷点(见表11－3)。根据活性缺陷增长速率能够预测缺陷未来可能的发展情况，进而制订修复计划，确定修复时间与再检测周期。

表11－3　缺陷分类标准参考信息

缺陷类型	备注
活性缺陷点	同一缺陷点两次检测的缺陷增长率大于设置阈值，则判定为活性缺陷点
非活性缺陷点	同一缺陷点两次检测的缺陷增长率的绝对值小于设置阈值，则判定为非活性缺陷点
新增缺陷点	第一次检测未发现缺陷点，但在第二次检测中发现了缺陷点，且增长率大于设置阈值，则判定为新增缺陷点
其他缺陷点	第一次检测数据远大于第二次检测数据(第二次数据可能是未检出的情况)，则为其他缺陷点，具体分为漏检和误检

注：1. 阈值是根据内检测数据的检测精度和置信度而确定的。
2. 漏检：第一次检出腐蚀点，第二次未检出腐蚀点，并且缺陷增长率绝对值(未检出按0计算)大于所设阈值。
3. 误检：同一腐蚀点第一次检测数据大于第二次数据，并且缺陷增长率绝对值大于所设阈值。

5. 计算缺陷腐蚀速率

缺陷腐蚀速率即缺陷的增长速率，主要根据检测数据估算得到，即对比两次检测数据从而确定腐蚀增长率，且一般采用相对保守的原则。目前，缺陷增长速率的计算方法主要包括缺陷全寿命增长速率和半寿命增长速率计算方法。根据管道运营公司具体的安全策略和可接受准则，选择相应的计算方法。

根据缺陷分类结果判断腐蚀密集区域和新增腐蚀点较多的区域等敏感区域，进而采取相应的措施加强敏感区域监测。对缺陷增长较快的管段和已经达到开挖验证标准的管段，可以采取其他方法进行检测确认，防止由于误差而造成不必要的经济损失。

数据对齐是管道数据管理的关键技术之一，是从数据到信息的关键步骤。以内检测数据产生 IMU 数据和 ILI(In-line Inspection)数据为例，可与管道建设期和运营期的数据对齐，从而满足多种需求：满足现场工作图纸需求，满足内检测工作开展前数据收集需求，满足缺陷评价中的数据需求，避免发生误开挖，满足修复中缺陷定位的需求，并可对管道缺陷发展趋势进行预测。

11.4.3 内检测综合评价

1. 内检测评价软件设计

内检测评价软件基于 C/S 系统开发，其数据流设计为：

在数据提取模块选定待评价管段所属的管线、站列、内检测工程和完整性评价工程，通过 B/S 系统的 Web 接口提取管道完整性管理平台中该管段评价所需数据；在非腐蚀缺陷模块和金属损失所有缺陷模块选择不同的缺陷类型、评价方法和图形类型，通过不同方法计算评价缺陷的严重程度、计划修复日期及初算相应级别，并将计算结果以图表形式显示；腐蚀缺陷模块中的腐蚀速率模块可考虑管道沿线壁厚及埋地时间等因素对腐蚀速率的影响，将待评价管线分段进而确定每段的腐蚀速率；单一缺陷模块可作为完整性评价系统针对单个金属损失缺陷的独立评价工具，管道维护人员可直接通过输入管道基本信息及缺陷信息，获取该缺陷的剩余强度、剩余寿命及维修建议；响应决策模块可根据各种缺陷的评价结果制定缺陷的维修响应级别和建议维修时间，可根据用户需求，人为选择考虑高后果区及不考虑高后果区两种情况，以进一步增加系统的人性化，若考虑高后果区级别，则不同高后果区的级别对缺陷的建议维修时间与级别影响不同。

2. 内检测评价功能设计开发

1)评价方法集成

集成国内外完整性评价方法、封装核心算法、软件集成评价方法见表 11-4。

表 11-4 完整性评价方法集成

金属损失	剩余强度	GB 32167 SY/T 6151 DNV F101 ASME B31G BS 7910	油气输送管道完整性管理 钢制管道管体腐蚀损伤评价方法 钢质管道内检测技术规范 腐蚀管道剩余强度手册 金属结构内可接受缺陷的评价方法
	剩余寿命	NACE 0502 API 1160 深度评价法(Depth only)	管道外腐蚀直接评估方法 危险液体管道的系统完整性管理
制造缺陷剩余强度		API 1160 SY/T 6151 Shannon 方法	危险液体管道的系统完整性管理 钢制管道管体腐蚀损伤评价方法
凹陷		API 1160 ASME B31.8	危险液体管道的系统完整性管理 天然气输配管道系统
焊缝缺陷		GB/T 31032 API 1104	钢制管道焊接及验收 管道及相关设施焊接

2）软件功能设计开发

主要功能包括非腐蚀缺陷评价、单一缺陷评价、腐蚀缺陷评价、腐蚀速率计算和响应决策模块。

（1）非腐蚀缺陷评价。非腐蚀缺陷评价模块根据选择的缺陷类型（制造缺陷、凹陷、焊缝缺陷 3 种缺陷），动态显示针对不同缺陷的评价方法，评价均通过算法来实现。

制造缺陷评价通过两种算法以实现缺陷剩余强度计算：①基于屈服强度理论的算法；②基于屈服强度与断裂力学理论计算并取二者中最保守计算结果的算法。凹陷评价主要为两种定性判定准则：一种为基于美国石油协会（API）标准的判定准则，另外一种为针对国内油气管道凹陷评价标准及运行单位需求制定的判定准则，可根据运营单位的需求而变化。焊缝缺陷由于国内目前没有相关标准要求，因此同样以美国石油协会的焊缝缺陷判定准则进行定性判断。该模块的图形分析功能可实现不同类型缺陷的尺寸、剩余强度（制造缺陷）、缺陷沿里程分布、缺陷沿管道环向分布等信息的展示。

（2）单一缺陷评价。单一缺陷模块可直接作为单独的缺陷评价工具供管道维护人员直接使用。该模块共有 3 个功能：①通过输入缺陷尺寸、管道基本信息及相关运行参数，以屈服强度理论为基础，涵盖 ASME、DNV、BS 等多种拟合经验值，利用算法动态展示缺陷长度、深度与失效压力的关系，以及管道允许最大操作压力及爆破压力信息，再通过待评缺陷的长度和深度信息，在图中描点，直观判断缺陷点对应管道的剩余强度信息；②利用 NACE 剩余寿命预测算法在剩余寿命图中作出给定腐蚀速率下的失效压力与剩余寿命关系图，后台通过用户选择的屈服强度理论标准计算缺陷点的失效压力值，通过失效压力及剩余寿命图，在腐蚀速率线上描点确定缺陷的剩余寿命；③针对剩余强度及剩余寿命计算结果，提出该缺陷的维修响应建议。

（3）腐蚀缺陷评价。腐蚀缺陷模块同样依据屈服强度理论和断裂力学理论的相关算法实现含缺陷管道的适用性评价。该模块分为剩余强度评价和剩余寿命预测两部分。剩余强度评价涵盖 ASME、DNV、BS 及国内行业标准等共计 4 种方法，根据用户需求，人为选择是否考虑交互缺陷影响，可实现判断交互缺陷个数，交互影响与无交互影响的管线安全工作压力，预估维修比（ERF）、失效压力计算等。剩余寿命预测中首先通过腐蚀速率模块来计算管线腐蚀速率，在腐蚀速率确定的基础上，分别依据缺陷腐蚀演变规律的基于深度的剩余寿命预测和基于 NACE 剩余寿命预测算法两种算法，实现所有金属损失缺陷的剩余寿命预测。考虑管道运营单位的运营状况及维修维护条件存在差异，可根据用户的需求，人为输入腐蚀缺陷的允许深度并按照企业根据自身条件制订的可接受计划修复的缺陷剩余寿命年限，计算出该时间内需要计划修复及立即修复的缺陷，确定每个缺陷的初算响应级别。该模块还可通过选择指定壁厚的管线，判断剩余强度评价方法的保守性，以供评价人员根据企业的需求科学地选择评价方法。

（4）腐蚀速率计算。在腐蚀速率计算模块，考虑管线敷设时间及土壤环境等对管线腐蚀速率的影响，将待评价管线按照埋地时间、壁厚等不同分段，选择内腐蚀或外腐蚀之后，后台根据提取的管节信息及钢管信息通过循环及判断来进行分段，并采用全寿命或半寿命腐蚀速率计算方法，根据用户选择，计算缺陷的最大或平均腐蚀速率，用于剩余寿命预测，同时用图表展示可直观了解管道上缺陷的腐蚀速率情况。

(5)响应决策。待评价管道经过金属损失缺陷所有缺陷评价、非腐蚀缺陷评价后，进入响应决策模块。该模块可根据管道运营单位的需求，人为选择考虑高后果区影响和不考虑高后果区影响两种情况。在考虑高后果区影响的情况时，按照该管道沿线的高后果区信息分为3个级别，分别给出一级高后果区、二级高后果区和三级高后果区对响应时间的影响，然后在前几个模块计算的基础上，以表格形式分类显示每个缺陷的预估维修比(仅金属损失和制造缺陷)、安全工作压力、预测剩余寿命、最终的缺陷响应级别和具体的响应时间。

除响应决策模块之外，每个模块都具有数据筛选功能，可通过对相关缺陷信息设定范围以实现特定范围内计算结果的筛选，可实现里程、环向分布、深度及其他定量计算的变量等同时约束的筛选。每个模块还具有所有缺陷信息及计算结果图表展示功能，通过图形分析可直观掌握缺陷的分布、尺寸、严重程度、含缺陷管道的安全运行压力及剩余寿命等信息。表格及图表均可实现导出功能，内检测评价软件功能架构如图11－5所示。

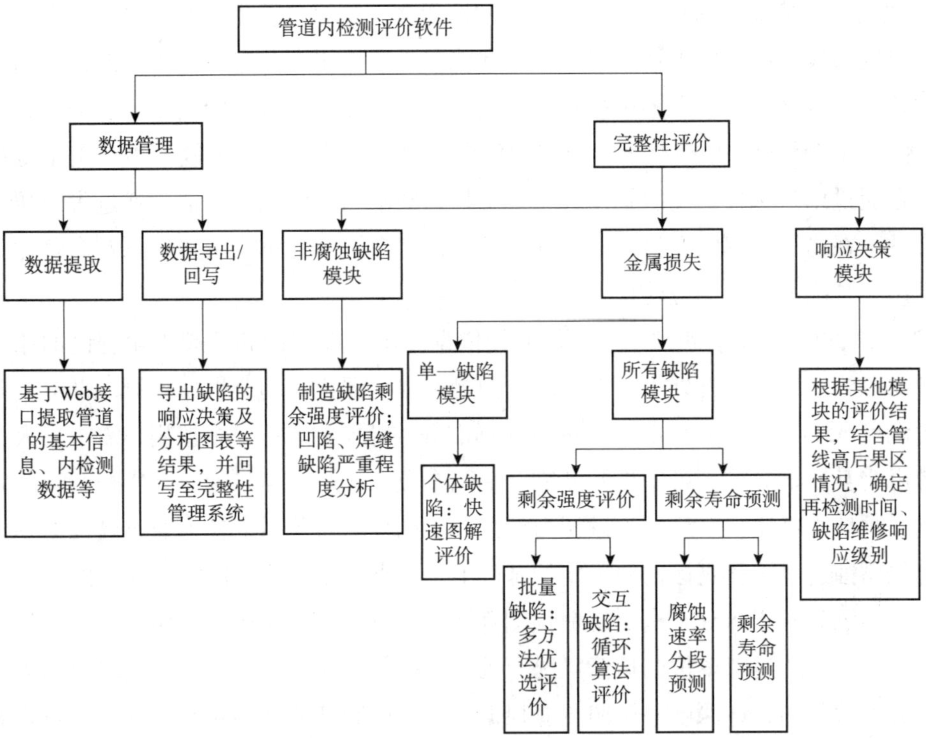

图11－5　内检测评价软件功能架构

11.4.4　维修响应决策

管道维修决策时，除考虑维修方法本身的技术适用条件外，还应考虑管道本身参数、缺陷产生原因及其严重程度、维修综合成本、修复后的可靠性及寿命等因素。

1. 管道相关参数

影响管道维修决策的管道相关参数包括管径、壁厚、管材等级、涂层类型、工作压力、温度等工作参数、管道所处地理位置、待修复部位是否存在附件或焊缝、焊缝类型及其化学成分等。此外，待修复部位是否发生过泄漏或其他缺陷、修复记录，都是维修决策的关键信息。

2. 缺陷产生原因及其严重程度

准确辨识造成缺陷的根本原因，明确缺陷类型及其作用机理、缺陷发展趋势，对于制订修复计划和修复方法决策具有重要价值。引发管道产生缺陷并最终导致失效的原因有很多，包括外部腐蚀、内部腐蚀、裂纹、机械损伤、自然外力等。根据管道检测数据对检出缺陷进行适用性评价和可靠性分析，研究分析缺陷生长态势，预测缺陷部位剩余强度及剩余寿命。

3. 维修综合成本

维修综合成本包括经济成本、时间成本和风险成本。经济成本是指维修过程产生的各项费用，包括材料费、人工费、设备磨损费、占地费等。时间成本指整个维修过程所耗费的时间，反映维修及时性及对管道系统运行的影响。风险成本指维修过程的固有风险，根据发生危险事件的概率和后果计算风险值得到。

4. 修复后的可靠性及寿命

修复完成后，管道系统的安全可靠性及寿命也是影响缺陷管道维修决策的关键信息。根据 API 1160 推荐数据，并结合国内管道现状，制定维修决策判定准则，准则可自定义。

11.4.5　再评价时间

管道完整性再评价时间通常根据检出缺陷的预测剩余寿命确定，一般情况下可取为剩余寿命的 1/2 或更小。另外，根据 GB 32167—2015《油气输送管道完整性管理规范》与 SY/T 6597—2018《油气管道内检测技术规范》相关规定，再检测时间间隔不应超过 8 年。

11.5　成品油管道完整性智能分析决策技术实践

11.5.1　管道智能分析决策技术应用

基于某成品油管道基础数据和内检测数据，开展完整性智能分析决策技术应用，主要包括数据管理、高后果区识别、风险管理、完整性检测、内检测评价、维修管理和效能评价等功能。主要内容包括：①在数据管理模块建立管线，录入基本数据，管理数据字典中的高后果区识别标准和效能评价标准；②建立高后果区识别工程，进行高后果区识别及管理测试；③根据该段管道的站场、阀室、管道沿线地区等级，将该段自动划分为 18 个管段，在动态风险评价模块中，根据 6 类危害因素和泄漏影响系数的评价指标进行风险评价；④通过数据对齐工具对齐内检测数据，进而导入完整性评价模块的内检测数据中；⑤在内检测评价软件中，通过获取管段内检测数据、高后果区信息，进行内检测评价及响应决策分析并回写至系统内检测评价数据和维修决策模块；⑥效能评价，通过对各项效能指标进行评分，计算效能评价结果，并进行效能展示等。详细的应用情形如图11－6～图11－12 所示。

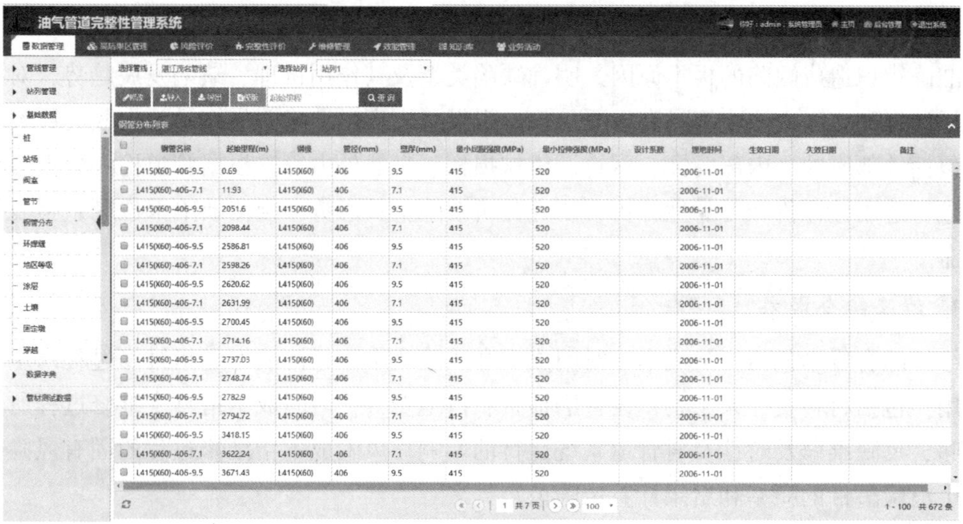

图 11－6　数据管理

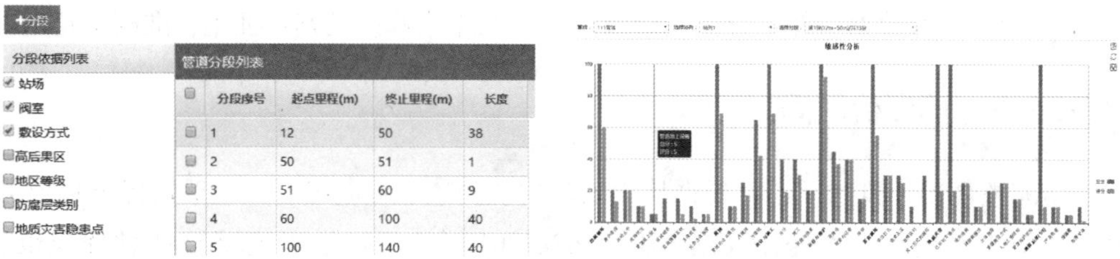

图 11－7　风险评价动态分段与风险敏感因素分析

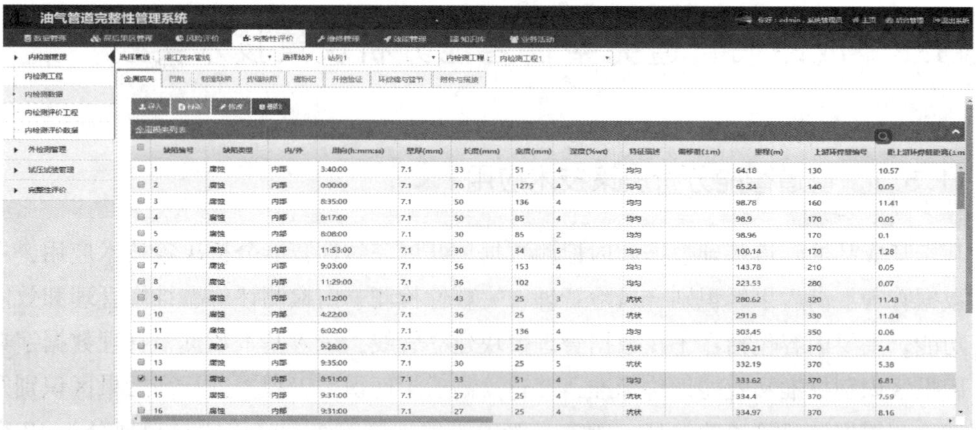

图 11－8　内检测数据管理

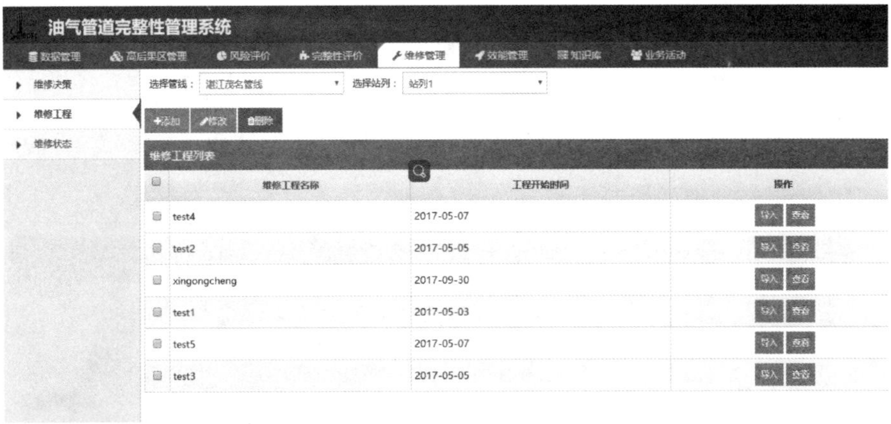

图 11－9　维修工程管理

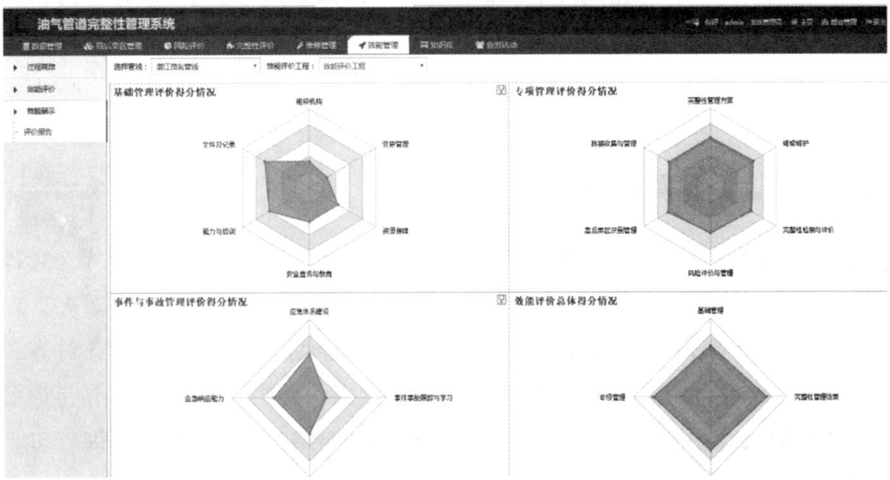

图 11－10　效能评价结果

图 11－11　业务管理

图 11－12　进度管理

11.5.2　管道内检测数据对齐

采用内检测数据对齐方法，开发了管道内检测数据校验与对齐分析软件。软件具备导入数据的格式校验、地上地下特征对齐、同批次特征对齐、不同批次特征对齐、对齐结果分析、3D 展示、对齐报告生成功能，可以实现管道地面标志与内检测信息对齐、同一管道不同批次的内检测信息比对，同一批次缺陷金属损失、凹陷、制造缺陷等与焊缝等管道信息位置关系的分析，组合型缺陷的分析及腐蚀速率计算，可以为开展腐蚀评价、剩余寿命评估以及完整性决策分析提供参考。

分析国内外主流内检测商提供的内检测数据格式，制定适用于成品油管道的内检测数据对齐模型。在此基础上，开发内检测数据对齐及校验数据模型。以金属损失数据校验模型为例，具体见表 11－5。

表 11－5　金属损失缺陷校验数据模型

字段名	类型	是否必填	说明举例
序号	整数	是	纯数字(1、2、3)
缺陷编号	文本	是	数字或字母(test01，1)
缺陷类型	文本	是	须为以下文本之一：机械损伤，腐蚀，金属损失，疑似机械损伤，疑似腐蚀
内/外	文本	是	须为以下文本之一：内部，外部
周向	(h: min：s)	是	时间范围　00:00:00～11:59:59
壁厚	浮点数(mm)	是	保留二位小数
长度	浮点数(mm)	是	保留二位小数
宽度	浮点数(mm)	是	保留二位小数

续表

字段名	类型	是否必填	说明举例
深度	浮点数(%WT)	是	保留二位小数
特征描述	文本	是	须为以下之一：环向凹沟，轴向凹沟，环向凹槽，轴向凹槽，针孔，坑状，均匀
桩号	文本	否	与桩列表名称对应
偏移量	文本型(±m)	否	保留三位小数(-10，10)
里程	浮点数(m)	是	保留三位小数
上游环焊缝编号	文本	是	数字或字母(test01，1)
距上游环焊缝距离	文本型数字(±m)	是	保留三位小数(-3.3，3.3)
最近参考点名称	文本	否	—
距最近参考点距离	文本型数字(±m)	否	保留三位小数(-3.3，3.3)
预估维修比	浮点数	是	0.6
评价标准	文本	是	与智能分析决策平台方法对应
检测单位	文本	是	—
检测方法	文本	是	须为以下文本之一：漏磁(MFL)，超声(UT)
检测精度	文本型百分数	是	±10%
置信度	文本型百分数	是	80%
检测阈值	文本型百分数	是	5%
检测时间	文本型日期	是	日期以“/”或“-”分隔，2016/10/14 2016-10-14
备注	文本	否	—

数据管理模块将数据分为管道数据、检测数据和对齐数据并对数据进行管理。检测工程包括对检测数据的导入与数据校验，数据校验包括对检测数据的填报错误、关键数据缺失、逻辑错误等的校验；对齐工程可实现一次数据对齐工作的信息管理及进度展示，以及在该对齐工程下地上地下对齐、同批次数据关联和不同批次数据对齐的进度展示。地上地下对齐模块是在不同批次数据对齐之前，对于本次内检测数据，进行的地上三桩、磁标记和地下环焊缝数据的对应，并对对应结果通过图解方式展示地上地下特征的对应关系，从而使得操作人员快速确定地下阀门、弯头、环焊缝及缺陷与地上桩和磁标记的对应关系。同批次特征关联模块包括焊缝相关型缺陷、凹陷相关型缺陷和交互缺陷的分析判断，可实现内检测数据中与环焊缝相关的所有缺陷(环焊缝上的缺陷)和与凹陷相交的其他缺陷，如腐蚀、制造缺陷、焊缝异常等形成的复合缺陷的查找，并可判断管体某一类缺陷的交互型缺陷。不同批次特征对齐模块可实现两批次内检测数据的对齐与分析。该模块功能须在建立一个管线的两个检测工程的前提下实现。

采用管道内检测数据校验与对齐分析软件对某管道2016年和2021年内检测数据进行校验与对齐分析，主要内容包括：内检测数据校验与管理，通过模板导入检测数据，通过校验，筛选出有问题字段进行显示，校验通过后导入检测系统；地上地下特征对齐，通过内检测数据以及现场数据，将检测数据与地面标志物对齐；同批次特征关联，对同一次检测的不同缺陷进行数据挖掘，查找关联性缺陷；不同批次数据对齐，基于同一管线的不同批次检测数据，根据地下检测磁标记位置、阀门、弯头、环焊缝等特征对齐，实现两批次缺陷的比对，还可分析数据质量，获取缺陷演变情况及腐蚀速率等信息；对齐结果分析，对数据对齐结果进行统计分析及展示；3D 展示，将缺陷、焊缝、腐蚀等管道信息实现 3D 虚拟展示；对齐报告生成，分模块自动生成检测结果报表及报告；为尽量降低管体特征变化对数据对齐带来的影响，以最新检测数据作为地上地下特征对齐和同批次特征对齐的分析对象（见图 11－13～图 11－22）。

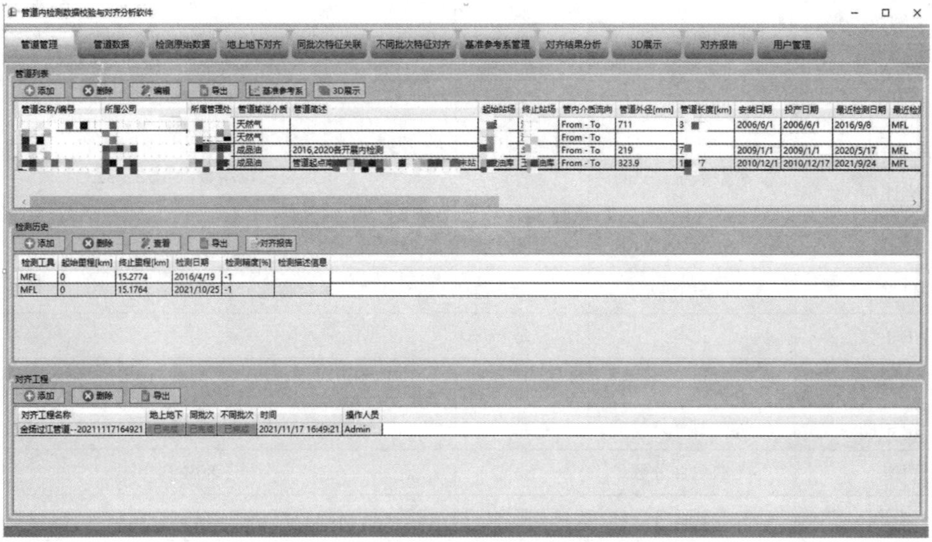

图 11－13　数据对齐工具主界面显示

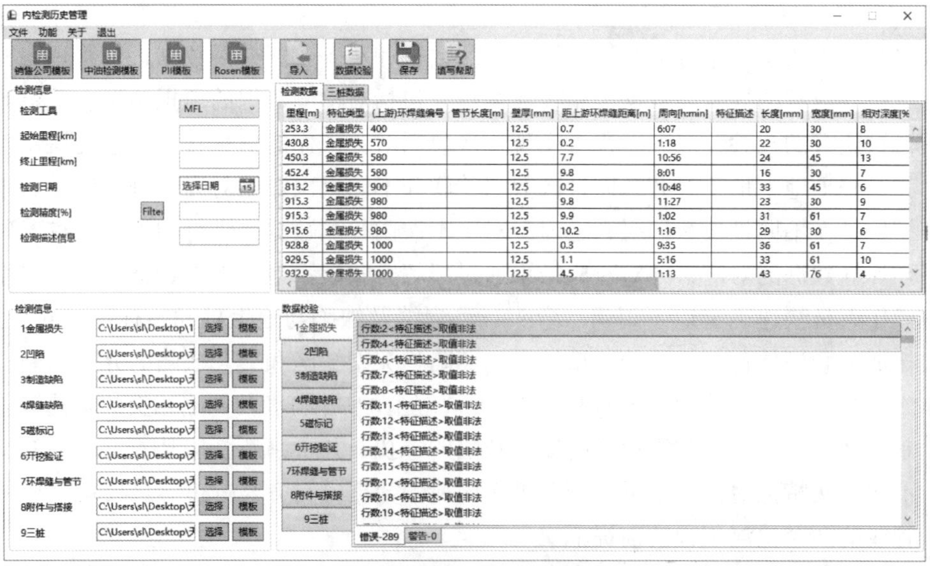

图 11－14　数据对齐——数据校验界面

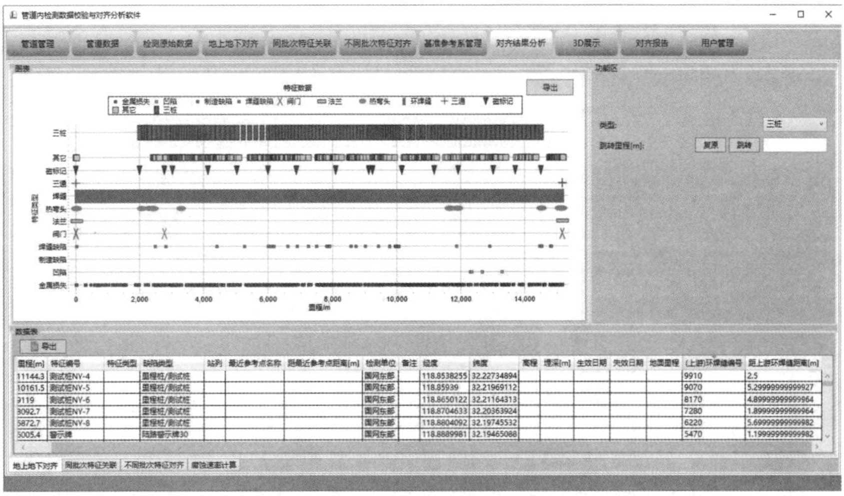

图 11－15　地上地下对齐后效果

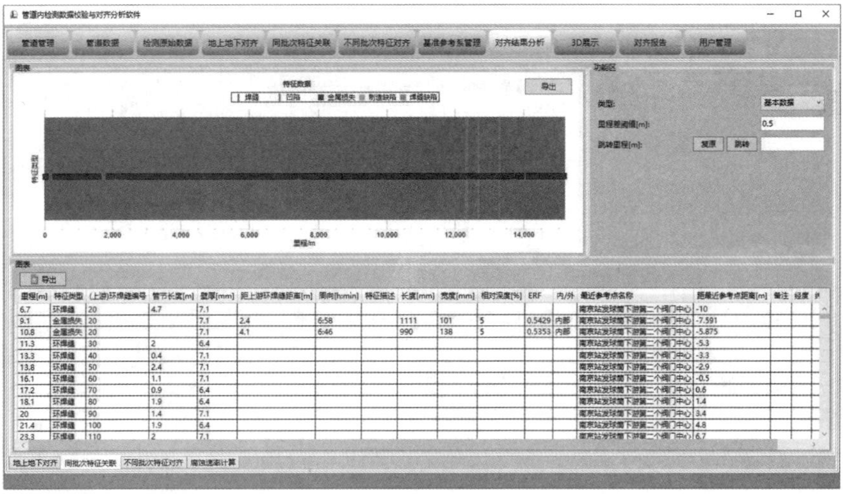

图 11－16　同批次特征关联结果

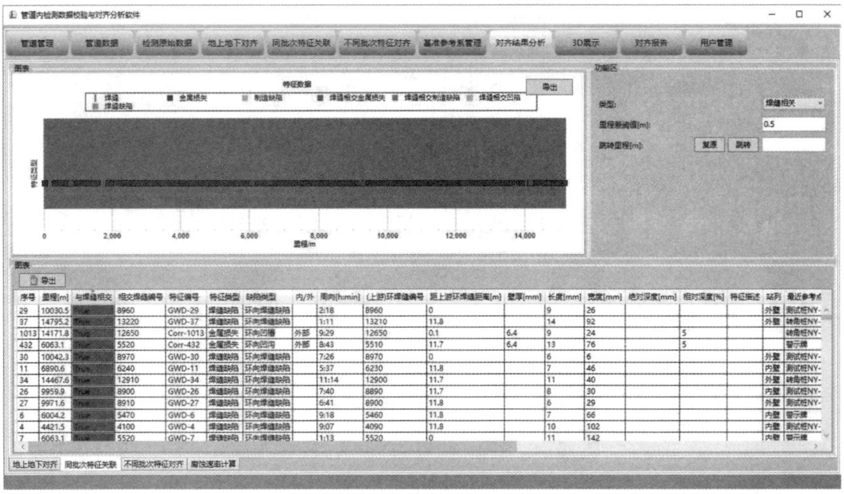

图 11－17　焊缝相关缺陷比对界面

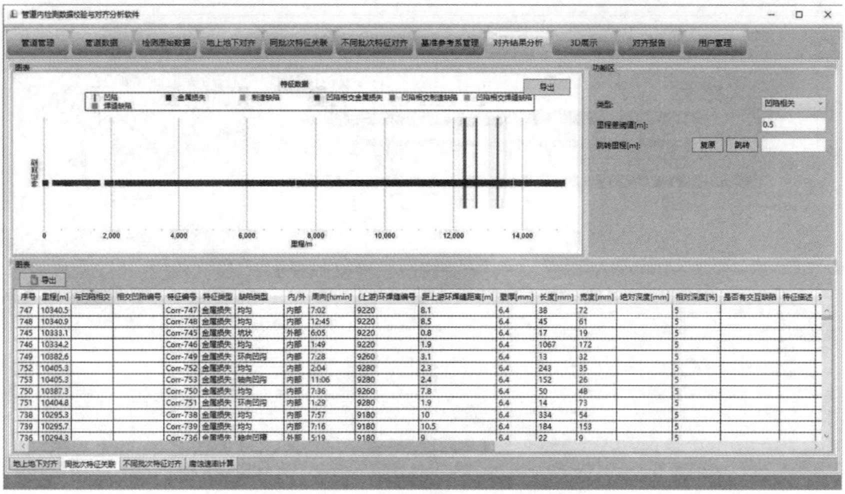

图 11－18　凹陷相关缺陷比对界面

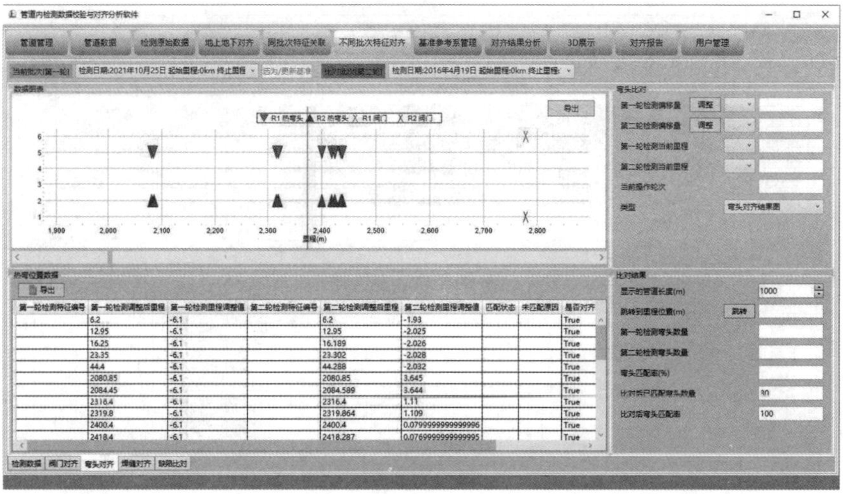

图 11－19　不同批次特征对齐界面

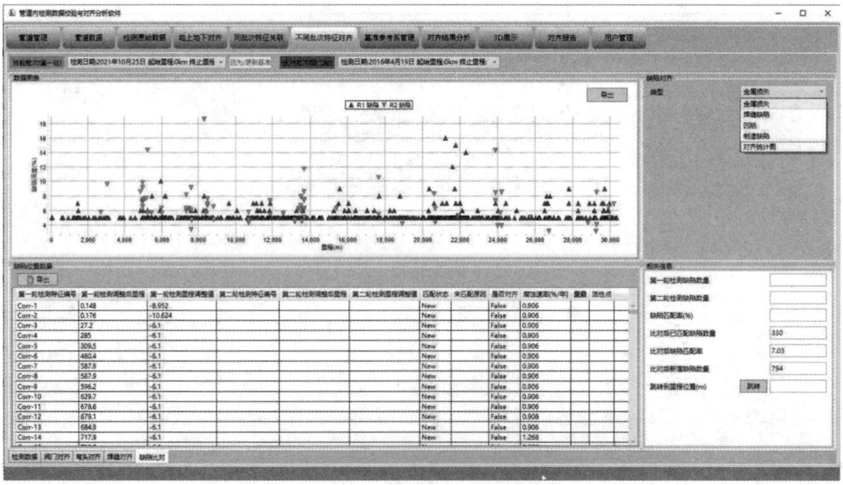

图 11－20　缺陷对齐结果界面

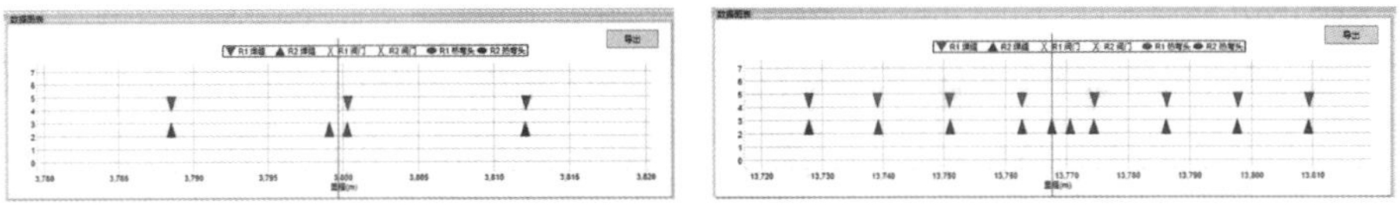

图 11－21　2021 年 3 处环焊缝未报告(红色为 2021 年检测结果)

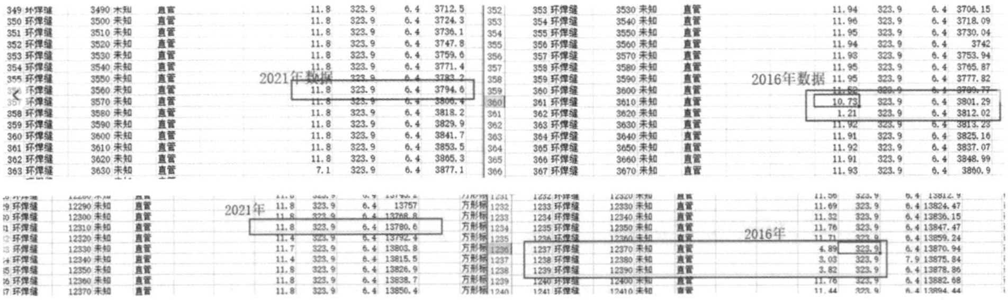

(a)2021年3处未报环焊缝两批次检测数据对照(数据存在差异)

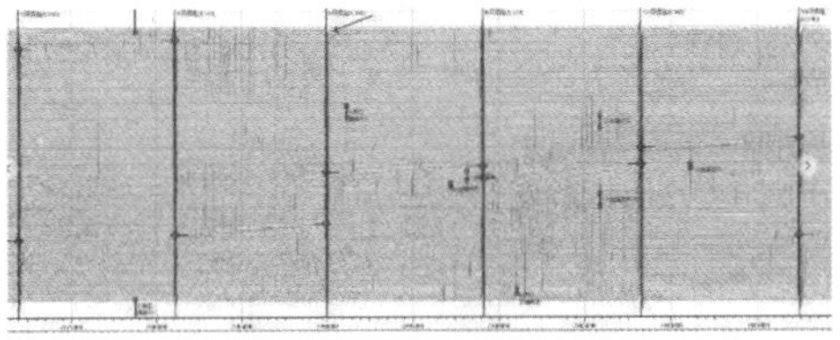

(b)第1处检测信号(无短节)

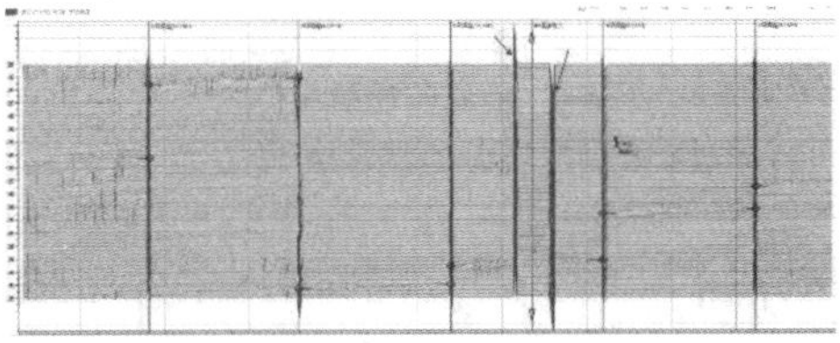

(c)第2、3处检测信号(无短节，存在2条B型套筒角焊缝)

图 11－22　2021 年 3 处未报告环焊缝原始数据、信号核查结果

通过管道内检测数据校验与对齐分析软件对某管道内检测数据进行应用，通过对检测数据的处理分析，得出以下结论：

(1)对 2021 年该管道内检测数据的地上地下特征对齐，实现 14 处三桩(里程桩、水平转角桩、标志桩)、17 处磁标记与环焊缝的对齐；2021 年同批次特征对齐功能匹配出与焊缝相交的金属损失 4 处，与焊缝相交制造缺陷、焊缝相交凹陷各 0 处；存在与凹陷相关的金属损失 8 处。

(2)通过不同批次基准参考系对齐，两次检测的阀门、弯头实现 100% 对齐；存在 13 条环焊缝无法对齐，其中 3 处为 2021 年未报告的环焊缝，经核查 2021 年原始信号，显示为非漏报情况，因 2016 年信号无法核查，建议企业开挖验证核查是否为误报环焊缝。其他 10 处为位于内检测收发球筒附近或因两次数据报告规则不同未对齐，可忽略影响。

(3)经分析两批次缺陷对齐结果发现，2021 年检测缺陷相对 2016 年有 334 个缺陷实现对齐，其中凹陷 4 处，金属损失 330 处，2021 年与 2016 年缺陷对齐率为 28.6%(两次均检出)，其中里程和周向均对齐的仅 122 处，其余 212 处为里程对齐但周向超出阈值(30min)的情况。2021 年相较于 2016 年新增 833 处，其中金属损失 794 处，焊缝缺陷 38 处，凹陷 1 处；相较于 2016 年检出缺陷，2021 年漏报缺陷 651 处(2016 年检出，2021 年未检出)。

(4)分析漏检和未对齐金属损失数据，存在以下情况：①部分金属损失里程相近，但管壁内/外位置不同，多数情况为 2021 年为“内部”、2016 年为“外部”，不排除某次检测数据有误的情况；②已对齐的330处金属损失中，有83%金属损失2021年的检出深度小于2016年的检出深度(腐蚀速率为负值)，其中深度差超过10%(检测误差)的缺陷7处。考虑到内检测间隔5年时间和腐蚀发展演变的规律，即便存在检测器误差影响，也不应该出现83%的金属损失深度不增反降的情况，建议对存在该情况的深度较大金属损失进一步验证。

(5)对齐的局限性：内检测数据对齐结果的准确性完全依赖于检测数据的准确性，已对齐缺陷依赖于检测商提供的检测里程、距上游环焊缝距离和缺陷周向等信息，管道本体缺陷较多时，因部分管段缺陷分布密集、检测数据误差大等原因，对缺陷对齐结果准确性影响会较大，但缺陷对齐结果依然可作为附近缺陷查找提供依据。

11.5.3 管道完整性评价

管道内检测评价与响应决策软件的功能包括基础数据获取、非腐蚀缺陷(凹陷、制造缺陷、焊缝缺陷)评价、单一缺陷快速图解、腐蚀速率自动分段求解、腐蚀缺陷剩余强度评价及剩余寿命预测、响应决策判定准则制定及管体缺陷响应决策。软件集成了自主开发的单一缺陷快速图解、响应决策等方法，具有以下功能特点：

(1)基于内检测对齐工具提供的已初步对齐的缺陷数据，应用于不同缺陷数据统计及图形化分析。

(2)对于腐蚀缺陷，软件具备ASME B31G、DNV－RP－F101及BS 7910、SY/T 6151、Shannon等方法的剩余强度计算及方法对比功能，可求解每个腐蚀与制造缺陷的预估维修比(ERF)、安全工作压力(p_s)，可依据API 1160、API 1104等标准评价凹陷和焊缝缺陷；具备采用仅考虑深度和NACE两种剩余寿命预测方法；具有独立的腐蚀速率自动分段计算界面，还可自定义腐蚀速率；可配置不同公司维修判定准则，进而制定4种缺陷的维修响应决策；软件还包括单一缺陷快速图解评价工具。

通过对某成品油管道检测数据的分析，结合管道的实际情况，采用自主开发的“油气管道完整性管理系统”和“ILI_Assessment”内检测评价软件对管道进行了完整性评价。主要包括以下内容：

(1)内检测数据获取与统计分析。

(2)评价管体金属损失(包括腐蚀和制造缺陷)缺陷的安全工作压力(P_s)与最大允许操作压力(MAOP)之间的关系，计算预估维修比(ERF)，判断金属损失的严重程度。

(3)计算腐蚀缺陷生长速率，预测管道剩余寿命。

(4)分别采用不同方法评价变形、焊缝异常对管道完整性的影响。

(5)评价管道当前的完整性情况，确定需要立即维修及计划维修的缺陷。

(6)制定缺陷维修判定准则，对缺陷进行响应决策，制订维修计划。

(7)取某一缺陷进行单一缺陷快速图解评价，验证软件计算结果。

登录“油气管道完整性管理系统”，新建“AAA管线”“站列1”，在“数据管理”模块录入管节、钢管分布等基本信息后，在“完整性评价”模块分别建立该管线内检测工程和内检测评价工程，如图11－23所示。导入内检测数据，包括腐蚀缺陷、凹陷、制造缺陷、焊缝缺陷、环焊缝与管节等检测数据(如图11－24所示)，导入内检测数据。

图 11－23　建立内检测工程和内检测评价工程

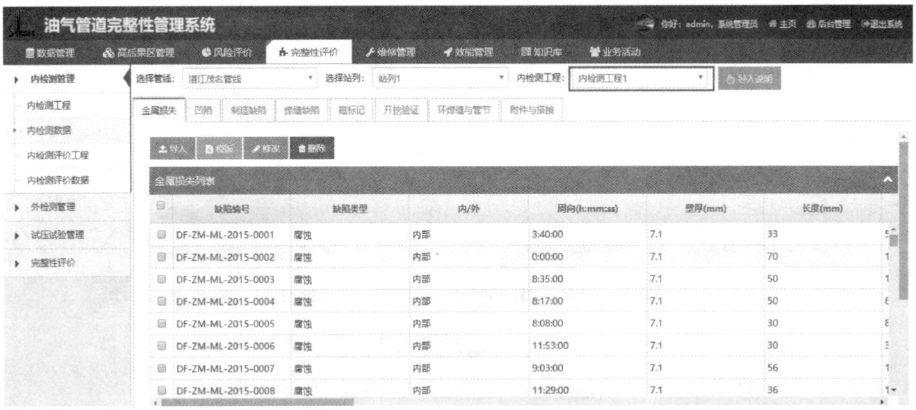

图 11－24　导入内检测数据

配置服务器地址，登录 ILI_Assessment 软件。选择“AAA 管道”对应的内检测工程及评价工程，并获取缺陷统计数据，如图 11－25 所示。

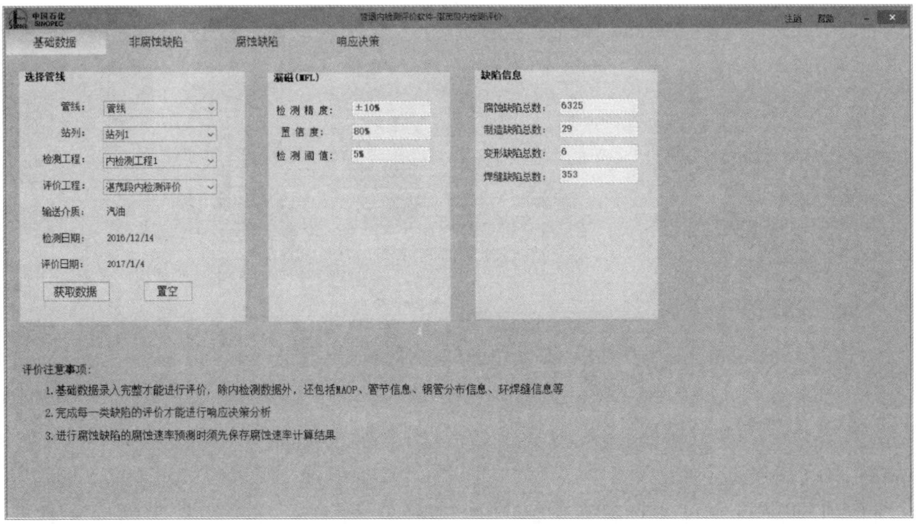

图 11－25　基础数据获取

1. 单一缺陷快速图解评价

在单一腐蚀缺陷快速图解评价模块，在右侧数据栏输入缺陷信息和管道信息，选择剩余强度方法(ASME、DNV、BS)和剩余寿命方法，自动给出维修响应建议并在左侧图中展示，如图 11－26 所示。单一缺陷快速图解评价可导出评价报告，点击“导出 Word”即可，如图 11－27 所示。

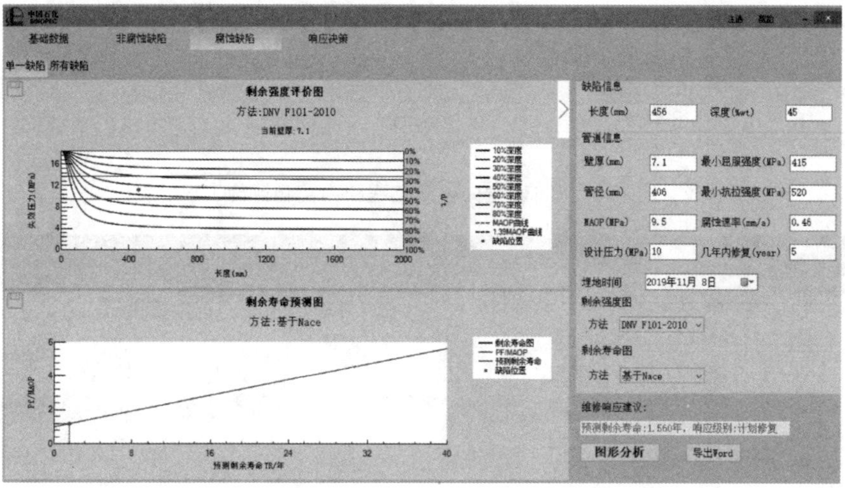

图 11－26 单一缺陷快速评价功能界面

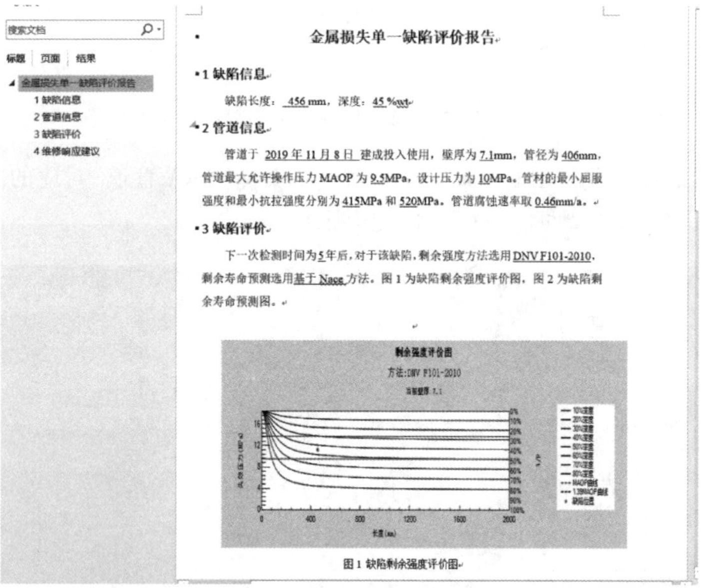

图 11－27 单一缺陷评价导出报告

2. 缺陷批量评价

1)腐蚀缺陷深度统计

在腐蚀缺陷界面，选择图形类型为“缺陷深度统计图”，筛选统计内腐蚀和外腐蚀缺陷的深度分布，如图 11－28 所示。腐蚀缺陷深度统计可直观反映管道腐蚀严重程度。同理，可进行变形缺陷、制造缺陷等其他缺陷深度统计。

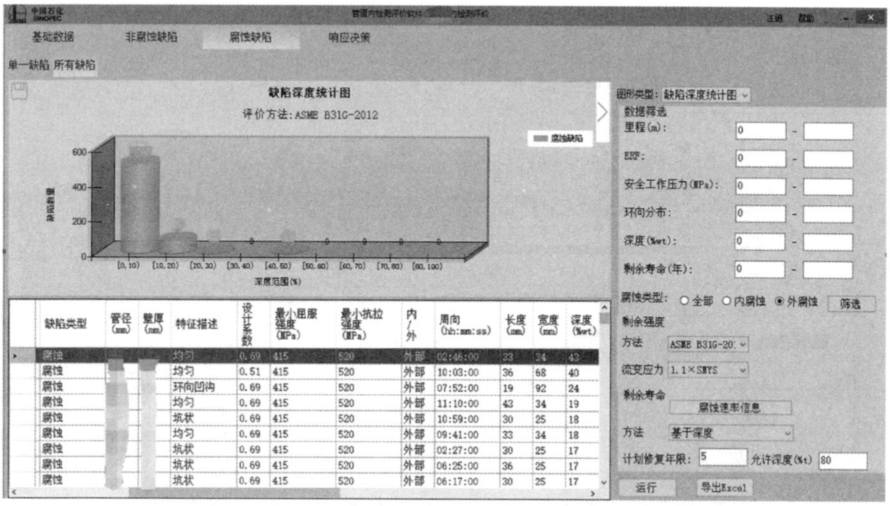

图11－28　腐蚀缺陷界面—缺陷深度统计

选择“里程－深度”图形类型，点击筛选，软件可作出腐蚀缺陷深度沿里程的分布图（见图11－29）。可分别统计内、外部腐蚀缺陷深度，变形缺陷、制造缺陷等其他缺陷深度沿里程分布。缺陷深度沿里程的分布可直观反映管道沿里程腐蚀的严重程度，也可作为排查严重损伤区段影响因素的参考依据。

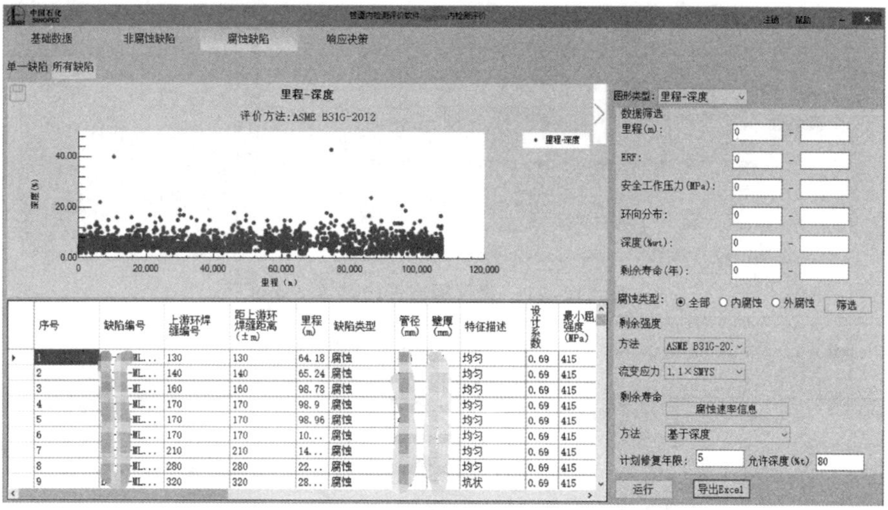

图11－29　腐蚀缺陷里程－深度分布统计功能界面

2）腐蚀缺陷环向分布

选择“里程－环向分布”图形类型，点击筛选，软件可作出腐蚀缺陷环向分布沿里程的分布图，点击左上角图片导出按钮可导出图片（见图11－30）。此外，可统计内、外部腐蚀缺陷和其他类型缺陷环向分布，缺陷环向分布情况统计可为排查损伤原因提供依据。

3）最严重腐蚀缺陷列表

导出金属损失缺陷评价结果，可获得15个最深的腐蚀缺陷和15个ERF值最高的腐蚀缺陷，如图11－31所示，导出表格结果如图11－32所示。此外，可导出其他类型缺陷最严重缺陷列表，该列表可帮助企业初步掌握管道最严重缺陷。

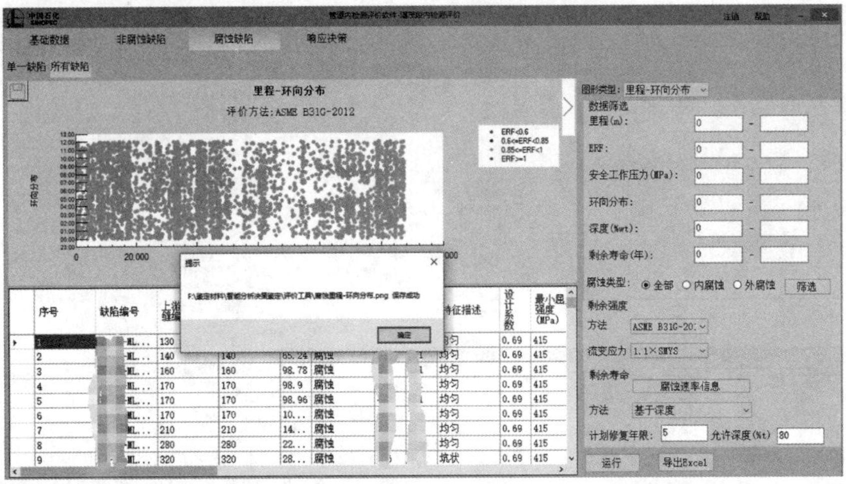

图 11-30　腐蚀缺陷里程-环向分布统计导出功能界面

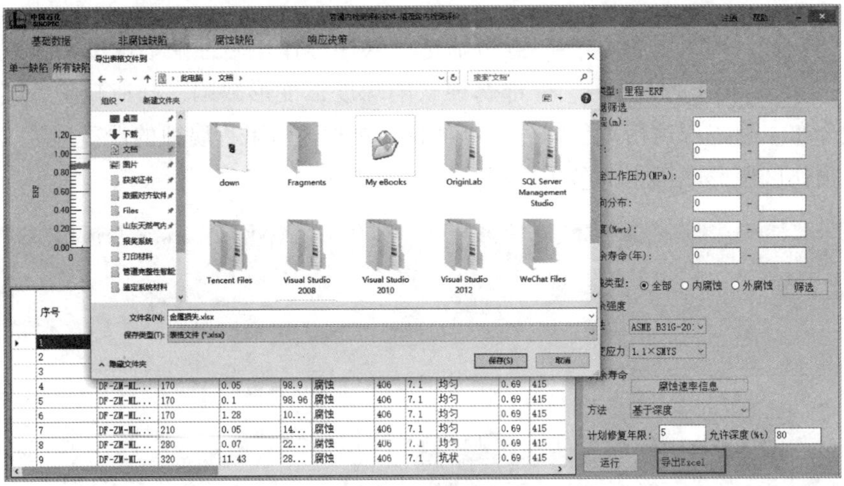

图 11-31　软件导出评价结果 Excel

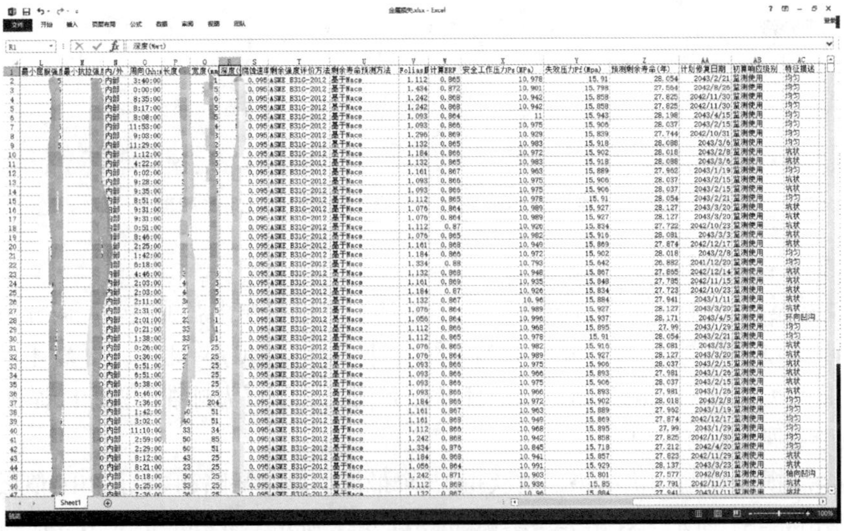

图 11-32　金属损失评价结果表

3. 内检测评价

采用内检测评价软件，对 AAA 成品油管道当前的完整性情况进行评价，确定需要立即维修和计划维修的缺陷，制订合理的维修维护计划。

1)剩余强度评价方法选择

选择图形类型为“长度-深度”，“钢管名称”选择不同壁厚的钢管，点击“筛选”，作腐蚀缺陷深度与长度 ERF 曲线图，如图 11-33 所示。

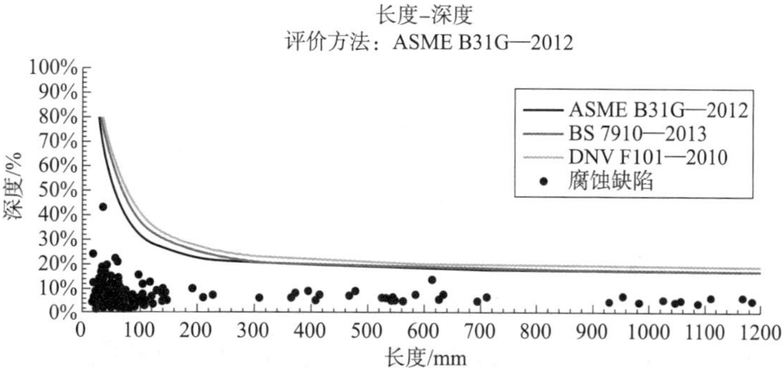

图 11-33　腐蚀缺陷深度与长度 ERF 曲线图(7.1mm 壁厚)

以 ERF 曲线图来描述缺陷尺寸与压力之间的关系。图中，横坐标为缺陷长度，纵坐标为缺陷相对深度；ERF=1 曲线上任意一点所对应的缺陷，在其长度和深度下，缺陷的 P_s = MAOP(9.5MPa)，即曲线上任意一点的缺陷尺寸稍有增长就不能满足最大允许操作压力的要求。因此，当腐蚀缺陷位于 ERF=1 曲线上方时，表示该缺陷当前尺寸是不可接受的。由图 11-34可知，对于示例管道，ASME B31G 方法最保守，BS 7910 最为松弛，DNV-RP-F101 适中，ASME B31G 标准则较为保守，尤其是对于短缺陷。

2)剩余强度评价

根据企业需求，可选择最保守或较为保守的方法开展剩余强度评价。管道剩余强度由 ERF 和安全工作压力表征。评价结果如图 11-34 及图 11-35 所示。剩余强度评价方法越保守，维修成本越高，管道修复后的安全性也越高。同理，可开展制造缺陷评价，评价结果如图 11-36 所示。

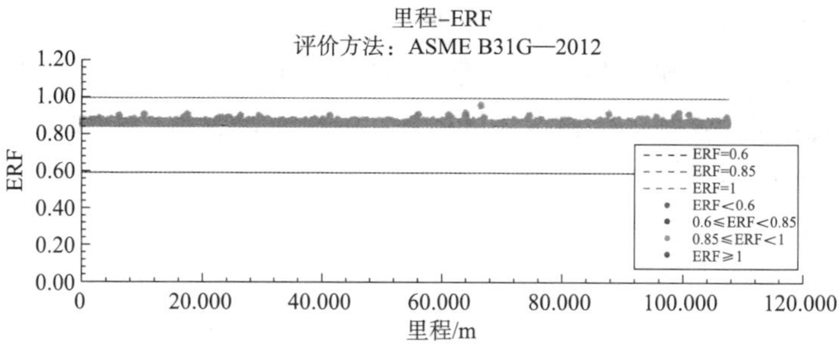

图 11-34　腐蚀缺陷 ERF 沿里程分布图

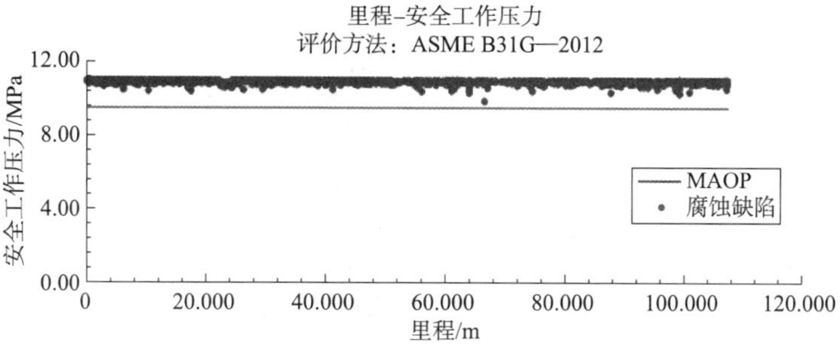

图 11-35　腐蚀缺陷安全工作压力沿里程分布图

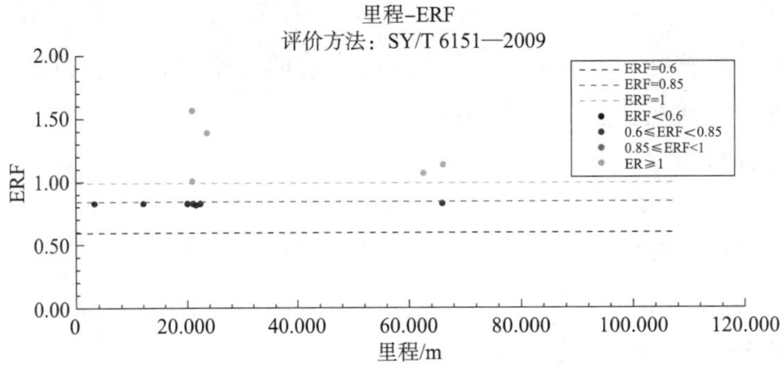

图 11－36　制造缺陷 ERF 沿里程的分布

3)剩余寿命预测

腐蚀缺陷生长速率的计算是管道剩余寿命预测的基础。依据管道剩余寿命预测结果制订合理的维修计划，以满足管道将来完整性管理的需要。目前，腐蚀缺陷生长速率普遍使用的方法是依据两次(或多次)检测的数据对比获得，并且腐蚀缺陷生长速率计算采用保守的原则。对于只进行过一次内检测的管道，经验做法是，假设管道投产的起始时间为腐蚀开始生长的初始时间，并使用全寿命或半寿命的方法来计算所有腐蚀缺陷的腐蚀速率并取最大值作为管道腐蚀速率。

截止到本次检测结束时间，示例管道运营时间为 9 年，经分析数据，不同壁厚管节上的腐蚀缺陷严重程度存在较大差异。因此，软件中采用分段方式计算每段的腐蚀速率，用户可以该段腐蚀速率最大值的某一比例或平均值作为该段管道的腐蚀速率。分段因素考虑“埋地时间”和“壁厚”，其中“埋地时间”为必选项，“壁厚”为可选项。

进入软件“腐蚀缺陷”模块的“所有缺陷”—“腐蚀速率信息”，可配置腐蚀速率计算界面。通过计算，以每段管道最大腐蚀速率作为该段腐蚀速率，分别计算管道内部腐蚀速率和外部腐蚀速率，计算界面如图 11－37 所示。

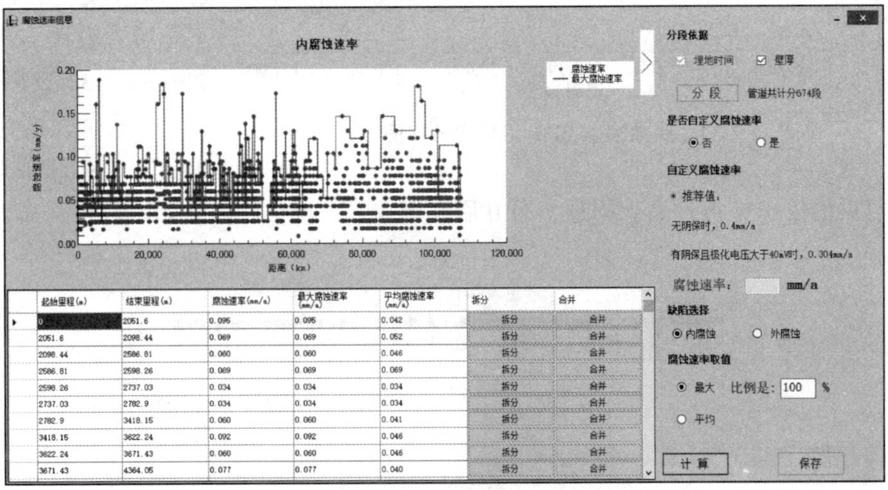

图 11－37　腐蚀速率自动分段计算

基于剩余强度评价结果及腐蚀缺陷生长速率计算结果，选择剩余寿命预测方法对 AAA

成品油管道腐蚀缺陷进行剩余寿命预测。自上次检测结束的时间开始计算，结果显示缺陷剩余寿命最小的为6.3年，预测结果中剩余寿命在5年之内的腐蚀缺陷为0处，如图11－38所示。

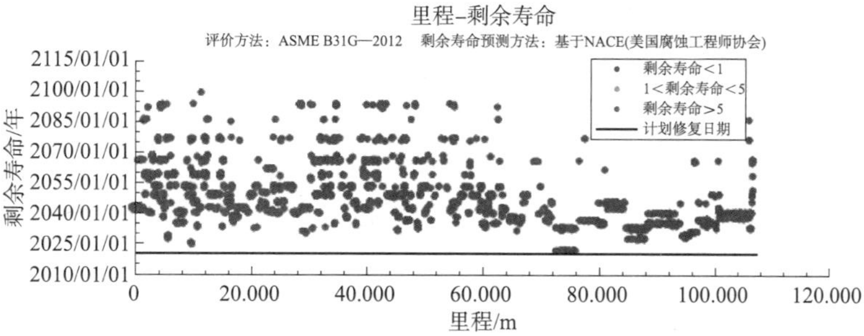

图11－38 腐蚀缺陷的剩余寿命预测

4）维修决策

在B/S端配置管道维修判定准则，用户还可选择是否考虑高后果区、风险的影响。若考虑高后果区和风险影响，则根据完整性管理系统高后果区、风险等级及用户选择的不同高后果区、风险等级对维修时间的影响进一步缩短对应缺陷的维修时间。根据企业需求，在维修决策模块制定该企业腐蚀缺陷、凹陷、制造缺陷和焊缝缺陷的立即修复和计划修复判定准则，如图11－39所示。维修决策功能分析，可为管道运行管理人员提供缺陷的维修级别、建议修复日期、修复方法等。

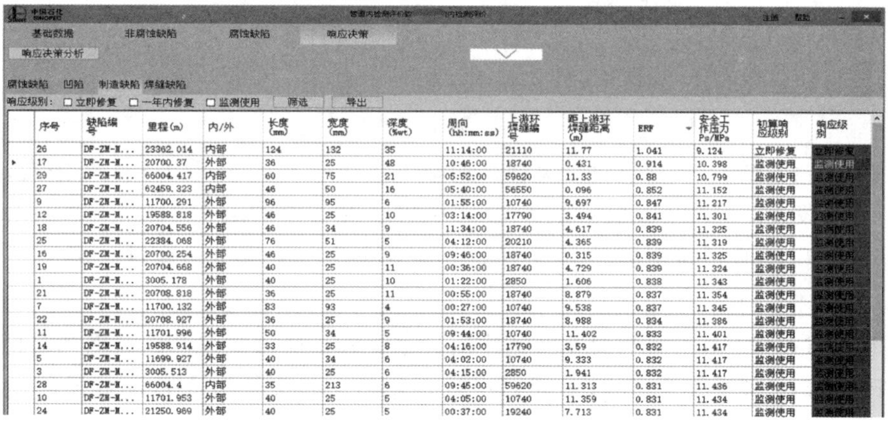

序号	缺陷编号	里程(m)	内/外	长度(mm)	宽度(mm)	深度(%wt)	周向(hh:mm:ss)	上游环焊缝编号	距上游环焊缝距离(m)	ERF	安全工作压力Ps/MPa	初算响应级别	响应级别
26	DF-ZM-M...	23362.014	内部	124	132	35	11:14:00	21110	11.77	1.041	9.124	立即修复	立即修复
17	DF-ZM-M...	20700.37	外部	36	25	48	10:46:00	18740	0.431	0.914	10.398	监测使用	监测使用
29	DF-ZM-M...	66004.417	内部	60	75	21	05:52:00	59620	11.33	0.88	10.799	监测使用	监测使用
27	DF-ZM-M...	62459.323	内部	46	50	16	05:40:00	56550	0.096	0.852	11.152	监测使用	监测使用
9	DF-ZM-M...	11700.291	外部	96	95	6	01:55:00	10740	9.697	0.847	11.217	监测使用	监测使用
12	DF-ZM-M...	19588.818	外部	46	25	10	03:14:00	17790	3.494	0.841	11.301	监测使用	监测使用
18	DF-ZM-M...	20704.556	外部	46	34	9	11:34:00	18740	4.617	0.839	11.325	监测使用	监测使用
25	DF-ZM-M...	22384.068	外部	76	51	5	04:12:00	20210	4.365	0.839	11.319	监测使用	监测使用
16	DF-ZM-M...	20700.254	外部	46	25	9	09:46:00	18740	0.315	0.839	11.325	监测使用	监测使用
19	DF-ZM-M...	20704.668	外部	40	25	11	00:36:00	18740	4.729	0.839	11.324	监测使用	监测使用
1	DF-ZM-M...	3005.178	外部	40	25	10	01:22:00	2850	1.606	0.838	11.343	监测使用	监测使用
21	DF-ZM-M...	20708.818	外部	36	25	11	00:55:00	18740	8.879	0.837	11.354	监测使用	监测使用
7	DF-ZM-M...	11700.132	外部	83	93	4	00:27:00	10740	9.538	0.837	11.345	监测使用	监测使用
22	DF-ZM-M...	20708.927	外部	36	25	9	01:53:00	18740	8.988	0.834	11.386	监测使用	监测使用
11	DF-ZM-M...	11701.996	外部	50	34	5	09:44:00	10740	11.402	0.833	11.401	监测使用	监测使用
14	DF-ZM-M...	19588.914	外部	33	25	8	04:16:00	17790	3.59	0.832	11.417	监测使用	监测使用
5	DF-ZM-M...	11699.927	外部	40	34	6	04:02:00	10740	9.333	0.832	11.417	监测使用	监测使用
3	DF-ZM-M...	3005.513	外部	40	25	6	04:15:00	2850	1.941	0.832	11.417	监测使用	监测使用
28	DF-ZM-M...	66004.4	内部	35	213	6	09:45:00	59620	11.313	0.831	11.436	监测使用	监测使用
10	DF-ZM-M...	11701.953	外部	40	25	5	04:05:00	10740	11.359	0.831	11.434	监测使用	监测使用
24	DF-ZM-M...	21250.969	外部	40	25	5	00:37:00	19240	7.713	0.831	11.434	监测使用	监测使用

图11－39 缺陷响应决策分析结果

5）数据回写

软件分析完成后，关闭并保存数据，“非腐蚀缺陷”和“腐蚀缺陷”两个模块的数据将回写至系统“完整性评价”模块中并在“内检测评价数据”界面展示，以供管理人员管理数据；“响应决策”模块的缺陷响应计划将回写至系统“维修管理”模块并在“维修决策”界面显示，以进一步进行维修维护管理，如图11－40所示。在维修管理模块，管道运行人员可对需要立即修复和计划修复的缺陷建立维修工程，并在维修工程下审批、管理缺陷修复计划和进度。

图 11－40　评价结果回写至系统

通过采用 ILI_Assessment 管道内检测评价软件对某成品油管道内检测数据进行完整性评价，并进行响应决策分析及检测数据的分析，得出如下结论：

(1)对于腐蚀缺陷，软件具备 ASME B31G、DNV－RP－F101 及 BS 7910、SY/T 6151、Shannon 等方法的剩余强度计算及方法对比功能，可求解每个腐蚀与制造缺陷的预估维修比(ERF)、安全工作压力(P_s)，可依据 API 1160、API 1104 等标准评价凹陷和焊缝缺陷；具备采用仅考虑深度和 NACE 两种剩余寿命预测方法；具有独立的腐蚀速率自动分段计算界面，还可自定义腐蚀速率；可配置不同公司维修判定准则，进而制定 4 种缺陷的维修响应决策；软件还包括单一缺陷快速图解评价工具。

(2)经分析，该成品油管道需要立即修复的缺陷共计 4 处，其中 1 处制造缺陷、3 处凹陷，需要计划修复的缺陷共计 7 处，其中 5 处腐蚀缺陷、2 处凹陷，均为一年内计划修复缺陷。

(3)剩余寿命预测，大多软件计算腐蚀速率时通常采用单一(最大)腐蚀速率或者平均将管道分为 n 段并取每段最大值，不考虑埋地时间、壁厚等的影响，本软件在计算腐蚀速率时依据壁厚和埋地时间不同将软件自动分为 674 段，使得每段腐蚀速率更接近实际情况。

(4)软件可实现与完整性管理系统的实时数据交互，通过获取基础数据和内检测数据进行分析计算后，再将数据分模块回写至管理系统，实现管道完整性数据的动态闭环管理。

第三篇

成品油管道站场完整性管理技术与实践

第 12 章　站场数据采集与整理

成品油管道站场主要有工艺管线、机械设备、压力容器、电气设备、仪表和自控设备、通信设备、消防设备、安全防护与监测系统等，涉及数据种类庞杂。目前，对海量数据通过信息化手段自动采集，通过数据库集中管理和交互，并基于大数据技术进行分析决策已成为主流趋势。数据采集作为数据录入信息系统的源头，是数据管理系统工作中的重要环节。数据采集需采取相应数据标准和模型为依据，对数据的形式进行规范化，以满足信息系统存储处理和数据交互的需求。站场完整性管理数据采集技术要结合信息系统数据录入能力，广泛采用物联网技术手段，提高数据采集自动化、规范化和数据质量控制水平。

12.1　数据类型

成品油管道站场生产区域设备众多，数据来自不同设备单元、不同站场、不同运行环境，所以，在数据采集前需要确认采集数据的类型。《石油、石化和天然气工业 设备可靠性和维护数据的收集与交换》(ISO 14224)为石油石化行业设备设施数据采集提供了推荐做法，对数据采集常用术语定义、数据质量控制、设备边界和分级体系进行了规范，尤其对现场数据信息采集结构、设备可靠性数据整理和录入数据库进行了规范，提高了设备处理的效率。《石油天然气工业 设备可靠性和维修数据的采集与交换》(GB/T 20172)等同采用了《石油、石化和天然气工业 设备可靠性和维护数据的采集与交换》(ISO 14224)，为石油天然气领域以标准格式采集数据提供综合基础。

按照数据的组织和结构，可以将数据分为设备数据、失效数据和维修数据 3 种主要数据种类。

(1)设备数据。设备的特点通过以下数据来描述：

①识别数据，如设备位置、分类、安装数据、设备单元数据；

②设计数据，如制造厂数据、设计特点；

③应用数据，如运转、环境。

这些数据对所有设备类别应是通用的。更多的详情见表 12 - 1。

表12－1　设备数据

主类	子类	数据
识别	设备位置	设备标牌号码
	分类	设备单元类型，如泵 设备类型 使用
	安装数据	安装代码和名称 安装种类 工作种类，如人员操作、遥控 地理区域，如内陆、沿海
	设备单元数据	设备单元描述（专门术语） 唯一号码，如系列号 子单元冗余，如冗余子单元号码
设计	制造厂数据	制造厂名 制造厂模块设计
	设计特点	与每种设备类别对应，如容量、功率等
应用	运转（一般使用）	设备单元冗余，如3×50% 工作状态下的模式，如连续工作、停机、待机 设备安装日期或生产开始日期 监视周期 每个设备类别相应的工作参数，如运行功率、工作速度。
	环境因素	外部条件（严重、中等、良好） 内部环境（严重、中等、良好）

注：补充信息，如必要，增加文字描述的补充信息；数据源，如流程和仪器图、数据表。

（2）失效数据。这些数据有以下特点：

①识别数据，如失效记录和设备位置；

②具体表征一次失效的数据，如失效日期、失效的维修产品、严重度级别、失效模式、失效原因、观测的方法。

更多的详情见表12－2。

表12－2　失效数据

种类	数据	描述
识别	失效记录	特定的失效识别
	设备位置	标牌号

续表

种类	数据	描述
失效数据	失效日期	失效发现的日期(年/月/日)
	失效模式	在设备单元水平
	失效对工作的影响	没有、部分或全部(还可能包括安全性影响)
	严重度等级	对设备单元功能的影响：致命失效、非致命失效
	失效描述	失效的描述
	失效原因	失效的原因
	失效的子单元	失效的子单元名称
	失效的维修组件	详细说明失效的维修组件
	观测方法	失效如何被检测
注：补充信息，如可能，给出导致失效的环境、关于失效原因的补充信息等更详细的情况。		

(3)维修数据。这些数据有以下特点：

①识别数据，如维修记录、设备位置、失效记录；

②维修数据，以维修为特点的参数，如维修日期、维修类别、维修活动、维修的产品、不同专业的维修人时、实际维修时间、不可用时间。

更多的详情见表 12－3。

表 12－3　维修数据

种类	数据	描述
识别	维修记录	特有的维修识别
	设备位置	标签号码
	失效记录	相应的失效识别(只对修复性维修)
维修数据	维修日期	采取维修措施日期
	维修种类	修复性维修或预防性维修
	维修活动	维修活动的描述
	维修对工作的影响	没有、部分或全部(可能还包括安全性影响)
	被维修的子单元	被维修的子单元名称
	被维修的维修产品	详细说明被维修的维修产品
维修资源	各专业维修人时	各专业的维修人时(机械、电、仪器、其他)
	总维修人时	总的维修人时
维修时间	实际维修时间	对设备的实际维修工作时间
	不可用时间	一个产品处于不可用状态的时间区间
注：补充信息，如可能，对其他维修任务的维修措施(如非正常等待时间)，给出更详细的信息。		

失效和维修数据的类型对各种设备类别一般应是通用的，存在需要采集特殊类型数据的例外，如水下设备。为描述失效后的纠正措施，应记录修复性维修事件。预防性维修记录应保留设备单元的完整的寿命时间历程。

根据数据的采集方式，可以将数据分为两种类型：一是设备设计建造资料、工艺操作参数等静态数据，二是设备运行状况、设备完好情况、设备维护维修等动态数据。

12.2 数据采集与入库

数据采集是完整性管理的重要组成部分，是进行科学性数据分析的基础。采集数据的准确性直接关系到数据分析结果的价值，所以科学的数据采集方法将是一切工作的前提。

数据采集的一般性原则：

(1)应按照完整性管理程序所需的数据要求，从管道公司内部和外部(如行业管理数据)获取。

(2)应检查设计和施工文件中以及近期操作、维护记录中，包含所需数据项的内容。

(3)应调查所有设备记录的可能出处，记录获得的数据内容和形式(包括单位或参照系统等)，并确定数据量是否充足，如果发现数据不足，可根据数据的重要性，制订收集数据的方案，必要时进行相关的监测、检测和现场数据的收集工作。

(4)应管理好企业信息管理系统(MIS)数据库或管道地理信息系统(GIS)数据库中所涉及的全部数据，以及历史的评估结果，这些都是有用的数据源。

(5)应重点、全面收集历史事故的分析报告，并形成事故数据库，在未来应用于人员培训或资格认证中。

(6)外部信息的获得可通过与线路沿途相关的气象、地质、水文负责部门建立起固定的联系，借鉴专业信息源的土壤资料、人口统计、水文资料分管单位的报告或数据库。

(7)应借鉴不同管道公司之间的历史数据库和事故数据库。

(8)实施完整性评价管理过程中获得的检测数据、试验数据、评价数据以及效能测试方面的研究数据应重点收集和整理。

数据采集根据采集数据的类型可以分为不同的方式，主要方式有人工录入、批量导入、传感器采集、爬虫、接口等。

(1)人工录入：通过人工将数据逐一录入到系统中。

(2)批量导入：针对已有的批量的结构化数据可以开发导入工具将其导入系统中。

(3)传感器采集：通过传感器，即现在应用比较广的一个词——物联网。通过温湿度传感器、气体传感器、视频传感器等外部硬件设备与系统进行通信，将传感器监测到的数据传至系统中进行采集使用。

(4)爬虫：针对互联网数据，可以通过编写网络爬虫，设置好数据源后有目标性地爬取数据。

(5)接口：可以通过 API 接口将其他系统中的数据采集到本系统中。

数据采集模式的基本思路根据数据类型也分为两种，包括静态数据采集模式基本思路、动态数据采集模式基本思路。

(1)静态数据采集模式基本思路包含 4 个方面：建立符合企业设备技术分布状态的设备分类；针对每类设备，确定满足设备完整性管理的设备静态数据栏目；建立静态数据采集管理程序，按管理程序，分阶段组织各个站场进行现有设备的静态数据采集；建立信息管理子系统，与设备、备件采购管理子系统进行数据交换，直接从设备、备件供应商处获得静态数据，与工程管理子系统进行数据交换，直接从工程验收资料中获取静态数据。

(2)动态数据采集模式基本思路包含3个方面：设备自控或数采系统，例如SCADA、PLC等；设备在线或离线监测系统，包括各种利用专业、专用仪器仪表进行测量获得的数据；操作工、维护工、维修工等对设备进行的观察、检查的工作记录。要获取高质量的设备技术动态数据，必须逐步实现：建立更完整、更高水平的自控或数采系统；建立更完整、更高水平的在线或离线监测系统；建立涵盖操作工、维护工、维修工日常业务并能够被其有效使用的信息系统；建立设备数据中心，将各种数据进行集中管理和利用。

数据在采集过程中需要注意的事项有：为确保数据质量和数据的实用性，应制订数据收集、检查和分析方案，该方案应明确数据收集的总体思路和目的；在整个过程中应保存数据使用记录。通过这些数据，可以确定在完整性评估过程中，是如何利用和在哪些方面已经利用了未经更新的数据，从而可真实评估整个完整性管理过程对评估结果的准确性及潜在影响；应确定数据的分辨率和单位。整合数据时，保持单位一致很重要。应尽量利用管道和设施的各种实际数据，应避免使用假设值代替具体的数据。收集的数据在时间上要与目的性相适应，明确提出收集的数据和所要分析的风险是否在时间上是一致的。例如，与时效性危险因素(如腐蚀或应力腐蚀开裂)相关的数据，如果是在完整性管理程序制定前数年收集的，则可能不适用，对于稳定的和与时间无关的危险因素，由于不存在时间上的相关性，所以较早的数据仍然适用；根据所需数据的重要性，进行附加的检测或现场数据收集工作。

第 13 章　站场风险评价

风险评价是站场完整性管理的核心之一，通过风险评价，能将站场设备设施按风险排序，从而将企业安全管理的重点集中在高风险设备设施上，同时减少对低风险设备设施的管理投入，并指导安全检验，以实现安全性和经济性的协调统一。

13.1　风险评价方法概述

在管道风险评价中，评价对象仅为管道本身，可采用相同的评价体系，而输油站场内设备设施比较多，不同设备的属性和失效机理也不相同。因此，若直接将管道的风险评价方法应用于站场设施，必将导致评价结果不准确，甚至产生谬误。

针对不同功能设备和应用场景，确定站场风险评价技术体系的基本架构，如图 13 – 1 所示。站场风险评价核心技术包括静设备基于 RBI(Risk Based Inspection，基于风险的检验)的评价技术、动设备基于 RCM(Reliability Centered Maintenance，以可靠性为中心的维护)的评价技术、仪表设备基于 SIL(Safety Integrity Level，安全完整性等级分析)的评价技术、站场区块 QRA(Quantitative Risk Analysis，定量风险评价)的评价技术以及站场生产工艺操作基于 HAZOP(Hazard and Operability Study，危险可操作性研究)的评价技术。

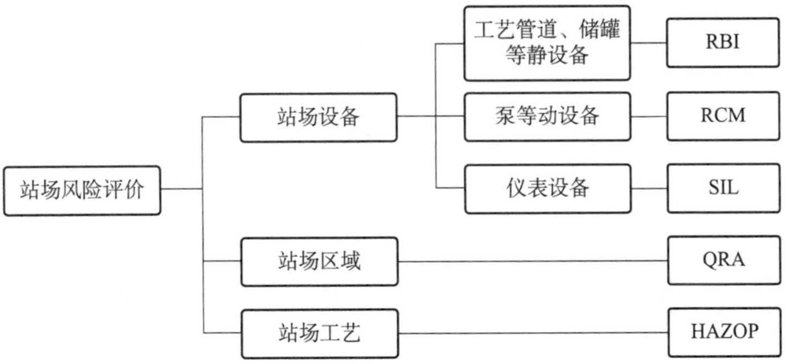

图 13 – 1　站场风险评价技术体系的基本架构

站场各种风险评价技术方法的对比如表 13 – 1 所示，总结归纳如下：

(1)以风险分析为基本手段，评价对象虽不同，但都是关注后果比较严重的部分；

(2)各方法采用的标准来源都不同，每一项都只针对特定领域和通用特性，不特别针对成品油管道站场；

(3)各方法的目的基本相同，都是通过评价以制定管控措施，削减风险；

(4)各技术都是采用动态更新和循环管理的模式相互联系起来的；

(5)各技术都需要各种专业人员的参与，包括风险评价人员、技术管理人员、设备操作人员以及不同专业岗位(工艺、设备、仪表等)的技术人员或专家；

(6)各相关标准只给出了展开风险识别与评价的方法，没有考虑与整个站场生产管理系统的相结合，可以作为专家系统单独使用，但不具备实施站场风险评价的所有要素。

表 13－1 站场各风险评价技术对比

评级技术	分析对象	目的	方法概述	标准
RBI	工艺管道、储罐等静设备	提出降低装置运行风险的优化检测计划	确定评价目标和范围 腐蚀和物流回路划分 确定失效机理和失效模式 数据和资料搜集 确定设备部件失效概率 确定失效后果 风险计算、排序和等级划分 制订检验计划 风险再评价与更新	美国石油学会(API)，美国机械工程师学会(ASME)
RCM	泵等动设备	提出设备的维修计划	确定评价的系统和功能 确定系统的部件和失效模式、失效后果 确定各部件失效的关键性 确定失效的原因 制定防止和减小失效后果的措施 通过逻辑决断来确定预防性维修工作类型、间隔期及修理级别 制订维修及备品、备件计划 再评价与更新	美国汽车工程师学会(SAE)，美国船舶局(ABS)
SIL	仪表设备	确定系统安全级别，制订维护计划	概念过程设计 过程危险性分析 评估危险事件的后果和发生的可能性 风险减缓措施分析 确定仪表安全系统的目标级别 SIS 设计、安装、试验 制订仪表安全系统的操作和维护计划 再评价与更新	国际电工技术委员会(IEC)，美国仪表学会(ISA)
QRA	区域安全性对人和环境的影响	计算个人(社会)风险，提出风险降低措施	明确评价内容 数据和资料采集 危险源识别 安全管理评估 失效频率与失效后果分析 风险分析与评价 风险减缓措施分析	PGS 指导准则(荷兰)

续表

评级技术	分析对象	目的	方法概述	标准
HAZOP	站场生产工艺	改进设计或改善安全防护措施	基于引导词的危险源辨识	国际电工委员会(IEC)，Chevron - Philliip(公司标准)
			原因及可能性分析	
			后果分析	
			危险源控制系统评价	
			提出改进措施和要求	

13.2　静设备基于 RBI 的评价

13.2.1　概述

RBI 技术是近年来迅速发展起来的设备完整性管理技术，它是基于设备检验技术、失效分析技术、材料损伤机理研究、设备风险评价技术与计算机软件技术的设备检验方法。区别于传统的理化检验技术，RBI 技术对所有的设备进行风险评价得到风险分布，并在此基础上制定科学的检验策略，对高风险设备进行重点检验，达到在保证设备安全运行的基础上显著降低检验成本的目的。

美国机械工程师协会(American Society of Mechanical Engineers，简称 ASME)是全球范围内较早研究基于风险的检验(Risk Based Inspection，RBI)技术，并最先出版 RBI 指导文件的专业机构。1991 ~ 1998 年，ASME 陆续出版了 RBI 指导文件，包括通用文件及执行文件。在 ASME 推出 RBI 指导文件的同时，1993 年 5 月，英国石油公司(BP)、壳牌公司(Shell)和埃克森美孚公司(Exxon Mobil)等 23 家欧美石油化工企业共同发起资助美国石油协会(American Petroleum Institute，简称 API)开展 RBI 技术在石油化工领域的应用研究工作。API 邀请挪威船级社(Det Norske Veritas，简称 DNV)将技术由海洋平台移植到石油化工设备检验中来，并迅速得到了信任与认可，在很多国外公司及设备上得到成功应用。1996 年，API 公布了 RBI 基础资源文件，即 API 581。2000 年 5 月，API 公布了正式版的 RBI 基础资源文件，即第一版 API RP 581《基于风险的检验——基础资源文件》，对定性分析、失效可能性计算、失效后果计算等都做了详细的阐述。2002 年 5 月，API 公布了 RBI 推荐性标准，即第一版 API RP 580《基于风险的检测》，给出了石化行业进行 RBI 评估的详细技术方案。API 为更好地完善技术，于 2000 年发布了 API 581《基于风险的检验——基础资源文件》，2002 年颁布了 RBI 标准 API 580，2008 年、2016 年又公布了 API 581 的更新版本。目前，许多国家都将这两个文件作为设备定期检测的参考依据之一。

2003 年，我国开始在石油化工装置中逐步推行和应用 RBI 技术。2006 年 5 月，国家质量监督检验检疫总局发布了《关于开展基于风险的检验(RBI)技术试点应用工作的通知》(国质检特〔2006〕198 号)，明确基于风险的检验技术是在追求特种设备安全性与经济性统一的基础上而建立的一种优化检验方案，并指定于特种设备检验检测领域进行试点。经过十多年的推广与试点，RBI 技术的方法与理念已逐渐被认识和接受。石油化工行业是目前国内应用 RBI 技术最多的行业，主要用于静设备。

根据设备风险学理论发展起来的基于风险的检验技术，是针对系统中风险分布的不均匀性，通过失效数据的历史统计记录和科学的基础理论模型，根据风险分析结果，确定系统总风险在不同设备中的分布状况，对各个设备的风险等级进行排序，使管理者对高风险设备优先采取控制措施，制订维修、维护计划，达到保障设备长期安全运行的目标。实施基于风险的检验技术的基本流程见图 13－2。

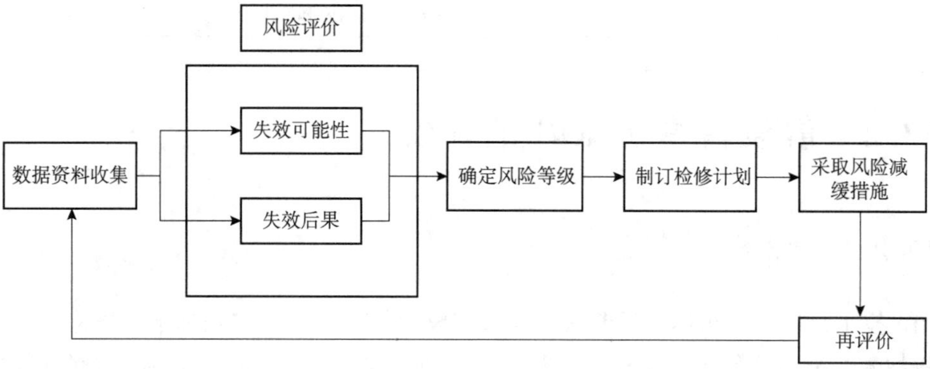

图 13－2　基于风险的检验技术的基本流程

从图中可以看出，RBI 技术是不断循环、可持续改进的风险管理方法。RBI 强调维护承压设备的机械完整性和减少由于机械性能退化引起的内容物损失的风险。RBI 技术主要包括以下压力设备和相关部件：

(1)压力容器——全部的压力部件；

(2)工艺管道——管道和管道部件；

(3)储罐——常压储罐和压力储罐；

(4)动设备——承受内压的部件；

(5)锅炉和加热炉——压力部件；

(6)换热器——壳、封头、管板和管束；

(7)泄压装置——安全阀等。

RBI 的主要特点包括以下方面：

(1)RBI 是一种综合评价方法，将危险因素融合进检验计划并具有一定的决策功能。将失效的可能性和失效的后果系统地综合，根据风险程度确定承压设备的优先检验排序，使用户把更多的资源集中到高风险设备，既提高了高风险设备的安全等级，又没有显著降低风险设备的安全等级，从而提高了整个系统的可靠性。

(2)RBI 可用于经济性分析。通过经济性分析将风险转换到与之相关的总成本中，包括与伤亡、维护、替换、所损失的产量相关的成本，便于管理层决策，降低继续运行高风险设备需要的资源、维护或替换的费用。

(3)由于 RBI 检验计划要做大量的前期准备工作和后期检测结果的分析，因此一般会建立大型数据库，有利于用户之间相互学习和交流，从而使检验计划更加细致、科学。

(4)RBI 技术有很强的灵活性。由于基于风险，在确定了设备的风险等级后，可以修正检测的频率，而且可以改变检测的方法和工具，甚至检测的范围、质量和程度以及数据采集都可以修正。这在传统的检测方法中是难以做到的。

(5)RBI 的分析和计算机技术结合紧密。无论是数据采集、评估或者自我学习过程等，都可以通过相应的软件来实现，节省了人力物力资源，并能很好地保证一致性和连贯性。

在检测结果、腐蚀速率确定的情况下，失效概率根据设备的使用年限、腐蚀速率、原始厚度、检测等级和类别等因素，确定设备相应的修正因子进行修正。在检测结果、腐蚀速率没有确定的情况下，失效概率则考虑土壤腐蚀性、阴极保护、介质温度等因素进行修正。根据泄漏对环境、公共安全和业务影响，泄漏后果分为环境后果、公众后果和商业后果。风险值可根据公式进行计算。

$$\text{风险值} = \text{失效概率} \times \text{失效后果} \tag{13-1}$$

风险计算过程包括确定失效概率、确定失效后果、通过泄漏频率和泄漏后果来确定风险水平。

13.2.2 失效概率计算

失效概率反映设备或管道发生破坏的可能性，根据下式计算得到：

$$P(t) = Gff \cdot F_{\mathrm{M}} \cdot D_{\text{f-total}} \tag{13-2}$$

式中，Gff 为一般失效频率；F_{M}为管理系统修正因子；$D_{\text{f-total}}$为设备损伤因子。

1. 一般失效频率

不同设备类型的一般失效频率被设为定值，以反映石化工业的失效数据，是暴露在操作环境中的任何特定破坏发生之前的故障频率。API 581 从设备和管道泄漏孔口尺寸来进行风险评价，泄漏孔口尺寸分为 4 类，见表 13 - 2。表 13 - 3 给出了不同设备 4 种失效孔径下的一般失效频率的建议值。

表 13 -2 泄漏孔口尺寸划分

编号	孔口类型	孔径范围/mm	孔径代表值/mm
1	小孔	0 ~ 6.4	$d_1 = 6.4$
2	中孔	>6.4 ~ 51	$d_2 = 25$
3	大孔	>51 ~ 152	$d_3 = 102$
4	破裂	>152	$d_4 = \min[D, 406]$

表 13 -3 不同设备一般失效频率建议值

设备类型	小孔频率/(次数/年)	中孔频率/(次数/年)	大孔频率/(次数/年)	破裂频率/(次数/年)	Gff 一般失效频率/(次数/年)
直径 25.4mm 的管道	0.000028	0	0	0.0000026	0.0000306
直径 51mm 的管道	0.000028	0	0	0.0000026	0.0000306
直径 102mm 的管道	0.000008	0.00002	0	0.0000026	0.0000306
直径 152.4mm 的管道	0.000008	0.00002	0	0.0000026	0.0000306
直径 203.2mm 的管道	0.000008	0.00002	0.000002	0.0000006	0.0000306

续表

设备类型	小孔频率/(次数/年)	中孔频率/(次数/年)	大孔频率/(次数/年)	破裂频率/(次数/年)	Gff 一般失效频率/(次数/年)
直径 254mm 的管道	0.000008	0.00002	0.000002	0.0000006	0.0000306
直径 304.8mm 的管道	0.000008	0.00002	0.000002	0.0000006	0.0000306
直径 406.4mm 的管道	0.000008	0.00002	0.000002	0.0000006	0.0000306
>406.4mm 的管道	0.000008	0.00002	0.000002	0.0000006	0.0000306
泵	0.000008	0.00002	0.000002	0.0000006	0.0000306
储罐罐底	0.00072	0	0	0.000002	0.000722
常压储罐	0.00007	0.000025	0.000005	0.0000001	0.0001

2. 管理系统修正因子

管理系统修正因子反映特定通用失效频率在不同企业管理体系下的不同表现，主要涉及企业管理体系的完整性、有效性和设备完整性管理的实际作用。评估主要考虑企业管理系统中对组件失效产生直接影响的部分，包括管理、操作、检验、维修、工程等。

管理系统评估目的是针对每一个问题得到最佳答案，对程序、文件和记录进行审查，比较审查结果，从而进行核定。审核者必须确保实际情况与答案相符，在评估打分之前，确保所提出的问题已经解决。管理系统修正因子根据下式计算：

$$pscore = \frac{score}{1000} \cdot 100[\%] \tag{13-3}$$

$$F_{MS} = 10^{(-0.02pscore+1)} \tag{13-4}$$

式中，*score* 为站场管理、操作、检测、维修、工程、培训和人员安全等一系列的评分之和，评分项分为领导与管理、工艺安全信息、工艺危害性分析、变更管理、运行规程、安全工作实践规程、培训、机械完整性、预启动安全审查、应急响应、事故调查、承包商、评估等 13 个方面的 101 个问题，总分 1000 分，见表 13-4。

表 13-4 管理系统评分项

节段	标题	问题数	分值
1	领导与管理	6	70
2	工艺安全信息	10	80
3	工艺危害性分析	9	100
4	变更管理	6	80
5	运行规程	7	80
6	安全工作实践规程	7	85
7	培训	8	100
8	机械完整性	20	120
9	预启动安全审查	5	60
10	应急响应	6	65

续表

节段	标题	问题数	分值
11	事故调查	6	75
12	承包商	5	45
13	评估	4	40
总计		101	1000

管理系统修正因子与评估分数对应关系见图 13－3。当 $F_{MS}=0.1$ 时，表示被评企业的管理水平与世界知名企业的管理水平相当；当 $F_{MS}=1$ 时，表示被评企业的管理水平比世界知名企业的管理水平高 1 个数量级；当 $F_{MS}=10$ 时，表示被评企业的管理水平比世界知名企业的管理水平低 1 个数量级。

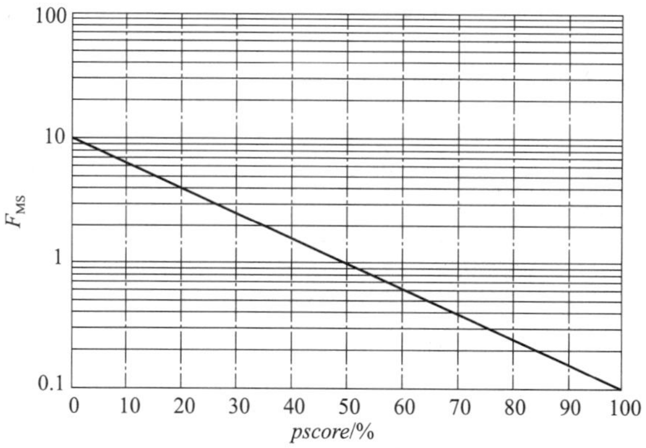

图 13－3　管理系统修正因子

3. 设备损伤因子

为避免盲目的定量风险评价工作，常常采用损伤机理方法初步判断站场管道损伤机理，对设备进行定量风险评价。设备损伤因子 $D_{f-total}$ 包括减薄缺陷、衬里损伤、外部损坏、应力腐蚀开裂、高温氢蚀、机械疲劳和脆性破坏等 7 种损伤机理的损伤因子之和。设备总损伤因子计算公式如下：

当为局部减薄时

$$D_{f-total}=\max[D_{f-gov}^{thin},\ D_{f}^{extd}]+D_{f}^{scc}+D_{f}^{htha}+D_{f}^{mfat}+D_{f}^{brit} \tag{13-5}$$

当为整体减薄时

$$D_{f-total}=D_{f-gov}^{thin}+D_{f}^{extd}+D_{f}^{scc}+D_{f}^{htha}+D_{f}^{mfat}+D_{f}^{brit} \tag{13-6}$$

式中，D_{f}^{thin} 为壁厚减薄损伤因子，D_{f}^{elin} 为衬里损伤因子，若设备有衬里，$D_{f-gov}^{thin}=\min[D_{f}^{thin},\ D_{f}^{elin}]$；若无衬里，$D_{f-gov}^{thin}=D_{f}^{thin}$。$D_{f}^{extd}$ 为外部损伤因子。D_{f}^{scc} 为应力腐蚀开裂损伤因子。D_{f}^{htha} 为高温氢蚀损伤因子。D_{f}^{mfat} 为机械疲劳损伤因子（只针对管道）。D_{f}^{brit} 为脆性破坏损伤因子。若某一损伤因子的值≤1，则在计算总的损伤因子时，该损伤因子的值设为 0。若设备总损伤因子 $D_{f-total}\leq 1$，则设 $D_{f-total}=1$。

1）减薄损伤

所有设备应开展减薄损伤计算，一般设备的减薄类型按均匀减薄计算，特殊情况以表 13－5 判断。

表 13－5　减薄类型的确定

减薄机理	条件	减薄类型
盐酸（HCl）腐蚀	工艺有 HCl，介质中含有自由水（包括初始条件），pH 值 <7.0	局部减薄
高温 H_2S/H_2 腐蚀	工艺中含有 H_2S 或 H_2，运行温度 >204℃	均匀减薄

续表

减薄机理	条件	减薄类型
硫酸(H_2SO_4)腐蚀	低速：≤0.61m/s，碳钢；≤1.22m/s，不锈钢；≤1.83m/s，高合金	均匀减薄
	高速：≥0.61m/s，碳钢；≥1.22m/s，不锈钢；≥1.83m/s，高合金	局部减薄
氢氟酸(HF)腐蚀	工艺流体中含有HF	局部减薄
酸水腐蚀(含H_2S的自由水)	低速，≤6.1m/s	均匀减薄
	高速，>6.1m/s	局部减薄
胺腐蚀(含有处理酸气MEA、DEA、DIPA、MDEA等)	低速：<1.5m/s，富胺；<6.1m/s，贫胺	均匀减薄
	高速：>1.5m/s，富胺；>6.1m/s，贫胺	局部减薄
高温氧化	—	均匀减薄
酸性污水腐蚀	<1.83m/s >1.83m/s	均匀减薄 局部减薄
冷却水腐蚀	<0.91m/s 0.91~2.74m/s >2.74m/s	局部减薄 均匀减薄 局部减薄
土壤腐蚀	—	局部减薄
CO_2腐蚀	—	局部减薄

2)衬里损伤

设备存在衬里时，应进行衬里损伤评估。

3)外部损伤

对于铁素体材料设备无保温层，存在以下任何一种情况，则需要外部损伤评估：暴露于冷却塔过量喷雾范围、排气口或密集洒水系统；工艺过程中设备遭受喷溅，进入湿气或酸气；碳钢材料，操作温度为-23~121℃，当设备操作温度变化导致大气中的水分频繁或持续冷凝和再汽化时，外部腐蚀更易发生；设备不经常但间歇性在-12~177℃内运行或设备遭受频繁的运行中断；设备外涂层恶化；持续低温(低于大气露点的温度)运行的设备；低温条件下运行且有保温层设备的喷嘴或突出组件无保温层保护的。

有保温层，保温层存在穿透或外部损伤的区域需外部损伤评估。保温层在以下部位有穿透或缺口：盲管处、悬吊管支撑处、阀门和管件连接处、整体穿透或缺口、套管处、爬梯及平台连接处；蒸汽示踪油管的缝隙处、法兰及其他组件保温层终止处；设计不良的保温层支撑环处；加强环处；保温层有破坏的情况——损伤或缺失保温层；某一设备或立管处保温层终止、填塞硬化、分离或缺失；无支架的长管道中最低处保温层有可见的缺口；高合金钢管道中的碳钢或低合金钢法兰、螺栓连接处等。其他情况：保温层接缝位于卧式容器顶部或保温系统不当的折叠或封口；碳钢设备运行温度高于177℃且常出现间歇工作或遭受频繁的运行中断；进水系统的设备或管线振动会对保温层造成破坏；以及无保温层铁素体设备中提到的以上情况。

对于有无保温层的奥氏体不锈钢设备，同时出现以下情况时进行外部损伤评估：设备外表面暴露于含氯化物的液体、雾气或固体粉末中，系统运行温度持续或间歇地介于50～150℃。

4）应力腐蚀开裂损伤

对于碳钢或低合金钢材料的设备，工艺环境中存在任一浓度的碱液、处理酸气的胺液（如MEA，DEA，MDEA等）和水、酸水（pH＜7.5）、氢氟酸等时，需要进行应力腐蚀开裂损伤评价。对于奥氏体不锈钢和镍基合金钢材料的设备，设备组件暴露于含硫化合物、氯化物及水压试验残留的水，运行温度高于38℃时，需要进行应力腐蚀开裂损伤评价。

5）高温氢蚀

设备材料为碳钢、C－0.5Mo或Cr－Mo低合金钢，运行温度大于204℃且氢分压大于0.552MPa的，应进行高温氢蚀评价。

6）管道机械疲劳

对于管道系统有疲劳失效历史、有可感知振动以及在15.24m范围内有振动源且管道直接或间接相连，振动和振动源可以连续或间歇的，瞬态工况可导致间歇振动的，应进行管道机械疲劳评价。

7）脆性破坏

碳钢或低合金钢设备，未提供最小设计温度（MDMT）或者已提供最小设计温度（MDMT）但在设备运行温度低于MDMT时，需进行低温/低韧性脆性断裂评价。

设备材料为低合金钢且运行温度在343～577℃时需进行回火脆化评价。

材料为高铬（＞12% Cr）铁素体钢且运行温度在371～566℃的设备需进行885脆化破坏评价。

奥氏体不锈钢设备运行温度在593～927℃时需进行σ相脆化破坏评价。

13.2.3　失效后果计算

介质泄漏的后果通过后果分析技术来确定，以后果影响面积、经济损失来描述。

1. 面积后果

在成品油输油站场中，输送介质一般以液态形式存在，根据伯努利方程可得到液体泄漏的速率：

$$x_n = C_d A_n \sqrt{2\rho(p - p_0)} \tag{13-7}$$

式中，x_n为每种泄漏孔下的泄漏速率，kg/s；C_d为泄漏液体泄漏系数，取值0.61；A_n为泄漏孔面积，m^2；ρ为流体密度，kg/m^3；p为管道内压，Pa；p_0为大气压，Pa。

对每种泄漏孔，计算泄漏4500kg泄漏的时间：

$$t_n = \frac{4500}{x_n} \tag{13-8}$$

（1）当泄漏孔直径≤6.4mm时，则确定为连续泄漏；

（2）当泄漏孔直径＞6.4mm时，

如果 $t_n>180s$，则确定为连续泄漏；

如果 $t_n\leqslant 180s$，则确定为瞬时泄漏。

失效后果以火灾和爆炸后设备损伤及人员受伤面积为后果评价指标。

(1)若为持续泄漏，失效后果面积为：

$$CA_n^{\mathrm{CONT}}=a(x_n)^b \tag{13-9}$$

(2)若为瞬时泄漏，失效后果面积为：

$$CA_n^{\mathrm{INST}}=a(X_n)^b \tag{13-10}$$

式中，CA_n为不同泄漏孔径(小、中、大、破裂)的失效后果面积，m^2；a 和 b 为经验值，燃烧后果的 a、b 值如表 13-6 所示；x_n为不同泄漏孔径的泄漏率，kg/s；X_n为瞬时泄漏时的泄漏量，kg。

表 13-6　不同燃烧后果造成设备损坏和人员伤害 a、b 的取值

不同泄漏后果	设备损坏				人员伤害			
	持续泄漏		瞬时泄漏		持续泄漏		瞬时型泄漏	
	不自燃	自燃	不自燃	自燃	不自燃	自燃	不自燃	自燃
a	8.669	55.13	6.469	163.7	21.83	143.2	12.46	473.9
b	0.98	0.95	0.67	0.62	0.96	0.92	0.67	0.63

(3)基于泄漏类型的后果面积平衡。

对于连续泄漏，泄漏类型平衡因子应按下式选取：

$$fact_n^{\mathrm{IC}}=\min(x_n/25,\ 1.0) \tag{13-11}$$

对于瞬时泄漏，不需要进行平衡，即平衡因子 $fact_n^{\mathrm{IC}}=1$。

所以，基于泄漏类型平衡后的后果面积为：

$$CA_n^{\mathrm{IC}}=CA_n^{\mathrm{INST}}\times fact_n^{\mathrm{IC}}+CA_n^{\mathrm{CONT}}\times(1-fact_n^{\mathrm{IC}}) \tag{13-12}$$

(4)基于自燃温度的后果面积平衡。

自燃温度平衡因子 $fact_n^{\mathrm{AIT}}$ 的计算如下：

当操作温度 $T_s+100\leqslant$ 自燃温度 AIT 时，$fact_n^{\mathrm{AIT}}=0$；

当 $T_s+100>\mathrm{AIT}>T_s-100$ 时，$fact_n^{\mathrm{AIT}}=(T_s-\mathrm{AIT}+100)/200$；

当 $T_s-100\geqslant\mathrm{AIT}$ 时，$fact_n^{\mathrm{AIT}}=1$。

所以，基于自燃温度平衡后的后果面积为：

$$CA_n^{\mathrm{AIT}}=CA_n^{\mathrm{AIL}}\times fact^{\mathrm{AIT}}+CA_n^{\mathrm{AINL}}\times(1-fact^{\mathrm{AIT}}) \tag{13-13}$$

式中，CA_n^{AIL} 为介质在可能自燃情况下的后果面积；CA_n^{AINL} 为介质在非可能自燃情况下的后果面积。

$$CA=\left(\frac{\sum_{n=1}^{4}Gff_n\cdot CA_n}{Gff_{\mathrm{total}}}\right) \tag{13-14}$$

式中，Gff_n为不同孔径(小、中、大、破裂)泄漏时的一般失效概率；Gff_{total}为全部设备的一般失效概率。

2. 经济后果

经济后果 FC 包括设备损坏、影响区的损失、生产停工、潜在人员伤害和受污环境清理等方面的费用，单位为元。

$$FC = FC_{\text{cmd}} + FC_{\text{affa}} + FC_{\text{prod}} + FC_{\text{inj}} + FC_{\text{environ}} \quad (13-15)$$

式中，FC_{cmd} 为设备损坏费用；FC_{affa} 为影响区损失费用；FC_{prod} 为生产停工损失费用，生产停工损失费 =（设备维修天数 + 受影响设备维修天数）× 日停工损失费；FC_{inj} 为潜在人员伤害费用；FC_{environ} 为受污环境清理费用。

13.2.4 风险等级判定

风险等级判定是评价已识别出危险事件发生的可能性与事故后果的严重程度，并且判断其风险的可接受程度。随着风险评价技术的发展，风险矩阵法（Risk Matrix Method，RMM）越来越受到各领域研究学者的青睐。该方法的原理简单、计算快捷、直观易懂，能较客观地反映决策者的看法，便于实现风险分级的目标，使得风险管理的开展更加便捷有效。这种方法最早在 1995 年由美国空军电子系统中心提出，一经提出就在石油、交通和军事等领域的风险评价中得到广泛的应用。许多国家风险评价的标准规范经常采用风险矩阵法得到风险等级。

风险矩阵法是把风险两个主要因素——失效的可能性大小和失效后果的严重程度分成若干等级，从而构成风险矩阵，根据已计算的失效可能性值和失效后果值确定两者的等级，并代入矩阵，最终得出风险等级。因此，结合失效概率与失效后果的计算结果，可通过表 13－7～表 13－9 确定风险等级。Ⅳ级风险为高风险，为不可接受风险区，应紧急停运并采取安全措施降低风险；Ⅲ级风险为较高风险，也为不可接受风险区，应尽早采取安全措施降低风险；Ⅱ级风险为中等风险，为需降低风险区，需结合安全措施的成本与效益，评估是否采取安全措施降低风险；Ⅰ级风险表示低风险，即风险可接受区域，无须执行安全措施。

表 13－7 失效概率等级划分

等级	失效概率	损伤因子
1	$P(t) \leq 0.00001$	$D_{\text{f-total}} \leq 1$
2	$0.00001 < P(t) \leq 0.0001$	$1 < D_{\text{f-total}} \leq 10$
3	$0.0001 < P(t) \leq 0.001$	$10 < D_{\text{f-total}} \leq 100$
4	$0.001 < P(t) \leq 0.01$	$100 < D_{\text{f-total}} \leq 1000$
5	$P(t) > 0.01$	$D_{\text{f-total}} > 1000$

表 13－8 失效后果等级划分

等级	失效后果面积 CA/m^2	经济后果 FC/万元
A	$CA \leq 9.29$	$FC \leq 6$
B	$9.29 < CA \leq 92.9$	$6 < FC \leq 60$
C	$92.9 < CA \leq 929$	$60 < FC \leq 600$
D	$929 < CA \leq 9290$	$600 < FC \leq 6000$
E	$CA > 9290$	$FC > 6000$

表 13-9 风险等级划分

失效后果	失效可能性				
	1	2	3	4	5
E	Ⅲ	Ⅲ	Ⅳ	Ⅳ	Ⅳ
D	Ⅱ	Ⅱ	Ⅲ	Ⅲ	Ⅳ
C	Ⅱ	Ⅱ	Ⅱ	Ⅲ	Ⅲ
B	Ⅰ	Ⅰ	Ⅰ	Ⅱ	Ⅲ
A	Ⅰ	Ⅰ	Ⅰ	Ⅱ	Ⅲ

13.2.5 应用案例

对某管道企业两个站场10条工艺管道进行定量风险评价，A站管道于2015年开展工艺管道壁厚点检，2017年实施站场管道全面检验。B站从2014年开始每年都有管道的年度检查，2017年实施站场管道全面检验。管道的基本情况见表13-10。

表 13-10 管道基本情况

管道编号	01-350-C-014	01-300-C-035	01-450-C-101	01-450-C-001	01-300-C-064	PO-024	PO-025-2	PO-026-1	PO-037	GA-004B
管径	350mm	300mm	450mm	450mm	300mm	450mm	450mm	500mm	500mm	600mm
设计压力	6.32MPa	7.85MPa	6.8MPa	6.8MPa	1.18MPa	6.3MPa	3.6MPa	3.6MPa	8MPa	6MPa
工作压力	5.92MPa	7.45MPa	1MPa	1MPa	1MPa	6.12MPa	3.31MPa	3.31MPa	5.5MPa	5.53MPa
上次检验时间	2017.09	2017.09	2017.09	2017.09	2017.09	2017.06	2017.06	2017.06	2017.06	2017.06
检验等级	D	D	D	D	D	D	D	D	D	D
检验次数	2	2	2	2	2	2	2	2	2	2
设计壁厚	10mm	10mm	13mm	13mm	8mm	14mm	19mm	11mm	11mm	13mm
剩余壁厚	7.81mm	8.43mm	11.7mm	10.55mm	6.9mm	12.82mm	16.95mm	9.65mm	8.93mm	10.95mm
输送介质	汽、柴油	汽、柴油	汽、柴油	柴油	汽、柴油	汽、柴油	汽、柴油	汽、柴油	汽、柴油	汽油

根据各管道的直径，选取各管道的一般失效概率为0.0000306。对A站、B站管理系统的13个方面分别进行评分，A站总得分665分，B站总得分547分。计算A站管理系统修正因子F_{MS}为0.47，B站管理系统修正因子F_{MS}为0.81。

站场工艺管道一般为常温输送，且无衬里，腐蚀多为局部腐蚀。结合工艺管道的危害因素分析和风险评价体系的构建情况可知，工艺管道的损伤模式主要分为减薄损伤、外部损伤和机械疲劳损伤，而外部损伤一般考虑由外腐蚀引起的损伤，主要体现在腐蚀速率计算中，可归减薄损伤。假设工艺管道均为局部腐蚀，损伤因子的计算结果如表13-11所示，结合管理修正因子与损伤因子，得到各管道的失效概率如表13-11所示。

表 13－11 管道损伤因子与失效概率

管道编号	内腐蚀速率/(mm/a)	外腐蚀速率/(mm/a)	减薄损伤参数 A_{rt}	减薄损伤因子 D_f^{thin}	机械疲劳损伤因子 D_f^{mfat}	损伤因子 $D_{f\text{-total}}$	失效概率
01－350－C－014	0.010	0.118	0.12	3	2	5	7.19×10^{-5}
01－300－C－035	0.010	0.024	0.02	1	2	3	4.31×10^{-5}
01－450－C－101	0.013	0.024	0.02	1	2	3	4.31×10^{-5}
01－450－C－001	0.038	0.024	0.02	10	100	110	1.58×10^{-3}
01－300－C－064	0.013	0.118	0.14	3	2	5	7.19×10^{-5}
PO－024	0.013	0.034	0.02	1	100	101	2.50×10^{-3}
PO－025－2	0.010	0.034	0.01	1	2	3	7.43×10^{-5}
PO－026－1	0.010	0.169	0.03	30	2	32	7.93×10^{-4}
PO－037	0.013	0.169	0.15	30	100	130	3.2210^{-3}
GA－004B	0.013	0.034	0.02	1	2	3	7.43×10^{-5}

1. 面积后果

成品油中 SO_2、H_2S 等毒性介质的含量较低，因此无须考虑毒性后果，根据 A 站、B 站的站场布局以及报警与切断装置的配备情况，确定 A 站管道泄漏的响应时间为 10min，B 站的响应时间为 12min。假设管道泄漏为持续泄漏，总的失效后果面积为设备损坏面积与人员伤害面积的最大值，如表 13－12 所示。

表 13－12 管道面积后果计算

管道编号	01－350－C－014	01－300－C－035	01－450－C－101	01－450－C－001	01－300－C－064	PO－024	PO－025－2	PO－026－1	PO－037	GA－004B
设备损坏面积/m^2	341.57	331.31	175.69	175.69	120.45	438.45	323.98	323.98	543.34	389.97
人员伤害面积/m^2	854.89	827.73	441.14	441.14	302.05	1098.4	812.24	812.24	1360.44	977.25
最终失效面积/m^2	854.89	827.73	441.14	441.14	302.05	1098.4	812.24	812.24	1360.44	977.25

2. 经济后果

A 站有员工 36 人，B 站有员工 57 人，设备损坏费用、影响区损失费用、生产停工损失费用、潜在人员伤害费用、受污环境清理费用以及总经济费用如表 13－13 所示。可以看出，管道一旦失效，会导致非常严重的经济后果。

表 13－13 管道经济后果计算

管道编号	01－350－C－014	01－300－C－035	01－450－C－101	01－450－C－001	01－300－C－064	PO－024	PO－025－2	PO－026－1	PO－037	GA－004B
设备损坏费用/元	1900	1700	2450	2450	1900	2500	2500	3200	3200	4500
影响区损失费用/元	20000	20000	20000	20000	20000	15000	15000	15000	15000	15000

续表

管道编号	01－350－C－014	01－300－C－035	01－450－C－101	01－450－C－001	01－300－C－064	PO－024	PO－025－2	PO－026－1	PO－037	GA－004B
生产停工损失费用/元	2.67×10^6	1.98×10^6	3.46×10^6	3.47×10^{-6}	1.98×10^6	2.72×10^6	2.72×10^6	4.35×10^6	4.35×10^6	5.87×10^6
潜在人员伤害费用/元	4×10^6	4×10^6	4×10^6	4×10^6	4×10^6	6×10^6	6×10^6	6×10^6	6×10^6	6×10^6
受污环境清理费用/元	1×10^6	1×10^6	1×10^6	1×10^6	1×10^6	1×10^6	1×10^6	1×10^6	1×10^6	1×10^6
总经济费用/元	7.69×10^6	7.00×10^6	8.48×10^6	8.48×10^6	7.00×10^6	9.74×10^6	9.74×10^6	1.14×10^7	1.14×10^7	1.29×10^7

结合失效概率与失效后果，判定设备的风险等级，计算风险值。损伤因子等级、失效概率等级、面积后果等级、经济后果等级和风险等级见表13－14。可以看出，多数管道为中等风险，01－450－C－001、PO－024、PO－037的风险较高，需采取相应措施削减风险。

表13－14　风险分析

管道编号	01－350－C－014	01－300－C－035	01－450－C－101	01－450－C－001	01－300－C－064	PO－024	PO－025－2	PO－026－1	PO－037	GA－004B
损伤因子等级	2	2	2	4	2	4	2	3	4	2
失效概率等级	2	2	2	4	2	4	2	3	4	2
面积后果等级	C	C	C	C	C	D	C	C	C	D
经济后果等级	C	C	C	C	C	C	C	C	C	C
风险等级	Ⅱ	Ⅱ	Ⅱ	Ⅲ	Ⅱ	Ⅲ	Ⅱ	Ⅱ	Ⅲ	Ⅱ

13.3　动设备基于RCM的评价

13.3.1　概述

以可靠性为中心的维修（RCM）系统工程方法，指通过分析机泵等站场动设备故障模式与后果，结合可靠性评价明确高、中风险设备或部件对应的故障模式，确定动设备资产预防性维修需求，制定对策优化维修制度，将维修资源重点集中到高中风险设备的维护上。建立动设备的风险管理控制程序，实现对站场动设备的可靠性、可用性与可维护性分析和管理。

参照国家军用标准GJB 1378A《装备以可靠性为中心的维修分析》，RCM可以定义为：按照以最少的资源消耗保持装备固有可靠性和安全性的原则，应用逻辑判断方法确定装备预防性维修要求的过程或方法。基本思路是：对系统进行功能与故障分析，明确系统内各故障的后果；用规范化的逻辑判断方法，确定出各故障后果的预防性对策；通过现场故障数据统计、专家评估、定量化建模等手段在保证安全性和完好性的前提下，以维修停机损失最小为目标优化系统的维修策略。

壳牌、巴斯夫等公司的 RCM 分析表明，以可靠性为中心的维修能够防止过度维修，减少维修费用；能够提高系统装置的可靠性、可用性，减少非计划停机次数；能够提高企业经济效益，为企业创建并完善设备技术资料数据平台，建立动态的计算机管理系统。我国在 RCM 方面也开展了相关研究，1979 年，我国民航和空军首先引进了 RCM 理论，并跟踪研究 RCM 理论和应用技术。如今，这种维修管理模式在航空、部队、海洋钻井平台、部分大型发电站、公路等领域中得到一定范围应用。尽管应用领域较为有限，但效果却是十分显著的。

13.3.2　确定重要功能部件

分析故障对设备性能有严重后果的项目及不易发现因而会成为隐患的项目(隐蔽项目)，按照简化构造树确定重要功能部件层次。进行重要性评估的目的是，衡量个体对整体性能的影响，评价各重要性指标的重要度。由于故障频率高的设备不一定对系统性能产生较大影响，因此，为确定 RCM 分析的单元，应首先对输油机泵系统进行重要度评估，衡量它们在整个系统中的所处地位。

1. 重要度评价方法

目前，比较常用的重要度评价方法有聚类方法、模糊综合评判法、日本乘数法和层次分析法等多种方法。聚类法和模糊综合评判法存在较多主观因素，评价过程过于烦琐，日本乘数法很难解决输油机泵系统复杂设备的重要度评估问题。层次分析法具有过程清晰、权值设置方法合理的特点，是能将定性分析和定量计算有效结合的综合评判方法。本节主要采用层次分析法评估输油机泵系统设备的重要度。

2. 重要度评价因素

进行设备重要度分析，不能只停留在对设备重要度的定性描述，必须建立设备重要度评估的量化模型。通过输油机泵系统设备运营维修管理的调查分析，得出决定设备重要度的四大类八小项评价因素。在分析过程中，为保证评价结果准确性，不使评价过程过于烦琐，将每个评价因素分成个不同等级，确定了不同等级相应的分数，见表 13－15 ~ 表 13－22。由专家、维修人员和操作人员依据各因素的相关记录对设备进行打分。

1)故障频率(FR)和安全性(S)

故障频率与设备的实际故障间隔时间有关。安全性主要考虑设备中流过介质特性和设备一旦发生故障对周边环境和人员的危害性。

表 13－15　故障率评分标准

平均无故障工作时间(MTBF)/h	分数 S_{FR}	平均无故障工作时间(MTBF)/h	分数 S_{FR}
>3000	0 ~ 2	1000 ~ 1500	4 ~ 8
1500 ~ 3000	2 ~ 4	<1000	8 ~ 10

表 13－16　安全性评分标准

介质特性	分数 S_S	介质特性	分数 S_S
无害	0～1	很危险	6～9
稍危险	1～6	极度危险	9～10

2）停机时间（DT）和对系统功能影响（SF）

停机时间与设备的结构和有无备用设备有直接关系，包括设备的停运、维修和投运需要的时间。而对系统功能的影响主要考虑设备故障而导致的系统功能丧失程度，设备有无备用对系统的影响程度不同。

表 13－17　停机时间评分标准

工时/h	分数 S_{DR}	工时/h	分数 S_{DR}
＜3h	0～1	12～24h	5～8
3～12h	2～5	＞24h	8～10

表 13－18　对系统功能影响评分标准

功能	分数 S_{SF}	功能	分数 S_{SF}
基本无影响	0～2	大部分丧失	5～8
小部分丧失	2～5	完全丧失	8～10

3）维修难易程度（MD）和停机损失（BL）

从重要度评价角度来说，设备维修难易程度也是影响评价结果的一个重要因素，它与设备的复杂程度、接近难易程度和获取备品备件难易程度有关。

表 13－19　维修难易程度评分标准

维修难易	分数 S_{MD}	维修难易	分数 S_{MD}
容易	0～3	很难	7～9
一般	3～7	非常难	9～10

表 13－20　停机损失评分标准

费用	分数 S_{BL}	费用	分数 S_{BL}
无影响	0～1	一般	4～7
较小	1～4	很大	7～10

4）维修费用（MC）和可监测性（I）

维修费用包括维修人员工时费、备件消耗费和后勤保障费等。可监测性主要与设备实施状态监测所需要的监测费用和监测技术有关。

表 13－21　维修费用评分标准

费用	分数 S_{MC}	费用	分数 S_{MC}
很小	0～1	较大	4～7
一般	1～4	非常大	7～10

表 13－22 可监测性评分标准

监测费用	分数 S_{MC}	监测费用	分数 S_{MC}
较低	0～3	较高	7～9
一般	3～7	非常高	9～10

3. 重要度评价指数

在确定了评价因素的基础上，采用线性加权法来计算动设备系统元件的重要度评价指数：

$$Index = m_{FR}\alpha_{FR} + m_S\sigma_S + m_{SF}\sigma_{SF} + m_{DT}\sigma_{DT} + m_{MD}\sigma_{MD} + m_I\sigma_I + m_{MC}\sigma_{MC} + m_{BL}\sigma_{BL} \tag{13-16}$$

式中，σ_i 为第 i 种因素的权重；m_{FR} 为故障频率评分；m_S 为安全性评分；m_{SF} 为对系统功能影响评分；m_{DT} 为停机时间评分；m_{MD} 为维修难易程度评分；m_I 为可监测性评分；m_{MC} 为维修费用评分；m_{BL} 为停机损失评分。

由式(13－16)可以看出，重要度评价指数对权重的敏感性很高，采用层次分析法确定各评价因素的权重。首先，构造判断矩阵 D：

$$D = \begin{bmatrix} u_{11} & u_{12} & \cdots & u_{1n} \\ u_{21} & u_{22} & \cdots & u_{2n} \\ \vdots & \vdots & \vdots & \vdots \\ u_{n1} & u_{n2} & u_{n3} & u_{nn} \end{bmatrix} \tag{13-17}$$

式中，u_{mn} 表示第 m 个评价因素对第 n 个评价因素的相对重要度；u_{nm} 表示第 n 个评价因素对第 m 个评价因素的相对重要度，其值取 u_{mn} 的倒数。

相对重要度的取值见表 13－23。

表 13－23 重要度尺度及含义

重要尺度	含义
1	同等重要
3	稍重要
5	相当重要
7	非常重要
9	极端重要
2，4，6，8	上述等级之间的情况

其次，确定各评价因素的权重，计算判断矩阵 D 的最大特征值 λ_{max}，代入齐次线性方程组，得：

$$\begin{cases} (u_{11} - \lambda)w_1 + u_{12}w_2 + \ldots u_{1n}w_n = 0 \\ u_{21}w_1 + (u_{22} - \lambda)w_2 + \ldots u_{2n}w_n = 0 \\ \cdots\cdots \\ u_{n1}w_1 + u_{n2}w_2 + \ldots + (u_{nn} - \lambda)w_n = 0 \end{cases} \tag{13-18}$$

解出 w_1，w_2，…，w_n，得到最大特征根 λ_{max}。对应特征向量为：

$$w=(w_1,\ w_2,\ \cdots,\ w_n) \tag{13-19}$$

w 即为各因素的权重。这样，就可以将评价因素实现定量化，然后依据评价因素的权重值对其进行优先级排序。

最后通过一致性比率公式来判断构造矩阵 D 的可接受度，当 $CR<0.1$ 时，即认为构造的判断矩阵 D 通过一次性检验。

$$CR=\frac{CI}{RI} \tag{13-20}$$

式中，CR 为判断矩阵 D 的一致性比率；RI 为判断矩阵 D 的平均随机一致性指标；CI 为判断矩阵的一致性指标，其取值计算公式为：

$$CI=\frac{\lambda_{max}-n}{n-1} \tag{13-21}$$

对于阶矩阵，RI 的取值见表 13-24。

表 13-24　阶判断矩阵的 RI

阶数	1	2	3	4	5	6	7	8	9	10
RI	0	0	0.58	0.90	1.12	1.24	1.32	1.41	1.45	1.49

13.3.3　故障模式与风险评价

对重要功能部件进行故障模式及影响分析(FMEA)，考虑力学、物理、化学和人为因素等，分析明确重要部件的功能、故障模式、故障机理、故障原因和影响，为基于故障原因的 RCM 决断分析提供基本信息。

故障模式的风险等级主要由故障频率和故障后果共同确定，结合风险准则进行风险定位，一般采用风险矩阵法。包括以下内容：

(1)故障频率：确定设备每种故障模式在大修周期内所发生的次数。

(2)环境风险后果：以对周边环境的污染程度和所需上报部门级别为依据划分后果影响等级。

(3)安全风险后果：以潜在的人员伤亡损失为依据划分后果影响等级。

(4)生产损失后果：以设备故障所造成的停车时间为依据划分后果影响等级。

(5)维修成本后果：包括维修人员的工时费和所需更换零件的成本费。

1. 动设备风险矩阵

在分析过程中，主要应用环境、安全、生产损失和维修成本 4 种风险矩阵，如图 13-4～图 13-7 所示，浅灰代表低风险(L)、中灰代表中等风险(M)、深灰代表高风险(H)，来综合判定每种故障模式的风险等级，每种因素的风险大小由故障频率和风险后果的乘积而定，即：

$$R_i=P_i\times C_i \tag{13-22}$$

对故障模式进行风险评价时，故障模式的风险等级由 4 类风险中级别最高的而定，用公式表达如下：

$$R=\max\{R_{环境},\ R_{安全},\ R_{生产},\ R_{维修}\} \tag{13-23}$$

环境风险矩阵						
可能性		故障后果				
E	>5 次/8000h	L	M	H	H	H
D	3~5 次/8000h	L	M	H	H	H
C	1~3 次/8000h	L	M	M	H	H
B	0.5~1 次/8000h	L	L	M	H	H
A	0~0.5 次/8000h	L	L	M	H	H
故障频率/后果		轻微影响	较轻影响	局部影响	较大影响	重大影响
		A	B	C	D	E

图 13-4　环境风险矩阵

安全风险矩阵						
可能性		故障后果				
E	>5 次/8000h	L	M	H	H	H
D	3~5 次/8000h	L	M	H	H	H
C	1~3 次/8000h	L	M	H	H	H
B	0.5~1 次/8000h	L	M	M	H	H
A	0~0.5 次/8000h	L	L	M	H	H
故障频率/后果		A	B	C	D	E

图 13-5　安全风险矩阵

生产损失风险矩阵						
可能性		故障后果				
E	>5 次/8000h	L	M	H	H	H
D	3~5 次/8000h	L	M	M	H	H
C	1~3 次/8000h	L	L	M	H	H
B	0.5~1 次/8000h	L	L	M	M	H
A	0~0.5 次/8000h	L	L	L	M	H
故障频率/后果		轻微损失	较轻损失	局部损失	较大损失	重大损失
		A	B	C	D	E

图 13-6　生产损失风险矩阵

维修成本风险矩阵						
可能性		故障后果				
E	>5 次/8000h	M	M	H	H	H
D	3~5 次/8000h	L	M	M	H	H
C	1~3 次/8000h	L	L	M	H	H
B	0.5~1 次/8000h	L	L	M	M	H
A	0~0.5 次/8000h	L	L	L	M	H
故障频率/后果		轻微影响	较轻影响	局部影响	较大影响	重大影响
		A	B	C	D	E

图 13-7　维修成本风险矩阵

2. 专家打分

专家打分法又称为德尔菲法，是一种评估领域常用的方法，它组织若干对被评估装备熟悉的专家，依靠其经验、知识和个人价值观确定指标权重，并通过一定方式对指标权重独立发表见解，并用统计方法做适当处理。其具体做法如下：

(1)组织 r 个专家，对每个指标影响因素 $X_j(j=1, 2, \cdots, n)$ 的权重进行估计，得到各指标影响因素权重的估计值 $w_{k_1}, w_{k_2}, \cdots, w_{k_n}(k=1, 2, \cdots, r)$；

(2)计算 r 个专家给出的权重的平均值 $\overline{w_j} = \frac{1}{r}\sum_{k=1}^{r} w_{kj}(j = 1,2,\cdots,n)$；

(3)计算估计值和平均值偏差 $\Delta_{kj}=|w_{kj} - \overline{w_{kj}}|(k=1, 2, \cdots r;\ r=1, 2, \cdots, n)$；

(4)对于偏差 Δ_{kj} 较大的第 j 个指标权重估计值，再请第 k 个专家重新估计 w_{kj} 经过几轮反复直到偏差满足一定的要求为止，最后得到一组指标权重的平均估计修正值 $\overline{w}(j=1, 2, \cdots,n)$。

以螺杆泵螺杆不对中故障模式为例，选定 5 位专家依据指标体系对螺杆泵螺杆不对中故障模式的故障频率、环境后果、安全后果、生产损失以及维修成本进行打分，打分统计表如表 13－25 所示。

表 13－25　专家打分法实例

专家	故障频率	环境后果	安全后果	生产损失	维修成本
专家 1	0.64	6	11	45	61
专家 2	0.83	9	9	52	66
专家 3	0.88	10	13	59	75
专家 4	0.59	8	7	48	69
专家 5	0.71	12	8	61	71
平均值	0.73	9	9.6	53	68.4
指标等级	B	A	B	C	D

专家打分结束后，对每项指标专家打分值进行统计分析，计算得到螺杆泵螺杆不对中的故障频率约为0.73 次/20000h，其指标等级为 B，同理可计算得到环境后果、安全后果、生产损失以及维修成本平均得分为 9 分、9.6 分、53 分和 68.4 分，其指标等级分别为 A、B、C、D，通过风险矩阵法得到不对中故障模式的风险等级为 M，即中等风险。

13.4　仪表设备基于 SIL 的评价

13.4.1　概述

安全仪表用途是当 SCADA 系统控制失效时，及时通过安全联锁开关阀门，或触发系统停车等方式确保系统安全性，以保护功能不足或过度导致安全隐患。基于危险与可操作性分析(HAZOP)形成的站场工艺危害分析显示，通过对工艺系统和过程进行保护层

(LOPA, Layer of Protection Analysis)分析，以确定所有可能导致严重后果的事故情形均有足够的安全措施，其风险低于风险标准所要求水平，特别是确定是否需要采用安全仪表系统，以及所采用安全仪表系统回路的安全完整性等级(Safety Integrity Level，即SIL)。分析采用国际电工组织IEC颁布标准所推荐的保护层分析方法，参考了我国相关的标准与指南(GB/T 20438，GB/T 21109功能安全标准)。

如IEC61511"功能安全：过程工业领域的安全仪表系统第1部分 框架定义、系统、硬件和软件要求"所述，安全仪表系统(或称SIS)是由传感器、逻辑运算器和最终控制元件组成，在违反预定条件时进行调节，将过程导入安全状态的系统。安全仪表系统的其他术语包括自动紧急关停系统、安全关停系统和安全联锁系统。

IEC61511及等效的美国的ANSI/ISA－84.00.01(IEC61511Mod)对安全仪表系统的功能完整性问题进行了阐述。该标准的重点是过程工业，包括化学品、油气生产以及炼化、制浆造纸、非核发电。它被认为是安全仪表系统规范、设计和功能测试的"广受认可的良好工程实践"。IEC61511－2则给出了执行IEC61511标准的参考指南，包括与功能测试和建立检验要求有关方面。从最初的概念、设计、实施、操作、维护到退役，IEC61511标准包含了所有安全寿命周期阶段。本节重点介绍维护和功能测试方面，并且对早期的寿命周期阶段进行总结，以显示测试和检查计划的建立与安全仪表系统全部生命周期相适应。

13.4.2　确定站场安全仪表系统和功能的SIL等级目标

安全仪表系统(Safety Instrumented Systems，简称SIS)，是一种自动安全保护系统，包含传感器、逻辑运算器和最终执行单元3个子系统。依据IEC 61511或GB/T 21109标准规定，安全仪表系统在石化工业中所能达到的安全完整性等级分为四级，分别为1~4级(见表13－26)。

表13－26　安全完整性等级

安全完整性等级(SIL)	指令模式的危险失效概率PFD_{avg}	连续操作模式的危险失效概率PFD_{avg}
4	10^{-5} ~ 10^{-4}	10^{-9} ~ 10^{-8}
3	10^{-4} ~ 10^{-3}	10^{-8} ~ 10^{-7}
2	10^{-3} ~ 10^{-2}	10^{-7} ~ 10^{-6}
1	10^{-2} ~ 10^{-1}	10^{-6} ~ 10^{-5}

通过收集站场的基本数据信息，结合站场工艺流程和工况条件，开展危害与可操作性(HAZOP)分析，在风险分析的基础上确定站场是否需要安全仪表系统，以及所需安全仪表系统的安全完整性等级。

13.4.3　站场安全仪表系统的SIL定量评估与改进计划

评估SIS系统的安全完整性等级从工艺安全出发，基于整个系统，定量计算出平均需求时失效概率(PFD_{avg})作为衡量SIL等级的唯一标准。正确的设计和评估可以避免过保护

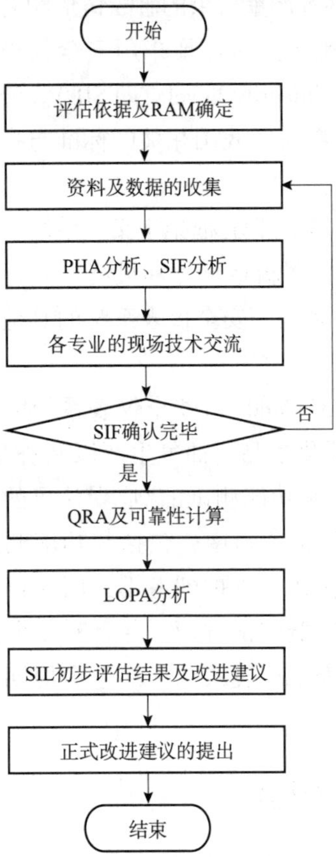

图 13－8　SIL 定量评估过程的流程图

带来的误跳车，以及因保护不够引起的安全问题。不同的安全仪表系统安全完整性等级具有不同的平均失效概率计算方法。在安全仪表系统的完全完整性评估中，要依据安全仪表系统的实际保护层分布情况（LOPA 分析）以及安全联锁系统内设备的配置采用科学的评估方法进行计算。故障树分析（Fault Tree Analysis，FTA）和基于马尔科夫模型的安全仪表系统可靠性计算方法是两种最常用的安全联锁系统安全完整性等级评估方法。安全完整性等级 SIL 定量评估过程如图 13－8 所示，主要包括以下步骤：

（1）评估依据和可接受风险矩阵（Risk Accepted Matrix，RAM）的确立；

（2）现场资料和数据收集；

（3）进行过程危险性分析（PHA）和 SIF 分析；

（4）各个专业的现场技术交流；

（5）安全仪表功能 SIF 确认；

（6）装置定量风险分析（Quantitative Risk Analysis，QRA）；

（7）保护层分析（Layer of Protection Analysis，LOPA）；

（8）SIL 初步评估结果及改进建议；

（9）SIL 初步评估建议的实施。

其中，装置的可接受风险矩阵是应用于风险评估的统一标准，它依据国家有关法律、法规及行业规章，以及企业对风险的可接受水平，综合考虑装置的总体安全情况对石化过程风险可接受水平做出的指导性的风险标准。

根据如下原则识别安全仪表功能（SIF）：

（1）每一个触发原因引发的一系列动作为一个 SIS；

（2）SIS 中的每一个 SIF 针对一种特定的危险情况，预防特定的危险后果；

（3）对于由一个触发器和一个最终元件组成的安全仪表功能的识别，是直接明了的；

（4）如图 13－9 和图 13－10 所示，安全仪表功能可以由多个传感器和多个最终元件组成；

（5）当其他安全仪表功能运行正常时，对于如图 13－9 和图 13－10 所示具有共用传感器或最终元件的情况，可以视为独立的安全仪表功能。

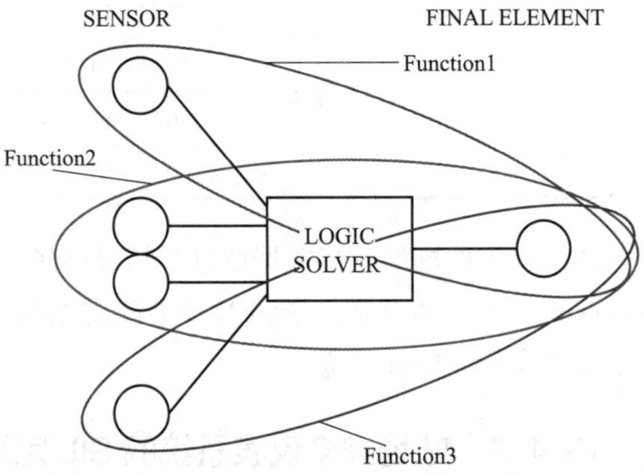

图 13－9　多个传感器与一个最终元件情况

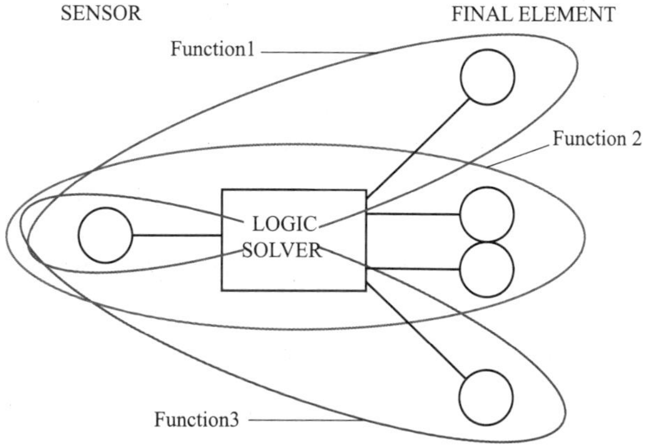

图 13－10　一个传感器与多个最终元件情况

针对联合站场的安全仪表系统评估工作，以装置的联锁逻辑图和紧急停车系统为基础，结合工艺过程(需提供 PFD 图)和实际安全仪表布置情况(需提供 PID 图)，综合 HAZOP 报告和 LOPA 分析报告中的分析结果，开展 SIL 等级的定量评估工作。目前，大部分进口的仪表和阀门会自带 SIL 认定证书，根据提供的失效概率数据开展进一步的定量评估；部分进口设备或大部分国产设备不具有 SIL 认定证书，则均采用 EXIDA 的保守经验数据进行后期的定量评估工作。采用 SIL 定量评估计算软件对常用 1oo1、1oo2、2oo2、2oo3 结构进行定量计算，从而确定其是否满足风险矩阵的要求。此外，在硬件选择上，IEC 61511 Section 11.4.4 对各个 SIL 等级的硬件冗余做出了要求，分别如表 13－27 和表 13－28 所示。

表 13－27　PE 逻辑运算器最小硬件容错

SIL	最小硬件容错		
	SFF <60%	SFF 60%～90%	SFF >90%
1	1	0	0
2	2	1	0
3	3	2	1
4	其他特殊要求具体参考 IEC 61508		

表 13－28　传感器和执行单元最小硬件容错

安全完整性等级(SIL)	最小硬件容错
1	0
2	1
3	2

13.4.4　安全仪表功能及 SIL 等级计算

根据某油田企业提供的资料，包括 PFD 图、PID 图、联锁系统逻辑图和 SIS 的设置要求，首先对 SIF 和硬件冗余设置进行分析确认；然后按照 Exida 和 Oreda 数据库选择传感器、逻辑运算器和执行机构的可靠性数据，采用 Markov 模型进行可靠性指标计算；最后，根据分析结果提出相应建议。

SIL 等级计算的条件：

(1)装置的检修周期为 1 年，联锁回路的检测周期为 1 年；

(2)一次无故障停车后装置重启所需的时间为24小时；

(3)当仪表无冗余时，仪表故障率中可检测的部分不计，即仪表故障是不可检测的，一旦发生故障即造成误动作，当仪表有冗余时，仪表故障的在线修复时间为8小时；

(4)具有冗余的子系统内的共因失效因子为0.03。

基于马尔可夫过程建立常规冗余结构1oo1、1oo2、2oo2和2oo3误跳车计算模型。

13.4.5 SIL等级计算报告的整体说明

SIL验证计算所涉及的产品型号及相应失效率、失效诊断率、测试周期、共因失效等参数均应来源于用户提供、产品安全手册、国际认可的失效率数据库和相关经验(OREDA、CCPS、Exida)进行相应的失效率计算。鉴于相关数据的信息通常基于一般工况条件和应用的局限性，用户和相应职能管理部门在采用此报告时，须谨慎使用和借鉴。

13.4.6 应用案例

根据PFD图、PID图、联锁系统逻辑图和SIS的设置要求等资料信息，首先分析确认SIF和硬件冗余设置，再按照Exida和Oreda数据库选择传感器、逻辑求解器及执行机构的可靠性数据，采用Markov模型计算可靠性指标，最后根据分析结果确定符合性并形成结论和改进建议。某站场案例中设置4项安全联锁功能，分别为：

(1)抽气压缩机入口分离器液位高，联锁停机；

(2)压缩机入口分离器液位高，自动全厂关断；

(3)压缩机出口分离器液位高，联锁关闭ESDV2009；

(4)仪表风压力传感器压力低，联锁关闭ESDV2004。

联锁计算结果汇总如表13－29～表13－32所示。

表13－29 SIF－01计算结果

项目	联锁定量计算	SIF标签	
单元/工艺区		SIF名称	SIF－01
任务时间	15年		

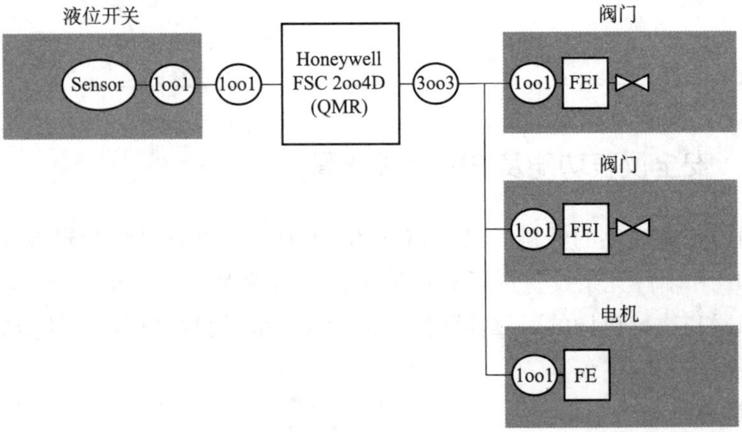

续表

安全仪表功能展示	
目标 SIL	1
目标 RRF	/
达到的 SIL	1
PFD_{avg}	4.39E-02
SIL(PFD_{avg})	1
SIL(Archi, Constraints IEC 61508)	1
SIL(系统功能)	N/A
达到的 RRF	23
MTTFS(years)	32. 56

	PFD_{avg}	MTTFS	SIL Limit	
			AC	CAP
传感器	1.87E-02	44.51	1	N/A
逻辑解算器	4.55E-07	477.95	3	N/A
执行机构	2.58E-02	162.51	1	N/A

Remarks	SIF 处于低需求模式

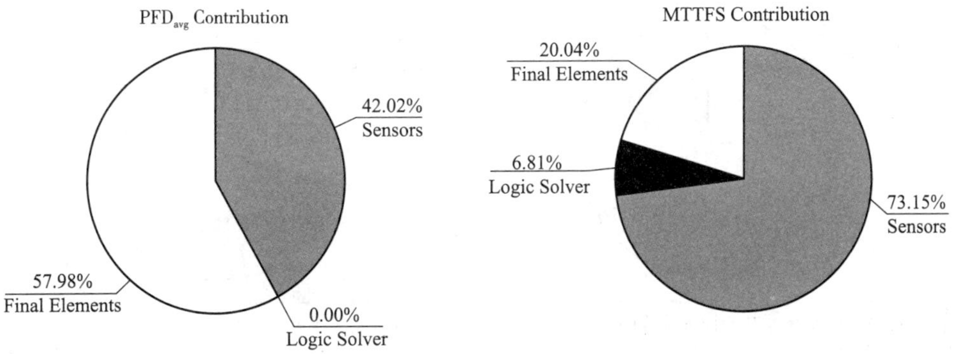

注：SIL 验证总结的结果是基于详细计算的。所有使用可靠数据的验证均记录在详细信息报告中。

表 13-30 SIF-02 计算结果

项目	联锁定量计算	SIF 标签	
单元/工艺区		SIF 名称	SIF-02
任务时间	15 年		

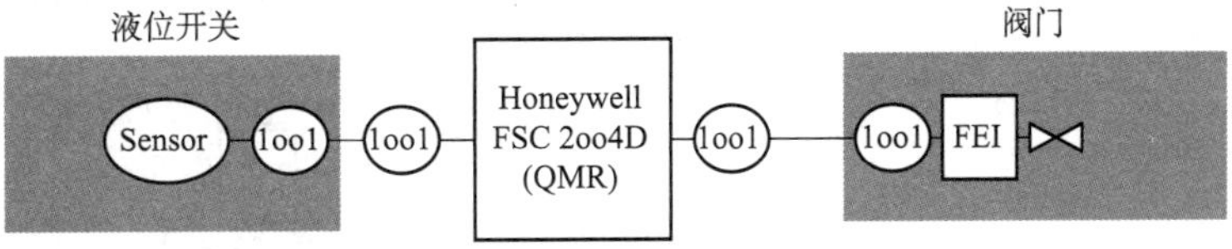

续表

安全仪表功能展示	
目标 SIL	1
目标 RRF	/
达到的 SIL	1
PFD_{avg}	2.39E－02
SIL(PFD_{avg})	1
SIL(Archi, Constraints IEC 61508)	1
SIL(系统功能)	N/A
达到的 RRF	42
MTTFS(years)	28.66

	PFD_{avg}	MTTFS	SIL Limit	
			AC	CAP
传感器	1.87E－02	44.51	1	N/A
逻辑解算器	4.55E－07	477.95	3	N/A
执行机构	5.37E－03	96.71	1	N/A

Remarks	SIF 处于低需求模式

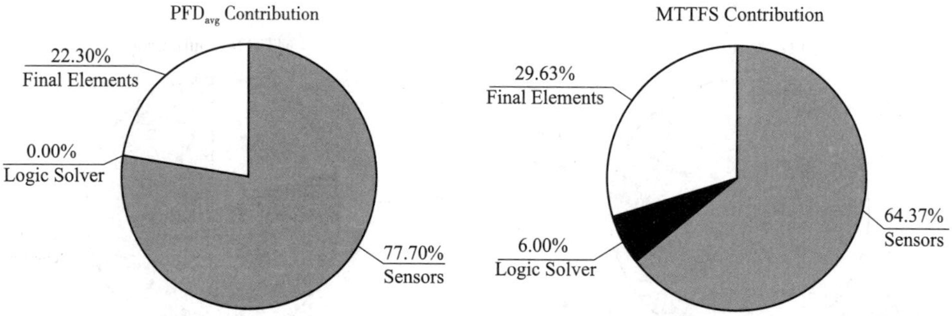

注：SIL 验证总结的结果是基于详细计算的。所有使用可靠数据的验证均记录在详细信息报告中。

表 13－31　SIF－03 计算结果

项目	联锁定量计算	SIF 标签	
单元/工艺区		SIF 名称	SIF－03
任务时间	15 年		

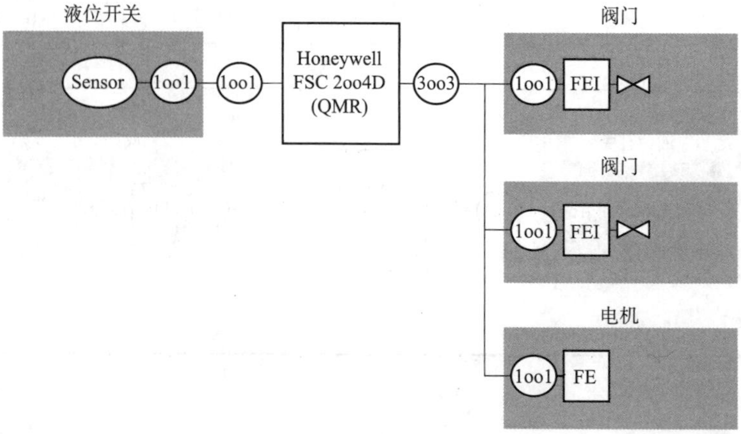

续表

安全仪表功能展示	
目标 SIL	1
目标 RRF	/
达到的 SIL	1
PFD_{avg}	4.39E－02
SIL(PFD_{avg})	1
SIL(Archi，Constraints IEC 61508)	1
SIL(系统功能)	N/A
达到的 RRF	23
MTTFS(years)	32.56

	PFD_{avg}	MTTFS	SIL Limit	
			AC	CAP
传感器	1.87E－02	44.51	1	N/A
逻辑解算器	4.55E－07	477.95	3	N/A
执行机构	2.58E－02	162.51	1	N/A

Remarks	SIF 处于低需求模式

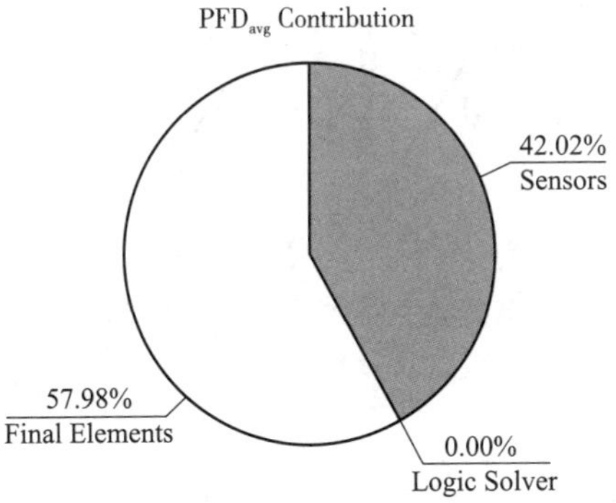

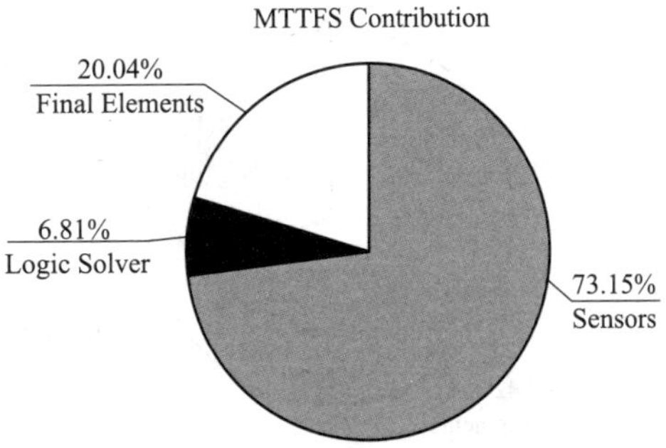

注：SIL 验证总结的结果是基于详细计算的。所有使用可靠数据的验证均记录在详细信息报告中。

表 13－32　SIF－04 计算结果

项目	联锁定量计算	SIF 标签	
单元/工艺区		SIF 名称	SIF－04
任务时间	15 年		

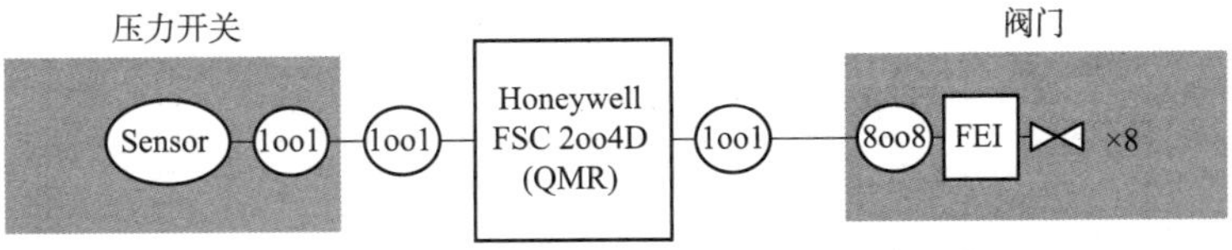

续表

安全仪表功能展示	
目标 SIL	1
目标 RRF	/
达到的 SIL	1
PFD_{avg}	5. 83E－02
SIL(PFD_{avg})	1
SIL(Archi, Constraints IEC 61508)	1
SIL(系统功能)	N/A
达到的 RRF	17
MTTFS(years)	40. 23

	PFD_{avg}	MTTFS	SIL Limit	
			AC	CAP
传感器	1. 87E－02	44. 51	1	N/A
逻辑解算器	4. 55E－07	477. 95	3	N/A
执行机构	4. 05E－02	3341. 82	1	N/A

Remarks	SIF 处于低需求模式

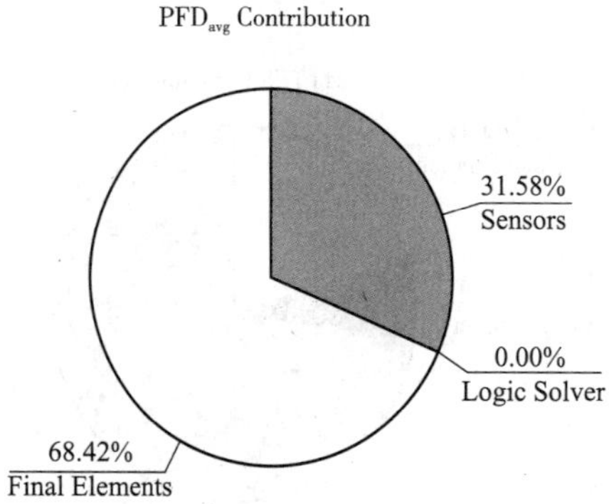

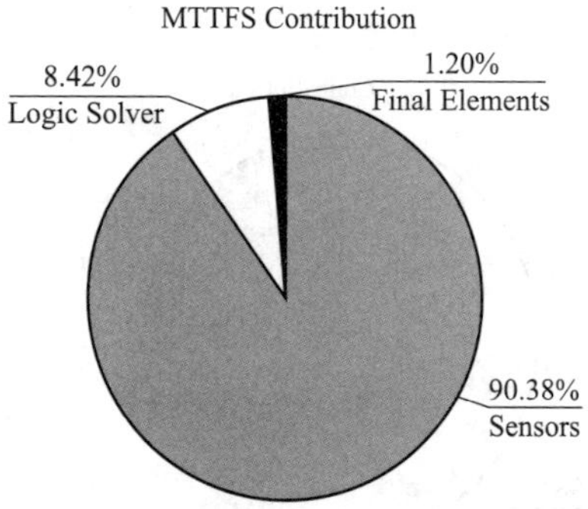

注：SIL 验证总结的结果是基于详细计算的。所有使用可靠数据的验证均记录在详细信息报告中。

通过需求等级分析及评定验证工作，确定此 4 项功能的目标需求等级和计算等级汇总如表 13－33 所示。

表 13－33　某站场安全联锁功能需求等级分析及验证结果汇总

联锁回路号	SIF 序号	目标等级	可靠性指标	传感器	逻辑解算器	执行机构	整体 SIF	计算等级	符合性
US－01	SIF－01	SIL1	PFD_{avg}	1.87×10^{-2}	4.5510^{-7}	2.5810^{-2}	4.3910^{-2}	SIL1	符合
			MTTFS(年)	44. 51	477. 95	162. 51	32. 56		
US－02	SIF－02	SIL1	PFD_{avg}	1.87×10^{-2}	4.55×10^{-7}	5.37×10^{-3}	2.39×10^{-2}	SIL1	符合
			MTTFS(年)	44. 51	477. 95	96. 71	28. 66		
US－03	SIF－03	SIL1	PFD_{avg}	1.87×10^{-2}	4.55×10^{-7}	2.58×10^{-2}	4.39×10^{-2}	SIL1	符合
			MTTFS(年)	44. 51	477. 95	162. 51	32. 56		
US－04	SIF－04	SIL1	PFD_{avg}	1.87×10^{-2}	4.55×10^{-7}	4.05×10^{-2}	5.83×10^{-2}	SIL1	符合
			MTTFS(年)	44. 51	477. 95	3341. 82	40. 23		

13.5　站场区块定量风险评价

QRA是对某一设施或作业活动中发生事故的频率和后果进行表达的系统方法，也是一种对风险进行量化管理的技术手段。在分析过程中，不仅要求对事故的原因、过程、后果等进行定性分析，而且要求对事故发生的频率和后果进行定量计算，并将计算出的风险与风险标准相比较，判断风险的可接受性，提出降低风险的建议措施。

在核电站领域，为了准确评价核电站的安全性，20世纪60年代末、70年代初，人们开发了概率安全评价，即定量风险评价。20世纪70年代以来，随着技术进步，石化和运输等行业生产及处理易燃、易爆、有毒危险品的数量越来越大，重大火灾、爆炸、毒气泄漏事故的发生概率增加，后果更加严重。但生产条件比核电行业的生产条件复杂得多，为了积累在这些行业进行概率风险评价的经验，英、荷、美、德等国进行了大量的研究工作。近十几年，国外发达国家对QRA研究非常重视，特别是荷兰和挪威取得了较多成效，已经制定了相应的定量风险准则和实施细则，开发出一系列的QRA软件，如挪威DNV公司SAFETI软件、荷兰SHELL公司SHEPHERD DESKTOP软件、荷兰TNO研究院SKCURVES软件等，为实施QRA提供了保障。

风险无处不在，即使很有把握的事情，也可能有意外发生，即风险具有客观存在性。定量风险评估是对危险进行识别、定量评估，做出全面的、综合的分析。借助于定量风险评估所获得的数据和结论，并综合考虑经济、环境、可靠性和安全性等因素，可以制定适当的风险管理程序，帮助系统操作者和管理者做出安全决策。在定量风险评估中风险的表达式为：

$$R = \sum_i (f_i \times c_i) \tag{13-24}$$

式中，f_i为事故发生的频率；c_i为该事件产生的预期后果。

站场区块定量风险评估主要解决以下四个问题：

(1)可能发生什么意外事件；

(2)意外事件发生的可能性或失效频率；

(3)发生意外事件后会产生什么样的后果；

(4)这种意外事件的风险是否可以接受。

定量风险评价的分析流程见图13－11，包括以下7个步骤：

(1)收集资料数据；

(2)确定评价区块；

(3)危险识别和泄漏场景辨识；

(4)失效概率分析；

(5)失效后果分析

(6)定量风险计算；

(7)定量风险评价。

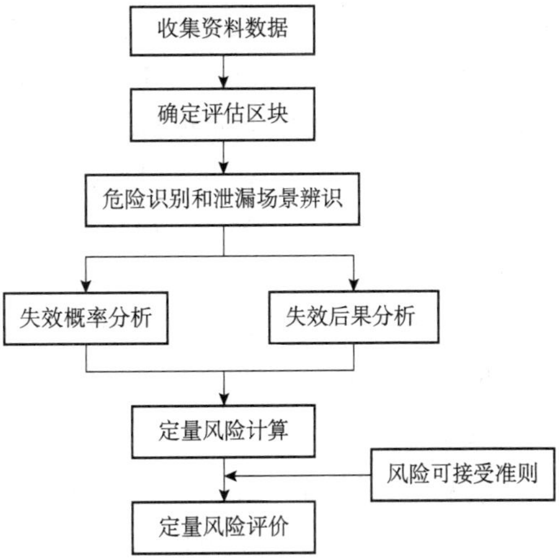

图13－11　站场区块QRA分析流程

定量风险评估的过程就是建立模型，然后再进行模型计算的过程。先把评价目标模型化，然后再进行失效频率和后果计算。评价目标的模型化就是对过程分析非常精确的描述，对所有相关数据的收集，使分析尽可能建立在准确的基础上，同时对评估边界进行限定。

油气站场事故主要包括泄漏事故演化引起的火灾、爆炸和毒气及污染物扩散，其中火灾研究集中于喷射火灾和池火灾，爆炸研究集中于蒸气云爆炸。

1. 喷射火

关于喷射火，国内实验研究较晚且多为小尺寸实验，国外研究人员在进行大量实验观察的基础上进行统计分析并提出了许多经验模型，如 Delichatsios 提出可通过弗劳德数来计算火焰的抬升高度，Mc－Caffrey 提出了火焰温度分布的羽流三段模型，Cham－berlain 提出了 Thornton 模型等。在数值模拟方面，国外研究人员主要从火焰形态特征、火焰温度分布和热辐射等 3 个方面采用不同的 CFD 软件进行模拟研究，Johnson 使用 CFX 软件对全尺寸的喷射火焰实验进行了模拟，发现数值模拟的结果与实验结果吻合较好；Pedersen 搜集大量喷射火实验数据，采用 FLACS 软件进行喷射火的数值模拟，分析了该软件在模拟喷射火特性方面的优缺点。

国内的专家学者也进行了大量的喷射火实验工作和数值模拟验证工作。黄有波等人通过火灾数值模拟软件 FDS 研究了泄漏孔形状对天然气管道喷射火特性的影响。研究发现，诸多软件工具如定量风险评价软件 Safeti、工业事故后果分析软件 Phast 及火灾爆炸模拟软件 FLACS 等可用于长输油气站场及站内承压设备的定量风险评价与事故后果分析技术研究，分析站场在设计建设或投产运行阶段的安全风险，确定安全距离和事故影响范围，从而制定有效的风险防控措施。

2. 蒸气云爆炸

国外从 20 世纪 60 年代开始蒸气云爆炸的实验和数值模拟研究。Thomas、Lind 和 Histon 等人采用塑料薄膜把气云约束成一定的形状和体积，研究可燃气体种类、浓度、气云体积以及障碍物等因素与爆燃强度之间的关系。MERGE 实验是著名的油气爆炸测试实验，其使用排管型障碍物代替实际的工艺管道或者设备等物体，把气云约束成一定的几何形状来进行蒸气云爆炸实验，研究了不同的壅塞度对爆炸超压的影响。在数值模拟方面，Atkinson 等探讨了火焰的传播速度与爆炸压力的上升速率之间的关系。

研究障碍物、障碍物阻塞对开敞空间可燃气云爆炸超压场的影响以及爆燃超压随测点距离变化的分布规律，是蒸气云爆炸的主要研究内容。CFD 技术可用于气云发生爆炸后冲击波的超压值计算，用于分析其对站场设备造成的危害和影响。管道爆燃事故时，压力波和火焰传播规律可采用 FLUENT 软件模拟和实验测试，结果与实验结果相吻合，验证了 CFD 模拟可对管道内部爆燃事故进行模拟。

3. 池火

由于火灾爆炸实验费用高昂且具有极大的危险性，基于 CFD 技术的火灾爆燃风险分析方法已经成为主要的发展方向，基于 CFD 模拟油气站场火灾爆炸事故的应用研究越来越得到工业界和学术界的重视。但是目前，基于 CFD 技术的风险分析方法针对海上油气行业的研究和应用较多，在 NORSK Z－013“风险和应急准备分析”中明确规定了“概率爆炸模拟流程”的原则、内容和要求，对陆上油气站场的应用研究较少，随着管道完整性管理进程的加快，基于 CFD 的陆上油气站场火灾爆炸事故分析技术渐趋成熟。

1）站场定量风险评价及区域安全管理

结合站场实际布局及周边环境分析失效时不同后果情景，计算确定各类典型突发事故的影响区域范围，确定安全距离，辅助被动安全措施设计及应急预案等安全管理制度的制定（见图 13－12）。

图 13－12　区域定量风险评价

2）四维扩散、火灾、爆炸模拟及事故预防技术

建立试验装置，结合实验对比 CFD 仿真计算结果进行验证和修正。根据修正情况建立站场模型并分析各类典型事故的介质扩散和火灾、爆炸后果在时间及空间纬度的演变趋势与规律，确定对站场人员、设备和建构筑物的影响，辅助事故应急决策及预防措施的设计实施（见图 13－13）。

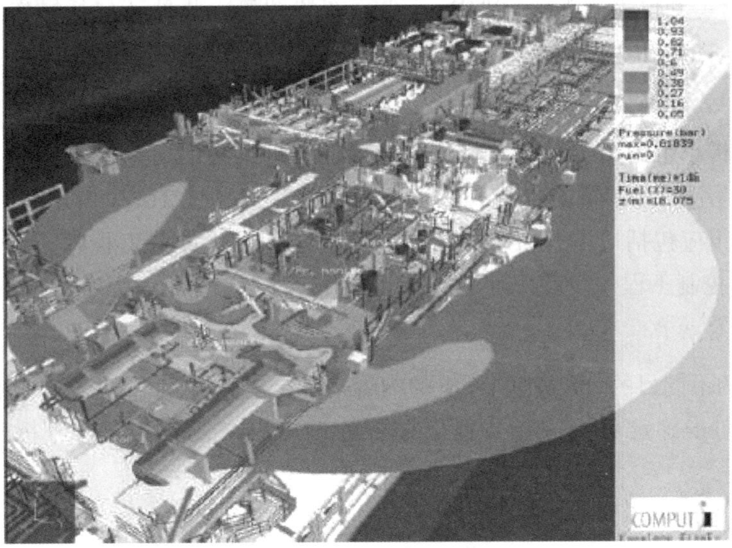

图 13－13　扩散、火灾、爆炸后果的四维定量分析

13.6　站场工艺基于 HAZOP 的评价

危险与可操作性分析（HAZOP）是以系统工程为基础，针对装置工艺过程开发的危害辨识技术，是目前工艺危害辨识中应用最广泛的技术。HAZOP 分析是由各专业人员组成的分析组，以一系列会议的形式对装置工艺过程的危险和操作性问题进行分析。HAZOP

分析的直接对象是工艺或操作的特殊点，这些特殊点称为“分析节点”或工艺单元，或操作步骤。对于每一“分析节点”，HAZOP 分析组以正常操作运行的工艺(状态)参数为标准值，分析运行过程中工艺(状态)参数的变动(偏离)，同时分析出现偏离故障的原因、后果及应采取的措施。

HAZOP 分析实施过程可以分为以下 3 个主要阶段。

13.6.1 分析准备

HAZOP 分析的准备工作主要包括以下内容。

1. 确定分析目的、对象和范围

确定分析目的、对象和范围是极其关键的，必须尽可能地清楚明确。分析对象通常由该装置和项目的负责人确定，并得到 HAZOP 分析小组领导的帮助。应当按照正确的方向和既定目标开展分析工作，而且要确定着重考虑的后果。

2. 确定 HAZOP 小组组长

HAZOP 分析小组组长应担负以下职责，包括小组成员的挑选、工作计划的制订，确保 HAZOP 分析有序高效地进行、报告的审查、整改措施的确认等。

3. 获取必要的资料

获取必要的资料是进行分析的前提。最重要的资料就是各种图纸，包括工艺流程图(PFD)、工艺管道和仪表流程图(P&ID)、平面布置图等，此外还包括操作规程、仪表控制图、逻辑图。图纸和数据应在分析会议之前分发到每个分析人员手中。

4. 挑选 HAZOP 分析小组成员

HAZOP 分析小组的知识、技术与经验对确保分析结果的可信度和深度至关重要，这就要求分析组的组织者应当负责组成有适当人数且有经验的 HAZOP 分析组。一般说来，HAZOP 分析小组应包括以下几方面的人员：工艺工程师、设备工程师、安全工程师、操作主管、仪表/控制工程师、设计工程师、记录员。

5. 确定分析程序

根据分析的不同目的，HAZOP 分析的内容可能会有所差别。HAZOP 分析组长在准备工作阶段可以初步确定分析节点并提出初步的偏离目录，准备一份分析表格做会议记录用。

6. 安排会议

一旦前期准备工作基本完成，HAZOP 分析组长就负责组织会议，合理制订会议计划，估算整个过程所需的时间，安排会议的次数和时间。

13.6.2 分析会议

准备工作完成后，即可召开 HAZOP 会议进行分析。分析程序如图 13-14 所示。为了逻辑地、有效地进行 HAZOP 分析，要将 P&ID 按照逐个设备、管线或操作划分为分析节点。对于每个节点进行逐项分析，并由会议记录人员记录。记录人员应将分析讨论过程中所有重要的内容精确记录在事先设计好的工作表内。

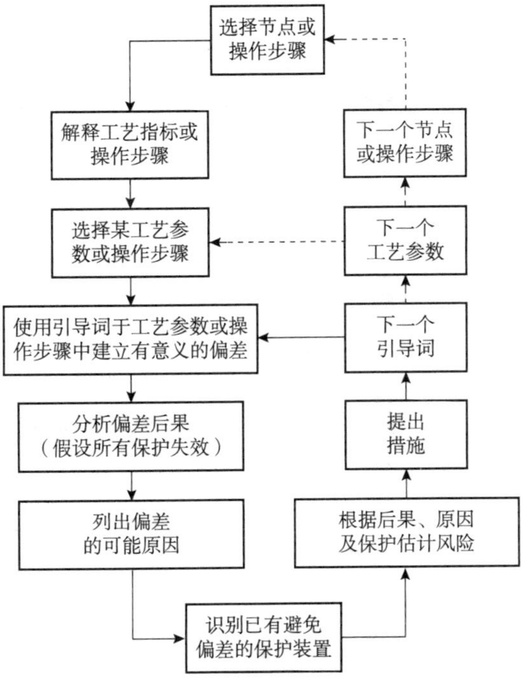

图 13－14　HAZOP 分析程序和内容

13.6.3　分析报告

HAZOP 分析会后，对会议记录结果进行整理、汇总，提炼出恰当的结果，形成 HAZOP 分析报告。

HAZOP 分析的目标在于，辨识分析对象存在的危害和隐患，解决分析对象工艺过程的安全和操作性问题。因此，在对其危害和已有安全措施分析的基础上，对不能满足安全需求的重大危害和隐患应提出安全建议措施并要求予以整改。安全建议措施必须清楚地说明针对的危险情况、可能导致的严重后果、建议增加的措施是否能解决问题、是否会引出其他问题、落实安全措施的责任人及日期限制等。

第 14 章　站场主要设备检测评价

14.1　站场管道缺陷检测评价

与长输管道单一线性结构相比，站场工艺管道的特点是运行工况复杂，管道功能各异，管道规格不同，敷设方式多样，弯头、阀门、支管和三通众多。由于站场工艺管道内介质的多样性，使得其更加容易受到内部腐蚀的破坏。另外，在管体内部缺陷、外界环境变化等因素的共同作用下，工艺管道会出现不同程度的损伤和腐蚀，是威胁成品油站场安全的重要因素。有关数据显示，站场管线问题主要是腐蚀造成的，如何开展有效的管道检测评价是站场管理的一项重要工作。

目前，已有部分针对站场工艺管道的检测标准，《压力管道规范工业管道第 5 部分：检验与试验》(GB/T 20801.5)规定了工业金属压力管道的检验、检查和实验的基本安全要求。《管道、储罐渗漏检测方法》(SY 0480)明确了利用水压试验和气密性试验检测站场管道渗漏。《在用管道系统检验、修理、改造和再定级》(SY/T 6553)修改采用 API 570，适用于石油炼制、化工行业的塔器装置的管道系统。《压力管道定期检验规则——工业管道》(TSG D7005)规定了特种设备检验机构按照规定时间周期进行检验以及有关安全技术规范及相应标准，对管道安全状况所进行的符合性验证，定期检验工作的一般程序包括检验方案制订、检验前的准备、检验实施、缺陷以及问题的处理、检验结果汇总、出具检验报告等。

美国石油学会(API)于 2011 年 6 月出版了《在役运行的终端转运油库管道系统的检验(第一版)》(API RP 2611—2011)，规定了储存汽油、柴油、润滑油和航空燃油的油库管道系统的检验方法。该标准核心内容是，规定了地上/地下管道系统的检验周期和要求，重点是地下管道系统，包括检查协议、渗漏探测系统、检验周期、渗漏测试时间间隔和检验数据评定等。

1. 检测周期

根据《压力管道定期检验规则——工业管道》(TSGD 7005)的要求，管道定期检验可以采用基于风险的检验，其检验周期可采用以下方法来确定：

(1)管道一般在投入使用后 3 年内进行首次定期检验，以后的检验周期由检验机构根据管道安全状况等级确定。安全状况等级为 1 级、2 级的管道一般不超过 6 年检验一次，安全状况等级为 3 级的，一般不超过 3 年检验一次；安全状况等级为 4 级的，使用单位应当对管道缺陷进行处理，否则不得继续使用。

(2)参照方法(1)的规定，依据基于风险的检验结果可适当延长或者缩短检验周期，但是最长不超过9年。

(3)以管道的剩余寿命为依据，检验周期最长不超过管道剩余寿命的一半，并且不得超过9年。

TSG D7005虽然明确提出参照(1)的规定，基于风险的检验结果可适当延长或者缩短检验周期，但是针对延长或者缩短周期并未提出明确的方法，并且如何在方法(1)的基础上去实现方法(2)和方法(3)也没有明确的规定。

《基于风险的检测方法》(API 581)和《承压设备系统基于风险的检验实施导则第2部分：基于风险的检验策略》(GB/T 26610.2)中提出，检验时间一般分为风险评价日期、执行检测日期和计划检测日期。在确定工艺管道检验周期时，可能存在以下3种情况：

(1)在风险评价日期之后，计划检测日期之前，风险水平达到不可接受风险(见图14-1)。在这种情形下，应确定执行检测日期，到该日期时进行检测以降低风险值，保证其在计划检测日期内低于风险目标。

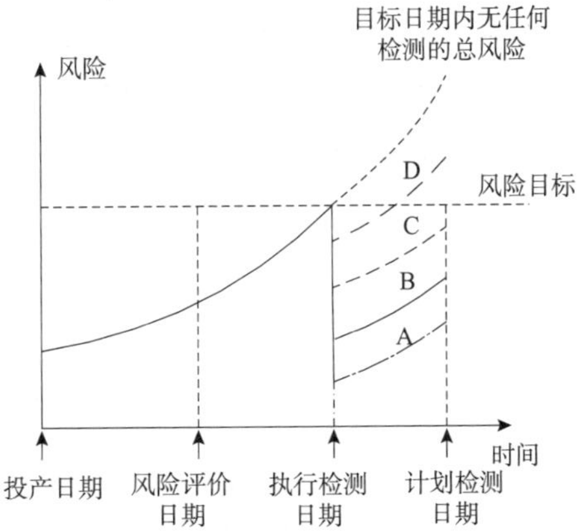

图14-1 计划检测日期前达到风险目标的检测计划

图14-1中列出了某实例进行不同有效等级检验降低风险值的效果。在目标日期执行B级检验方案，能够有效地使风险值在计划检测日期之前低于风险指标，而执行D检验方案将导致风险值在计划检验日期之前超过风险指标。目标日期和计划日期的最大间隔不得超过规定的检验周期，因此检验策略由所需的检验有效性等级确定。

(2)在对工艺管道进行风险评价时，其风险水平已经超过风险目标(见图14-2)。这种情况下必须立即安排检测，保证在计划检测日期之前，风险低于目标风险值；

在图14-2中，在风险评价之前，风险水平达到不可接受风险，需要立即进行检验。此时，风险评估日期和计划日期的最大时间间隔为规定的检验周期。

(3)在计划检测日期前，管道风险水平未超过风险目标(见图14-3)。这种情况无须安排检测。

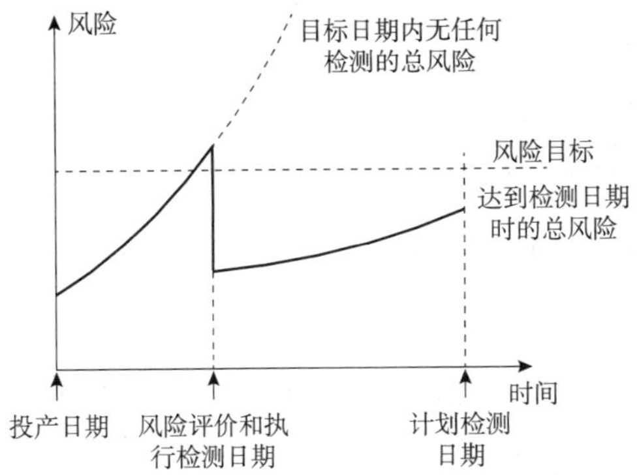

图14-2 评价日期前超过风险目标的检测计划

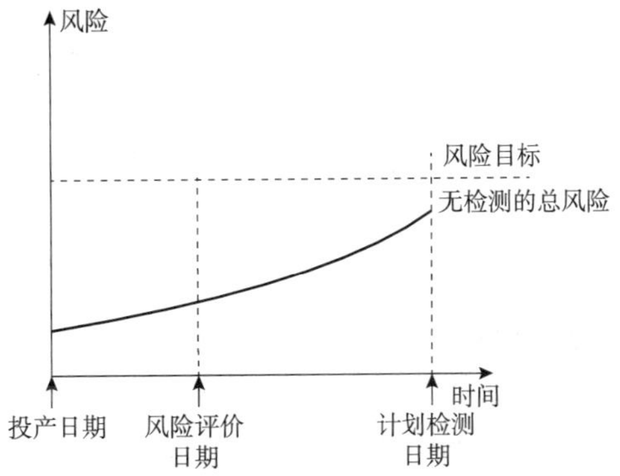

图14-3 计划检测日期前风险没有达到风险目标

在图 14－3 中，设备风险在计划检验日期之前并未超过风险目标，则无须制定检维修决策，按原定计划进行检测即可。

API 581 和 GB/T 26610.2 提出了在风险评价日期、执行检测日期和计划检测日期 3 个时间节点应注意的问题，但对于情形(1)中的执行检测日期以及情形(1)、情形(2)、情形(3)中的计划检测日期的确定方法，并未提出明确的规定。

2. 管道检测与评价流程

站场工艺管道检测是针对地上管道与埋地管道，从管体腐蚀缺陷检测(包括管道内外壁缺陷检测、焊缝检测和如弯头、三通等特殊部位的检测)和外防腐体系检测(包括环境腐蚀性检测)两大方面进行综合调查与分析，主要包括资料收集、确定检测管段与检测位置、制订检测方案、实施检测、检测数据处理与评价、评估再检测周期几个环节。工艺管道腐蚀检测与评价的流程见图 14－4。

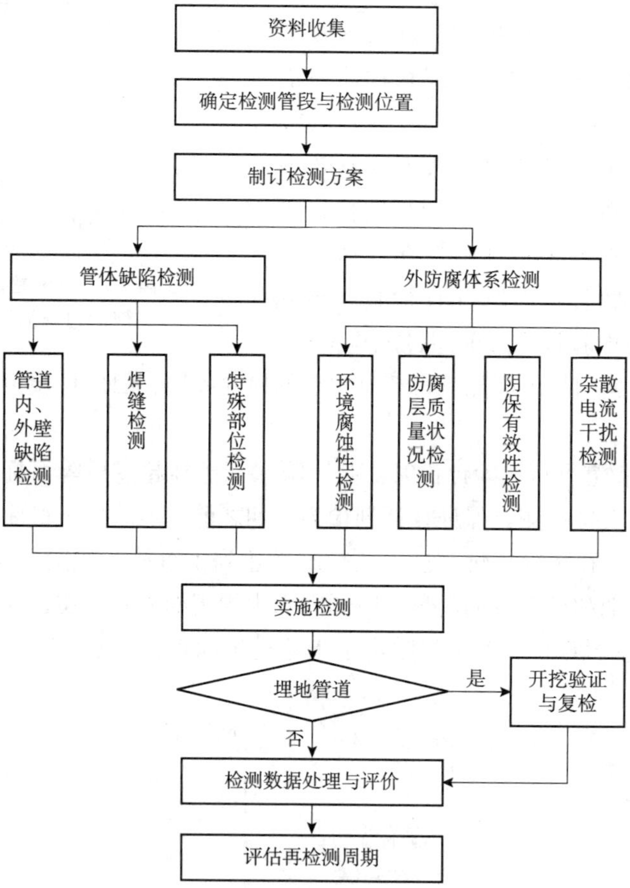

图 14－4　站场管道检测与评价流程图

1)资料收集

检测前期的资料收集阶段，应收集包含设计、施工、运行、维修等各时期的管道资料，并结合现场勘查情况了解管道的历史和当前运行状况，为后续工作提供充分的参考。所需的资料包含但不限于以下内容：

(1)管道设计施工资料，包括管道规格、防腐层、敷设形式、埋深、管道布局、使用年限、区域阴极保护系统的设计和运行维护记录、大气类型、土壤类型和地下水状况等；

(2)管道运行资料，包括管道的输送介质、温度、压力等记录；

(3)管道维护与改造资料，包括以往管道腐蚀检测记录和报告、管道修理和改造方案以及竣工资料等。

2)确定检测管段与检测位置

由于站场工艺管道的管道规格、建设时间、防腐层类型、阴保状况可能存在较大的差异，因此在制订检测方案前，要明确站场工艺管道的检测范围，突出重点检测管段与检测位置。确定重点管段有如下依据：

(1)基于风险评价结果。对于风险评价后，风险水平不可接受或者风险值相对较高的管段，要全面检测管体腐蚀缺陷和外防腐体系。

(2)基于管段位置。对于应力集中的管段、敷设环境突变的管段(出入土端)、高温高压管段(如泵出口)、易冲刷腐蚀管段(如弯头、三通、变径点)等重点检测管段，要全面检测管体腐蚀缺陷和防腐层质量状况。

(3)基于日常管理。对于存在连续的防腐层质量等级为“差”的管段、存在阴保效果不好的管段，要全面检测管体腐蚀缺陷和防腐层质量状况。

完成管段划分后，还需根据站场工艺管道的结构和状态选择检测位置，通常，首次选点宜选择出入土段、水平弯头、三通、支管、变径等位置。对于埋地管道，在选择检测位置时，应结合管道走向和检测结果，逐步选择检测位置，避免盲目开挖，要确定一次开挖深坑布点的位置，根据首次检测的结果再确定后期开挖探坑的位置。检测位置选择恰当，既有利于检测人员操作，也能有效控制成本和时间。

3)制订检测方案

为保障检测实施项目的顺利开展，在实施检测前需制订检测方案，检测方案包括管道的基本情况、检测目的与目标、运行条件评估及运行工艺要求、现场勘测结果及风险分析、检测组织机构、检测方法与步骤、时间安排、HSE作业要求等内容。针对检测方法的选择，需根据管段的规格、敷设状况、管段位置等进行确定，同时考虑管体腐蚀缺陷检测(包括管道内外壁缺陷检测、焊缝检测和弯头、三通等特殊部位的检测)和外防腐体系检测(包括环境腐蚀性检测)。

4)实施检测

根据站场工艺管道检测方案，开展管道的检测工作。对于埋地管道，当检测的结果不可接受时，需进行开挖验证与复检。管道进行开挖检测的情况有两种：首先，对于非开挖检测发现的异常点进行直接开挖检测；其次，对于无法进行防腐层非开挖检测的管段，进行直接开挖检测。

开挖检测作业前，施工方应做好管道走向、埋深、阴保系统相关资料的收集，编制施工方案和应急处置方案并获得甲方审批。根据施工方案，编制详细的开挖检测计划，分段进行开挖检测作业，确保开挖检测后及时回填，降低管道运行风险。开挖检测总体程序如图14－5所示：前期准备——全面开挖——环境土壤检查、外防腐层检测、管体腐蚀检测、焊缝缺陷检测等一系列检测评价工作——防腐层修复——回填及站容站貌恢复——检测数据处理与评价。其中，环境土壤检查内容包括质地、分层情况、干湿度等；外防腐层检测包括类型、状况、厚度、黏结性、破损情况及无破损处质量等；管体腐蚀检查首先采用目测法对管道本体外表面缺陷进行检测(外表面缺陷采用焊缝尺、千分尺等检测手段对缺陷面积、深度进行测量)，内表面缺陷可采用超声扫描、超声波相控阵、超声波测厚等检测技术对缺陷精确定量检测；焊缝缺陷检测包括焊缝表面缺陷检测和焊缝内部表面缺陷检测。

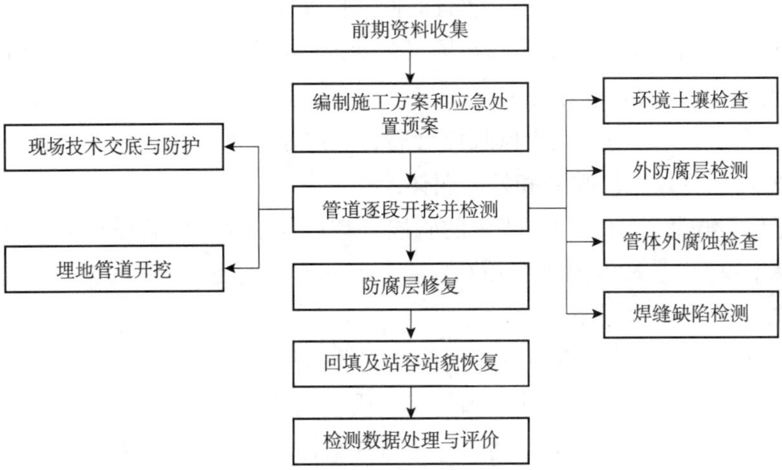

图 14－5　管道开挖检测程序

5)检测数据处理与评价

建立检测数据管理台账是数据管理与后期评价的重要环节，数据除了前期调研的管道布局图、管段名称、管道规格、建设时间、运行时间、运行压力、维护维修记录等基本信息，还包括检测过程中获取的检测数据信息。检测数据主要有如下几种：

(1)各检测管段缺陷分布；

(2)弯头、三通、异径等部位的壁厚测量数据；

(3)各检测管段防腐层类型及质量状况；

(4)站场区域阴保状况，管道保护电位分布情况；

(5)站场环境腐蚀性情况。

针对每种数据制定可接受标准或者定级标准，从而结合检测的数据判定管道的缺陷安全等级、管道腐蚀等级、防腐层质量等级、阴保有效性和土壤腐蚀性等。

3. 管体腐蚀缺陷检测

管体腐蚀缺陷检测是站场工艺管道检测的重点部分，也是难点部分。目前，常用管道缺陷检测技术有超声导波检测、电磁检测、涡流检测和超声波检测等，每种检测技术都有其独特的适用性以及优缺点。由于站场工艺管道规格不同，敷设方式多样，弯头、阀门、支管和三通众多，如何结合各种检测技术的特点形成完善的检测技术体系，实现站场工艺管道的全覆盖检测是急需解决的问题。

1)腐蚀缺陷检测技术

(1)超声导波检测。超声导波(Ultrasonic Guided Wave)是指超声波在如钢板、杆、管道等比较有限的空间内传播时不断发生反射、折射，并随之产生干涉等现象的一种波，主要利用低频扭曲波（Torsinal Wave）和纵波（Longitudinal Wave）两种波形。检测原理如图14-6所示。

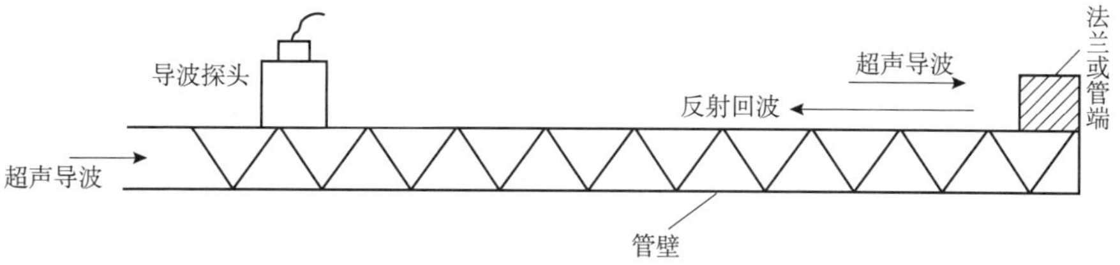

图14-6　超声导波检测原理

超声导波检测技术应用在管道腐蚀检测中的时候，根据不同厚度的管壁需要产生相应的波形，因此使用的波形频率相对较低，通常小于100kHz。根据波频，超声导波分为低频导波和高频导波，详见表14-1。

表14-1　超声导波的检测方法分类

检测技术	检测方法	适用范围	优点	缺点
超声导波	低频导波	检测长距离直管段截面损失率>9%以上的体积型缺陷	可对长距离内的直管段进行全覆盖检测； 检测效率高	对界面损失不大的体积型缺陷检出率低； 无法进行定量检测； 在探头附近有检测盲区
	高频导波	检测一定距离内管道的体积型缺陷； 可应用于穿墙、支墩位置等局部隐蔽管段的腐蚀、裂纹的检测	可对一定范围内管段进行100%的覆盖性检测； 检测效率高，现场灵活性好	检测范围有限； 不能定量检测，无法做到精确测量，无法得到缺陷大小，更不能形成直观的三维图像

（2）电磁检测。电磁检测技术是基于磁场的原理，检测主要对象为铁磁性工件表面的缺陷或者是表面以下较浅的缺陷。以漏磁为例，检测原理如图14-7所示。其基本原理是：外部磁场将铁磁性材料磁化，磁力线在材料内部通过，如果材料内部完好，则磁力线在材料内的分布比较均匀，检测传感器不会收到泄漏磁场信号；如果材料内部存在腐蚀或裂纹等缺陷，通过缺陷区域的磁力线将会因为材料磁阻的变化而发生畸变弯曲，其中一部分会从材料表面通过，从而在缺陷的外表面附近形成能够被检测传感器检测到的外部漏磁场。电磁的检测方法主要包括漏磁、低频电磁和磁记忆，详见表14-2。

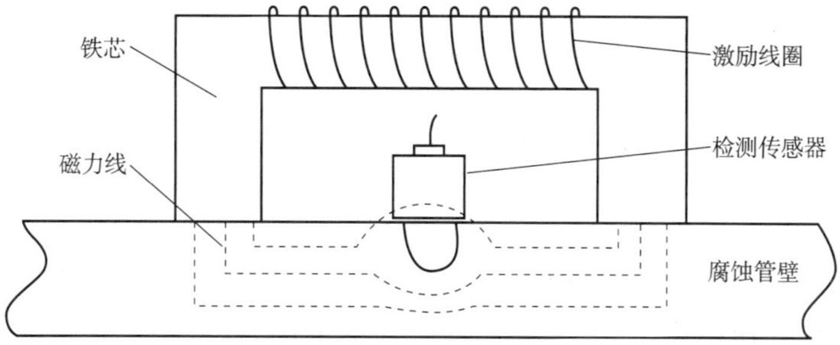

图14-7　电磁检测原理

表 14-2　电磁的检测方法分类

检测技术	检测方法	适用范围	优点	缺点
电磁检测技术	漏磁	直管段的体积型缺陷检测	对局部腐蚀的检测精度高； 可实现对一定范围内的管段进行 100% 接触式检测	探头部分为强永磁体，仪器操作难度大； 接触式检测，探头磨损严重； 仪器本身无法进行数据记录，无法定量检测
	低频电磁	漏磁检测的一种，可对直管段和管件进行体积型缺陷检测	仪器能够记录缺陷的位置，并扫查成像，扫查成像进程与检测跟踪记录同步完成	无法进行定量检测； 对管道表面和检测空间的要求较高
	磁记忆	金属部件非接触式测量	受检对象不要求任何准备； 能以 1mm 精度确定设备应力集中区； 能检测早期的应力集中	受外部干扰较大

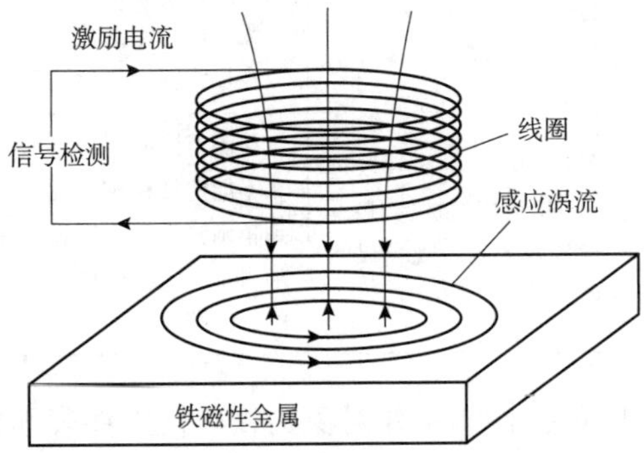

图 14-8　电磁检测原理

(3) 涡流检测。涡流检测技术采用电磁检测原理，为激励线圈施加交变的电流信号，则在线圈附近产生变化的激励磁场，然后靠近铁磁性被检测试件，试件中将有感应电流产生，即涡流，如图 14-8 所示。涡流会发生迅速的衰减，这个过程中产生的磁场与激励磁场相反，频率相同，称为反射磁场。反射磁场作用在检测线圈上，改变了检测线圈的阻抗。通过对检测线圈阻抗变化的测量就可以确定金属缺陷相关信息，这也是当前最普遍的涡流检测方法。涡流的检测方法主要包括脉冲涡流和远场涡流，详见表 14-3。

表 14-3　电磁的检测方法分类

检测技术	检测方法	适用范围	优点	缺点
涡流检测技术	脉冲涡流检测	可对钢管一定面积内的均匀壁厚进行检测	可穿透保温层进行测厚，可用于高温管线测厚	测出的数据是一定面积内的均匀壁厚，无法检测局部减薄
	远场涡流检测	一种低频涡流检测技术，可检测钢管内部体积型缺陷	仪器能够记录缺陷的位置，并扫查成像	无法进行定量检测

(4) 超声检测。超声波管道腐蚀无损检测利用的是其穿透特性，如图 14-9 所示。超声波可以在管体中匀速传播，当遇到管壁时会有一部分发生反射，反射回来的超声波被检测探头接收，通过计算超声波在管体上两次反射的时间差得到其在管体中的传播时间，而在特定管体中超声波的速度是已知的，因此可以通过简单的速度时间乘积然后除以 2 求得

管体壁厚。超声波检测技术从 20 世纪 30 年代应用在无损检测领域，经过近一个世纪的发展，技术已经非常成熟，检测精度以及检测灵敏度相对都比较高。但是，超声波检测一直存在的缺点是，需要耦合剂，操作步骤烦琐，并且容易为管道内壁的结蜡所吸收，干扰多，因此检测环境容易受到限制。超声检测方法详见表 14－4。

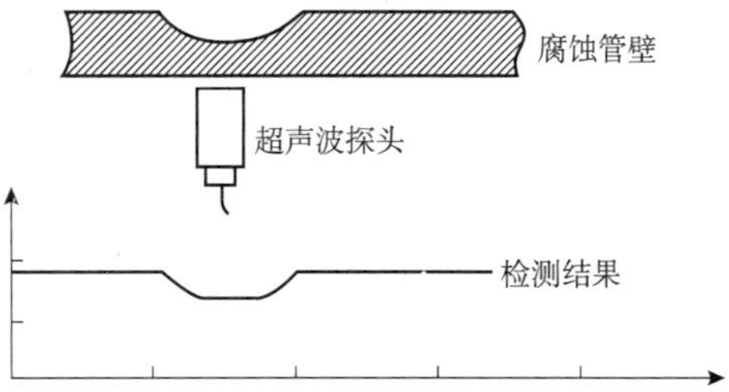

图 14－9　超声检测原理

表 14－4　超声检测方法分类

检测技术	检测方法	适用范围	优点	缺点
超声波检测技术	超声波测厚	钢质管道的剩余壁厚检测	定量检测，操作简便	只能进行单点的壁厚检测；只能通过波形来分辨缺陷
	C 扫描	钢质管道的剩余壁厚检测	能给出缺陷信号及其三维彩色图像显示，并具备 A 扫描回放功能，因而可对缺陷进行三维定位、定量分析	检测效率较低，实现长距离内管道的全覆盖检测难度大
	超声波相控阵	可检测复杂工件	可以同时拥有 B 扫描、D 扫描、S 扫描和 C 扫描； 建立三维立体图形，缺陷显示非常直观； 可以拥有多角度的超声波； 拥有聚焦功能，灵敏度和分辨率都比常规超声检测高	成本较高，工序较为复杂

2）腐蚀缺陷检测方法

考虑站场管线多弯头与变径点、长度短以及各种干扰信号强等特征，站场管道无法实现基于单一检测技术的缺陷检测。因此综合各检测技术的特点，针对站场工艺管道的敷设情况以及检测位置，提出了综合检测方法，见图 14－10。

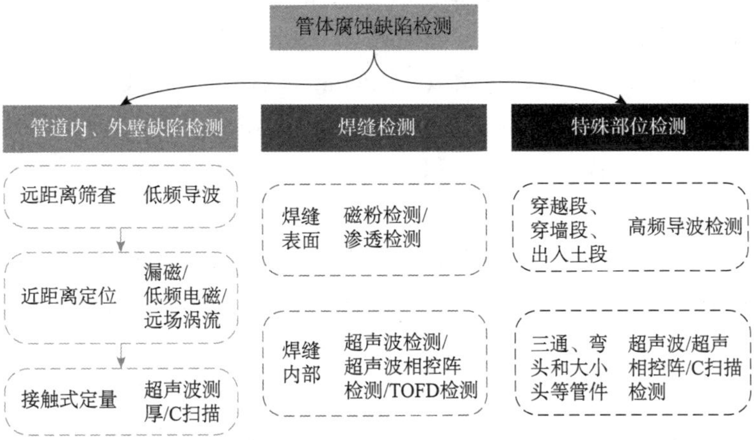

图 14－10　适用于不同工况的检测方法

(1)管道内、外壁缺陷检测，即长距离直管段检测。提出一套由远及近、由粗到精的综合检测方法，即远距离筛查、近距离定位、接触式定量的检测方法。根据检测技术的特点，可采用低频导波+漏磁/低频电磁/远场涡流+超声波测厚/C扫描的检测组合。

(2)焊缝检测。对焊缝表面缺陷主要采用磁粉(MT)检测技术进行检测，采用渗透(PT)检测技术进行验证；对焊缝内部缺陷采用超声波(UT)检测技术对焊缝内部缺陷进行检测；采用X光射线检测技术、超声波相控阵检测技术、衍射时差法超声检测技术(TOFD)对检测出来的缺陷进行验证。

(3)特殊部位检测。对于穿越段、穿墙段和出入土段管道采用高频导波检测技术；对于站场工艺管道中的三通、弯头和大小头等管件，这些部位易因冲刷和腐蚀造成壁厚减薄，推荐采用超声波/超声相控阵/C扫描检测。

3)剩余强度评价

从1960年开始，国外研究人员开展了对含有缺陷的长输油气管道评价问题研究，以美国、英国及加拿大为首，颁布了ASME B31G标准、DNV RP-F 101标准、API 579标准、PRORRC方法、RSTRENG标准等管道完整性评价标准和方法，这些方法有各自的适用范围和保守性。

我国也颁布了多项含缺陷管道剩余强度评价标准，基本都是参照国外有关评价标准或准则制定的。如《钢质管道管体腐蚀损伤评价方法》(SY/T 6151—2009)，与ASME B31G基本相同，适用于钝性、低应力集中的腐蚀损伤的碳钢或低合金钢管道，且只适用于管道承受内压的情况。《含缺陷油气输送管道剩余强度评价方法》(SY/T 6477—2017)，则部分采用了API 579中的内容，适用于评价体积型缺陷、裂纹型缺陷及弥散损伤型缺陷。《腐蚀管道评估的推荐作法》(SY/T 10048—2003)，则是等同采用DNV RPF101，只是做了一些编辑性修改。

《在用含缺陷压力容器安全评定》(GB/T 19624—2004)是在英国《焊接结构的缺陷验收评定方法指南》(BSI. PD 6493—91)基础上，结合我国压力容器与压力管道应用国情，总结、继承和吸收国内外关于锅炉压力容器安全评定的理论、技术实践和经验，通过系统、综合和攻关研究后形成的。标准适用的缺陷类型包括平面缺陷(如裂纹、未熔合、未焊接、深度≥1mm的咬边等)与体积型缺陷(如凹坑、气孔、夹渣、深度<1mm的咬边等)。该标准失效评定采用三级评定的技术路线，与英国CE GBR6—91(新R6方法)的三级路线以及与英国BSI. PD 6493—91的三级评定相似。该标准失效评定的三级评定分别是：平面缺陷的简化评定(简称简化评定)、平面缺陷的常规评定(简称常规评定)和平面缺陷的分析评定(简称分析评定)，也可称为一级、二级、三级评定。

4)剩余寿命预测

含缺陷管道剩余寿命预测是在研究缺陷的动力学发展规律和材料性能退化规律的基础上，给出管道的剩余安全服役时间。剩余寿命预测结果可以为管道检测周期的制定提供科学依据。

剩余寿命预测研究的意义，就是要在保证必要的安全可靠性前提下，最大限度地延长管道的使用寿命。通过对含有腐蚀缺陷的管线进行无损检测，利用适当的数值分析方法建立起相应的腐蚀速率模型，来预测管线的剩余寿命，并在此基础上确定管道合理的检测和维修周期，避免过早地更换还可以继续运行的管道，减少不必要的经济损失。

由于输送介质、周围环境以及各种载荷的不同，在役油气管道在诸多腐蚀因素下工作，最终腐蚀结果是各种腐蚀因素综合作用的结果。测定腐蚀速度及腐蚀寿命的计算是一个很复杂的问题，剩余寿命预测包括基于匀速腐蚀的剩余寿命预测和基于变速腐蚀的剩余寿命预测。

4. 外防腐体系检测

工艺管道外防腐体系检测通常是指对管道外防护系统的检测，一般针对管道的环境腐蚀性检测、防腐层质量状况检测、阴保有效性检测、杂散电流干扰检测等内容开展工作，从而判断腐蚀防护系统的有效性及外腐蚀对管道完整性的危害。国内外公认的管道外腐蚀直接检测评价是对油气管道进行全面检测较为准确、有效的方法。

2002 年美国腐蚀工程师协会(简称 NACE)颁布了 NACE SP0502—2002《管道外壁腐蚀直接评价方法》。标准中推荐的管道外腐蚀直接检测与评价(以下简称 ECDA)技术通过识别和确定外防腐层完整性、阴极保护有效性或腐蚀活性来评价管道的外腐蚀情况。其流程包括预评价、间接检测和评价、直接检测和评价、后评价等 4 个步骤。在国际上，ECDA 成为实施管道外腐蚀检测时的标准工作程序和主要技术手段。NACE SP0502 于 2010 修订后重新颁布，新版标准融合了自 2002 年标准颁布以来检测技术的发展和积累，其适用性和指导性有较大的提升。与 2002 年版本相比，改进内容主要体现在对现有检测技术的应用条件、范围以及评价指标等方面的优化，但没有突破性的新的检测技术纳入标准中。

我国于 2006 年发布了国内首个关于钢制管道外腐蚀直接检测评价方面的标准，即《钢制管道及储罐腐蚀评价标准 埋地钢制管道外腐蚀直接评价》(SY/T 0087. 1—2006)，是我国目前唯一关于埋地钢制管道外腐蚀直接评价的标准，也一直是国内埋地管道外腐蚀检测方面的主要标准，其核心技术和方法与 2002 版 NACE 标准基本相同。

1)环境腐蚀性检测

环境腐蚀性检测主要包括大气环境和土壤环境的腐蚀性检测与评价。通常，大气的腐蚀性相对于土壤腐蚀性要轻微得多，一般在站场工艺管道检测中很少涉及。土壤环境腐蚀需要进行土壤电阻率以及土壤样品的理化分析，通过现场勘测并对所取的土样进行实验室内性能分析，得到土壤各单项指标的测试结果，对土壤各单项指标分别进行评价，以此评价沿线土壤腐蚀性等级。在一般情况下，土壤腐蚀性检测应包括土壤电阻率、管道自然腐蚀电位、氧化还原电位、土壤 pH 值、土壤质地、土壤含水率、土壤含盐量、土壤 Cl^- 含量等 8 项指标的测试，详见本书第七章。

2)防腐层质量状况检测

对与埋地管道的防腐层检测评价，检测内容为防腐层局部破损点定位。根据《钢制管道及储罐腐蚀评价标准 埋地钢质管道外腐蚀直接评价》(SY/T 0087. 1—2006)的要求，检测技术包括多频管中电流法(PCM)、交流电位梯度法(ACVG)、密间隔电位法(CIPS)、直流电位梯度法(DCVG)、皮尔逊法(Person)。由于站场埋地管线存在多管并行、管线长度短、管道接地点多以及各种干扰信号强的特点，因此在站场管道外防腐层缺陷检测中一般使用交流电位梯度法和皮尔逊法两种技术进行检测。这样既可以保证检测精度，也可以对两种不同检测方法的检测结果进行检查、验证。

对与地上管道防腐层的检测评价，主要通过抽查的方式来完成，主要的检测方法有3种。①外观检查，检验人员依靠目测观察管道表面有无气泡、裂纹、破损、剥离等现象，对已失效的防腐层，应切开防腐层记录其材料和失效形式；对已进水的防腐层，还应测量防腐层膜下的液体pH值，记录破损点周围的剥离情况及管体表面的腐蚀情况。②防腐层厚度测量，对于较薄的液体涂料涂层，选择漆膜测厚测量；对于较厚的防腐层，选用磁性测厚仪测量，根据对应的防腐层标准中规定的厚度进行评价。③黏结力检测，对于较薄的液体涂料涂层，采用翘剥法进行黏结力测量与评价；对于较厚的防腐层，采用拉拔法进行测量，在每个测量点，应在管道圆周取3个进行测量，再根据对应的防腐层标准规定的黏结力评价指标进行评价。

3)阴保有效性检测

阴保有效性检测主要指对管道的阴极保护状况进行检测评价。按不同区域选择典型位置测量管道阴极保护电位(通/断电位)，对区域阴极保护系统运行状况进行检查，根据站场管道区域阴保的特点，可采用标准管/地电位测试法(P/S)、密间隔电位(CIPS)检测方法和极化探头近参比检测管地电位的方法进行检测，检测时应考虑IR降的影响。

在一般情况下，阴极保护效果应满足：在阴极保护状态下，测得的管地电位至少达到-0.85V(vs. CSE)，但不能小于-1.2V(vs. CSE)，此测试值不包括IR降。

在特殊情况下，阴极保护效果应满足：

(1)对于高强度钢(最小屈服强度大于550MPa)，极限阴极保护电位应正于实际析氢电位；

(2)对于防腐层状况为4级或裸管，在阴极极化和去极化时，被保护管道表面与土壤接触、稳定的参比电极之间的阴极极化电位差应不小于100mV；

(3)当土壤中含有盐酸盐还原菌且硫酸根质量分数大于0.5%时，测得的管地电位至少达到-0.95V(vs. CSE)。当土壤电阻率大于500 Ω·m时，测得的管地电位至少达到-0.75V(vs. CSE)。

(4)对存在杂散电流干扰的管道，可通过腐蚀危害检测、检查片腐蚀速率测试和均匀腐蚀速率或局部腐蚀速率现场测试等方法，来评判阴极保护的有效性。

4)杂散电流干扰检测

选择典型位置利用杂散电流干扰测试仪器持续监测管道的管地电位和电压，判断杂散电流干扰源特性。直流干扰一般应采用施加阴极保护时管道任意点上的管地电位较自然腐蚀电位的偏移量来进行测量和评价，当难以测试时，也可采用管道附近土壤表面电位梯度来进行测量和评价。

交流干扰可用管道交流干扰电压和交流电流密度进行测试，当管道上任意一点上的交流干扰电压都小于4V时，可不采取交流干扰防护措施；高于此值时应采用交流密度进行评估。

14.2 储罐检测评价

储罐作为重要生产设施，在成品油储运系统中发挥着越来越重要的作用，由于具有节约钢材、减少占地面积与油罐附件、方便操作管理及投资经济好等优点，被广泛应用。金属储罐常年在自然环境下工作，经受不同的介质侵蚀，储罐罐壁、罐底、罐顶以及附件都会不可避免地受到不同程度的腐蚀。成品油储罐一旦发生事故，不仅会造成巨大经济损失和严重环境污染，在某些情况下甚至会发生火灾和人员伤亡事故。对储罐进行检测，可以确定储罐壁板的腐蚀状态和退化速率，减少储罐风险的不确定性。

目前，储罐主要的检测评价规范有《立式圆筒形钢制焊接油罐设计规范》(GB 50341—2014)、《立式圆筒形钢制焊接储罐施工规范》(GB 50128—2014)、《立式圆筒形钢制焊接油罐操作维护修理规范》(SY/T 5921—2017)、《油罐的检验、修理、改建及翻建》(SY/T 6620—2014)、《无损检测常压金属储罐声发射检测及评价方法》(JB/T 10764—2007)、《无损检测常压金属储罐漏磁检测方法》(JB/T 10765—2007)。

1. 检测周期

《立式圆筒形钢制焊接油罐操作维护修理规范》(SY/T 5921—2017)对油罐检修周期标准做了明确规定：油罐的修理周期一般为6~9年，新建油罐第一次开罐检修周期不宜超过10年，经可靠检测分析手段评价油罐状况，根据评价结果，经主管部门批准，油罐修理周期可适当延长或缩短。

《常压立式圆筒形钢制焊接储罐维护检修规程》(SHS 01012—2019)属于中国石化标准《石油化工设备维护检修规程》中的一部分，适用于存储石油的立式常压储罐，规定检修周期一般为3~6年。

美国石油学会标准API 653以及《油罐检验、修理、改建和翻建》(SY/T 6620—2014)的内容包括立式常压储罐的检验、修理、改建和重建，其中规定：

(1)储罐第一次检修周期一般不应超过10年；

(2)当储罐进行了基于风险的检验(RBI)或做了类似评价后，储罐第一次开罐检维修周期可以延长，但不能超过表14-5中给出的最大年限；

(3)储罐第二次及以后的检修周期可以通过基于腐蚀速率的方法来确定，也可以通过基于风险的检验来确定，但都不应超过表14-6中给出的最大年限。

表14-5　第一次检修周期

储罐防护	最大的首次检验周期
罐底公称厚度不小于7.9mm	12年
罐底土壤侧安装有阴极保护装置	12年
与产品接触面安装有薄膜衬里	12年
与产品接触面安装有玻璃纤维加强内衬	13年
同时安装阴极保护和薄膜内衬	14年
同时安装阴极保护和玻璃纤维加强内衬	15年
安装有RPB(泄漏检测和围油)系统，且做了储罐类比评估	20年
安装有RPB系统，且对储罐进行了RBI评价	25年

表 14－6　第二次及以后的检修周期

使用程序	检修周期最大值
计算腐蚀速率	20 年
采用 RBI 技术评价	25 年
有 RPB 系统并同时采用 RBI 技术评价	30 年

欧洲工程材料应用协会标准 EEMUA 159 作为欧洲储罐用户的指导手册，在储罐检测和维修方面运用十分广泛。该标准主要是针对地上立式钢制储罐，提供并帮助建立必要的检验方法，以便尽量减少储罐服役时可能出现的问题，延长储罐的有效使用寿命。如果没有使用 RBI 技术进行风险评价，EEMUA 建议储罐企业使用固定的检维修周期，推荐的周期如表 14－7 所示。如果企业采用了 RBI 评价，可以根据评价结果确定下一个检修周期，但一般不能超过 20 年。

表 14－7　EEMUA 159 规定的检维修周期

储罐储存介质	不同气候条件的检维修周期		
	A	B	C
污水、腐蚀和侵蚀性化学品、原料水、卤水(无内部保护)	3 年	3 年	3 年
污水、腐蚀和侵蚀性化学品、原料水、卤水(有内部保护)	7 年	7 年	7 年
原油	8 年	8 年	10 年
燃油、蜡油、润滑油、柴油、烧碱、惰性或良性化学物质	12 年	16 年	20 年
液体产品、煤油、汽油、裂化馏分油、处理过的水(无内部保护)	8 年	10 年	12 年
加热和保温储罐	6 年	6 年	6 年

注：气候条件分为三类，A 为温暖湿润的热带亚热带地区，B 为多雨多风的温带地区，C 为温暖干燥的地区。

日本消防法依据大型户外储罐的容量和安全等级，详细规定了储罐的内检测周期(见表 14－8)。日本石油协会标准 JPI－8S－6－10—2010 在此基础上对固定顶的储罐、浮顶储罐和内浮顶储罐的检修周期又做了具体细分。

表 14－8　日本消防法规定的大型户外储罐检维修周期

<table>
<tr><th></th><th>储罐分类</th><th colspan="2">大于 $10^4 m^3$ 的储罐检修周期</th><th>小于 $10^4 m^3$ 的储罐检修周期</th></tr>
<tr><td rowspan="4">基本的检修周期</td><td>旧标准</td><td colspan="2">5 年</td><td>10 年</td></tr>
<tr><td>第二标准</td><td colspan="2">7 年</td><td>12 年</td></tr>
<tr><td>第一标准</td><td colspan="2">8 年</td><td>—</td></tr>
<tr><td>新标准</td><td colspan="2">8 年</td><td>13 年</td></tr>
<tr><td rowspan="4">采用其他安全防护措施后的检修周期</td><td rowspan="3">第二标准</td><td>玻璃纤维内衬</td><td>10 年</td><td>15 年</td></tr>
<tr><td>环氧树脂内衬</td><td>8 年</td><td>13 年</td></tr>
<tr><td>有效的存储管理</td><td>9 年</td><td>14 年</td></tr>
<tr><td>第一标准和新标准</td><td colspan="2">10 年(当有持续检测底板厚度或腐蚀量时，可延长至 15 年)</td><td>15 年</td></tr>
</table>

注：日本储罐分为以下四类，1977 年以前安装的为旧标准储罐，旧标准储罐中有一部分符合第一标准，一部分符合第二标准。1977 年后安装的为新标准储罐。具体分类方法见日本消防法相关规定。

2. 储罐底板在线检测

据统计，在油罐腐蚀中，底板腐蚀约占80%。由于储罐底板是储罐最容易发生腐蚀的部位，也是决定储罐有效生命周期的关键部位，它的检测评价尤其重要。超声、漏磁、磁粉等检测方法需要开罐实施检测，费用高、检测时间长。在这种情况下，在线检测技术显示出其优势。目前，针对罐底板在线检测的方法主要有声发射、超声导波、潜入式机器人。

1)声发射检测

声发射技术应用于大型常压金属储罐底板腐蚀检测的研究始于20世纪80年代。从20世纪90年代开始，美国物理声学公司陆续对8000多台常压和承压储罐进行声发射在线检测，其中1000多台实施了与常规开罐检测结果的对比，最终研发了TANKPACTM大型常压金属储罐底板检测专家系统，用于对储罐底板的腐蚀和泄漏状况进行评价。目前，壳牌、埃克森和陶氏化学等多家国际石油化工公司均采用该技术对其所拥有的储罐进行在线检测。此外，俄罗斯、澳大利亚、日本、韩国和德国等国的科研人员也对基于声发射原理的常压储罐底板在线检测技术进行了理论分析和实验研究，推动了储罐声发射检测技术的实用化。

国内储罐检测主要还是采用传统的开罐检测方法。随着国外储罐声发射检测技术的推广应用，国内许多单位开始了相关研究，并在储罐声发射在线检测机理、分析处理方面取得了一定成果。其中，东北石油大学、浙江省特种设备检验中心、天津大学、浙江大学和中国特种设备检测研究院等单位都开展了有效的常压储罐声发射在线检测研究，但与国外差距仍旧较大。

(1)声发射检测原理。声发射是材料或结构受外力或内力作用产生变形或断裂，以弹性波形式快速释放出应变能的现象。诸多原因可以释放这种应变能，如材料裂纹的产生和扩展、断裂、应力再分配、撞击及摩擦等。储罐在腐蚀介质中由于裂纹产生以及腐蚀过程都可产生声发射波。金属腐蚀产生的声发射波具有较小的幅度和宽的频率范围，可被高灵敏度的声发射传感器接收到。声发射波不仅在它所产生的材料内部传播，也能传到材料表面并沿表面传播直至其能量完全衰减为止。所有材料，包括固体、液体及气体都能传播声发射波，但不同材料具有不同的信号衰减率，油品是一种很好的声传导介质。由罐底腐蚀(或泄漏)引起的声发射波可通过油介质传播到数十米远的地方，被安装到罐外壁的声发射传感器接收到并转换成电信号，然后由先进的声发射仪器及软件进行数字化分析，最终确定储罐底板的腐蚀状况。

储罐罐底声发射在线检测技术原理如图14－11所示。声发射在线检测设备主要由内置前放的传感器、信号电缆、内置声发射卡的计算机系统构成。

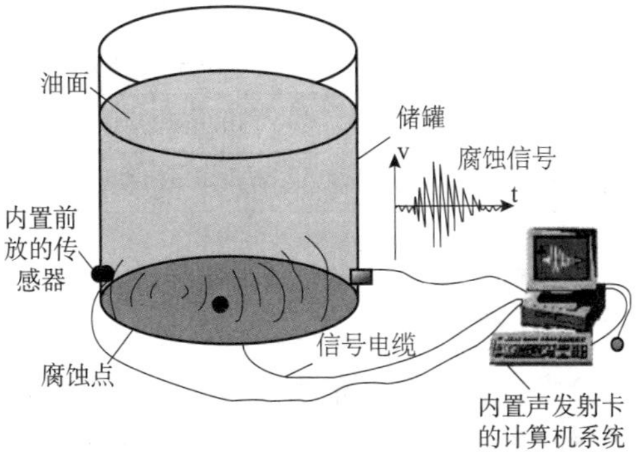

图14－11　声发射检测原理图

储罐声发射检测技术特点：对储罐的完

整性不会有任何影响，只需通过按圆周布置在罐壁外的声学传感器接收的信号来判定罐底是否存在声源及存在声源的位置，实现实时和状态检测。也可以根据需要来安排声发射检测，不影响正常生产，只需在检测前24小时内保持较高液位静置，同时关闭一切对声发射信号干扰的噪声源(根据现场勘察确定)。声发射是一种定性评价技术，作为一种快速筛查工具应用，对于大量储罐的安全维护可以给出优先级顺序，从而帮助业主将有限的资源投入到最急需维护的储罐检修过程中。

(2)声发射检测评价。储罐底板的声发射在线检测，是通过安装在罐壁下部的声发射传感器阵列来探测罐底板由于腐蚀和泄漏产生的声发射信号，并对检测结果划分综合等级。

对储罐底板进行的声发射检测可以发现罐底板由于泄漏和腐蚀产生的声发射信号。当底板存在泄漏时，介质流过泄漏孔时会产生湍流流动噪声；当介质夹带颗粒状杂质时，信号会更强烈。若泄漏通道暂时受到碎渣阻塞，“水击”效应也会产生噪声。安装在罐底板外圆周附近的传感器可接收这些信号，并进行分析处理，对泄漏进行定位。若罐底板腐蚀较为严重或存在腐蚀薄弱区，腐蚀过程会持续地产生声发射信号，通过接收和分析这些信号，就能够确定和评价罐底板的腐蚀状况了。

对于罐底板进行的AE在线检测，其检测结果可以采用声发射源的时差定位分析及分级方法，也可采用声发射源的区域定位分析及分级方法。例如，对同一个储罐的检测同时采用两种分级方法，则同一评定区域应取较大的级别。

罐底板声发射源的时差定位分析及分级，对罐底板以不大于直径10%的长度划定出正方形评定区域，对评定区域内定位相对较集中的所有定位集团进行局部放大分析并计算出每小时出现的定位事件数E。

根据罐底板的时差定位情况，对每个评定区域的有效声发射源级别按表14－9进行分级。表中的C值需通过采用相同的检测仪器与设置工作参数，对相同规格和运行条件的储罐进行一定数量的检测试验和开罐验证试验来取得。

表14－9　罐底板基于时差定位分析的声发射源的分级

源级别	评定区域内每小时出现的定位事件数E	评定区域的腐蚀状态评价
Ⅰ	$E \leq C$	无局部腐蚀迹象
Ⅱ	$C < E \leq 10C$	存在轻微局部腐蚀迹象
Ⅲ	$10C < E \leq 100C$	存在明显局部腐蚀迹象
Ⅳ	$100C < E \leq 1000C$	存在较严重局部腐蚀迹象
Ⅴ	$E > C$	存在严重局部腐蚀迹象

罐底板声发射源的区域定位分析及分级，计算出各独立通道有效检测时间每小时出现的撞击数H。根据罐底板的区域定位情况，对每个通道区域的声发射源级别按表14－10进行分级。表中的K值需通过采用相同的检测仪器与设置工作参数，对相同规格和运行条件的储罐进行一定数量的检测试验和开罐验证试验来取得。

表 14-10 罐底板基于区域定位分析的声发射源的分级

源级别	每个通道每小时出现的撞击数 H	评定区域的腐蚀状态评价
Ⅰ	$H \leqslant K$	无局部腐蚀迹象
Ⅱ	$K < H \leqslant 10K$	存在轻微局部腐蚀迹象
Ⅲ	$10K < H \leqslant 100K$	存在明显局部腐蚀迹象
Ⅳ	$100K < H \leqslant 1000K$	存在较严重局部腐蚀迹象
Ⅴ	$H > K$	存在严重局部腐蚀迹象

根据储罐底板腐蚀状态等级制订被检储罐维修计划，维修计划的优先顺序见表14-11。需开罐检修的储罐底板，可采用JB/T 10765对储罐底板进行漏磁快速扫查检测。

表 14-11 储罐维修优先顺序划分

储罐底板腐蚀状态等级	腐蚀状况	维护措施建议
Ⅰ	非常微少	继续运行5年再进行在线检测
Ⅱ	少量	继续运行3年再进行在线检测
Ⅲ	中等	继续运行≤2年再进行在线检测
Ⅳ	动态	尽快制订检修计划或监控使用
Ⅴ	高动态	应立即开罐检修或报废

2)声导波检测

立陶宛考纳斯理工大学在实验室的模拟罐上开展了采用导波进行罐底板腐蚀检测的研究。英国超声导波公司(GUL)于2008年也在储罐导波在线检测技术方面开展研究，尚处于发展起步阶段。荷兰RTD公司的超声导波技术只能够对储罐底板的边缘板(1m范围内)进行在线检测，对中幅板则无法检测。国内解放军后勤工程学院基于模拟板进行了超声导波罐底板缺陷检测的研究。中国石油管道研究中心近年来在管道超声导波检测技术研究方面取得了较大的进展，形成了专项检测与分析技术，同样开展了导波检测储罐底板的研究工作，取得了一定成果，目前正向超长距超声导波方向发展。

超声导波作为无损检测领域的新兴技术，近几年在储罐罐底腐蚀检测方面的研究日渐增多，它通过主动发射声波并接收反射回的声波来判断缺陷位置以及类型，具有广阔的应用前景。由于导波传播距离的限制，比较适合检测罐底边缘板。

当超声波被局限在板状、管状或棒状材料的边界内时，声波在介质中的不连续交界面间产生多次往复反射，并进一步产生复杂干涉和几何弥散形成的一种波形，形成新的超声波类型——导波。板中导波主要采用Lamb波进行检测，Lamb波检测具有快速便捷、传播距离远、检测精度不受储罐内部液体影响的特点，适合于储罐底板和罐壁的大面积在线无损检测。传感器激励出Lamb脉冲波信号，脉冲波信号在底板上下表面来回反射后沿板面方向传播。当遇到板中缺陷和板底端面时，脉冲信号会发生反射(见图14-12)。反射回来的信号由接收传感器接收，经设备处理后显示二维缺陷图像，实现板中缺陷定位检测。

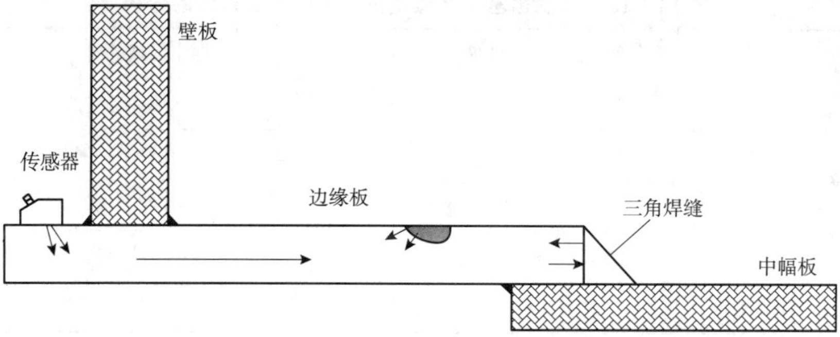

图 14－12　超声导波检测原理图

相对于超声波技术，超声导波具有无须进行逐点扫描就可以得到被测对象的大部分甚至全部缺陷信息的优点，且检测速度快。目前，导波仅适合于储罐内外壁、罐底边缘板的在线检测，不适用于大型储罐中幅板检测。超声导波检测是半定量检测，无法区分上下表面缺陷，但可给出腐蚀缺陷大小和位置。

3）潜入式机器人检测

机器人在线检测技术是目前国际上唯一的储罐底板定量（可给出缺陷大小及位置）在线检测技术。检测时将机器人从罐顶人孔放置到储罐底板上，机器人自身携带特殊的检测传感器，通过在底板上不断运动实现对储罐底板的检测。其运动过程由罐外的操作平台远程遥控，控制平台与机器人保持实时的信号传递。目前，采用机器人技术可实现所有类型的地面立式金属储罐的在线检测，但是由于机器人技术受储罐结构影响大，内部障碍物复杂的储罐无法检测。目前，国际上有据可查的储罐内检测机器人主要有 Maverick、OTIS、NEPTUNE、RobTank 等、但商用的产品较少。

机器人在线检测技术可定量检测储罐底板，因此罐底缺陷评价用腐蚀减薄量评价：

（1）边缘板腐蚀平均减薄量不大于原设计板厚度的 15%；

（2）中幅板的平均减薄量不大于原设计厚度的 20%；

（3）点蚀的最大深度不大于原设计厚度的 40%。

当腐蚀深度超过以上规定的、腐蚀面积大于一块被检测板的 50%，且在整块板上呈现分散分布时，宜更换整块钢板；面积小于 50% 时，应考虑补板或局部更换新板。当罐壁板根部沿圆周方向存在带状严重腐蚀时，应考虑切除严重腐蚀部分并更换边缘板。

3. 储罐外壁在线检测

罐壁腐蚀的检测传统上采用人工超声波测厚方法进行抽查，通常需要搭脚手架，且需要去除防腐漆并打磨光滑，费时、成本高且数据较少。为了解决这一不足，出现了 3D 激光扫描技术、自动爬行超声扫描器等在线检测技术。

1）三维激光扫描检测

立式储罐在建造和使用过程中发生的变形，会给立式储罐的计量精度带来偏差，甚至给立式储罐的安全稳定运行带来风险。常规的立式储罐尺寸测量方法测量时间长、劳动强度大、自动化程度低，测量的结果往往不能够全面地反映出罐体的变形，且对于罐体微小的变形识别难度较大。而三维激光扫描仪通过采集扫描对象表面的点云数据，可以实现扫描对象的从点到线、从线到面的测量。将三维激光扫描技术应用于立式储罐的变形监测，可以快速、准确地获取罐体点云数据，从而为计算罐体变形量、实现多期监测提供途径。

三维激光扫描技术是近年来出现的一项新技术，被称为“实景复制技术”，是测绘领域继 GPS 技术之后的一场技术革命，能够快速、精准、高效地捕获目标物表面的三维点云数据。它是利用激光测距的原理，通过记录被测物体表面大量的密集点云的三维坐标、反射率和纹理等信息，可快速复制出被测目标的三维模型及线、面、体等各种图件数据，实现从传统单点测量到面测量的技术突破。三维激光扫描技术相比于传统测量技术在储罐变形检测中具有以下优点。

(1)无接触。三维激光扫描技术是一种无接触的高速激光测量手段，不需要借助反射镜等道具，直接获取目标物表面的三维坐标数据，对储罐本体没有接触性损伤。

(2)全自动数字化。采集数据过程全自动化，采集的数据是数字化信号数据，数据可靠性高，易于后期分析处理、数据输出、显示等，提高了储罐变形检测的效率。

(3)精度高。三维激光扫描技术能够快速采集高精度、高密度的点云数据，该技术采用点阵和网格的数据采集方式，具备激光束全自动距离自适应聚焦功能，采样点分布均匀，分辨率高，能够直观地映罐体整体变形情况。

(4)速度快、周期短。三维激光扫描仪扫描速度极快，数秒内可获得 100 多万点数据坐标信息。一次扫描测量时间少则几分钟，多则几十分钟，适合区域储罐群变形检测。

(5)实时性强。三维激光扫描仪进行数据采集时，不需要外部光源，仪器自主发射信号，测量过程不受时间和地域限制，实现全天候测量，并且能实时获取储罐表面的三维点云数据信息。

三维激光扫描仪的在线可检测罐壁垂直度和圆柱度变形，其评价准则如下。

(1)垂直度允许值应满足：

①罐壁垂直度偏差不应大于罐壁高度的 0.4%，且不应大于 50mm；

②底层壁板的垂直度不应大于 3mm；

③其他各圈壁板的垂直度不应大于该圈壁板高度的 0.3%。

(2)圆柱度允许值应满足：

①在罐底圈壁板 1m 高处，内表面任意测点半径偏差不超过表 14－12 的规定；

②在罐底圈壁板 1m 高以上，测得的半径偏差不应超过表 14－12 偏差的 3 倍。

表 14－12　底圈壁板 1 m 高处任意点半径允许偏差

储罐直径 D/m	半径允许偏差/mm	储罐直径 D/m	半径允许偏差/mm
$D<12.5$	±13	$45<D\leq76$	±25
$12.5<D\leq45$	±19	$D>76$	±32

(3)凹凸度变形允许值应满足：

罐壁的局部凹凸变形应平缓，不应有突然起伏，且应符合表 14－13 规定。

表 14－13　罐壁的局部凹凸变形允许值

板厚 δ/mm	罐壁局部凹凸变形/mm
≤12	≤15
$12<\delta\leq25$	≤13
>25	≤10

2)爬行机器人检测

罐壁腐蚀的检测传统上采用人工超声波测厚方法进行抽查，通常需要搭脚手架，且需要去除防腐漆并打磨光滑，费时、成本高且数据较少。为了解决这一不足，国际上出现了将超声(包括电磁超声)传感器技术与行动机构结合的用于储罐外壁检测的自动爬行超声扫描器，该检测技术具有应用便捷、密集扫描、结果可靠等特点。自动爬壁超声检测设备的基本型号为线性多点自动测厚器，也有可检测一定宽度的扫描设备(如 B、C 扫描)，目前国际上有多款成熟的产品，例如英国 Scorpion DCP 罐壁腐蚀超声爬行器、美国物理声学公司推出的大型结构自动爬行超声 C－扫描探伤系统 LSI、荷兰 RTD 公司提供的长距超声 LoRUS 扫描检测系统、英国银翼公司开发的远程超声 C 扫描成像系统 ScanmapVS 等。

(1)机器人检测原理。目前主流的储罐在线超声检测系统一般采用全波采样式超声检测仪，先把超声波形数字化以提取回波的整体信息，采用高速模/数转换和大容量的高速存储器来采集和储存回波信息，除能提供缺陷的当量、位置等信息外，还可显示、冻结、储存和回访储存的回波波形，并对回波进行逐点分析。

作为一种能在壁面运行的自动化仪器，爬壁机器人须拥有最基本的两项功能：吸附和行走。选择不同的吸附方式与行走方式可组合出多种不同的爬壁机器人，仅根据吸附方式的不同就分为真空吸附、磁吸附、推力吸附。爬壁机器人常见的行走方式有：履带式、轮式、足式。此外，根据机器人的驱动方式，可将其分为电机驱动、液压驱动、气压驱动以及喷气推动等。

(2)检测评价。

①各圈壁板的最小平均厚度不应小于该圈壁板的计算厚度加腐蚀裕量；

②各圈壁板上局部腐蚀区的最小平均厚度不应小于该区底部边缘处的计算厚度加腐蚀裕量；

③分散点蚀的最大深度不应大于原设计壁板厚度的 20%，且不应大于 3mm，密集的点蚀最大深度不应大于原设计壁板厚度的 10%。

4. 开罐检测评价

储罐开罐检测主要针对储罐的运行年限及检修计划安排或故障时进行停产检修，以“停输—开罐—清洗—除锈—检测—修复”方式开展，如图 14－13 所示。储罐开罐检测通常采用漏磁检测技术、无损探伤等方法检测。

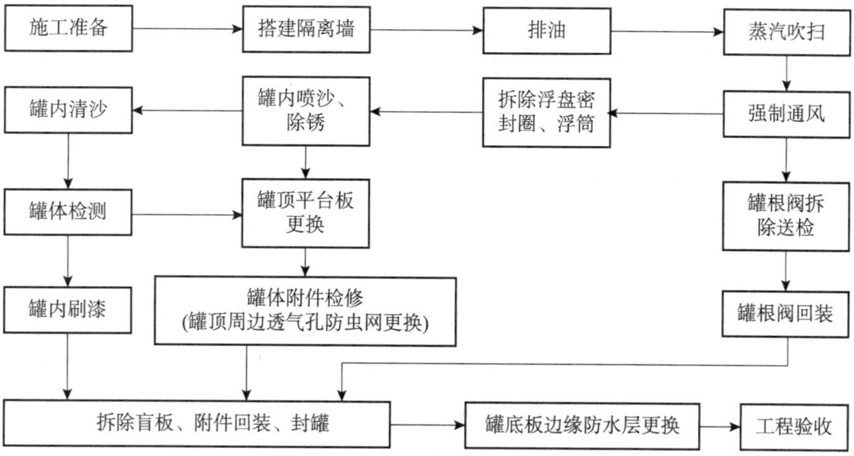

图 14－13 储罐开罐检测实施流程

相比于其他检测技术，漏磁技术检测在常压储罐中得到了普遍应用，它的检测技术更快、更准确。漏磁检测技术的好处就在于，它不用接触就能进行检测，而且比较方便，对磁性物体检测时不需要对物体进行清理，能对物体进行直接、快速、准确的检测，而且效果非常好，对于有一定厚度的物体也可以进行检测。漏磁检测技术通过磁感应技术来反馈出检测的数据，方便人们的工作，而且用计算机进行数据的处理方便快捷而且准确，这样使得检测的技术水平大大提高了。漏磁场的各种物理属性都存在着一定的联系，比如强度、尺寸等都能对物体的质量问题进行准确判断，对物体的缺陷程度也能有着准确的认识和了解，从而提高工作效率。

储罐漏磁检测的基本原理同管道漏磁检测：外部磁场将铁磁性材料磁化，磁力线在材料内部通过，如果材料内部完好，则磁力线在材料内的分布比较均匀，检测传感器不会收到泄漏磁场信号；如果材料内部存在腐蚀或裂纹等缺陷，通过缺陷区域的磁力线将会因为材料磁阻的变化而发生畸变弯曲，其中一部分会从材料表面通过，从而在缺陷的外表面附近形成能够被检测传感器检测到的外部漏磁场，检测原理示意图见图 14－14。

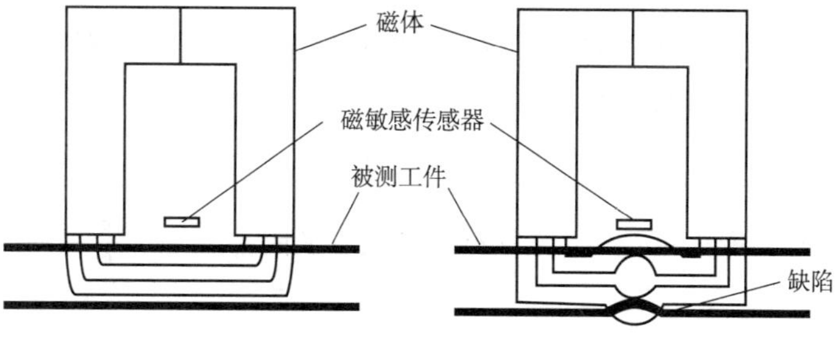

图 14－14 漏磁检测原理示意图

5. 附件检测评价

1) 导向管量油管检测

采用全站仪将浮舱顶板中心处，用全站仪和钢板尺测量量油管和导向管的环向倾斜。导向管、量油管的不直度和垂直度偏差均不应大于 15mm。

2)浮顶立柱检测

检查浮顶的立柱、套管加强板有无腐蚀，外观检查套管的焊缝、加强板焊缝，并使用水准仪测量立柱的垂直偏差。

3)接地电阻测试

检查储油罐防雷、防静电设施，采用接地电阻测试仪测试接地电阻。实测的工频接地电阻应不大于4Ω。

4)其他附件检测

检查罐内喷淋管线和泡沫消防管线；测量长度、直径；采用数字超声波每间隔2m环向测厚4个点(上、中、下)，并分别进行水压试验；编制消防、喷淋管线检测图。

检查罐前阀、补偿器、呼吸阀、弹性密封装置、自动透气阀、泡沫发生器状况，以及抗风圈、加强圈、泡沫挡板、牺牲阳极块的腐蚀情况。

14.3 输油泵在线检测评价

14.3.1 振动检测与故障诊断

故障特征提取是指通过各种传感器和检测仪器获得设备运行状态的信息，再使用信号分析方法加以处理，剔除无用信息，提取能反映设备运行状态的特征信号，从这些信号中判断设备运行是否处于正常状态。很多信息是从振动信号中反映出来的，因此，对振动信号的信息提取是机器故障诊断的首要环节。

14.3.2 信号采集及处理原理

通常来说，检测振动信号是与时间相关的模拟信号，在计算机上对其进行分析判断和一般处理，需要将模拟信号转化成计算机能够识别和处理的二进制数或数字信号，因此首先要对模拟信号进行采样和量化处理。

采样就是通过对某一特定的时间间隔，依次收集不同时间段的模拟量(信号)瞬时值的过程。采样的过程其实就是脉冲过程。

$$x^*(t)=x(t)\beta(t) \tag{14-1}$$

式中，$x(t)$为被采样的模拟量；$x^*(t)$为采样后的数字量；$\beta(t)=\sum_{n=-\infty}^{\infty}\varsigma(t+n\Delta t)$，为采样函数(脉冲函数)。

$\beta(t)$的傅里叶变化为：

$$p(t)=\frac{1}{\Delta t}\sum_{k=-\infty}^{\infty}\varsigma\left(t-\frac{k}{\Delta t}\right) \tag{14-2}$$

根据傅里叶变化特性，有：

$$Z^*(f)=X(t)^*p(t) \tag{14-3}$$

式中，$Z^*(f)$为数字化的信号频谱。

根据上式数据表明，连续信号经过采样后取得的离散信号为 $x^*(t)$，通过它所对应的频谱 $Z^*(f)$是原信号的同期开拓。

若模拟信号中含有高频信息，这是信号分析所不需要的噪声信号，在采样前应用抗混频的前置低通滤波器对其进行衰减和限制，使混叠造成的误差降至最小。

采样的本质问题是怎样确定采样间隔和采样长度，确保采样信号能够精准地反映原始的数据信号。通常来说，采样频率取值越大，采样次数越频繁，所得的信号就越接近原始信号。存在的困难就是，计算量也相对越大；反之，采样频率过低会丢失原始信息。Shannon 采样定理给出了最低采样频率：

采样定理：$f_s \geqslant 2f_{max}$，其中 f_s 为采样频率；f_{max} 为信号中的最高频率成分。如果满足上述采样定理，则不会发生频率混淆现象。

解决频混的方法：

(1)提高采样频率以满足采样定理；$f_s \geqslant 2f_{max}$ 是最低限度，一般取 $f_s=(2.56\sim4)f_{max}$。

(2)使用低通滤波器以防频混现象。通过传感器所测得的是模拟信号，再经过 A/D 采样后转换为数字信号。量化就是用二进制数码来表示采样所得的离散信号。

14.3.3 常见转子故障时频特征

1. 转子不平衡故障

当发生转子不平衡故障时，泵的振动超过允许值，触摸时有较强的振动。其时域特征表现为振动波形近似于正弦波形，径向振动较大，同时振幅随着转速增加而增加。频域特征表现为集中于转子基频 f_r。

2. 转子不对中故障

当出现转子不对中故障时，泵的振动超过允许值，触摸时有明显的振动。其时域特征也表现为轴向振动大，但是其轴向振动不随转速的变化而变化。其故障特征频率集中于基频 f_r 和二倍频 $2f_r$，并常伴随 $3f_r$。

3. 转子松动故障

当出现转子松动故障时，泵的振动超过允许值，触摸时有明显的振动。其时域特征表现为振动时转速达到某值时，振幅突然增加或缩短，但相位未发生显著变化。特征频率集中于基频 f_r 和 $(0.3\sim0.5)f_r$，常伴随 $3f_r$、$4f_r$、$5f_r$ 等。

4. 转子偏心故障

当出现转子偏心故障时，会出现节奏性异常振动。其时域特征为径向振动稳定。特征频率集中于 f_r 与叶片通过频率 $N\cdot f_r$（N 为叶片数），常伴随 $2N\cdot f_r$。

5. 转子弯曲故障

当出现转子弯曲故障时，泵体异常振动激烈，开机短时异常振动或开机后持续异常振动。时域特征表现为升速时，振动幅值增大。特征频率为 f_r，常伴随 $2f_r$。

6. 转子横向裂纹故障

当出现转子横向裂纹故障时，泵振动剧烈且运行不平稳。其时域特征表现为非线性振动，振幅不稳定，相位不规则。特征频率为 $2f_r$、$3f_r$、$4f_r$ 等高次谐波。

7. 转子与定子摩擦故障

当出现转子与定子摩擦故障时，碰摩时，振幅突然增大，功耗上升且效率下降，同时局部会有温升，并伴有噪声。时域特征表现为振幅不稳定、变化幅度大、相位产生反向位移。特征频率为高次谐波 $2f_r$、$3f_r$、$4f_r$等，以及低次谐波 $0.1f_r$、$0.2f_r$、$0.3f_r$ 等，常伴随f_r。

14.3.4 测点位置选取原则

在旋转机械中，转子是输油机泵的核心部件，转子正常运转与否决定了输油机泵能否正常运行。70% 的机械故障都和转子及其构件有关。监测点最好选择在轴承壳体部位，一般测点应该选择接触探头与机械接触良好、刚性高的部位。根据 GB/T 6075.1 所用的通用测量方法，振动测点选择一般遵循的原则是：设备振动的敏感点，应该包含丰富的信息，是容易产生劣化的易损点；能全面反映设备振动状态；满足安装条件，并且能够安全操作。基于上述原则，设备的测点应布置在泵体、轴承座、齿轮箱等几个基本构件的不同方向——水平、垂直、轴向，一般轴向和水平向都在轴承同心高度测量。

依据经验，对测点的分布有以下研究：

(1)动设备故障发生部位往往集中在轴承附近，这也反映出轴承是泵故障信息最为丰富的位置，因此对轴承做测点分布，可以检测出大部分故障。

(2)系统主要采集的是振动信号。在电机处于正常工作状态时，轴承的振动现象较为明显，对于传感器采集原始信号提供方便。因此，测点分布多选择在动设备轴承位置，能较好地体现运行状态特点。

14.3.5 诊断严重度等级说明

故障等级是任何特殊的故障机器条件严重度的指示。需要注意的是，严重度等级不应该与故障时间相关联。严重度等级是以测量时的机器故障的强度为基础的，它不是机器故障的时间指示器。在条件改变时，严重度也可能会发生改变，甚至会出现改善(例如加注润滑后)。但是，随着时间的推移，因为正常的机器磨损，情况将变得更糟。严重度等级的划分范围如表 14－14 所示。

表 14－14　故障严重度等级划分标准

严重度等级	分值范围/分	严重度等级	分值范围/分
轻度	0～25	严重	51～75
中等	26～50	极严重	76～100

要遵照为每一个严重度水平所建议的这些措施，以避免故障。通常，等级可以有如下解释：

轻度：没有建议维修措施。监控机泵并在常规机器计划维护之后重新测试，以验证是否正确地执行了维护。

中等：数月甚至1年至将来可能会需要维修措施。机泵故障是可能发生的，所以应相应地制订计划。增加对此机泵的振动测试频率，并审查备件的可用性。

严重：数周至预计的下次停机期之前，需要采取维修措施。就噪声或更高的轴承温度来讲，可能有其他实际的故障证据。在短期内重新测试，以确认所发现的情况。限制机泵的运转时间，如果可能的话，确定故障的发展趋势，以防止其他组件故障。

极严重：数天至立即停运机泵，并采取维修措施，以避免灾难性故障。就噪声、更高的轴承温度或可见的移动来讲，可能有其他实际的故障证据。在短期内重新测试机器，以确认所发现的情况。

14.4 阀门泄漏检测评价

阀门是管输系统的重要设备，其功能是接通或切断管路、控制介质的流向、调节管内介质的压力和流量，保障管路和设备的正常运行。阀门的技术状况完好是保障管道系统安全运行的基础条件之一。在大多数生产现场，氟橡胶、抗硫耐磨氟橡胶等阀门要害密封部件随着运行时间加长、介质冲刷而逐渐老化；介质中杂质亦会对阀门密封结构造成损伤，这就导致了阀门不可避免地发生跑、冒、滴、漏等现象。

从20世纪60年代开始，国外就已经有人开展了阀口泄漏检测技术的研究工作，但是在初始阶段并没有引起人们足够的关注。1979年，美国的三里岛核电站发生了泄漏事故，阀口泄漏检测的理论研究才渐渐地被研究人员重视起来，同时研发相关检测仪器的公司也逐渐增多，目前已经有很大一部分的研究成果应用到了生产工程中。美国物理声学公司(PAC)根据其多年来在声发射领域的研究经验，开发了一系列基于声发射原理的阀口泄漏检测仪器，如PAC5110、PAC5120、VPAC1278等。2001年，该公司开发出了专门用于炼油厂、化工厂及钻井平台的VPAC5131阀门泄漏检测仪，这款设备成功地实现了阀门泄漏的定量测量及对阀门泄漏的在线诊断。英国BP石油公司将这款阀门检测仪器成功地应用到了炼油厂、化工厂及钻井平台等领域的阀门泄漏检测中，证实了该款检测装置在石油化工领域现场应用的准确性。比利时SDT公司生产的SDT270型等内漏检测设备可应用于阀门内泄漏的定性检测。德国瓦伦公司生产的LSM1可应用于阀门内泄漏的定性检测。法国莱克舒特生产的LKS1000型设备可以实现阀门内部或外部泄漏的声学检测，能够实现阀门泄漏部位定位与可视化处理并显示于设备屏幕(该型设备的一大亮点)。FH2001B笔式阀门内漏检测仪等设备可实现对阀门泄漏进行定性检测，其具有体积小、重量轻的特点，致使该型设备便携性大大提升。国内针对阀门内漏检测的研究开始于20世纪90年代，北京声华兴业科技有限公司是我国较具代表性的从事无损检测尤其声发射检测设备生产的企业，其生产的SPAES主要用于阀门内泄漏的定性检测。

阀门泄漏分为外漏和内漏两种形式。外部泄漏是管道内流体介质通过阀门阀体时流向阀门外部环境中的现象。阀门外漏现象明显，检测技术和手段都比较完善。内部泄漏即当流体通过阀门时，流体不被阀板、阀瓣等阻塞断流，继续流出出口方向的现象。阀门内漏因为发生在阀腔内部，不易被观察到，且检测难度比较大，往往容易被忽视，但阀门的内漏故障对生产安全运行的影响十分重大。

造成阀门内漏的原因主要有以下几种：

(1)阀门在设计和制造过程中出现问题，如制造工艺精度不达标、阀门铸造过程形成砂眼等都会造成阀门无法完全密封，以致介质泄漏。该原因造成的泄漏，一般在阀门出厂前进行压力测试时可以检测出故障。

(2)阀门设计选型不科学，缺乏对流经阀门流体的种类、流体与环境温度、流体压力和流量等因素的综合考虑，导致选用的阀门结构形式、铸造材料、压力等级、温度等级不符合管道实际输送介质的需求。在使用过程中，阀门的阀板和阀座密封面容易遭受介质腐蚀，在高温高压下阀门零部件强度降低变形或被完全破坏，从而引起阀门内漏。

(3)阀门阀杆卡死或流体介质含有固体杂质，杂质沉淀导致阀瓣与阀座阻塞，导致密封面不严。

(4)阀门安装、检验、使用过程中操作不规范，关闭和开启阀门过猛、过快，使得阀杆变形或密封面损伤，导致阀瓣与阀座不能严密接触。

(5)阀门长期处于温度变化巨大的环境中，高温阀门关闭后快速冷却，过大的温度变化会导致密封面出现微小裂纹；阀门长期处于小开度、高流速、大冲击力的工作状态下，密封面加速磨损容易出现漏孔。

目前，对于阀门泄漏有多种检测方法。比较常用的有空气采样法、负压波检测法、温度检测法、压力法和声波法等。下面详细介绍这几种方法的检漏原理和使用场合。

(1)空气采样法。从管道周围的空气中采集样本，通过仪器进行检测，如果空气样本中生产介质的浓度超过了一定限度，则仪器会发出报警。空气采样法中使用的火焰电离检测器(FID)可通过计算空气样本在电场中灼烧时产生的带电碳原子的数目来计算介质的浓度。

这种采样方法最大的优点是，灵敏度高达 1.8×10^{-6}，检测精确度高。但是不能实现连续检测，而且检测装置比较昂贵，一般只作为阀口泄漏检测方法的辅助手段。

(2)质量平衡法。在阀门的两端安装流量计，通过比较流入阀门的介质体积与流出阀门的介质体积的差值，判断阀门是否发生了泄漏。

这种检测方法的优点在于，检测的可靠性比较高，而且可检测出泄漏量比较小的阀门故障；缺点则是检测的实时性比较差，只能检测阀门发生内漏的情况。

(3)温度检测法。如果管道中输送的介质的温度与周围环境的温度相比有着较大的差异，则可在管道周围安装温度传感器，测量阀门周围环境的温度，如果有着显著变化，则说明阀门发生了泄漏。

这种检测方法只能判断阀门的工作状况，但是并不能定量地计算出阀门的泄漏程度，而且这种检测方法只能测试有着显著温差的介质，应用范围比较狭窄。

(4)声发射法。物体在发生形变的时候，会释放自身的能量，由此会产生一种瞬态的应力波，这种现象被称为声发射现象，声发射的工作原理如图 14－15 所示。每一个声发射源所发射出的信号中都包含有材料的性质与状态变化的信息。声发射检测方法就是通过对阀门所发出的声发射信号的接收和处理，推断阀门目前所处的状态。

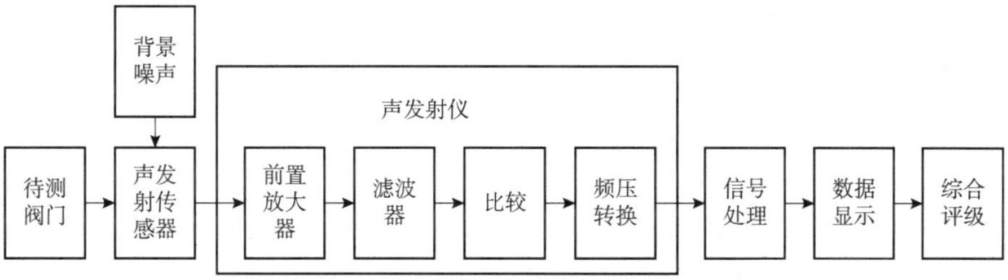

图 14－15　阀门内漏声发射检测原理框图

这种检测方法的优点在于，检测过程比较快捷，而且对阀门的完整性不会有什么影响；缺点在于，当阀门发生内漏时，内部产生的声发射信号成分十分复杂，对于内漏的声发射信号的有效识别比较困难，而且声发射信号的采样频率较高，对于检测设备有着很高的要求。

(5)负压波法。当阀门发生泄漏时，泄漏处会因为介质的质量损失从而引起局部的液体密度减小，阀门处会出现瞬时的压力降低现象，并且作为减压波源通过管道及输送介质向泄漏点的上游和下游以一定的速度进行传播。如果以发生泄漏之前的压力作为参照标准，则阀门泄漏所产的减压波被称为负压波。这种检测方法的优点在于，检测灵敏度较高，而且不需要建立数学模型，原理较为简单，适用性很强。其缺点在于，在工业生产中，管道的启停、调压、调阀等操作同样也会产生负压波，区分管道正常操作的信号与阀门泄漏的信号具有较大的难度。

14.5　电气设备预防性试验

站场电气设备种类繁多，故障也不尽相同，但是由绝缘温升和老化引起的故障在电气设备中占有相当的比例。

14.5.1　电气设备的绝缘预防性试验

电气设备在制造、运输和检修过程中，由于材料质量、制造和维修工艺问题或发生意外碰撞等原因会造成绝缘缺陷。正常运行的电气设备，受额定电压的长期作用和各种过电压(如工频过电压、雷电过电压等)的作用，其绝缘材料会发生击穿或绝缘性能降低的现象。另外，导体的发热、机械力损伤、化学腐蚀作用、受潮或在运输、检修中的意外碰撞等，也都有可能使绝缘性能劣化，造成电气设备故障。因此，为了提高电气设备运行的可靠性，必须定期对设备绝缘进行预防性试验，以检测其电气性能、物理性能和化学性能，对其绝缘状况做出评价。

绝缘预防性试验指按规定的试验条件、试验项目和试验周期对电气设备进行的试验，其目的是通过试验来掌握设备的绝缘强度情况，及早发现电气设备内部隐蔽的缺陷，以便采取措施加以处理，保证设备正常运行，避免造成停电或设备损坏事故。电气设备的绝缘预防性试验包括以下内容。

1. 绝缘电阻和吸收比测量

电气设备的绝缘电阻反映了设备的绝缘情况，其值的大小是对试品施加一定数值的直流电压1min时测得的电阻值。

由于电气设备的绝缘常常是由多种材料组成的，即使是同一介质制成的绝缘，也会在制造和运行中发生电性能的变化，因此介质均是不均匀的。不均匀介质在直流电压的作用下，其中流过的电流会逐渐下降，经过1min左右才趋于稳定，电流的这种变化会使绝缘电阻值产生变化。通常，当绝缘电阻受潮或有缺陷时，电流的变化会减小。因此，采用测量第15s和第60s的绝缘电阻值R15和R60，求出比值。R60/R15，反映绝缘电阻是否受潮或有绝缘缺陷，这个比值称为吸收比。一般绝缘电阻干燥时，吸收比不小于1.3。

试验步骤如下：

(1)放电。试验前先断开试品的电源，拆除一切对外连线，将试品短接后接地放电1min。对于电容量器较大的试品(如变压器、电容器、电缆等)至少放电2min，以免触电。放电时应使用绝缘工具(如绝缘手套、棒、钳等)，先将接地线的接地端接地，然后再将另一端挂到试品上，不得用手直接接触及放电的导体。

(2)清洁试品表面。用干燥清洁的软布或棉纱擦净试品表面，以消除表面杂质对试验结果的影响。

(3)校验兆欧表。将兆欧表水平放置，摇动手柄至额定转速(120r/min)，指针应指“∞”；然后再用导线短接兆欧表“线路”(L)端和“接地”(E)端，并轻轻摇动手柄，指针应指“0”，这样则认为兆欧表正常。

(4)正确接线。兆欧表的E端接试品的接地端、外壳或法兰处，L端接试品的被测部分(如绕组、铁芯柱等)，注意E端与L端的两条引线不得缠绕在一起。如果试品表面潮湿或脏污，应装上屏蔽环，即用软裸线在试品表面缠绕几圈，再用绝缘导线引接于兆欧表的“屏蔽”(G)端。

(5)测量。以恒定转速转动手柄，兆欧表指针逐渐上升，待1min后读取其绝缘电阻值。如测量吸收比，则在兆欧表达到额定转速时(在试品上加上全部试验电压)，分别读取15s和60s的读数。应将试品名称、规范、装设地点及气象条件等记录下来。试验完毕或重复进行试验时，必须将试品对地充分放电。

(6)试验结果判断。测得的绝缘电阻值大于电气设备的绝缘电阻允许值时，说明绝缘状况符合要求。也可将测得结果与有关数据进行比较，如与同一设备的各相间数据、同类设备间的数据、出厂试验数据、耐压前后数据等比较。如发现异常，应立即查明原因或辅以其他测试结果进行综合分析判断。

2. 电介质损失的测量

电介质损耗的大小是衡量绝缘性能的一项重要指标。电场中电介质在单位时间消耗的电能称为介质损失。电介质就是绝缘材料，在电场作用下，电介质有一部分电能不可逆转地转变为热能。如果介质损耗过大，绝缘材料的温度会升高，促使材料发生老化、变脆和分解，甚至使绝缘材料熔化、烧焦、丧失绝缘能力，导致热击穿的后果。介质损失的大小可以用功率因数角ψ反映，为了使用方便，工程上常用ψ的余角δ的正切$\tan\delta$来反映电介质的品质。

当电介质一定，外加电压及频率一定时，介质损耗与$\tan\delta$成正比。通过测量$\tan\delta$的大小，可以判断绝缘的优劣情况。对于绝缘良好的电气设备，$\tan\delta$值一般都很小；当绝缘受潮、劣化或含有杂质时，$\tan\delta$值将显著增大。

$\tan\delta$值测试可用高压西林电桥和2500V介质损失角试验器等设备，测量的方法一般采用平衡电桥法、不平衡电桥法、低功率表法。下面介绍平衡电桥法。平衡电桥法又称西林电桥法，所用设备为高压西林电桥，它是一种平衡交流电桥，具有灵敏、准确等优点，应用较为普遍。

为了保证$\tan\delta$测量结果的准确性，应尽量远离干扰源(如电场及磁场)，或者加电场屏蔽。测量结果可与被试设备历次测量结果相比较，也可与同类型设备测量结果相比较。若比值悬殊，$\tan\delta$值明显地升高，则说明绝缘电阻可能有缺陷。

判断设备的绝缘情况，必须将各项试验结果结合起来，进行系统全面的分析、比较，并结合设备的历史情况，对被试设备的绝缘状态和缺陷性质做出科学结论。例如，当用兆欧表和西林电桥分别对变压器绝缘电阻进行测量时，若绝缘电阻和吸收比较低，$\tan\delta$值也可能不高，则往往表示绝缘电阻有局部缺陷；如果$\tan\delta$值很高，则往往说明绝缘电阻整体受潮。

3. 直流耐压和泄漏电流的测量

直流耐压试验是耐压试验的一种，其试验电压往往高于设备正常工作电压的几倍，这种试验既能考验绝缘的耐压能力，又能揭露危险性较大的集中性缺陷。进行直流耐压试验的时间一般大于1min，所加试验电压值通常应参考该绝缘电阻的交流耐压试验电压值，根据运行经验确定。例如，对电动机通常取$(2\sim2.5)U_e$；对电力电缆，额定电压在10kV及以下时常取$(5\sim6)U_e$，额定电压升高时，倍数逐渐下降。

直流耐压试验和泄漏电流试验的原理、接线及方法完全相同，只是直流耐压试验电压较高。因此在进行直流耐压试验时，一般都兼作泄漏电流测量。

泄漏电流试验同绝缘电阻试验的原理相同，当直流电压加于被试设备时，即在不均匀介质中出现可变电流。此电流随时间增长而逐渐减小，在加压一定时间后(1min)趋于稳定，此电流即为泄漏电流，其大小与绝缘电阻成反比。兆欧表就是根据这个原理将泄漏电流换算为绝缘电阻画在刻度盘上。

泄漏电流试验同绝缘电阻测量相比具有以下特点：

(1)试验电压比兆欧表的额定电压高很多，容易使绝缘本身的弱点暴露出来。

(2)用微安表监视泄漏电流的大小，方法灵活、灵敏，测量重复性较好。测量泄漏电流的接线多采用半波整流电路。

直流耐压试验所必需的直流高压是由自耦变压器及升压变压器产生的交流高压经整流装置整流获得的。整流装置包括高压整流硅堆和稳压电容器，高压硅堆具有良好的单向导电性，可将交流变为直流；稳压电容器的作用是，使整流电压波形平稳，减小电压脉冲。

电容值越大，加在试品上的直流电压就越平稳，因此稳压电容应有足够大的数值。一般在现场常取的电容最小值为：当试验电压为3~10kV时取0.06pF；当试验电压为15~20kV时取0.015pF；当试验电压为30kV时取0.01μF。对于大型发电机、变压器及电力电缆等大容量试品，因其本身电容较大，可省去稳压电容。该试验过程要注意以下3点：

(1)按接线图接好线后，应由专人认真检查，确认无误后方可通电及升压。在升压过程中应密切监视试品、试验回路及有关计量仪，分阶段读取泄漏电流值。

(2)在试验过程中，若出现闪络、击穿等异常现象，应马上降压，断开电源后查明原因。

(3)在试验完毕、降压以及断开电源后，均应将试品对地充分放电。

对试验所得测量结果要进行分析，可以换算到同一温度下与历次试验结果、与规定值相比较，也可在同一设备各相之间相互比较。例如，对某台220kV少油断路器，用兆欧表测得各相的绝缘电阻均在10000MΩ以上；当进行40kV直流泄漏电流测量时，其中A、B两相为5μA，C相为70μA，三相电流显著不对称，检查C相，发现该相支持瓷套管有裂纹。

4. 交流工频耐压试验

交流工频耐压试验与直流耐压试验一样，均在设备上施加比正常工作电压高得多的电压，它是考验设备绝缘水平、确定设备能否继续参加运行的可靠手段。《高压输变电设备的绝缘配合》(GB 311)规定了各种电压等级设备的试验电压值，在现场可根据试验规程的要求选用。通常考虑到运行中绝缘的变化，试验电压值的取值应比出厂试验电压低一些。

交流高压电源由交流电源调压器及高压试验变压器组成。试验时应根据被试设备的电容量和最高电压选择试验变压器。根据JB 3570规定，可选取YD5/50型高压试验变压器。若在试验中试品突然发生击穿或沿面击穿，回路中的电流会在瞬间剧增，其产生的过电压将威胁变压器的绝缘，因此，在变压器高压侧出线端串联的限流电阻用于限制过电流和过电压。一般限流电阻选择0.1Ω/V，试验中常用玻璃管装水做成水电阻，水电阻最好采用碳酸钠加水配成，而不宜用食盐。因为食盐的化学成分是氯化钠，导电时会分解出一部分氯气，对人体有害，而且设备也容易被腐蚀。

常用的调压器有自耦变压器和移卷调压器。调压器的作用是，将电压从零到最大值进行平滑调节，保证电压波形不发生畸变，以满足试验所需的任意电压。

对于大电容量的电气设备，如发电机、电容器、电力电缆等，当试验电压很高时，所需高压试验变压器的容量很大，给试验造成困难，故一般不进行交流工频耐压试验，而进行直流耐压试验。

试验中要注意以下六点：

(1)试验前应将试品的绝缘表面擦拭干净。

(2)要合理布置试验器具。接线高压部分对地应有足够的安全距离，非被试部分一律可靠接地。

(3)试验时，调压器应置零位。然后迅速均匀地升高电压至额定试验电压，时间为10~15s；当耐压时间一到，应速将电压降至输出电压的1/4以下，然后切断电源。不准在试验电压下切断电源，否则可能产生使试品放电或击穿的操作过电压。

(4)试验过程中，若发现电压表摆动，毫安表指示急剧增加、绝缘烧焦或冒烟等异常现象，应立即降下电压、断开电源、挂接地线，查明原因。

(5)试验前后，应用兆欧表测量试品的绝缘电阻和吸收比，检查试品的绝缘情况。前后两次测量结果不应有明显的差别。

(6)试验过程中，若由于空气的湿度、设备表面脏污等，引起试品表面滑闪放电或空气击穿，不应认为不合格，应经处理后再试验。

14.5.2　交流电动机和开关电器试验

1. 交流电动机试验

交流电动机分为同步及异步电动机两类。由于异步电动机在工农业生产中应用广泛，所以下面主要介绍异步电动机在安装前和经过修理后所要进行的有关试验。

1)测量绝缘电阻和吸收比

测量电动机绝缘电阻时，应先拆开接线盒内连接片，使三相绕组6个端头分开，分别测量各相绕组对机壳和各相绕组之间的绝缘电阻。测量时，应选择适当的兆欧表。对于500V以下的电动机，可采用500V的兆欧表；500～3000V电动机，采用1000V的兆欧表；3000V以上电动机，采用2500V的兆欧表。

电动机绝缘电阻值在冷、热状态下是不同的，其值随温度升高而降低。在冷态(常温)下，额定电压1000V以下的电动机，绝缘电阻值一般应大于1MΩ，下限值不能低于0.8MΩ。在电动机热态(接近工作温度)下，对于额定电压为380V的低压电动机，其热态绝缘电阻不应低于0.4MΩ。而对于额定电压更高的电动机，功率稍大时，额定电压每增加1kV，则绝缘电阻下限值增加1MΩ。功率为500kW以上的电动机应测量吸收比，一般当吸收比大于1.3时，可不经干燥直接投入运行。

2)泄漏电流及直流耐压试验

对于额定电压为1000V以上、功率为500kW以上的电动机，应对其定子绕组进行直流耐压试验并测量泄漏电流。试验电压的标准为：大修或局部更换绕组时，3倍额定电压；全部更换绕组时，2.5倍额定电压。泄漏电流无统一标准，但一般要求各相间差别不大于10%；20A以下者，各相间应无显著差别。

3)工频交流耐压试验

工频交流耐压试验内容主要是定子绕组一相对地和绕组相间的耐压试验，其目的在于检查这些部位间的绝缘强度。该试验应在绕组绝缘电阻达到规定数值后进行。试验电压的标准为：大修或局部更换绕组时，1.5倍额定电压，但不低于1000V；全部更换绕组时，2倍额定电压再加上1000V，但不低于1500V。

该试验应在电动机静止状态下进行，接好线后将电压加在被试绕组与机壳之间，其余不参与试验的绕组与机壳连在一起，然后接地。若试验中发现电压表指针大幅度摆动，电动机绝缘电阻冒烟或有异响，则应立即降压、断开电源，接地放电后进行检查。

4)测量绕组直流电阻

直流电阻测量工具为精密双臂电桥。测量绕组各相直流电阻时，应把各相绕组间连接线拆开，以得到实际阻值。若不便于拆开，则星形连接时，从两出线间测得的是2倍相电阻；三角形连接时，测得的是2/3倍相电阻。

运行中的电动机，测量直流电阻前应静置一段时间，在绕组温度与环境温度大致相等时再测。一般10kW以下的电动机，静置时间不应少于5h，10～100kW的电动机不少于8h。测量结果应满足：电动机三相的相电阻与其三相平均值之比相差不超过5%。

5）电动机空转检查和空载电流的测定

以上试验合乎要求后，启动电动机空转，其空转检查时间随电动机功率增加而增加，但最长不超过2h。在电动机空转期间，应注意：定、转子是否相擦；电动机是否有过大的噪声及声响；铁芯是否过热；轴承温度是否稳定。检查结束时，滚动轴承温度不应超过70℃。

在检查电动机空载状态的同时，应用电流表或钳形电流表测量电动机的三相空载电流。各种不同的电动机，空载电流的大小不同，空载电流占额定电流的百分比随电动机极数及功率而变化。若测得的空载电流过大，说明电动机定子匝数偏小，功率因数偏低；若空载电流过小，说明定子匝数偏多，这将使定子电抗过大，电动机力矩特性变差。

2. 低压开关试验

通常机电设备使用的开关电器均是1kV以下的低压开关。这些开关在交接及大修时均要进行绝缘电阻测量，其测量仪器是1000V兆欧表。

接触器和磁力启动器还要进行交流耐压试验，测试的部位是主回路对地、主回路极与极之间、主回路进线与出线之间、控制与辅助回路对地之间。此外，还要检查触点接触的三相同期性，要求各相触点应同时接触，三相的不同期误差小于0.5mm，否则需要调整。

自动空气开关在交接和大修时，必须进行以下试验内容：

（1）检查操作机构的最低动作电压，是否满足合闸接触器不小于30%的额定电压，不大于80%额定电压；分闸电磁铁不小于30%额定电压，不大于65%额定电压的要求。

（2）测量合闸接触器和分、合电磁线圈的绝缘电阻和直流电阻，绝缘电阻值应不小于1MΩ，直流电阻值应符合制造厂家规定。

14.5.3 老化试验

所谓老化是指，电气设备在运行过程中，其绝缘材料或绝缘结构因承受热、电和机械应力等因素的作用使其性能逐渐变化，最后导致损坏的现象。实际中可通过热老化、电老化及机械老化试验等方法，考核绝缘材料及绝缘结构的耐老化性能，保证电气设备的长期安全、可靠运行。

由于各种电气设备运行的条件不同，它们所承受的主要老化因素也不相同。例如：低压电动机承受的场强不高，其损坏主要是由电动机中产生的热造成的，因此，对这种电动机中的绝缘材料应进行热老化试验；高压电力电缆的绝缘材料承受较高的电场强度，对这种材料必须进行电老化试验。此外，各种老化因素往往会产生相互作用，为了使试验能反映设备的实际运行情况，应把各种老化因素组合起来，进行多因素老化试验。

1. 热老化试验

热老化试验是以热为主要老化因素，使绝缘材料或绝缘结构的性能发生不可逆变化的试验。通过热老化试验，可以研究、比较和确定绝缘材料或绝缘结构的长期工作温度或在一定工作温度下的寿命。

电气设备绝缘材料、绝缘结构和产品的长期耐热性用耐热等级来表征。属于某一耐热等级的电气产品，在该等级的温度下工作时，不仅短时间内不会有明显的性能改变，而且长期运行时绝缘也不会发生不该有的性能变化，并能承受正常运行时的温度变化。

2. 电老化试验

以电应力为主要老化因素使绝缘材料或绝缘结构的性能发生不可逆变化的试验称电老化试验。电老化效应的形式有局部放电效应、电痕效应、树枝效应和电解效应等，它们既会单独作用引起绝缘材料或绝缘结构的老化，也会联合作用引发绝缘老化。

局部放电会引起绝缘材料性能下降，甚至绝缘材料完全被损坏。绝缘材料在放电下损坏机理很复杂，在绝缘材料的破坏过程中，常常留下不可逆的破坏痕迹，使材料的电气力学性能产生明显变化。例如：放电产生的低分子极性物质或酸类渗透到材料内部，使其体积电阻率下降损耗因数上升；材料失去弹性而发脆或开裂等；放电起始电压、放电强度逐渐下降。不同绝缘材料的电老化寿命不同，其在放电作用下的老化速率除材料本身的结构以外，还受到频率、电场强度、温度、相对湿度和机械应力等因素的影响。由于绝缘材料的电老化机理十分复杂，目前电老化试验只能用于一定条件下绝缘材料耐放电性的比较，或用于计算材料的相对寿命。

第 15 章　站场主要设备维修维护

设备在使用过程中，零部件会发生磨损、变形、断裂、锈蚀等现象。随着零部件磨损程度的加大，设备的技术状态逐渐劣化，以致设备的功能和精度难以满足产品质量和产量要求，甚至发生故障。设备维修就是对技术状态劣化或发生故障的设备，通过更换或修复磨损失效的零件，对整机或局部进行拆装、调整的技术活动。设备维修的目的是，恢复设备的功能或精度，保持设备的完好，使设备操作过程顺利、流畅。

设备维修方式是指实现设备维修的形式，它是在时间的基础上逐步发展形成的，具有维修策略的含义，包含对设备进行维修的策略、制度、维修类别等内涵。现代设备管理强调对各类设备采用不同的维修方式，即强调设备维修应遵循设备物质运动的客观规律，在保证生产的前提下，合理利用维修资源，达到设备寿命周期费用最经济的目的。随着生产设备的复杂化和维修技术手段的提高、设备状态检测和故障诊断技术的不断开发、维修理论的创新，维修方式也在不断地发展变化，呈现出多种多样的维修形式和组合维修模式。目前，常用的设备维修方式主要有事后维修、预防维修、改善维修等。

15.1　事后维修

事后维修就是将一些未列入预防维修计划的生产设备，在其发生故障后或性能、精度下降到合格水平以下时采取的非计划性维修，也就是通常所说的故障维修。设备发生故障后，往往给生产造成较大损失，打乱生产计划，也给维修工作造成困难和被动。但对于结构简单、利用率低、维修技术不复杂的设备，采用事后维修可能更经济。因此，事后维修的优点是，可以发挥主要零件的最大寿命，修理次数相对减少。作为一种维修策略，事后维修不适用于对生产影响较大的设备，一般适用范围有：

(1)故障停机后再修理不会给生产造成损失的设备；

(2)结构简单、修理技术不复杂而又能及时提供备件的设备；

(3)一些利用率低或有备用的设备；

(4)不易实现预防维修的设备，如电子仪器等。

15.2　预防维修

为了降低故障率或防止设备的功能、精度降低到规定的临界值，按事先规定的修理计划和技术要求进行的修理活动，称为预防维修。预防维修主要有以下几种维修方式。

(1)定期维修。定期维修是在设备运行时间的基础上执行的预防维修活动，具有周期性特点。它是根据零件的失效规律，事先规定修理间隔期、修理类别、修理内容和修理工作量。维修计划根据设备的计划开动时数可做较长时间的安排。它主要适用于已掌握设备磨损规律和平时难以停机进行修理的流程生产设备、自动化生产线中的主要生产设备、连续运行的动能生产设备以及大量生产中可以统计开动时数的设备。

实践经验表明，实行定期维修方式的同类设备的磨损规律是有差异的，即使是同型号的设备，由于出厂质量、使用条件、负荷率、维护优劣等情况的不同，其具体维修状况也会有差别。按照统一的维修周期结构安排计划维修，会出现以下问题：一是设备的技术状况尚好，可继续使用，但仍按照规定的维修间隔期进行修理，造成维修过剩；二是设备的技术状态劣化已达到难以满足产品要求的程度，但因未达到规定的维修间隔期而没有安排维修计划，造成失修。因此，为了克服上述弊端，企业对设备实行定期维修方式时，除了吸取其他企业的经验外，应重视探索本企业现有设备的磨损规律，制定出适合本企业设备实际状况的维修周期，并在实践中修改完善。此外，还应吸取状态监测维修的优点，对重点关键设备实施状态监测，以求切实掌握设备的技术状况。

(2)状态监测维修。状态监测维修是一种以设备实际技术状态为基础的预防维修方式。它建立在设备状态监测和技术诊断基础上，针对设备劣化部位及程度，在故障发生前，适时安排预防性修理，排除故障隐患，恢复设备的功能和精度。状态监测维修避免了事后维修和定期预防维修的缺点，这种维修方法更具有科学性、针对性和适时性。

状态监测维修方式采用各种仪器和手段对设备系统进行多次状态监测，并结合现场点检、巡回检查和日常维修信息对设备进行综合分析，最终做出何时进行维修的决策。这样能充分掌握维修活动的主动权，做好修前准备，并且可以和生产计划协调安排，既能提高设备的可利用率，又能充分发挥零件的最大寿命。对于有生产间隙时间和企业生产过程中可以安排维修的设备，均可采用这种维修方式。

15.3　改善维修

为消除设备先天性缺陷或频发故障，对设备局部结构和零件设计加以改进，结合修理进行改装，以提高其可靠性和维修性的措施，称为改善维修。设备的改善维修与设备技术改造的概念是不同的，主要区别为：前者的目的在于改善和提高局部零件(部件)的可靠性和维修性，从而降低设备的故障率及减少维修时间和费用；而后者的目的在于局部补偿设备的无形磨损，从而提高设备的性能和精度。

设备维修类别是指根据设备维修内容和技术要求以及工作量的大小，对设备维修工作的划分。其中，预防维修的类别有大修、中修、项修、小修等。

15.3.1　大修

设备大修是工作量最大的一种计划维修。这是由于设备基准零件磨损严重，主要精度、性能大部分丧失，必须经过全面修理，才能恢复其效能时使用的一种维修形式。设备大修需对设备进行全面拆卸分解，然后修理基准件，更换或修复磨损、腐蚀、老化等已丧失工作性能的主要部件或零件；修理、调整设备的电气系统；修复设备的附件以及翻新外观等，从而全面消除修前存在的缺陷，恢复设备的规定精度和性能。设备的大修，一般不改变设备的结构、性能和用途，不扩大设备的生产能力，它的目标是全面恢复设备工作能力，需由专业修理工人进行。

15.3.2 中修

中修的工作量介于大修与小修之间，它以局部恢复设备工作能力为目标，主要对设备进行部分解体、修理或更换部分主要零件与基准件，检查整个机械系统，校正设备的基准等。但是在中修执行中，企业普遍反映“中修除不喷漆外，与大修难以区分”。因此，许多企业已取消了中修类别。

15.3.3 项修

项修(项目修理)，是根据设备的实际技术状态，对设备精度、性能的劣化缺陷进行针对性的局部修理。项修时，一般要进行局部拆卸、检查，更换或修复失效的零件，必要时对基准件进行局部修理和修正坐标，从而恢复所修部分的性能和精度。项修既可节约人力、物力和修理费用，又可缩短修理停机时间，而达到的效果仍能满足生产需要。同时，项修又能解决虽然超过了小修期但又未到大修期，且尚不够大修范围的修理内容，从而避免了失修。因此在我国，项修已经逐渐取代了中修，而且在某种程度上还可以代替大修。

15.3.4 小修

小修是设备维修工作量最小的一种计划修理。小修的工作内容主要是针对日常点检和定期检查发现的问题，拆卸部分零部件，进行检查、调整、更换或修复少量的磨损件，以恢复设备的正常功能。对于实行定期维修的设备，小修的内容主要是根据掌握的磨损规律，更换或修复在修理间隔期内失效或即将失效的零件，并进行调整，以保证设备的正常工作能力。

15.3.5 定期预防性试验

对于动力设备、压力容器、电气设备、起重运输设备等安全性要求较高的设备，应有专业人员按规定期限和规定程序进行试验，例如对耐压、绝缘、电阻、接地、安全装置、指示仪表等的试验。通过试验，可以及时发现问题，消除隐患或安排修理。

15.4 站场管道维修维护

管道的维抢修技术诞生于1884年，到现在已有100多年的历史，技术发展已相当成熟，在国际管道领域得到广泛应用，解决了大量的生产难题，目前已经成为管道建设技术的重要组成部分。管道修复方法包括沟内修复和沟外修复、停输和不停输修复、人工修复和机械化修复、内修复和外修复等。

目前，国外采用的内修复方法包括管道内衬法、PE 管道插入法或软翻内衬套修复法等。内修复方法一般适用于低压天然气管道、煤气管道、自来水管道或污水管道等民用设施管道的修复。而针对高、中压油气管道，则多采用外修复法。外修复方法可细分为管体缺陷补强修复和管道防腐层修复。管体缺陷补强修复方法一般采用补焊、打补丁、半圆套管、整圆套管、环氧填充套筒修复以及复合材料修复等多种方式。其中换管法、打补丁、金属卡具法等在国内的管道修复中已被广泛采用；环氧填充套筒和复合材料修复在国内也开始应用。

总体上，国外管道建设、运行管理及修复技术先进，修复方式和修复手段多样化，修复设备机械化，能够确保修复效率和修复质量。国内的管道修复水平与国外相比有一定的差距，应结合我国管道特点，有针对性地集中研究国外先进的修复技术、方法，有效提高我国油气管道修复的整体水平。站场管道维修与线路管道维修的技术方法类似，主要包括堆焊、补板、套筒修复、机械夹具、换管等。

15.5 储罐维修维护

经过长期使用，由于介质腐蚀及周围环境等因素的影响，储罐容易出现基础塌陷、储罐渗漏、开裂、变形等问题。因此，在储罐检测评价后，需根据不同问题进行维护与维修，以便保证储罐的使用安全。

目前，储罐检维修工作基本按照行业标准或企业标准实施，国内主要检维修标准有《立式圆筒形钢制焊接油罐操作维护修理规范》(SY/T 5921—2017)、《油罐检验、修理、改建和翻建》(SY/T 6620—2014)和《常压立式圆筒形钢制焊接储罐维护检修规程》(SHS 01012—2019)。

下面根据罐底板、罐壁、基础沉降、罐体倾斜、罐顶等不同部位、不同形式列举常用的储罐修复方法，规定了相关技术要求，总结各种修复方法技术特点和适用性。

15.5.1 罐底板缺陷修复

在罐底板发现严重的麻点、蚀坑、气孔、砂眼、裂纹、凹坑等缺陷均应进行修复。

(1)在允许动火的条件下，应尽量采用打磨补焊或局部更换等方法进行修补。

①对于数量较少的机械穿孔、腐蚀穿孔等缺陷，可以直接进行补焊。

②对于较大面积的穿孔，应将原缺陷部位割去，焊上新的钢板。

③发现的裂纹，为防止裂纹扩展，可在其两端钻上止裂孔，重新进行补焊，但至少要分两次进行补焊。若裂纹超过 100mm，除采用以上措施，也可补焊一块盖板，盖住裂纹，盖板应超出裂纹边缘距离不小于 200mm。

④对于应力集中等原因产生的大裂纹，经判断分析，如果有扩展趋势，可将裂纹周围钢板割去，焊上新钢板。新钢板长度应超过裂纹长度。

⑤对于基础局部沉陷引起罐底局部严重凹陷，应当沿焊缝将钢板割开，在基础上填充

沥青砂并压实，重新焊接。如凹陷处的底板无法校正，则应更换钢板。小面积的凹陷可割一圆孔，并于基础填实后焊上。

(2)不允许动火的储罐可用黏接剂进行粘补。

15.5.2 罐底板更换

(1)经测厚确认大部分罐底钢板的剩余厚度小于允许值或罐底钢板有大面积的腐蚀坑、穿孔(含罐底外腐蚀所形成)等严重缺陷时，应对罐底板进行更换。

(2)罐底板更换根据不同情况可更换中幅板或中幅板与边缘板一起更换。

(3)更换中幅板按下列步骤进行：先将原钢板全部割去，对罐基础和沥青砂层进行检查修补，必要时更换新砂，按原设计要求压实，并保证一定坡度；新铺中幅板应根据钢板规格做排板图，铺板时应按照排板图先铺设中心带板，再依次向两侧铺设中幅板；若罐底板采用对接接头连接，应先铺设垫板；罐底板铺设前应在下表面涂刷防腐涂料，但不涂刷每块罐底板边缘 50mm 范围内。

(4)大型储罐边缘板的更换采用逐张更换法，先将原来的边缘板割下来，换上新的边缘板，新板的尺寸应尽可能和原边缘板尺寸一致。

①从罐内侧用气割枪沿水平方向进行吹割，将边缘板和罐壁底圈壁板之间的 T 形焊缝全部割去。

②抽出被割掉的边缘板，同时铺以新边缘板，并与罐壁点焊连接。

③为防止在更换边缘板时引起罐壁变形，往外抽取旧边缘板时，可在板上焊接定位件，用千斤顶顶住罐壁缓慢用力。

④在铺新边缘板之前，其下部罐基础应按原设计要求，补充沥青砂。

(5)小型储罐可将整个储罐移位，把旧罐底割掉，换上新罐底，再安放到原来位置。

(6)对于大型浮顶罐(或内浮顶罐)罐底的更换，在罐底板割除之前应先将浮顶(或内浮顶)悬挂于罐内，具体做法如下：

①依据浮顶(或内浮顶)的质量大小，在罐壁设置一定数量的三角形临时支撑，使浮舱立柱离开罐底板。支撑点要尽可能接近浮舱支架，以减少浮舱变形。

②在浮顶中部设置相应数量的临时支柱，其周围浮顶板上焊垫铁，用钢丝绳自上部斜拉，用肋板自下部支撑，使浮顶整体处于悬挂状态。临时支柱需提前预制支墩。

③按照上述步骤(3)、步骤(4)所述方法更换罐底板。

15.5.3 基础不均匀沉降处理

针对基础不均匀沉降，有如下修复方法：

(1)预压法。在钢锭及其他混凝土块进行负重，在基础周围堆载压制，进而基础倾斜得到局部调正。

(2)排水阀。在储罐基础沉降量较少的一侧，挖设排水渠，通过潜水泵定期抽水，使该部分基础地基加速沉降。

(3)挖沟法。在储罐基础沉降量不明显的一侧，在环形基础外侧沿圆弧形挖一条一定宽度、深度的半圆形沟，造成土的侧向挤出，使沉降小部位得到增加，达到纠偏目的。

(4)顶升调正法。将储罐整体逐渐顶起，沉降量大则顶起部分多，反之亦然，最后使用压缩空气将沙移至储罐基础地面。

(5)气垫船法。将气垫船像类似围裙一样覆盖在油罐外壁下部，在“围裙”内部送至压缩空气，使油罐上升，从而将油罐移位。

15.5.4　罐壁修复

(1)罐壁腐蚀穿孔或焊缝渗漏时，应予处理。若可以修补则采用焊接修补。若一时不能补焊，可以降低液位，采用黏接剂粘补。腐蚀比较严重，但还未造成穿孔的部位，在保证安全使用条件下，亦可用防腐涂料涂刷，以延长储罐的使用时间。

(2)由于设计、使用、操作不当，罐壁被抽瘪，其修复方法如下：

①排出罐内油品，向罐内充水(水温不得低于5℃)至设计最高操作液位。充水时应时刻注意，一旦罐壁恢复正常，即可停止充水。

②当罐内充水至设计最高操作液面，仍无法使变形罐壁恢复原状时，需进行清罐达进人作业条件，借助外力整形恢复。

③用外力整形仍无法使变形部位恢复时，可将凹陷处割除，局部更换。

15.5.5　储罐倾斜处理

(1)储罐的倾斜多由基础不均匀沉降造成。当倾斜值危及储罐安全生产和正常操作时应处理。处理前，储罐必须按要求清理干净，与罐体连接的管线及静电接地线要拆开，有保温层的亦应将保温层全部拆除，便于施工。

(2)测量储罐倾斜方向和倾斜值。

(3)打掉储罐散水坡。若是环梁式和护圈式基础，首先检查环梁或护圈有无倾斜，然后用千斤顶顶起储罐倾斜基础较低的一面，向罐底吹沙或填沙。利用原来的环梁或护圈做挡沙圈，直至达到要求的高度。对于环台式和扒坡式基础，打掉散水坡后，沿罐壁外围挖深500mm，做钢筋混凝土挡沙圈，然后顶起储罐倾斜的一面，吹沙至要求高度。回填用沙必须是炒干的细沙。吹沙时注意不能将沙吹到罐底板上，以免将罐底吹漏。

(4)恢复储罐静电接地及散水坡，并连接进出口管线，罐内充水，观察底板及T形角焊缝有无渗漏。

(5)有保温层的储罐恢复保温层。在场地允许的情况下，小型储罐可以将罐整体移位，修补基础。

15.5.6　罐顶修复

(1)罐顶的一般性腐蚀穿孔，在不允许动火时，可用弹性聚氨醋或其他黏接剂粘补。

(2)腐蚀较为严重，孔洞较多时，应在清罐后补焊或局部更换罐顶钢板处理。

(3)罐顶腐蚀严重，或由于设计、使用、操作不当造成罐顶严重变形而无法修复时，均应更换。

(4)针对拱顶罐由于设计、使用、操作不当造成的罐顶变形，可采用充气正压法恢复。其修复的方法如下：

①准备工作：清罐达进人作业条件；罐进出口加盲板(双面垫片)，呼吸阀、泡沫发生器等罐体开口接管处加盲板予以封堵；封人孔、透光孔、清扫孔；清除罐顶一切杂物，呼吸阀附件连接坚固，以防罐顶鼓起振动时崩飞伤人；拆下检尺口，安装预制好的法兰盖，连接U形管差计。

②充气恢复：

a. 按储罐原设计的强度试验压力计算充气时罐顶的最大提升力。自脱水阀处接预制好的临时接头往罐内注水，注入水的重力应不小于最大提升力的1.5~2倍。

b. 自罐壁水面上任一开口处接皮管往罐内通入氮气(或净化风)。

c. 在充气过程中，于相邻储罐顶部用望远镜观察U形管差压计读数。同时监视储罐下部，一旦有异常情况，立即停止充气。

d. 随着罐内压力升高，罐顶变形会逐渐恢复。当压力达到设计压力80%时，停止充气，稳定半小时后继续。

e. 当压力达到设计压力时，再次稳压半小时。若弹性变形已完全恢复，充气恢复过程结束。若弹性变形尚未完全恢复，储罐四周无异常，继续充气升压。

f. 当压力达到原设计的强度试验压力后，停止充气。若仍有局部塑性变形不曾复原，可在气压作用下借助吊车对局部牵引提升使其恢复。

g. 开启检尺口上法兰盖和注风临时接管排气。开启罐顶透光孔，拆除呼吸阀、泡沫发生器等罐体开口接管处盲板，自脱水阀处放水。

15.6 输油泵维修维护

RCM评估的最终目的是实现检维修策略的制定，以明确告诉用户动设备或其中高风险部件对应的故障模式是什么，帮助用户把有限的资源重点集中到中高风险部件的维护上，使维修活动和资源得到更合理的利用。RCM维修方式主要有事后维修、定期维修、视情维修，综合失效频率、严重程度及故障可检测性因素，依据动设备风险等级开发低、中、高风险相对应的RCM维修逻辑决策模型，以寻求最佳的维修方案。对于重要功能部件的每一个故障原因按照RCM逻辑决断图进行分析决断，提出针对该故障原因的预防性维修与维修间隔期。

15.6.1 维修方式分类

通常，维修方式分为3种：状态维修、预防性维修和事后维修。

(1)状态维修：状态维修是一种以设备实际运行状态为基础，通过识别设备的潜在故障而进行的一种维修模式，是建立在先进的计算机技术、检测技术、故障诊断技术等基础之上的一种理想维修方式，主要包括实时监控、离线监控等。状态维修适用于可实施状态监测、监测信息可以准确定位故障的情况，能够有效地利用设备生命周期。其缺点是，安装检测设备价格昂贵，同时对故障诊断技术要求较高。状态维修的实施还是要看利用这种维修手段预防故障的发生是否比其他维修方式更经济、更有效。能否有效地识别设备的潜在故障，是实施状态维修的关键，长期运行的设备在发生功能故障前一般都会有一些可观察物理现象，即潜在故障。可以利用由潜在故障发展到功能故障的这段时间，采取有效措施防止功能故障的发生。在图 15－1 中，P 点表示设备的性能和状态已经发生下滑，并达到可识别出潜在故障的程度；F 点表示潜在故障已演变成功能性故障，即已造成了设备的实质性损坏。

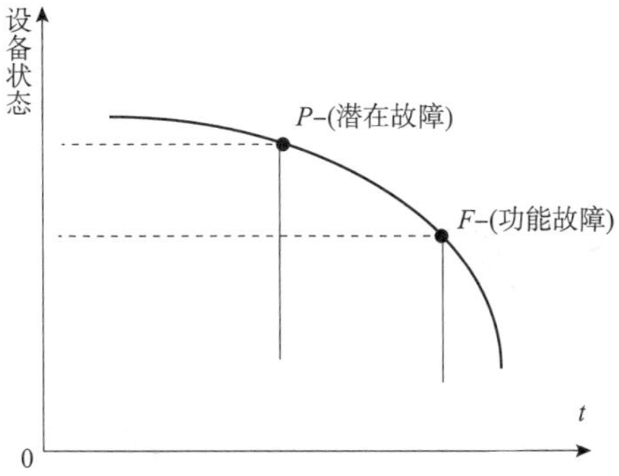

图 15－1　设备状态变化曲线

（2）预防性维修：预防性维修是指设备运行到预定的时间周期后进行维修，使其性能恢复到规定要求的维修策略，主要包括定期检测、定期维修、定期更换等。维修间隔的确定是设备进行预防性维修的关键，维修周期过长容易造成“维修不足”，维修周期过短又容易造成“过度维修”，如何经济而有效地制定出设备的预防性维修周期是极其重要的。在分析中，这种维修方式主要应用于有损耗期且故障与时间有明确关系的设备。

（3）事后维修：事后维修是指在设备出现了故障后才进行维修活动，在维修期间，设备不能使用。这种维修方式主要适用于故障发生以后不会产生安全性后果的设备。

由上述 3 种维修方式可以看出，事后维修属于非主动性维修，预防性维修和状态维修则属于主动性维修。预防性维修根据时间标准进行维修，维修周期的确定是关键；状态维修根据设备实际运行状态进行维修，潜在故障的识别是关键；而进行事后维修所需考虑的因素较少，实施起来比较简单。

15.6.2　维修方式决策逻辑图

评估的最终目的是制定检维修策略，明确输油机泵系统、中高风险设备对应的故障模式是什么，帮助用户把有限的资源重点集中到中高风险设备的维护上，使维修活动和资源能得到更合理的利用，维修策略如图 15－2 ~ 图 15－4 所示。

低风险设备是指发生故障对整个系统影响较小且零部件费用较低，如果采用降低故障频率及减少备件库存的方式，不会收到良好的效果。确定其维修方式的决策树如图 15－2 所示。

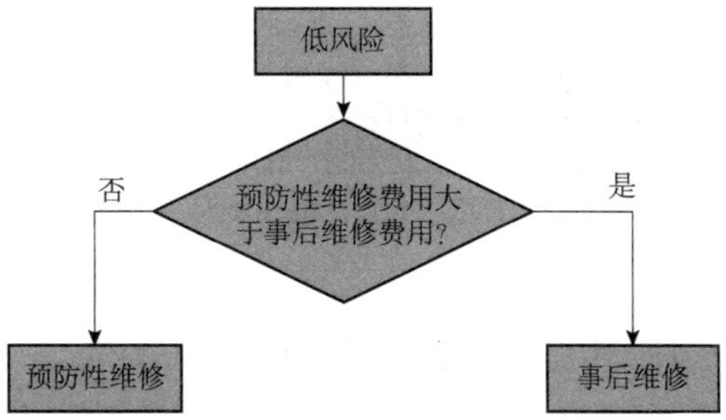

图 15－2　低风险设备维修决策逻辑示意图

中风险设备具有比较严重的故障后果，但通常不会对系统的安全性产生影响。通过有效的维修可以降低其故障频率，但需要花费较高的维修费用。因此需要对这种类型的设备进行合理的“成本－受益”分析，来确定采用何种维修方式。其维修方式的决策树如图15－3所示。

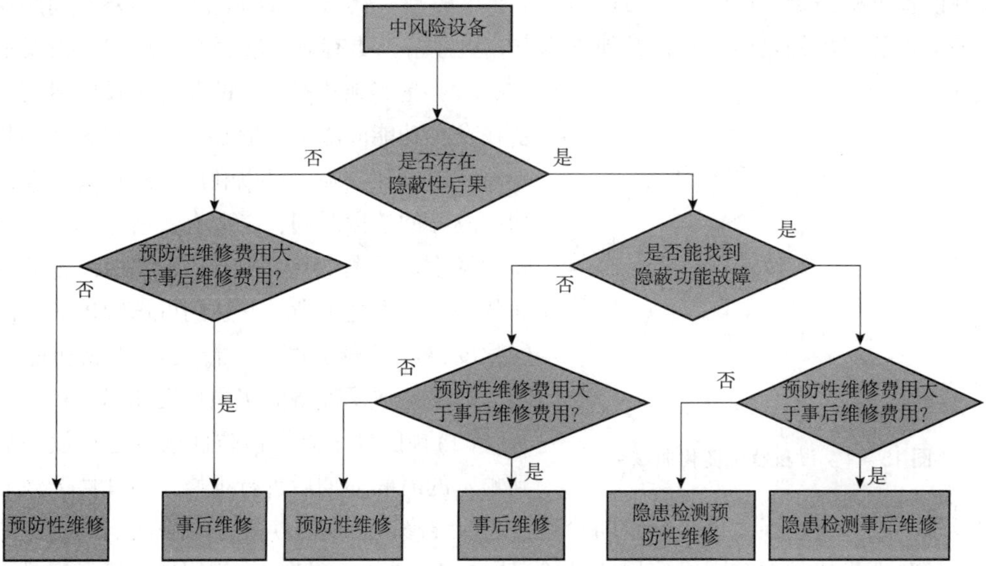

图15－3　中风险设备维修决策逻辑示意图

高风险设备的故障可能会危及操作人员的生命安全或造成严重的经济性后果等，通过调整设备的维修方式或缩短停机时间来降低故障频率，可以大大提高运行的可靠性。其维修方式的决策树如图15－4所示。

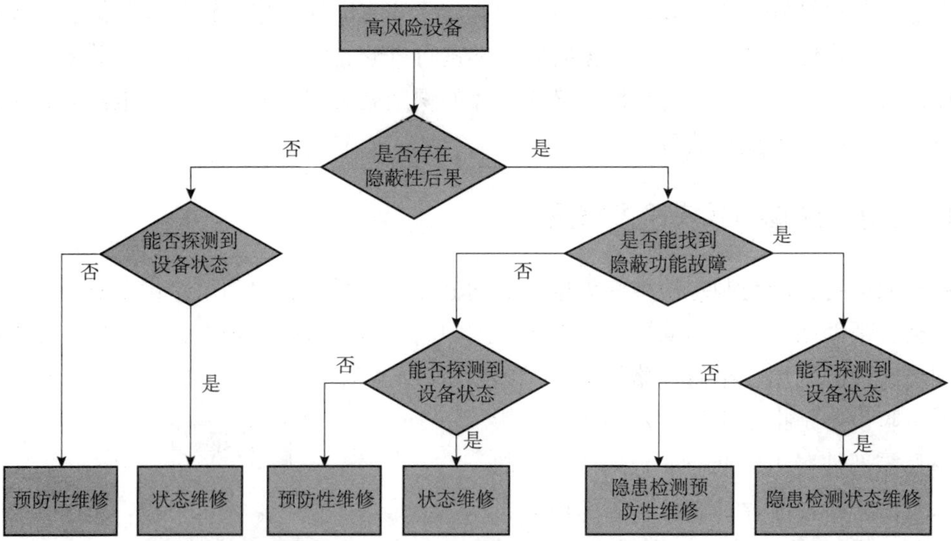

图15－4　高风险设备维修决策逻辑示意图

15.6.3　维修方式确定

根据分析结果，以高风险元部件泵轴为例，按照高风险设备维修方式决策树进行逻辑推断，确定输油泵本体宜采用状态维修方式；以中风险设备驱动电机为例，按照中风险元部件维修方式决策树进行逻辑推断，确定驱动电机宜采用预防性维修；以低风险元部件振动监测仪表为例，按照低风险设备维修方式决策树进行逻辑推断，确定宜采用事后维修。

15.7 阀门维修维护

阀门通常由阀体、阀盖、填料、垫片、密封面、阀杆、传动装置等通用件组成，只有分析清楚阀门存在的基本故障，才能有目的地对阀门进行维修。由于泄漏的位置不同，维修方式与方法也不相同。

15.7.1 泄漏

1. 阀体和阀盖泄漏

阀体和阀盖泄漏可分为：制造或材料缺陷(阀体和阀盖使用的铸材质量不达标或者不适用运行环境)，气温降低时没有防护措施导致阀门冻裂泄漏；阀体在焊接过程中存在缺陷，导致使用时发生泄漏；外力导致的阀体或者阀盖破裂泄漏。其中，由于制造或材料缺陷造成泄漏概率较低，在阀门选材时应该慎重选材。

2. 密封填料泄漏

密封填料泄漏可分为：选取密封材料未能符合阀门使用环境，导致密封填料失效过快；密封填料在装填过程中由于安装不当，导致密封填料不均匀，密封不严产生泄漏；密封填料未及时更换，导致使用时间过长，密封效果降低导致泄漏；压盖与螺栓由于未压紧，导致密封填料失效，从而造成阀门泄漏。

3. 密封面与密封圈处泄漏

密封面泄漏主要是因为密封面光洁度不合格，不能形成密闭的密合线；介质冲蚀导致密封面有间隙，产生泄漏；外力因素所致阀门密封面破坏导致的泄漏。密封圈泄漏可分为：密封圈在制造时由于碾压不充分，使密封圈不严实导致的泄漏；密封圈在焊接时，由于焊接质量不合格导致的泄漏；密封圈在使用过程中，由于密封圈的连接面发生腐蚀现象导致的泄漏；由于螺栓、压圈等产生松动引发密封圈无法正常密封导致的泄漏。

15.7.2 机械故障

1. 阀杆失灵

阀杆是阀门主要的运动部件，阀杆失灵的主要原因有：操作不当导致连接螺纹损伤，使之无法达到精度要求；润滑剂失效导致阀杆磨损，进而导致阀杆失灵；阀杆受到外力作用产生损坏导致失灵；由于保养不当导致阀杆锈蚀，从而无法启闭。

2. 启闭件脱落

启闭件与阀杆相连，主要控制流经阀门的流体流量以及流向。导致启闭件脱落的主要原因有：长时间操作不当导致接口损坏；长时间未使用以及保护不当导致启闭件锈蚀，无法正常启闭。

表15－1为阀门常见故障和维修维护方法。

表15－1　阀门常见故障和维修维护方法

常见故障	产生原因	维修维护方法
阀体和阀盖的泄漏	(1)铸铁件铸造质量不高，阀体和阀盖本体上有砂眼、松散组织、夹渣等缺陷； (2)天冷冻裂； (3)焊接不良，存在着夹渣、未焊透、应力裂纹等缺陷； (4)铸铁阀门被重物撞击后损坏。	(1)提高铸造质量，安装前严格按规定进行强度试验； (2)对气温在0℃和0℃以下的阀门，应进行保温或拌热，停止使用的阀门应排除积水； (3)由焊接组成的阀体和阀盖的焊缝，应按有关焊接操作规程进行，焊后还应进行探伤和强度试验； (4)阀门上禁止堆放重物，不允许用手锤撞击铸铁和非金属阀门，大口径阀门的安装应有支架。
填料处泄漏	(1)填料选用不对，不耐介质的腐蚀，不耐高压或真空、高温或低温的使用； (2)填料安装不对，存在着以小代大、螺旋盘绕接头不良、上紧下松等缺陷； (3)填料超过使用期，已老化，丧失弹性； (4)阀杆精度不高，有弯曲、腐蚀、磨损等缺陷； (5)填料圈数不足，压盖未压紧； (6)压盖、螺栓和其他部件损坏，使压盖无法压紧； (7)操作不当、用力过猛等； (8)压盖歪斜，压盖与阀杆间隙过小或过大，致使阀杆磨损，填料损坏。	(1)应按工况条件选用填料的材料和型号； (2)按有关规定正确安装填料，盘根应逐圈安放压紧，接头应成30°或45°； (3)使用期过长、老化、损坏的填料应及时更换； (4)阀杆弯曲、磨损后应进行矫直、修复，对损坏严重的应予更换； (5)填料应按规定的圈数安装，压盖应对称均匀地把紧，压套应有5mm以上的预紧间隙； (6)对损坏的压盖、螺栓及其他部件，应及时修复或更换； (7)应均匀对称地拧紧压盖螺栓，压盖与阀杆间隙过小，应适当增大其间隙；压盖与阀杆间隙过大，应予更换压盖。
垫片处泄漏	(1)垫片选用不对，不耐介质的腐蚀，不耐高压或真空、高温或低温的使用； (2)操作不平稳，引起阀门压力、温度上下波动，特别是温度的波动； (3)垫片的压紧力不够或连接处无预紧间隙； (4)垫片装配不当，受力不匀； (5)静密封面加工质量不高，表面粗糙不平、横向划痕、密封副互不平行等缺陷； (6)静密封面和垫片不清洁，混入异物等。	(1)按工况条件正确选用垫片的材料和型号； (2)精心调节，平稳操作； (3)应均匀对称地拧螺栓，必要时应使用扭力扳手，预紧力应符合要求，不可过大或过小，法兰和螺纹连接处应有一定的预紧间隙； (4)垫片装配应逢中对正，受力均匀，垫片不允许搭接和使用双垫片； (5)静密封面腐蚀、损坏、加工质量不高，应进行修理、研磨，进行着色检查，使静密封面符合有关要求； (6)安装垫片时应注意清洁，密封面应用煤油清洗，垫片不应落地。
密封圈连接处泄漏	(1)密封圈碾压不严； (2)密封圈与本体焊接．堆焊质量差； (3)密封圈连接螺纹、螺钉、压圈松动； (4)密封圈连接面被腐蚀。	(1)密封圈碾压处泄漏应注入胶黏剂或再碾压固定； (2)密封圈应按施焊规范重新补焊，堆焊处无法补焊时应清除原堆焊层，重新堆焊和加工； (3)卸下螺钉、压圈清洗，更换损坏的部件，研磨密封与连接座密合面，重新装配，对腐蚀损坏较大的部件，可用焊接、黏接等方法修复； (4)密封圈连接面被腐蚀，可用研磨、黏接、焊接方法修复，无法修复时应更换密封圈。

续表

常见故障	产生原因	维修维护方法
关闭件脱落产生泄漏	(1)操作不良，使关闭件卡死或超过上死点，连接处损坏断裂； (2)关闭件连接不牢固，松动而脱落； (3)选用连接件材质不对，经不起介质的腐蚀和机械的磨损。	(1)正确操作，关闭阀门不能用力过大，开启阀门不能超过上死点，阀门全开后，手轮应倒转少许； (2)关闭件与阀杆连接应牢固，螺纹连接处应有止退件； (3)关闭件与阀杆连接用的紧固件应经受住介质的腐蚀，并有一定的机械强度和耐磨性能。
密封面间嵌入杂质泄漏	(1)不常启闭的密封面上易沾积一些脏物； (2)介质不干净，含有磨粒、铁锈、焊渣等异物； (3)介质本身具有硬粒物质。	(1)不常启闭的阀门，在条件允许的情况下应经常启闭一下，关闭时留一细缝，反复几次，让密封面上的沉积物被高速流体冲洗掉，然后按原开闭状态还原； (2)阀门前应设置排污、过滤等装置，或定期打开阀底堵头，对密封面间混入铁渣等物，不要强行关闭，应用开细缝的方法把这些异物冲走，对难以用介质冲走的较大异物，应打开阀盖取出； (3)对本身具有硬粒物质的介质，一般不宜选用闸阀，应尽量选用旋塞阀、球阀和密封面为软质材料制作的阀门。
阀杆操作不灵活	(1)阀杆与配合件加工精度低，配合间隙过大，表面粗糙度差； (2)阀杆、阀杆螺母、支架、压盖、填料等件装配不正，其轴线不在一条直线上； (3)填料压得过紧，抱死阀杆； (4)阀杆弯曲； (5)梯形螺纹处不清洁，积满了脏物和磨粒，润滑条件差； (6)阀杆螺母松脱，梯形螺纹滑丝； (7)转动的阀杆螺母与支架滑动部位磨损、咬死或锈死； (8)操作不良，使阀杆和有关部件变形、磨损、损坏； (9)阀杆与传动装置连接处松脱或损坏； (10)阀杆被顶死或关闭件被卡死。	(1)提高阀杆与配合件的加工精度和修理质量，相互配合的间隙应适当，表面粗糙度符合要求； (2)装配阀杆及连接件时应装配正确、间隙一致、保持同心、旋转灵活，不允许支架、压盖等有歪斜现象； (3)填料压得过紧后，应适当放松压盖，即可消除填料抱死阀杆的现象； (4)阀杆弯曲应进行矫正，对难以矫正者应予更换； (5)阀杆、阀杆螺母的螺纹应经常清洗和加润滑油，对高温阀门应涂敷二硫化钼或石墨粉作润滑； (6)阀杆螺母松脱应修复或更换； (7)应保持阀杆螺母处油路畅通、滑动面清洁、润滑良好，对不常操作的阀门应定期检查，活动阀杆； (8)正确操作阀门，关闭力要适当； (9)阀杆与手轮、手柄以及其他传动装置连接正确、牢固，发现有松脱或磨损现象应及时修复； (10)正确操作阀门，对于因关闭后阀件易受热膨胀的场合，间隔一定时间应卸载一次，即将手轮反时针方向转动少许，以防止阀杆顶死。
手轮、手柄、扳手的损坏	(1)使用长杠杆、管钳或撞击工具启闭阀门； (2)手轮、手柄、扳手的紧固件松脱； (3)手轮、手柄、扳手与阀杆连接件，如方孔、键槽或螺纹磨损，不能传递扭矩。	(1)禁止使用长杠杆、管钳及撞击工具，正确使用手轮、手柄及扳手； (2)对振动较大的阀门及容易松动的紧固件，改用弹性垫圈等防松件，对丢失或损坏的紧固件应配齐； (3)对磨损的连接处应进行修复，对修复较困难的应采用黏接固定或进行更换。

续表

常见故障	产生原因	维修维护方法
气动和液动装置的动作不灵或失效	(1)缸体和缸盖因破损和砂眼等缺陷产生的外漏，致使缸内压力过低； (2)O形圈等密封件损坏或老化，引起内漏，使活塞产生爬行等故障； (3)活塞杆弯曲或磨损，增加了气动或液动的开闭力或泄漏； (4)活塞杆行程过长，闸板卡死在阀体内； (5)垫片或填料处泄漏，使缸内操作压力下降； (6)缸体内混入异物，阻止了活塞的上下运动； (7)缸体内壁磨损、镀层脱落，增加了内漏和对活塞运动的阻力； (8)活塞与活塞杆连接处磨损或松动，不但产生内漏，而且容易卡住活塞； (9)装配不正，加工质量差； (10)缸体胀大或活塞磨损破裂，影响正常传动； (11)常开或常闭式缸内弹簧松弛或失效，引起活塞杆动作不灵或使关闭件无法复位； (12)进入缸内气体或液体介质的压力波动或压力过低； (13)装置遥控信号失灵，无法进行遥控； (14)填料压得过紧。	(1)使用前应按规定进行试压，对使用中产生的破损和泄漏应进行修补或更换； (2)对O形圈等密封件定期检查和更换； (3)活塞杆弯曲应及时矫正，活塞杆磨损应进行修复或更换； (4)旋动缸底调节螺母，调整活塞杆工作行程； (5)垫片和填料处出现的故障按前“填料处泄漏”和“垫片处泄漏”方法处理； (6)介质未进入缸体前应有过滤机构，过滤机构应完好、运转正常，对缸内的异物及时排除、清洗； (7)缸体内壁质量应符合设计要求，对内壁磨损和镀层脱落的缸体应修复或更换； (8)活塞与活塞杆连接处应有防松件，对磨损处进行修复，对易松动的可采用黏接或其他机械固定方法； (9)装置装配应正确，缸体、活塞、活塞杆与阀门填料函应同心，活塞与活塞杆应垂直，活塞与缸体的间隙适当一致，零件加工质量应符合设计要求； (10)缸体胀大、活塞损坏后应进行重新镶套和修复，无法修复的要更换； (11)缸内复位弹簧松弛或失效后应及时更换； (12)引入缸内介质压力稳定，符合要求； (13)信号指示系统应完好，其信号指示应与实际动作状态相符； (14)填料压紧适当，如压得太紧，应适当放松。
电动装置或转矩故障	阀门部件装配不正，缺油磨损，填料压得太紧，阀杆与阀杆螺母润滑不良，阀杆螺母与支架磨损或卡死，电动装置与阀门连接不当，阀内有异物抵住关闭件而使转矩急剧上升。	装配应符合阀门技术要求；油箱定期按规定加油，零件磨损要及时修复；填料压紧适当；阀杆、阀杆螺母和支架连接活动部位应清洁、润滑，损坏应及时修理；电动装置与阀门连接牢固、正确，间隙要适当一致；阀前应设置过滤装置，阀内有异物应及时排除。
电动机故障	连续工作太久，电源电压过低，电动装置的转矩限制机构整定不当或失灵，使电动机过载，接触不良或线头脱落而缺相；受潮、绝缘不良、短路等。	电动机连续工作不宜超过10～15min，电源电压调整到正常值；转矩限制机构整定值要正确，对该机构动作不灵应修理调整，其开关损坏应及时更换；电动机过载可采用温度继电器进行保护，电流增大的过载可采用热继电器保护；要经常检查电动机电路和开关，防止缺相运转，电机缺相可采用零序继电器或相序继电器进行保护；电动机应有防潮措施，定期检查电动机的绝缘性能，电动机短路可用熔断器或复式脱扣器的三相自动开关保护，复式脱扣器还可保护缺相故障。
电磁传动失灵	线圈过载或绝缘不良而烧毁，电线脱落或接头不良，零件松动或异物卡住，介质浸入圈内。	定期检修电磁传动部位，电线接头应牢固；电磁传动内部构件应安装正确、牢固，发现异响应及时找出原因，进行修理；阀门内混入异物应排除干净；电磁传动部分与阀门部分的密封应良好。

阀门是设备和管道上的附件，它的维修应结合设备和管道的维修来进行，其修理内容分为小修、中修、大修三大类。各类修理项目包含的内容如下：

(1)小修：清洗油嘴、油杯，更换填料，清洗阀杆及其螺纹，清除阀内杂物，紧固更换螺栓，配齐手轮等。

(2)中修：包括小修的项目、解体清洗零部件、阀体修补、研磨密封件，矫直阀杆等。

(3)大修：包括中修项目、更换阀杆、修理支架、更换弹簧与密封件等。

在室内修理的阀门，一般中、小修较普遍，但也应解体检查和更换垫片。

带压维修阀门是一项复杂、危险、技术性强的工作。带压维修阀门除应胆大心细、慎重果断外，还应有严格的科学态度。特别是从事易爆、剧毒、高温、高压、放射性等介质堵漏工作，更应严格按事先确定的方案及有关安全规定进行，带压维修阀门时，应注意如下事项：

(1)维修过程中，要严格遵守防火、防毒、防爆等有关安全操作规程。

(2)在处理带压阀门的缺陷前，应提出处理方案，取得安全技术人员的同意并得到操作工的配合。重要部位的处理要经过共同研究，按规定办理火票、毒票等手续，方能检修阀门缺陷。

(3)检修阀门缺陷工作应由实践经验丰富的维修人员担任，现场人员不宜过多并有至少2名专门的监护人。

(4)应有周密的安全措施，具备应急处理能力。维修人员及现场人员要按易燃易爆、高温高压、有毒、剧毒、强腐蚀等介质的防护措施规定，穿戴好防护工作服、鞋帽、手套以及防护眼镜。有毒、剧毒的阀门维修还应戴好防毒面具。

(5)在检修阀门缺陷过程中，应设置安全挡板，按批准检修方案进行。

(6)拧紧螺纹前，应加煤油清洗螺纹，检查螺栓螺母是否完整；还应添加松锈液或一层石墨粉润滑螺纹。拧紧螺母时，不能用力死拧，以防螺栓螺钉断裂。

(7)焊接阀门时，要遵守焊接操作规程。应防止金属过热和变形而产生新的裂纹。

15.8 仪表设备维修维护

成品油站场仪表设备主要是用于检测、测量、分析以及观察成品油物质的成分和物性参数，是成品油管道企业运行管理过程中的核心设备。由于仪表设备的重要作用，且在实际应用过程中经常会出现故障，影响生产运行进程，甚至导致停产，必须对仪表设备进行有效的维修维护管理。仪表设备维护主要包括仪表设备调试、操作系统更新和升级、故障检测、故障维修以及老旧硬件更换等，通过一系列操作、设置以及调试等维护活动，提高仪表设备完好率，保证仪表设备能够正常运行，满足成品油管道系统运行要求。

国外企业的仪器仪表维护维修特点：一是内外兼修，以内部维修为主的基于风险的检查维修、费用有效性维修、以价值为基础的维修模式。以外部维修为主的专业维修公司或专业承包，并且承担维护维修质量、进度和风险。二是采用多样化的维修评价，如可靠性、利用率、效率性、安全性、MTBF(平均故障间隔时间)、MTTR(平均修复时间)等。三是管理信息化，随着企业的设备管理理念的不断升级和计算机网络化的高速发展，实际生产和维护维修对各种信息的需求更加迅捷化，通过计算机综合管理系统实现仪器仪表管理数字化和信息化。

整体比较来看，国内企业与国外企业存在一定的差距，主要表现在“装置工艺水平低、耗能高、正常运行周期短、维护维修成本高”。工艺管线上设备，仪器仪表大部分依赖进口，关键部位的仪器仪表依赖程度更高，与国外企业相比，维护维修费用高、维修周期长、维修效率低，也就导致企业运行成本高于国外的同类企业。

1. 温度仪表

温度仪表是工业生产中使用最为广泛的设备，温度仪表异常主要表现为仪表设备数值不稳定——骤然上升和突然下降。当温度仪表设备有了这种故障以后，需要从下面几个方面着手：首先，查看温度变送器有无问题(比如损坏)，检查导线有没有连接好，存不存在断线的状况；其次，温度仪表在运行过程也会发生振荡，仪表之所以会有这种故障，需查看控制参数设置实际情况，通常都是因为调整不到位造成的；最后，温度仪表运行中指示器也会有波动，幅度较大，可能与生产操作有关，使用温度仪表操作不规范，未能执行技术标准。排除这些问题后，如果仍然存在异常，就要考虑仪表设备质量不达标，一旦确定是设备本身质量，必须及时更换。

2. 压力仪表

在实际操作的过程中，工艺操作有新的变化，但是压力仪表显示数值不变，未有明显的变化，一般可认定压力仪表设备出现故障。引起这种故障的原因较多，绝大多数时候都是由测量系统诱导的，比如变送器运行故障或导压管被堵塞，无法将设备压力数值显示到压力表上。与此相反的是，工艺操作未改变，但是压力显示有很大的波动，数值在不断变化，一般由于参数设置错误引起或者压力表故障，必须进行调整，保证各项显示参数都符合要求。

3. 流量仪表

流量仪表设备在工作中也会有故障，显示数据会不停变动。针对这类故障，主要采取的方式是改变控制的模式，一般情况下流量仪表是智能化控制。面对异常故障时，可采用人工操作，查看流量仪表的指数；异常情况仍然没有改善，可以判断故障不在流量仪表设备，而是操作问题引发的。如果流量数据有了明显的转变，流量仪表指数波动幅度变小且越来越缓慢，可判断故障是流量仪表本身故障，或者是控制系统参数设置不当引起的。流量仪表设备正常运行时，出现显示最大值，应调节阀门开度，然后观察流量仪表设备数值变化。在这个过程中，仪表盘数值变小，确定故障是由操作不当引发的，问题出在工艺操作环节，然后有针对性地去改进；如若流量仪表的数值依然未有变化，则要检查设备，看一下是不是仪表设备自身的问题，重点检查的是引压系统，同时检测信号传输。这些系统故障早发现早处理，保证流量仪表设备正常工作。流量仪表数值突然显示最低数值，就地仪表显示也是最低数值，有可能是调节方面问题；假如调节阀门开度正常，就要检查引流管有无堵塞，还有查看压力够不够，管道内是否有物料凝固。

4. 液位仪表

液位仪表和其他仪表一样，不可避免地会出现仪表显示到最大和最小现象，首先要检查就地仪表设备，如果远传液位数据和就地显示数据一致，和前面介绍的操作一样，需要人工干预，通过调控方法来查看液位有无变化，有变化且呈现不稳定状态可判断工艺操作问题，没有变化可判断液位仪表设备故障，排除外部因素，要针对仪表本身进行维护和处理故障。液位仪表设备的常见故障要具体问题具体对待，根据液位仪表实际容量确定故障成因，容量大的液位仪表故障基本上都是自身问题，小容量的液位仪表数值波动可能由不当工艺操作引起。

15.9　电气设备维修维护

随着现代制造装备自动化程度的不断提高，设备电气控制系统的重要性越来越突现出来，在这些高自动化高集成化的设备上，电气控制系统的技术性能对机电设备的正常运行起到决定性的作用。在多数情况下，电气控制系统的故障都会造成设备故障停机。若电气系统工作可靠性不高，频繁发生故障且得不到快速排除，将造成较大的损失。因此，做好电气设备的维修工作，提高电气控制系统的工作可靠性，是机电设备维修的一项重要任务。

15.9.1　电气设备的故障类型

在电气系统的故障中，电气控制回路的故障通常占了很高的比例。电气控制线路是用导线将控制元件、仪表、负载等基本器件按一定规则连接起来，并能实现某种功能的电路。引起电气系统故障的原因有很多，由各种损耗引起的发热和散热条件的改变，电弧的产生，电源电压、频率的变化以及环境因素等，都会引发各种电气故障。

1. 电源故障

电源主要是指为电气设备及控制电路提供能量的功率源，是电气设备和控制电路工作的基础。电源参数的变化会引起电气控制系统的故障，在控制电路中，电源故障一般占20%左右。当发生电源故障时，控制系统会出现以下现象：电器断开开关后，电器接线端子仍有电或设备外壳带电；系统的部分功能时好时坏，屡烧保险；故障控制系统没有反应，各种指示全无；部分电路工作正常，部分不正常等。由于电源种类较多，且不同电源有不同的特点，不同的用电设备在相同的电源参数下有不同的故障表现，因此，电源故障的分析查找难度较大。

2. 线路故障

导线故障和导线连接部分故障均属于线路故障。导线故障一般是由导线绝缘层老化破损或导线折断引起的；导线连接部分故障一般是由连接处松脱、氧化、发霉等引起的。当发生线路故障时，线路会发生导通不良、时通时断或严重发热等现象。

3. 元器件故障

在一个电气控制电路中，所使用的元器件种类有数十种甚至更多，不同的元器件发生故障的模式也不同。根据元器件功能是否存在，可将元器件故障分为两类。①元器件损坏。元器件损坏一般是由工作条件超限、外力作用或自身的质量问题等引起的。它能造成系统功能异常，甚至瘫痪。这种故障特征一般比较明显，往往从元器件的外表就可看到变形、烧焦、冒烟、部分损坏等现象，因此诊断起来相对容易一些。②元器件性能变差。元器件性能变差是一种软故障，故障的发生通常是由工作状况的变化、环境参量的改变或其他故障连带引起的。当电气控制电路中某个(些)元器件出现了性能变差的情况，经过一段时间的发展就会发生元器件损坏，引发系统故障。这种故障在发生前后均无明显征兆，因此查找难度较大。

在维修决策逻辑中，根据故障后果不同，大致分为两步进行维修决策，具体包括：

第一步，管理故障模式。将可能故障(或多重故障)导致的风险降至可以接受的水平，主要分为 3 种类型：状态监测、定期检修和定期更换。

状态监测是监视和测量系统内设备的运行状态。通过状态参数监测及分析，可以及时发现设备出现的功能异常、早期故障表现等，以求在影响设备正常工作之前，及时维修、更换或采取其他措施，避免发生更严重的事故。以变压器举例，主要监测能够反映变压器实际运行状态的参数，包括温度、振动、电力谐波等参数。当变压器振动较大时，则表明其运行状态存在不安全性，需要进行综合判断，查找原因，及时采取相关维修措施。定期检修和定期更换则是在故障模式尚未发展成为功能故障之前，通过定期的预防性维修活动来采取缓解措施，对故障进行事前管理。

第二步，管理故障后果。当故障模式无法管理时，则研究采取其他措施将故障可能导致的风险降低至可接受的水平。管理故障后果的措施也分为 3 种类型，分别是：

(1)定期试验：发现设备的隐性故障，避免多重故障的发生。

(2)纠正性维修：设备发生故障后再进行修复。

(3)重新设计：通过设计来改进提升设备的内在可靠性。

15.9.2 低压电器

机电设备的电气控制系统一般是以低压电器作为系统的电气元件，以电动机作为系统的动力源，因此机电设备的电气故障主要发生在这两类电器设备上。

低压电器是指在低压(1200V 及以下)供电网络中，能够依据操作信号和外界现场信号的要求，自动或手动地改变电路的状况、参数，用以实现对电路或被控对象的控制、保护、测量、指示、调节和转换等的电气器械，它是构成低压控制电路的最基本元件。常用的低压电器有以下几种：保护类低压控制电器，如熔断器、漏电保护器等；控制电器类，如接触器、继电器、电磁阀和电磁抱闸等；主令电器类，如万能转换开关、按钮、行程开关等。

1. 接触器

接触器(contactor)是一种用来自动接通或断开大电流电路的电器。它可以频繁地接通或切断交直流电路，并可实现远距离控制。按照所控制电路的种类，接触器可分为交流接触器和直流接触器两大类。

1)交流接触器

交流接触器的故障一般发生在线圈回路、机械部分和接触部分等处。当故障发生后，应按照先易后难的原则，先查线圈，后查电源和机械部分，最后进行调整、研磨等，避免盲目排查。交流接触器的常见故障及维修方法如下：

(1)判断接触器是否正常的工作步骤：电气检查接触器线圈的两接线柱之间应保持导通状态。用电阻挡测量时，应有十至数十欧姆的电阻。如果阻值超过200Ω，就应检查线圈回路是否有接触不良或断线的现象。当阻值过低，如小型接触器仅有几欧姆或零点儿欧姆时，则应检查是否有短路现象。动合触头在接触器吸合时，应能可靠地接通和分断电路。

(2)机械部分检查用手或其他工具推动衔铁时，动作应灵活自如，无卡滞现象。触头接触后再用力，还应有一定的行程，手松开后，触头能迅速复位。此外，触头的动作应同步。

(3)通电检查线圈加上额定电压时，接触器应能可靠地动作；吸合后无明显的响声，断电时复位迅速。

2)线圈故障

线圈故障可分为过热烧毁和断线。线圈烧毁的原因有很多，例如：电源电压过高，超过额定电压的110%；电源电压过低，低于额定值的85%。这是由接触器衔铁吸合不上、线圈回路电抗值较小、电流过大所造成的。此外，电源频率与额定值不符、机械部分卡阻致使衔铁不能吸合、铁芯极面不平造成吸合磁隙过大；在环境方面，如通风不良、过分潮湿、环境温度过高等原因，都会引起这种故障。线圈断线故障一般由线圈过热烧毁引起，也可能由外力损伤引起。

针对不同的故障原因，应采取不同的对策。如果是线圈不良故障，更换同型号线圈即可；如铁芯有污物或极面不平，可视情况清理极面或更换铁芯。

3)接触器通电后不能吸合或吸合后断开

当发生交流接触器通电后不能吸合的故障时，应首先测试电磁线圈两端是否有额定电压。若无电压，说明故障发生在控制回路，应根据具体电路检查处理；若有电压但低于线圈额定电压，使电磁线圈通电后产生的电磁力不足以克服弹簧的反作用力，则须更换线圈或改接电路；若有额定电压，则更大的可能是线圈本身开路，可用万用表欧姆挡测量，若接线螺丝松脱应紧固，线圈断线则应更换。

另外，接触器运动部位的机械机构及动触头发生卡阻或转轴生锈、歪斜等，都有可能造成接触器线圈通电后不能吸合或吸合不正常。前者，可对机械连接机构进行修整，修整灭弧罩，调整触头与灭弧罩的位置，消除两者的摩擦。后者，应进行拆检，清洗转轴及支承杆，必要时调换配件。组装时应装正，保持转轴转动灵活。接触器吸合一下又断开，通常是由于接触器自锁回路中的辅助触头接触不良，使电路自锁环节失去作用。整修动合辅助触头，保证良好的接触即可消除故障。

4)直流接触器

直流接触器按其使用场合可分为一般工业用直流接触器、牵引用直流接触器和高电感直流接触器。一般工业用直流接触器常在机床等机电设备中用于控制各类直流电动机。直流接触器的常见故障与交流接触器基本相同，可对照上述交流接触器故障状况进行分析。

2. 继电器

继电器(Relay)主要作用是对电气电路或电气装置进行控制、保护、调节以及信号传递，它的触头容量较小，常在5A或5A以下，因而继电器不能用来切断负载，这也就是继电器与接触器的主要区别。根据输入信号的不同，继电器可分为根据温度信号动作的温度继电器、根据电流信号动作的电流继电器、根据压力信号动作的压力继电器、根据速度信号动作的速度继电器等多种类型。

为了充分发挥电动机的过载能力，保证电动机的正常启动及运转，防止电动机绕组因过热而烧毁，通常采用热继电器作为电动机的过载保护。修理方法如下：

(1)热继电器接入主电路或控制电路不通。

①热元件烧断或热元件进出线头脱焊会造成热继电器接入主电路后不通，该故障排除可用万用表进行通路测量，也可打开热继电器的盖子进行外观检查，但不得随意卸下热元件。对于烧断的热元件，需要更换同规格的元件，对脱焊的线头则应重新焊牢。

②整定电流调节凸轮(或调节螺钉)转到不合适位置上，致使常闭触头断开；或者由于常闭触头烧坏，以及再扣弹簧或支持杆弹簧弹性消失，使常闭触头不能接触，造成热继电器接入后控制电路不通。前者，可打开热继电器的盖子，观察调节凸轮动作机构，并将其调整到合适的位置上；后者，则需要更换触头及相关的弹簧。

③热继电器的主电路或控制电路中接线螺钉未拧紧，运行日久松脱，也会造成主电路或控制电路不通，检查接线螺钉拧紧即可。

(2)热继电器误动作。热继电器误动作是指，电动机未过载继电器就动作的现象。

①由于热继电器所保护的电动机启动频繁，热元件频繁受到启动电流的冲击；或者电动机启动时间太长，热元件较长时间通过启动电流，这两种情况均会造成热继电器误动作。前者，应限制电动机的频繁启动，或改用半导体热敏电阻温度继电器；后者，则可按电动机启动时间的要求，从控制电路上采取措施，在启动过程中短接热继电器，启动运行后再接入。

②热继电器电流调节刻度有误差(偏小)会造成误动作，此时应按下面的方法合理调整。将调节电流凸轮调向大电流方向，然后启动设备，待设备正常运转1h后，将调节电流凸轮向小电流方向缓缓调节，直至热继电器动作，然后再把调节凸轮向大电流方向做适当旋转。

③电动机负载剧增，致使过大的电流通过热元件；或者热继电器调整部件松动，致使热元件整定电流偏小，造成热继电器误动作。前者应排除电动机负载剧增的故障；后者则可拆开热继电器的盖板，检查动作机构及部件并加以紧固，重新进行调整。

④热继电器安装所处的环境温度与电动机所处的环境温度相差太大；或者连接导线太细，接线端接触不良，致使接点发热，使热继电器误动作。前者，应加强热继电器安装处的通风散热，使运行环境温度符合要求；后者，则需合理选择导线，并保证良好的接触。

3. 熔断器

熔断器是用来进行短路或过载保护的器件，它串接在被保护电路中。当通过熔断器的电流大于一定值时，它能依靠自身产生的热量使特制的低熔点金属(熔体)熔化而自动分断电路。其基本组成部分由熔丝或熔片、隔热物、底座等组成。熔断器的常见故障及排除方法如下：

(1)熔断器熔体误熔断。熔断器熔体在短路电流下熔断是正常的，但有时会在额定电流运行状态下熔断，这种情况称为误熔断。产生误熔断的可能原因有以下几种：

①熔断器的动静触头(RCI型)、触片与插座(RMI型)、熔体与底座(RLI，RTO和RSO型)接触不良引起过热，使熔体引起熔断。因此，更换熔体时应对接触部位进行修整，保证上述部位接触良好。

②熔体氧化腐蚀或安装时有机械损伤，使熔体的截面变小，造成熔体误熔断。因此更换熔体时应细心操作，避免损伤。

③熔断器四周介质温度与被保护对象周围介质温度相差太大，造成熔体的误熔断。此时应加强通风，使熔断器运行环境温度与被保护设备相接近。

根据熔体熔断后的情况，可以判断熔体熔断是短路电流造成的，还是长期过负载造成的，从而找出故障原因。

过载时，因其电流比短路电流小得多，因而熔体发热时间较长，熔体的小截面处热量积聚较多，故多在小截面处熔断，而且熔断的部位较短。

短路时，由于短路电流比过负载电流大得多，所以熔体熔断较快，熔断的部位较长，甚至熔体的大截面部位会被全部烧光；另外，由于短路时产生的热量大、时间快，在熔体中段产生的最高温升点来不及将热量传至两端，因此，熔体是在中间部位熔断的。

通电时的冲击电流会使熔丝在金属帽附近某一端熔断。

快速熔断器熔体的熔断与普通熔断器不同。快速熔断器过负载时发热量没有明显增加。因此，对熔体温升影响较大的是两端导线与熔体连接处的接触电阻，故熔体上最高温升点在熔体两端，因此往往在两端连接处熔断。

玻璃管密封型熔断器熔体熔断的特点是：长时间通过近似额定电流时，熔丝往往于中间部位熔断，但不伸长，熔丝气化后附在玻璃管壁上；当有1.6倍左右额定电流反复通过和断开时，熔丝往往于某一端熔断并伸长：当有2~3倍额定电流反复通过和断开时，熔丝于中间部位熔断并气化，但无附着现象。

(2)熔体未熔断，但电路不通。这类故障的发生，通常是由于熔体两端接触不良所致。对于RM、RTO型的熔断器，应检查熔体插刀与夹座的接触情况，调小开口触片的距离，使其与插刀紧密接触；对于RCI型熔断器，则应检查其熔丝连接情况，并旋紧熔丝连接端的连接螺钉；对于RLI型熔断器，应检查其螺帽盖是否拧紧，未拧紧的予以拧紧。

4. 主令电器

主令电器包括按钮、行程开关、主令控制器等，它是依靠电路的通断来控制其他电器的动作，以“发布”电气控制的命令。利用主令电器可以实现人对控制电路的操作和顺序控制。各主令电器的常见故障及维修方法如下。

1)按钮

按钮是一种靠外力操作接通或分断电流的电气元件，它不能直接用来控制电气设备，只能用来发出“指令”。按启动按钮时有麻电感觉，其原因通常有以下两个方面。

(1)按钮防护金属外壳与带电的连接导线有接触，通过检查按钮内部导线连接情况，清除碰壳即可。

(2)如在金属切削机床上，由于铁屑或金属粉末钻进按钮帽的缝隙间，使其与导电部分形成通路，产生麻电感觉。排除故障的方法是经常清扫，或在按钮上护罩一层塑料薄膜，避免金属屑钻入。

按停止按钮时不能断开电路。通常由于停止按钮动断触头已形成了非正常的短路，无论按或不按停止按钮，触头间都成为通路，自然不能断开电路。非正常的短路，由以下两个方面的原因造成：

(1)金属屑或油污短接了动断触头，清扫除去即可。

(2)按钮盒胶木烧焦炭化，动断触头短路。此时，应更换按钮，若一时无备用品或为应付生产急需，可用小刀刮除炭化部分，经测量短路消除后可暂时投入运行，待停机后调换新按钮。

按停止按钮后再按启动按钮，被控电器不动作。通常由于停止按钮的复位弹簧损坏，以致在按停止按钮后，其动断触头不复位，永久性地处于常开状态，使控制回路失电。另外，启动按钮动合触头氧化，接触不良，也可能会造成故障的发生。应清扫、打磨动静触头，使其接触良好。

2)行程开关

行程开关又称位置开关或限位开关，其触头的操作不是用手直接操作，而是利用机械设备某些运动部件的碰撞来完成操作的。因此，行程开关是一种将行程信号转换为电信号的开关元件，广泛应用于顺序控制器及运动方向、行程、定位、限位以及安全等自控系统中。

(1)碰撞行程开关，设备运行不受控。这种故障的危害极大，它使行程开关起不到行程和限位控制的作用，会造成人身伤亡和设备损坏等事故。触头接触不良是正常运行中常见的故障原因，应定期检查和清洁行程开关，维护其触头的良好接触。行程开关或撞块本身安装位置不当，或者由于运行磁撞次数过多，行程开关、撞块的固定螺钉松动而移位，造成了即使碰撞行程开关滚轮(或触柱)，也不能有效地推动触头到位或离位的现象。此时应调整行程开关或撞铁位置，并紧固好固定螺钉，进行触头连接线松脱检查并紧固松脱的连接线。

(2)行程开关复位后，动断触头不闭合。发生此故障后，应及时拆卸行程开关，从以下 3 个方面的可能性着手检查：动断触头复位弹簧弹力减退或被杂物卡住，可更换弹簧或去除杂物；动断触头偏斜或脱落，触头偏斜或脱落通常是由于行程开关与撞块安装位置太近，以致碰撞时推力太大造成的，因此，排除这类故障时，要注意适当调整行程开关的安装位置；杠杆已偏转，但触头不动作。

故障的发生通常是由于行程开关安装位置太低造成的，可采取在行程开关底面加垫板或提高安装位置的方法来消除故障。

此外，行程开关内机械卡阻也会造成故障的发生。需检查清扫，重新装配调整，并在活动支点部位滴微量机油，使其动作灵活，消除机械卡阻。

5. 电动机常见故障与维修

电动机的故障一般可分为电气故障和机械故障两大类。电气故障包括定子绕组、转子绕组、电刷等故障；机械故障包括轴承、风扇、机壳、端盖、转轴及联轴结构等故障。正确判断电动机发生故障的原因是一项复杂细致的工作，因为在电动机运行时，不同的原因可以产生很相似的故障现象，这给分析、判断和查找故障原因带来较大困难。

1)电动机的拆装

在检查、清洗、修理电动机内部，或换润滑油、轴承时，均需把电动机拆开。下面介绍三相笼型转子异步电动机的拆卸工艺。

(1)拆卸前的准备。准备各种拆卸工具，清洁现场。在线头、轴承盖、螺钉和端盖等部件上做好记号；拆卸电源线和保护接地线。拧下地脚螺母，将电动机移至解体现场。

(2)拆卸。拆卸皮带轮，将皮带轮上的固定螺栓或销松脱，用拉具将皮带轮慢慢拉出来；拆下电动机尾部风罩和尾部扇叶。拆下前后轴承外盖，松开两侧端盖紧固螺栓，使端盖与机壳分离；在抽出转子前，应在转子下面气隙和绕组端部垫上厚纸板，以免碰伤铁和绕组。小型电动机的转子可以直接用手抽出，大型电动机需用起重设备吊出；拆下前后轴盖和轴承内盖。

(3)装配。装配电动机前应彻底清扫定子、转子间表面的尘垢；装配端盖时，先要查看轴承是否清洁，并加入适量的润滑脂。端盖的固定螺栓应均匀地交替拧紧。在装配过程中，应保持各零部件的清洁，正确将原先拆下的零件原封不动地装回。

2)定子绕组的局部修理工艺

电动机定子三相绕组出现故障的可能性最大，其局部故障表现为：绕组绝缘电阻下降、绕组接地、绕组断路和绕组相间或绕组匝间短路等。出现故障后，一般可通过局部修理将其修复。

(1)绕组绝缘电阻下降的检修。绕组绝缘电阻下降的直接原因，除一部分是绝缘老化外，主要是受潮引起的，通常采用干燥处理即可修复。干燥绕组的方法有很多，但本质是相同的，就是对绕组加热，使潮气随热气流移动和散发出去。常用的干燥方法有：烘房干燥法、热风干燥法、灯泡干燥法等。

(2)绕组接地故障的检修。所谓接地，指绕组与机壳直接接通，俗称碰壳。造成绕组接地故障的原因有很多，如电动机运行中因发热、振动、受潮使绝缘性能劣化，在绕组通电时被击穿或因定子与转子摩擦，使铁芯过热，烧伤槽楔和槽绝缘；或因绕组端部过长，与端盖相碰撞等。绕组接地时，电动机启动不正常，机壳带电，接地点产生电弧，局部过热，并很快发展成为短路，烧断熔断器甚至烧坏电动机绕组。

(3)绕组短路故障的检修。定子绕组的短路分为相间短路和匝间短路两种。造成绕组短路故障的原因通常是由于电动机电流过大、电源电压偏高或波动太大、机械力损伤、绝缘老化等。绕组发生短路后，使各相绕组串联匝数不等、磁场分布不匀，造成电动机运行时振动加剧、噪声增大、温升偏高甚至被烧毁。

15.10 自控设备维修维护

15.10.1 核心设备维护

1. PLC 系统(RTU 系统)维护

长输管道站控 SCADA 系统或油库 SCADA 系统，通常以 PLC 控制器作为控制单元来实现。偏远阀室的 SCADA 系统，通常以 RTU 控制器作为控制单元来实现。PLC(或 RTU)系统主要由 CPU 控制器、电源模块、通信模块、IO 模块、开关电源、防雷器、继电器组成。

(1)CPU 控制器日常维护内容包括：检查机柜内部温湿度，保持现场环境温度控制在 0～50℃范围，且相对湿度不能高于 85%；擦拭灰尘；检查 CPU 控制器面板上各种指示灯是否正常显示，有无异常报警状态等显示(以控制器的官方介绍文档作为判断依据)；重点检查控制器是否正常运行，是否和备控制器正常冗余，电池是否报警。

(2)电源模块日常维护内容包括：检查机柜内部温湿度，保持现场环境温度控制在 0～50℃范围，且相对湿度不能高于 85%；擦拭灰尘；检查电源模块面板上各种指示灯是否正常显示，有无异常报警状态等显示(以电源模块的官方介绍文档作为判断依据)；重点检查电源模块是否正常运行、是否有报警指示。

(3)通信模块日常维护内容包括：检查机柜内部温湿度，保持现场环境温度控制在 0～50℃范围，且相对湿度不能高于 85%；擦拭灰尘；检查通信模块面板上各种指示灯是否正常显示，有无异常报警状态等显示(以通信模块的官方介绍文档作为判断依据)；重点检查通信模块是否有连接异常报警(通过指示灯观察)。

(4)IO 模块日常维护内容包括：检查机柜内部温湿度，保持现场环境温度控制在 0～50℃范围，且相对湿度不能高于 85%；擦拭灰尘；检查 IO 模块面板上各种指示灯是否正常显示，有无异常报警状态等显示(以各 IO 模块的官方介绍文档作为判断依据)；重点检查 IO 模块是否正常运行，是否有异常指示灯。当有信号进入时，DI 模块对应通道指示灯亮，AI 模块、RTD 模块对应通道指示灯灭；当有信号发出时，DO 模块对应通道指示灯亮，AO 模块对应通道指示灯灭。

(5)开关电源日常维护内容包括：检查开关电源环境温湿度，保持环境温度控制在 0～50℃范围，且相对湿度不能高于 85%；检查开关电源产品外观有无变形及机械性损伤；擦拭灰尘；检查是否上电运行；用万用表测量开关电源进线电压应在 AC220V ±15% 范围，出线电压应在 DC24V ±3% 范围。

(6)防雷器日常维护内容包括：检查防雷器温湿度，保持环境温度控制在 0～50℃范围，且相对湿度不能高于 85%；擦拭灰尘；检查防雷器系统有无焦煳味；检查引线和接地线有无烧伤痕迹或者断股现象。

(7)继电器日常维护内容包括：检查继电器温湿度，保持环境温度控制在 0～50℃范围，且相对湿度不能高于 85%；擦拭灰尘；检查继电器系统有无焦煳味；检查引线和接地线有无烧伤痕迹或者断股现象；发出命令，观看继电器是否亮灯

2. 可视化系统维护

可视化系统即为人机监控系统，由工作站电脑主机、显示器、可视化软件(HMI)组成。

(1)工作站电脑主机、显示器日常维护内容包括：核对产品的规格、型号和数量；检查外观有无变形及机械性损伤；铭牌应清晰，附件应齐全；指示灯应工作正常和技术状态完好；设备的接口应完好；检查电脑主机网线是否插好；机箱风扇是否正常；清洁表面、除尘。

(2)可视化软件(HMI)系统日常维护内容包括：检查系统运行信息记录文件；备份软件程序、趋势记录、报警记录文件；检查系统服务器及各工作站 CPU 负荷；检查系统服务器及各工作站硬盘空间；检查系统服务器及各工作站内存利用率；病毒查杀、病毒库更新；垃圾文件清理；GPS 时钟同步；检查系统数据库容量；各种权限登录操作测试。

3. 网关系统维护

网关系统泛指涉及和现场设备进行通信的各类网关设备，日常维护内容包括流量计算机、各通信网关等。网关系统的维护频率为日常维护，维护内容包括：温湿度检查，保持现场环境温度控制在 0～50℃范围，且相对湿度不能高于 85%；擦拭灰尘；检查产品外观有无变形及机械性损伤；铭牌应清晰，附件应齐全；指示灯应工作正常和技术状态完好；设备的接口应完好；检查硬件设备网线是否插好。

15.10.2 外围设备维护

1. PLC 仪表机柜系统

PLC 仪表机柜系统日常维护内容包括：机柜温湿度检查，保持现场环境温度控制在 0～50℃范围，且相对湿度不能高于 85%；检查机柜产品外观有无变形及机械性损伤；机柜内端子引线铭牌应清晰，附件应齐全；机柜内线槽盖板是否齐全、机柜底部盖板是否齐全且全封闭；机柜内的电缆有无老化破损；机柜内灯和风扇能否正常工作；擦拭灰尘；机柜内的卫生是否整洁干净。

2. 交换机系统维护

交换机系统的维护分为硬件系统和网络连通性测试维护两部分，其中硬件系统日常维护内容包括：交换机环境温湿度检查，保持环境温度控制在 0～50℃范围，且相对湿度不能高于 85%；检查产品外观有无变形及机械性损伤；擦拭灰尘；产品是否上电运行；检查交换机指示灯状态，绿色为活跃连接状态，无指示灯为断开连接状态，交换机出现红色报警等说明某个网线从连接状态已断开。网络连通性测试维护包括：将维护计算机连接到网络中的待测节点位置(如交换机或 HUB 的端口)；测试连接到网络中的对应节点位置；用 Ping 命令进行 10 次 Ping 测试，如果 10 次 Ping 测试全部通过，测试结果合格。

3. 防火墙系统维护

防火墙系统日常维护内容包括：防火墙环境温湿度检查，保持环境温度控制在 0～50℃范围，且相对湿度不能高于 85%；防火墙产品外观有无变形及机械性损伤；擦拭灰尘；防火墙产品是否上电运行；防火墙产品指示灯是否正常显示。

4. 路由器系统维护

路由器系统日常维护内容包括：路由器环境温湿度检查，保持环境温度控制在0～50℃范围，且相对湿度不能高于85%；路由器产品外观有无变形及机械性损伤；擦拭灰尘；路由器产品是否上电运行；路由器产品指示灯是否正常显示。

5. UPS系统维护

UPS的维护检测重点应放在主机的无扰动切换和电池组的后续供电能力方面，以季度维护为主，维护内容包括：环境温湿度检查，保持环境温度控制在0～50℃范围，且相对湿度不能高于85%；产品外观有无变形及机械性损伤；擦拭灰尘；产品指示灯是否正常显示；性能测试时，要确保现场所有运行设备处于就地控制状态，各联锁保护功能处于摘除状态，断开市电电源，检查切换功能，记录后续供电时间；同时，测量电池组中单个电池的端电压，单个电池间端电压超过1V以上时，就需要进行充电或更换，避免由于单个电池故障导致整组电池报废。此外，由于电池组电压很高，对人体存在一定的电击危险，所以在拆卸、清洁和测量时，采用绝缘工具，在输出接点处应有防止触电和短路的装置。

6. 接地系统维护

仪表控制系统接地主要可分为保护接地、工作接地。保护接地也称为安全接地，是为人身安全和电气设备安全而设置的接地。凡控制系统的机柜、操作台、仪表柜、配电柜、继电器柜等用电设备的金属外壳及控制设备正常不带电的金属部分，由于各种原因(如绝缘破坏等)而有可能带危险电压者，均应做保护接地；工作接地包括仪表信号回路接地和屏蔽接地。

保护接地和工作接地在PLC仪表机柜内分别汇聚到保护接地铜排和工作接地铜排上，然后两处接地铜排分别通过接地线接入室内的总接地铜排。接地系统的维护检测重点：

(1)PLC仪表机柜的接地铜排和控制室内总接地铜排的地线连接情况以季度检查为主，检查内容包括：检查各仪表机柜的保护接地和工作接地铜排上的各个接地线是否有松动、生锈；检查各仪表机柜的保护接地和工作接地铜排到室内总接地铜排的接地线是否有松动、生锈。

(2)控制室内总接地铜排和室外大地之间的阻值一季度测量一次，阻值≤4Ω。

15.10.3 功能性维护

1. 设备冗余测试维护

(1)PLC系统的CPU设备冗余测试维护以季度维护为主，维护内容包括：断掉电源A，确认PLC(及RTU)系统工作正常，恢复断掉电源A的供电；断掉电源B，确认PLC(及RTU)系统工作正常，恢复断掉电源B的供电；停掉控制器A，确认PLC(及RTU)系统工作正常，恢复控制器A的工作；停掉控制器B，确认PLC(及RTU)系统工作正常，恢复控制器B的工作。

(2)服务器设备冗余测试维护以季度维护为主，维护内容包括：确认主、备服务器或工作站单独工作正常；停用备服务器，确认人机界面可视化系统工作正常，恢复主服务器；停用主服务器，确认人机界面可视化系统工作正常，恢复备服务器。

(3)网络冗余测试维护内容包括：断开主用网络 A，使用备用网络 B，确认服务器或可视化人机界面工作正常，恢复主用网络；断开备用网络 B，使用主用网络 A，确认服务器或可视化人机界面工作正常，恢复主用网络。

2. IO 通道维护测试

选取重要工艺设备的运行参数进行通道性能测试，总测试量应不少于总通道数的20%，维护内容包括：

(1)数字量输入回路测试维护：对照 PLC/RTU 机柜端子接线图，从机柜的接线端子处输入信号；PLC/RTU 数据表、服务器数据库、操作员画面接收及显示的数据应与输入信号一致；可视化人机界面事件记录查询。

(2)数字量输出回路测试维护：对照 PLC/RTU 机柜端子接线图，将数字信号接收器接入机柜的接线端子；从操作员工作站发出命令；服务器数据库、PLC/RTU 数据表和数字信号接收器接收到的数据，应与操作员工作站发出命令一致；可视化人机界面事件记录查询。

(3)模拟量输入回路测试维护：对照 PLC/RTU 机柜端子接线图，从机柜的接线端子处输入模拟信号；模拟信号应按照工程量范围的 0、25%、50%、75%、100% 分别给出；PLC/RTU 数据表、服务器数据库、操作员画面接收及显示的数据应与输入信号一致；可视化人机界面历史曲线记录查询。

(4)模拟量输出回路测试维护：对照 PLC/RTU 机柜端子接线图，将模拟量信号接收器接入机柜的接线端子；从操作员工作站按照工程量范围的 0、25%、50%、75%、100% 分别给出模拟信号；检查服务器数据库、PLC/RTU 数据表和模拟信号接收器接收到的数据，应与操作员工作站发出数据一致；可视化人机界面历史趋势记录查询。

(5)调节型受控设备检测维护：在站控上位机上记录受控设备的初始状态；确认或建立具有安全检测的环境条件与措施；在站控上位机上选择待测受控设备调节回路画面，将“手/自动”选择按钮选择在的“手动”状态；按照给定值量程的 0%(或 10%)、50% 和 100%(或 90%)3 个点先给定 3 个正行程值，再给定 3 个反行程值，分别记录受控设备在站控上位机上的(阀位或转速)显示值和就地显示器(阀位标 牌指示器或变频器数字显示器)上的显示值；在确认站控上位机上的显示值和就地显示器上的显示值正确后，调节回路的手动控制功能检测结束；当站控上位机上的显示值与就地显示器上的显示值不一致时，在确认就地显示器技术状态完好的情况下，需要根据就地显示器的显示值调整站控上位机上的显示值，然后重复以上步操作；根据需要再进行区间限位功能检验时，改变手动输出量，在区间限位内受控设备应受控于调节回路，在区间限位外受控设备不应受控于调节回路；恢复受控设备的初始状态和功能参数；可视化人机界面历史趋势记录查询。

3. 逻辑联锁测试维护

逻辑联锁测试维护主要指输油泵/转油泵的联锁测试维护，以季度维护为主，维护条件包括：所有联锁测试必须在停止输油期间进行；开具作业票；参与测试人员已经就位；长输泵及给油泵切换至实验位或切断电机动力输出，保证现场油泵电机不启动，且能反馈泵的运行信号。维护内容包括：

（1）将站内及主要保压干线的阀门、站内与库区之间切割阀门以及管线重要的阀门切换到就地位置，确保测试期间不受影响。

（2）通过信号发生器、电阻箱等工具模拟压力、振动、温度等。压力、振动、温度、泄漏开关信号模拟的具体方法如下：压力、振动为模拟量输入信号，采用信号发生器进行模拟；现场或PLC机柜拆掉仪表信号线，通过信号发生器进行模拟，当模拟值达到停车值时，上位机产生报警信号，PLC根据联锁逻辑进行停泵或关阀；泵温度为RTD信号，采用电阻箱进行模拟；现场或PLC机柜拆掉仪表信号线，通过电阻箱进行模拟，当模拟值达到停车值时，上位机产生报警信号，PLC根据联锁逻辑进行停泵或关阀；泄漏开关为开关量输入信号，采用短接线进行模拟；现场或PLC机柜拆掉仪表信号线，通过短接线短接或断开进行模拟，当信号短接时，上位机产生报警信号，PLC根据联锁逻辑停泵或关阀。

第四篇

成品油管道完整性管理体系建设与实践

第16章　建设管道完整性管理体系必要性及对策

16.1　建立管道完整性管理体系的必要性

油气管道是国家能源的“命脉”，管道安全关乎国计民生的各个方面。当前，完整性管理已经成为全球管道行业预防事故发生、实现事前预控的重要手段，是以管道安全为目标并持续改进的系统管理体系。

我国于2000年引入完整性管理概念，2010年6月将《石油天然气管道保护条例》上升为《中华人民共和国石油天然气管道保护法》，标志着中国油气管道安全级别提升至国家法律层面。2013年颁布的《中华人民共和国特种设备安全法》，将油气长输管道作为压力管道中的一种，其生产、经营、使用、检验检测等安全工作均接受政府全过程监督管理，由此，油气管道的安全监管有了法律保障。2013年11月22日，青岛输油管道爆炸事件再一次引发全社会对油气管道安全的关注，该事件引起国务院高度重视。2014年11月国务院安委会发布《关于深入开展油气输送管道隐患整治攻坚战的通知》(安委〔2014〕7号)，要求于2014年10月至2017年9月在全国范围内对29436处油气管道隐患(其中占压11972处、间距不足9171处、不满足安全要求交叉穿越8293处)开展隐患整治工作，并成立了隐患整改工作领导小组，推动了中国油气管道完整性管理的进程。2015年10月，GB 32167—2015《油气输送管道完整性管理规范》颁布，内容围绕数据采集与整合、高后果区识别、风险评价、完整性评价、风险消减与维修维护、效能评价等6个环节，与ASME B31.8S—2016和API 1160—2013思路基本一致，是中国管道完整性管理首部强制性国家标准，完整性理念在油气输送管道中的应用进一步深化。同时，开始制定与管道检测、评价、修复及应急等相关的标准，例如，修订TSG D7003—2010《压力管道定期检验规则——长输(油气)管道》。2016年，国家标准委委托中国石油和中国特检院对油气管道标准体系开展研究，为未来油气管道相关标准制修订及管理提供依据。

虽然管道的完整性管理目前可以参考现有标准、规范或推荐做法，但有许多地方需要结合管道的实际情况，进行修改、完善和细化。特别是青岛“11·22”原油管道泄漏爆炸、大连“6·30”原油管道泄漏爆燃、深圳“12·20”滑坡导致天然气管道断裂、恩施“7·20”天然气管道爆燃、晴隆“7·2”天然气管道燃烧爆燃、晴隆“6·10”天然气管道泄漏爆燃、潍坊“3·20”输气管道爆燃等事故，对管道安全管理带来深刻反思。建立企业层面的管道完整性管理体系，对于全面系统地指导油气管道的生产、运行、维护和管理，实现完整性管理的规范实施，促进生产管理程序化、标准化，提高整体管理水平具有重要作用。

16.2 管道完整性管理体系发展对策

16.2.1 国外管道企业完整性管理的启示

欧洲管道公司历史悠久，管理手段和技术方法先进，如英国的TRANSCO、德国的鲁尔GAS、比利时的FLUXCY公司等。其中比利时FLUXCY公司与我国情况相近，开展管道内检测是其主要的完整性管理方法，目的是保障完整性、增加安全性、延长寿命。管道完整性技术服务企业也在提升自己的技术水平，为管道完整性管理提供最佳解决方案，如英国的PII、德国的ROSEN、德国NDT、巴西的PIPEWAY、加拿大的BJ等，这些企业为管道完整性技术的进步提供了动力。目前，在世界上业务开展较多的技术服务企业，如PII公司，是最大的管道检测服务商之一，拥有漏磁检测技术、超声检测技术、EMAT电磁超声技术等，并针对每一种缺陷提出了相适应的检测技术；德国ROSEN检测公司研发机构从设计、制造、加工等开始就提供了强大的技术支撑。

通过对国外管道企业和完整性技术服务企业的调研，可得到如下启示：

(1)完整性管理目标非常明确。例如，比利时管道公司开展资产完整性管理(国外大型石油公司对于石油企业的完整性管理通称为资产完整性管理)的目标为：保障基础设施的完整性；证明管道安全可靠；提高管理效率；合理分配有限资源；有效管理老旧管道。

(2)完整性管理从建设期开始。例如，比利时管道公司建设初期就开展定性风险评估，全面的风险评估只做一次，但在每个新项目特殊段均需进行风险评估。

(3)研究内检测技术具有系统性。例如，PII和ROSEN等公司都开发了具有各自特点的先进的内检测器，同时证实了数据的准确获取与后期解读具有同等重要性。

(4)有领先的完整性管理评价体系。例如，RBI、RCM、ROM等评估体系较国内早，国内使用这一系列技术不能与国外领先技术同步，往往都处于落后状态。

(5)建立了较成熟的完整性管理系统，如英国TRANSCO的资产完整性管理系统。

(6)形成了符合自身特点的工作体系。例如，比利时管道公司不开展管道ECDA评估，不通过ECDA评估来解决管道的完整性问题，只是检测涂层的受损情况。

(7)有处理管道缺陷的丰富经验，如比利时FLUXCY公司对管道缺陷的处理方法。

16.2.2 我国管道企业完整性管理存在的问题

管道完整性管理的重点应是高风险的管道设施，提高设备设施的可靠性，延长设备设施检修与维护的周期，避免对低风险设备设施的过度检验，降低设备设施检修维护费用，最终实现在保证设备设施安全性的基础上降低操作成本。对比国外管道完整性管理和技术发展情况，可以发现国内管道企业目前存在的不足和差距。

(1)资源与风险未实现完全的结合。如何提升资产维护管理水平，通过完整性管理真正将风险与资源实现有机结合，做得还很不够。

(2)检测技术的选择与应用缺乏计划性。管道企业选择管道内检测技术缺乏依据，没有根据运营管道存在的典型风险进行规划；对国外管道内检测技术了解还不深入；需要进一步研究基线检测、再检测的风险管控模式。

(3)未实现全员参与管道完整性管理。完整性管理虽然引进多年，但其发展不平衡特别是基层单位对其实质还没有很好掌握，风险意识不足，缺乏有效的预防性管控手段，许多单位仍然停留在事后管理的层面上。

(4)专业管理缺乏细节控制措施。风险分析与评价手段没有系统化，评价技术存在差距。一是风险评价技术不统一，缺乏整合；二是个别设备还没有建立风险识别与评价方法；三是部分设备缺乏可量化及可控的指标。

(5)执行情况缺乏有效监督检查。各级管理部门日常检查缺乏针对管道完整性的风险识别和评价，以及削减跟踪和有效管理。

(6)资产变更管理缺乏统一的规定。没有在体系文件中规定变更中的各个要素实现的途径，其实现手段应为：在ERP系统中变更设备数据，在GIS系统中变更线路数据，在档案室资料中变更竣工资料，在站场上变更图纸。

(7)大量管道竣工数据入库不及时。管道企业竣工数据接收和管理不严谨，投产2~3年后仍然存在竣工数据没有入库的问题，如果发生应急情况，竣工数据将不能发挥作用。

16.2.3 管道企业完整性管理体系发展对策

管道完整性管理最终要采用IT技术实现可视化、数字化的完整性管理，通过GIS、EAM、ERP等系统对管道与设备设施的一系列生产运行活动、参数、信息进行评价。在大数据时代，海量数据建模和分析是解决问题的关键，而不再仅局限于数据的精确程度要求，因此管道完整性管理重在对设备设施全生命周期的数据管理和相应的动态技术管理。国内管道完整性管理尚未形成管道全生命周期的一个大数据库，需要尽快采取对策加以完善。

(1)含缺陷管道本体的完整性管理。对于含缺陷管道，至少应开展管道内检测及其相应的安全评价、缺陷评价、修复补强等工作，建立监测体系，对线路管道壁厚进行定期监测与评估等。

(2)管道地质灾害与周边环境完整性管理。进一步加强地质灾害防护技术研究，有效开展地质灾害评估，实施管道地质灾害的预防和维护，防止第三方破坏活动，加大公众警示力度和教育培训，建立详细的第三方预防措施等。

(3)外防腐层及防腐有效性完整性管理。参考国内外标准编制公司标准，实现阴极保护参数远程监控，周期性地开展外防腐层检测和阴极保护有效性检测，开展ECDA评价和内腐蚀监测，开展ICDA评价以及实施高风险区域风险识别、关键地段腐蚀评价等。

(4)结合生产实际全面开展完整性评价，包括以下方面：全线风险评价，识别高风险区域并对其缩短风险评价周期；管道运行压力流量下站场与线路管道的承压能力评价；站场关键部位壁厚测量与沉降评价；管道外力重载的预防措施评价；汛期管道抢险检验情况评价；设备故障点安全评价和改进措施；全线设备与压力容器检测结果评价；内腐蚀与内部冲蚀监测评价；阴极保护与外防腐层评价；内检测数据分析评价；自控、通信与电气安全评价；压缩机振动问题分析与评价；储气库站场采气工艺管道应力分析；应急处置与应急抢修方案评价；等等。

(5)站场及设施完整性管理。制定场站完整性管理技术指标，实施管网优化运行管理和设备运行完好率管理，定期实行站场工艺管道、设备的监测与评价管理，实施输油泵、压缩机和主要设备优化运行管理，提高场站的整体安全和资产可靠性。

(6)设计阶段即应体现完整性管理的理念。例如，对压缩机、输油泵等重要设备选型和运行进行可靠性设计，提高设备可靠性。

(7)理顺完整性管理的保障与投入的关系。加大风险削减的投入，使识别或检查出的风险点/源得到有效控制。开展精细化管理，将成本控制与节能减排融为一体，耗能设备优先采用低耗设备或利用先进技术手段，在保证资产完整性的同时，实现成本的有效控制。

(8)提高资产完整性管理意识。特别针对管道高后果区、地区等级变化的地区，提出有针对性的实用的完整性管理技术，提高特殊地区的风险控制水平。开展从事管道风险评价和完整性管理专业人员的技能培训、完整性管理的认识和实施方法的培训等。

(9)深化全员参与资产完整性管理。按照《石油天然气管道保护法》和石油行业标准《管道系统完整性管理实施指南》的要求，开展完整性管理全员参与的技术宣贯，深入全面地掌握管道完整性管理的技术和管理内容，提高风险管理意识，努力实现管道、设备、设施的风险预控和管理。

(10)以绿色安全环保助力实现“双碳”目标。构建贯穿全生命周期、涵盖全业务环节、打通全管理流程等的完整性管理体系，为企业实现绿色安全环保目标，助力我国碳达峰、碳中和提供重要保障和支撑。

第 17 章　成品油管道完整性管理体系概述

17.1　完整性管理体系概述

有效地开展各项完整性管理活动，必须建立相应的完整性管理体系。作为管道运营企业内部全面生产管理体系的组成部分，完整性管理体系是保持管道完整性所需的组织机构、活动规划、人员职责、例行做法、程序、过程和资源，还包括运营企业的完整性管理方针、目标和指标等管理方面的内容。管道完整性管理体系还可以描述为：管道运营单位有计划而且协调动作的管理活动，其中有规范的作业程序、文件化的控制机制，它通过有明确职责、义务的组织结构来贯彻落实，目的在于预防管道事故的发生，而不是事故后的被动响应。

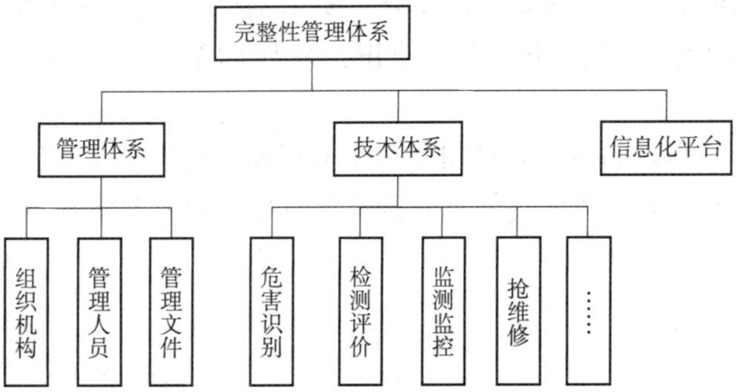

图 17－1　管道完整性管理体系架构

完整性管理体系可分为管理体系、技术体系和信息化平台，如图 17－1 所示。管理体系包括组织机构、管理人员和管理文件制度，技术体系包括危害因素识别与评估、完整性检测与评价、管道监测与监控、抢维修等。

17.2　成品油管道完整性管理体系要素

17.2.1　管理体系

1. 组织机构及职责

完整性管理工作实施成功与否的关键在于组织机构保障和有效的资源投入。为了保障完整性管理工作的推动力，有必要明确管道企业完整性管理的主管领导，成立完整性管理领导小组，并设立完整性管理牵头部门，全面负责推动完整性管理工作，并负责完整性管理技术的研发和技术支持工作。设置完整性管理中心或机构，以及专职岗位，确保完整性业务全面实施。

完整性管理牵头部门主要职责如下：

(1)负责完整性管理牵头工作，组织、协调与推进管道完整性管理体系的建设工作；

(2)负责制订完整性管理总体目标、方针，编制完整性管理中长期发展规划与计划、标准与规范等；

(3)组织、指导、监督和检查各项目公司的完整性管理工作，负责公司完整性管理的考核工作；

(4)负责管道完整性新技术新方法的研究、引入、消化与开发及推广应用；

(5)负责管道完整性管理数据采集、高后果区识别、风险评价、完整性评价、效能评价等工作的技术支持和成果审查；

(6)负责管道内检测计划编制、内检测方案审查、内检测与完整性评价技术支持、内检测报告审核、维修计划制订；

(7)负责国内外管道完整性管理标准规范、法律法规、技术方法等信息的收集和整理；

(8)负责完整性管理平台的建设和维护工作。

完整性管理职能部门同时兼有完整性管理技术研发和技术支持职责，需配置一系列完整性管理和技术岗位，如完整性合规管理、完整性数据管理(管道、站场及其他设施)、完整性管理方案(管道、站场及其他设施)、风险评价(管道、站场及其他设施)、完整性检测(内检测、外检测)、完整性评价、设备检验/维护/测试、防腐及阴极保护等岗位。

设置完整性管理职能部门，有利于垂直化、专业化管理，使部门职责分工明晰，管理流程顺畅，有利于完整性工作的整体、系统推进；同时，符合未来完整性管理方向，有利于管道企业完整性管理中长期发展目标的实现。

2. 完整性管理人员及培训

完整性管理是一项涉及多门学科的系统工程，对工作人员专业技术水平要求较高。确保各岗位人员具备相应的岗位能力，是完整性管理工作顺利实施的前提。定期组织完整性管理技术培训是保证人员岗位能力的重要手段。

完整性管理技术培训主要面向管道行业工程技术人员，具体包括管道设计、施工、管理人员，运行管理人员、维护管理人员、安全管理人员和标准体系建设人员等。培训内容涵盖管道工程建设监理管理、数据采集与管理、风险评价与完整性检测技术、缺陷评价、维护及维修技术等内容，具体根据岗位需求确定。

开展完整性管理技术培训，倡导管道技术全球化理念，掌握管道行业最新进展，推广完整性管理领域的最新成果，可以进一步提高管道企业管理水平，缩小与国际先进管理技术的差距。

3. 完整性管理体系文件

完整性管理体系文件是实施完整性管理的指导性文件，它为管道完整性管理各项工作提供一套系统的规定和说明，以保证管道完整性管理工作各个步骤的实施按照一定的程序和要求来进行，做到有章可循，从而保障完整性管理工作顺利有效进行。

作为完整性管理体系架构中最为重要的组成部分，完整性管理体系文件的编写须符合HSE管理体系(健康、安全与环境管理体系)的要求。完整性管理体系文件的编制主要依据是相关法律法规和标准规范。在法律法规方面，《中华人民共和国石油天然气管道保护法》明确规定了管道保护的相关内容，在编制管道完整性管理体系文件的过程中，应将该法律相关要求纳入文件中。在标准规范方面，可参考《油气输送管道完整性管道管理规范》

(GB 32167)《危险液体管道完整性管理系统》(API 1160)、《输气管道系统完整性管理》(ASME B31.8S)、《输气管道操作人员的资质标准》(ASME B31.Q)、《管道内检测推荐做法》(NACE RP0102)、《管道外检测评价标准》(NACE RP0502)等标准的相关内容和要求。此外，完整性管理体系文件力求满足实用性和可操作性要求。

管道完整性管理体系文件通常包括程序文件和作业文件：程序文件是对完整性管理工作各项相关活动的描述，主要描述完整性管理实施过程中某一特定程序的管理流程和具体要求，明确各职能部门的职责；作业文件是对具体开展某项工作的方法和要求的说明，是指导完成某项具体工作任务的操作规程。

借鉴国际上先进的完整性管理经验及我国管道企业运营实际，建议从线路、管理与控制程序、站场及其他设施等3个方面来编制企业完整性管理体系文件，可参考本书第18章。

17.2.2 技术体系

1. 危害识别与风险评价

(1)高后果识别技术：管道完整性管理关注的重点在于高后果区，应制定明确统一的高后果识别准则，并收集管道沿线自然社会环境等数据，依托数字化管理系统或地理信息系统，开展高后果识别工作。

(2)危害识别技术：制定明确统一的危害识别准则，识别出各管段尤其是后果区管段可能存在的危害，如外部腐蚀、内部腐蚀、应力腐蚀开裂、制造缺陷、施工缺陷、第三方破坏、误操作、自然地质灾害、设备因素等。

(3)综合风险评价技术：在识别管道运行潜在的危害并整合相关数据的基础上，进行管道的风险评估。管道的风险评估是为了识别可能诱发管道事故的具体事件的位置及状况，确定事件发生的可能性和后果，按风险评估的结果进行排序，优化管道的完整性评价工作。有多种方法可用于风险评估，如定性评价方法(风险矩阵)、半定量风险评价法和定量评价法(QRA)。

(4)专项风险评价技术：针对一些比较突出重要的危害类型，可开展一些专项评价，如自然地质灾害、第三方破坏等。

2. 完整性检测与评价

1)内检测技术

管道内检测技术是将各种无损检测设备加载到清管器上，将原来用作清扫的非智能设备改为有信息采集、处理、存储等功能的智能型管道缺陷检测器，达到检测管道缺陷的目的。比较常用的检测工具有漏磁检测技术(MFL)和超声检测技术(UT)。

2)外腐蚀直接评估(ECDA)

(1)预评价：ECDA预评价是指间接检测和直接检测前的准备工作，包括资料及数据收集、ECDA可行性评价、检测方法和设备的选择、ECDA管段划分。

(2)间接检测：间接检测的目的是，通过地面检测来识别并确定防腐层缺陷和其他异常点的严重程度以及已经发生或可能正在发生腐蚀的区域，所采用的方法主要包括直流电压梯度(DCVG)/密间隔电位(CIPS)测量法、管中电流测量法PCM、皮尔逊法等。

(3)直接检测：直接检测的目的是，确定间接检测结果中腐蚀活性趋向最严重的点，并收集数据进行评估。直接检测要求开挖并暴露管道表面从而进行相关测量。

(4)后评价：后评价的目的是，明确再评价时间间隔和评价过程的整体有效性。

3)内腐蚀直接评估(DG－ICDA)

(1)预评估：预评估的目的在于确定内腐蚀直接评估的可行性并划分直接评估管段，包括数据收集内腐蚀直接评估可行性评估和直接评估管段划分。

(2)间接检测：内腐蚀直接评估间接检测的目的是，使用流动模型来预测每个直接评估管段内容易发生内部腐蚀的区域，亦即最有可能聚集的区域。

(3)详细检查：详细检查的目的是，确认间接检测所确定的区域是否存在内部腐蚀，并根据检查结果评估整个直接评估管段的状态。对检查中所发现的腐蚀缺陷，进行剩余强度评价并对腐蚀的根本原因进行分析。

(4)后评价：后评价的目的在于，评估内腐蚀直接评估过程的整体有效性，明确评价的时间间隔。

4)应力腐蚀直接评估

(1)预评估：预评估的目的在于，对历史和当前数据进行收集和分析，对有应力腐蚀开裂倾向的管段进行排序并为开挖提供参考。

(2)间接检测：间接检测的目的是，通过地面检测或其他测量手段来获取数据，作为对预评估的补充，以对有应力腐蚀开裂倾向的管段进行排序并确定直接检测的地点。可考虑的地面检测包括 CIS、涂层缺陷调查以及地质调查。通过间接检测可以获得的数据包括变形或弯曲的位置、防腐层剥离的区域等。

(3)直接检测：直接检测的目的是，检查通过预评估和间接检测所确定的区域是否存在应力腐蚀开裂，如果存在应力腐蚀开裂的话，对应力腐蚀开裂的类型、严重程度进行评估。直接检测的相关数据可用于在后评价中建立预测模型或是对预测模型的修正。

(4)后评价：后评价的目的在于，确定是否需要采取相应的消除应力腐蚀开裂的措施，对于尚未立即消除的缺陷排定修复措施的优先顺序，确定再评估周期并对应力腐蚀直接评估过程的整体有效性进行评估。

5)超声波检测技术

超声波检测主要通过超声波在被局限的检测对象边界内产生多次往复反射的原理来进行特征检测。导波沿管道传播距离高达几十米。探头所接收到的回波信号包含管道的整体信息，可对管道进行100%直接评估。检测埋地管道时，只需将传感器环安装在地面上管段部分，就可以检测埋地部分的缺损状况。对于埋地距离较长，超声导波检测信号无法到达的管段，开挖一处合适的位置就可对该段进行双向检测。该技术能节约大量管道维护费用并减少管线评估时间。由于无须大面积开挖和剥离防腐层，具有经济、快速的特点。

6)含缺陷管道剩余强度评价

基于所开展的内外检测所提供的缺陷，进行剩余强度评价，为管道的维修、提压或降压提供决策依据。目前有很多剩余强度评价方法可供选择使用，其中国内认可且应用比较广泛的方法有 Shell－92、ASME B31G、RSTRENG、DNV RP F101。

7）剩余寿命预测

剩余寿命预测主要是依据缺陷的动力学发展规律来预测含缺陷管道的剩余寿命。剩余寿命预测主要是预测管道的未来发展势态，并根据预测的结果制定再检测周期，并制订再检测周期内的维护维修计划。

3. 管道监测监控

（1）管道应力应变检测技术：长输管道沿线地质地貌错综复杂，自然条件恶劣，管道经常遭受山体滑坡、水灾、穿越、占压等高风险环境的影响，极易造成整体移位、局部变形或应力集中，从而导致较大的位移应力、屈曲或蠕变，严重时甚至导致管道断裂破坏。可通过应力应变电测技术，建立管道远程力学监控系统，实时监控管道应力应变状态，为管道运营管理提供现实依据。

（2）地质灾害监测技术：油气管道地质灾害监测技术是利用监测手段获取滑坡、崩塌、地面沉降与塌陷等重大灾害的灾害体、管道及灾害－管道相互作用活动参数，判断其安全状态并预期其发展趋势，为防治决策提供依据，从而保证管道安全。

（3）管道泄漏监测/检测技术：管道泄漏的探测分为监测和检测两种。埋地管道泄漏监测主要是对管道从不漏到突然发生泄漏的过程的监测，根据传感器安装的具体部位，监测技术又分为内部和外部监测两种。内检测技术包括平衡法、负压波法、声波法和实时瞬态模型法、SCADA 法等。外监测技术包括气体敏感法、激光光纤传感法、电缆传感法等。对管道泄漏的检测是从地上或外部定期进行的，采用仪器从管道的外表面来发现泄漏点，以采取堵漏措施。检测方法包括声波法、激光扫描泄漏检测法、气体敏感法等。

（4）分布式光纤预警系统：分布式光纤预警系统是利用光纤干涉仪和小波包分析的油气管道安全的预警系统。该预警系统沿管道同沟敷设光缆，利用其中的 3 条单膜光纤构成分布式微振动测试传感器，实时地检测管道沿途所发生的泄漏、走动、挖掘及其他异常事件，并采用“峭度－状态”法进行辨别，最后对现场试验数据及其信号处理结果进行分析，以有效地为管道周围发生的异常情况进行检测和辨别。分布式光纤预警系统反应灵敏，适用于对气体、液体等不同流体输送管道安全进行实时监测。

（5）基于振动的管道预警监测系统：油气管道经过第三方施工、挖土等过程或受地震、洪水、滑坡等大地移动、地貌变化、非法占压等影响的破坏，必然伴随振动、冲击等物理特征。振动信号沿着管道进行传播，在不同距离点上都有明显的特征，强度随着距离而衰减。所以可以利用对这些物理特征的检测，实现对管道的监控和报警。油气管道监测终端安装于管道沿线地下，用于实时监测管道的振动情况。当在一定距离范围内的管道受到毁坏时，产生的振动信号就通过传感器传送到监测终端。监测终端再通过 GSM/GPRS 无线通信网向监控中心发出报警信号。

4. 管道抢维修

（1）外防腐层修复技术：充分修复考虑材料与埋设环境及运行条件的适应性、修复材料与管道原防腐层材料的匹配性、各类修复材料在现场沟下作业的可实施性、影响施工质量的主要因素的可控性、防腐层缺陷面积、材料对管体表面处理级别的要求、施工设备及操作的简捷性等因素，并通过对材料性能的分析和试验。常见的修复材料包括热熔胶黏剂＋聚乙烯补伤片、STOPAQ 黏弹体防腐胶带＋聚丙烯增强纤维胶带等防腐材料。

(2)管道带压封堵技术：不停输封堵工艺是指在管道上带压焊接旁通三通并开旁通孔，建立旁通管路，达到不停输的目的。对于允许停输的管道，若能够在规定的停输时间内完成维修改造工作，宜采用停输封堵工艺，否则应采用不停输封堵工艺。

(3)传统的缺陷补强修复：包括换管、金属卡具、夹具、补焊、打补丁、兜圈套管、整圆套管。这些修复技术已被国内广泛采用。

(4)环氧填充套筒：其原理是在环氧树脂与钢质套管之间形成一个连续的负载过度，将缺陷部位的载荷或应力转移到钢质套筒上。此技术可带压修复，避免了在工作状态下管道进行焊接作业而产生的潜在危险，非常适用于高压天然气管道修复。

(5)复合材料修复：复合材料修复的原理是，将缺陷部位所承受的应力通过高强度的填充物转移至复合套管上，常用的复合材料有加入玻璃纤维增强聚酯或碳纤维等强化物质的聚酯、乙烯酯或环氧基体材料。复合材料修复技术发展迅速，在管道修复中的应用也日趋广泛，成为可供选择的经济有效的永久性管道修复方法。复合材料修复具有安全、灵活、方便修复、时间短、费用低，可在不停输管道上使用，无须焊接，通过正确安装可永久恢复管线的承压压力，适用于各种作业环境等优点。

17.2.3　信息化平台

完整性管理数据和资料的准确性及系统性是完整性管理工作中最为关键的基础一环。管道在规划、设计、施工、竣工阶段是管道数据收集的最佳时期，如果等到管道建成后，再进行数据恢复工作，将会有大量的数据丢失和失真。所以建设期的数据收集与管理是建设期管道完整性管理的重要工作内容之一。对于在役管道，由于各种历史数据资料缺失严重、精度不高、格式不统一，尤其是没有保留管通的空间位置信息，所以在开展在役管道完整性管理工作之前，势必进行大规模管道历史数据恢复。而对所有管道相关数据进行搜集和建库统一管理，是建设完整性管理系统平台的基础和重点。

完整性管理系统平台是专门从事完整性管理，可实现完整性管理风险评价、完整性评价、完整性决策的信息技术平台，包括地理信息系统与管道地理特征的结合应用、完整性管理的管理流程的实施、完整性修复的决策等基本功能，逐步实现完整性智能专家决策系统。完整性管理系统的建设将为完整性业务提供信息化管理手段。它将整合完整性管理方法和理念，使各公司完整性管理基于统一的标准，对管理过程进行规范，有效提升完整性管理的水平和效率。同时，系统能够对信息进行完整记录和汇总，实现数据的有效存储和高度共享。

IT及新技术应用是实施管道完整性管理的支撑，通过建立面向完整性管理的地理信息系统等一系列信息化系统来实施完整性管理，为收集、分析和处理各类完整性管理数据搭建信息平台，开展完整性评价，实现风险预控。

完整性管理平台的功能框架要能够涵盖完整性管理的业务体系架构，如此才能够保障在实施完整性管理业务模式的过程中借助信息化平台这一现代化工具，进行业务流程的固化、业务知识的快速转移以及工作效率的迅速提升等一系列工作。图17-2显示了完整性管理的业务体系整体架构。完整性管理系统平台的构建根据此架构进行展开，主要功能模块包括数据管理模块、高后果区管理模块、风险评价模块、完整性评价模块、活动管理模块、监测管理模块等。

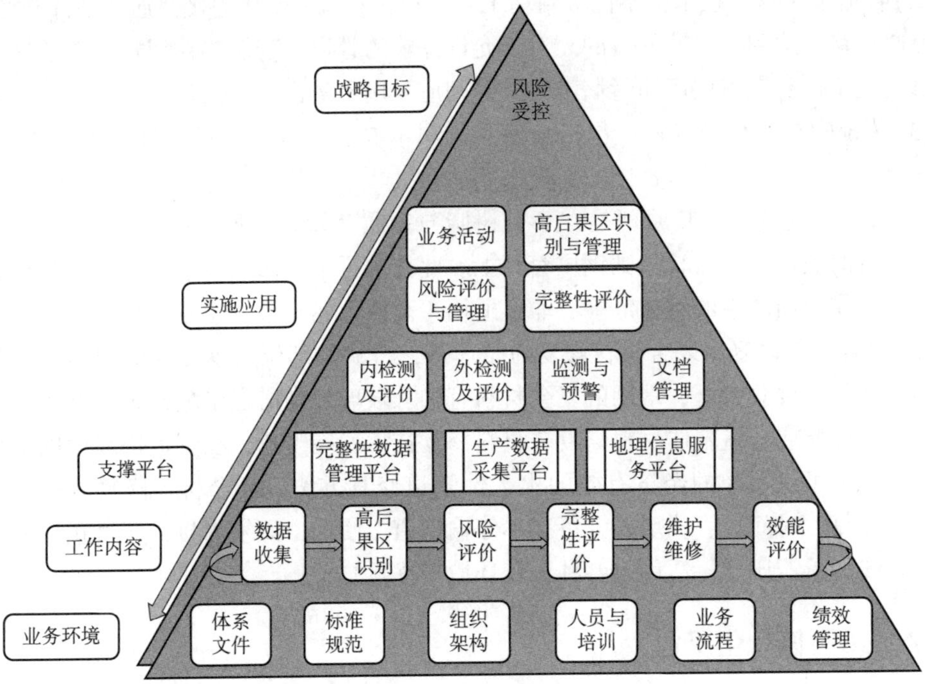

图 17－2　完整性管理体系业务整体架构

17.3　完整性管理体系运作模式

管道完整性管理是一个动态过程，需要根据管道设计、运行、环境等条件的改变，不断对完整性相关数据或管理程序进行更新、评价和修改，完全符合 PDCA 的循环模式。基于 PDCA 运作模式的管道完整性管理体系如图 17－3 所示。

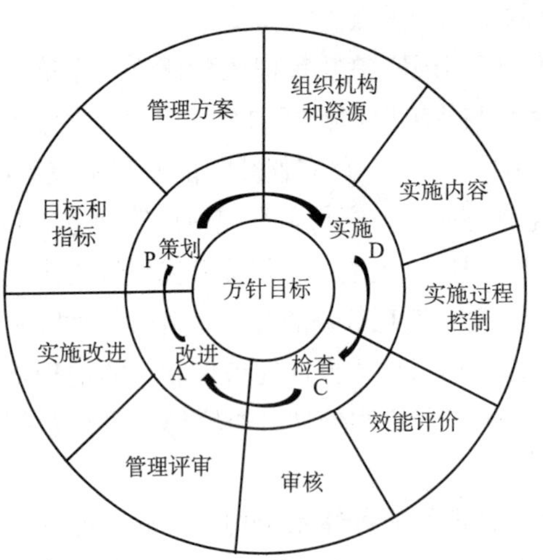

图 17－3　基于 PDCA 模式的完整性管理

1. 方针和目标

方针目标是管道企业实施完整性管理的前提和总要求。为保障管道完整性管理的实施，管道企业应有一个经最高管理者批准的完整性管理方针，作为实施完整性管理的指导思想。

管道完整性管理的首要目标就是，利用最少的资源，将管道风险控制在可接受范围内，避免对员工、公众、用户或环境产生不利影响，保证管道系统的安全平稳运行。

2. 策划(P)

拟定管道完整性管理的具体目标和衡量目标实现情况的量化指标；制定完整性管理方案或程序以实现上述目标和指标。

完整性管理方案或程序是策划的关键，是实施完整性管理的前提。完整性管理方案应包括完整性管理的核心要素，即数据采集与管理、高后果区识别、风险评价、完整性评价、维修维护和效能评价，通过6个要素的持续循环来开展完整性管理工作，以实现管道的“风险可控、事故可防”。

3. 实施(D)

建立管道完整性管理机构，并明确其职责和权限，同时提供必要的资源，如基础设施、技术资源、人力资源等，并为相关人员提供培训，保证不同岗位的工作人员具备相应的工作能力，是实施完整性管理工作的基础。为贯彻管道完整性管理方针，充分实现完整性管理目标，管道企业还应建立员工间的沟通及协商机制。

完整性管理实施内容包括数据收集与整合、高后果区识别、风险评价、完整性评价和维护维修，具体实施时遵照策划阶段制定的完整性管理方案或流程进行。

为确保完整性管理各项工作的有效实施，管道企业应有规范性文件及相应的文件形成程序，做好文件控制工作；确定控制完整性管理的活动和任务，并由不同职能部门和管理层次的管理者对这些活动和任务进行策划；建立、实施和保持作业许可程序，规定作业许可类型和证明，以及作业许可的申请、批准、实施、变更与关闭。

管道的完整性状况及环境会随时间变化，这些变化可能会影响完整性管理项目以及采用的风险控制措施的顺序。为了确保计划的持续有效性，管道企业应能够识别由于管道可能的变化所影响管道完整性管理程序中任何一个风险因素的变化，不断监测和改进管道完整性管理相关程序。

4. 检查(C)

效能评价通过检查和测试完整性管理的实施效果，找出不符合实际期望的因素，提出改进意见。管道完整性管理的效能评价是一个循环渐进的过程，通过不断完善和改进管道完整性管理程序，保障管道的安全运行。

定期对完整性管理实施过程进行审核，确定过程的符合性，确保完整性管理是按照计划执行的并符合所有法律法规要求，是确保完整性管理工作有效实施的关键。

5. 改进(A)

完整性管理最高管理者应根据效能评价与审核的结果，评价管道完整性管理程序的适宜性、充分性和有效性，并根据完整性管理方针和目标的落实情况，找出管理程序的不完善之处，识别改进需求，形成管理评审报告。

根据管理评审报告，完整性管理相关部门按规定负责实施改进工作，不断完善管道完整性管理程序，实现PDCA的动态循环，持续提高管道安全水平和管道完整性管理水平。

第 18 章　成品油管道完整性管理体系构建案例

18.1　成品油管道完整性管理体系构建

18.1.1　公司级完整性管理体系构建

某成品油销售公司截至 2019 年 12 月底，建成长输成品油管道 15290km，管道沿线有 163 座站场，在营长输成品油管道为 14094km，设计输油能力为 1.25 亿 t/a，管网规模位居世界成品油管道公司第 5 位。其中，有近 4300km 管道途经地质条件复杂的山区区域，近 3000km 管道属于或接近城区管道，近 6400km 管道服役时间超过 10 年。该公司自 2012 年引入完整性管理理念，通过构建涵盖组织机构、文件体系、技术方法和系统平台的销售系统成品油管道完整性管理体系，为完整性管理全面实施提供保障和支撑，保证了管道管理的一体化、规范化和专业化。

1. 健全组织机构，强化逐级管理

基于公司管道完整性管理方针和总体目标，成立管道完整性管理领导小组，作为管道完整性管理的最高机构，负责公司管道完整性管理的统筹规划、战略部署及重大决策，领导小组下设管道完整性管理办公室，负责具体工作的组织实施。同时，各分公司设完整性管理中心，在公司管道完整性管理领导小组的统一领导下，作为分公司管道完整性管理的业务主管部门，负责管道完整性管理体系建设、组织实施，指导和协调相关部门围绕管道完整性管理开展有关工作。在设立组织机构基础上，明确完整性管理职能部门、专职岗位及其分工，畅通管理流程，保证强有力的领导力和执行力，强化完整性管理的突出地位，实现垂直化和专业化管理。

2. 发布统一规范，实现分级控制

为提供完整性管理实施的统一行为准则，梳理整合公司现有成品油管道管理制度文件，归纳总结管道管理要求与工作重点，编制了公司与分公司两级完整性管理体系文件，具体包含 1 个实施导则和 7 个细则。

导则作为纲领性文件，提出完整性管理基本原则、方针目标、组织机构及职责、完整性管理方案编制等，提炼数据收集、高后果区、风险评价、完整性检测、维修维护、效能等 6 个核心环节总体性要求，明确完整性管理体系审核要求，同时从资源管理、记录与文件控制、变更管理、沟通协商管理、应急管理、失效管理、培训与能力、管理平台、新技术推广应用等方面提出完整性管理基础保障建设要求，最后规定建设期管道也应贯彻落实完整性管理的各项要求。

细则作为导则的技术性附件，为管道完整性管理体系建设及实施工作提供指导和技术依据。细则内容全面涵盖完整性管理核心业务环节，包括《成品油管道数据采集与管理实施细则》《成品油管道高后果区识别管理实施细则》《成品油管道风险评价与管理实施细则》《成品油管道内检测与评价实施细则》《成品油管道外检测实施细则》《成品油管道缺陷修复实施细则》和《成品油管道完整性管理效能评价实施细则》等。其中，《成品油管道数据采集与管理实施细则》规定了数据采集的内容、方法及时间、数据移交、整合、对齐、入库、验收、审核和更新的步骤及标准；《成品油管道高后果区识别管理实施细则》阐述了管道高后果区的定义、识别准则、填报方法、管控措施及更新周期等内容；《成品油管道风险评价与管理实施细则》描述了管道风险的定义、建设期及运营期管道风险评价的方法、风险管控的措施等内容；《成品油管道内检测与评价实施细则》给出了管道内检测的周期、实施步骤、内检测数据管理、分析及评价等内容的具体参考标准；《成品油管道外检测实施细则》提出了管道腐蚀环境调查、外防腐层检测、阴极保护系统检测、排流保护装置检测及其他检测的标准方法；《成品油管道缺陷修复实施细则》明确了管道缺陷修复的各类方法及其适用性、缺陷修复作业的步骤、操作准则、过程 HSE 管理及作业记录等内容；《成品油管道完整性管理效能评价实施细则》着重强调了管道完整性效能评价的定义、开展步骤及相关要求。

3. 实施完整性管理，实现风险受控

按照体系文件针对所辖长输成品油管道开展高后果区识别、风险评价、内检测和缺陷修复等完整性管理专项工作。以某年数据为例，识别出高后果区 3533 处，其中Ⅲ级高后果区 763 处、Ⅱ级高后果区 2191 处、Ⅰ级高后果区 579 处。针对高后果区编制“一区一案”，在区内设立安全警示牌，按桩间距要求设置加密桩，提升巡线监护力度，加强管道周边宣传力度，重视杂散电流排流保护措施，定期开展应急预案演练，并按时开展高后果区再识别。识别出较高以上风险(国标)343 处，其中高风险 17 处、较高风险 326 处。按照体系文件要求，制定了较高、高风险管道(段)的风险减缓措施，确保做好管道第三方施工风险控制、过程风险控制、地质灾害风险控制，编制了“一点一案”，按实际需求备足应急物资并定期开展预案演练。共完成几何变形检测 12685km，漏磁检测 12115km，全面检验和合于使用性评价 4089km。发现立即修复缺陷 540 处，当年修复缺陷 370 处。其中变形缺陷 227 处，内腐蚀缺陷 51 处，外腐蚀缺陷 94 处，焊缝缺陷 168 处。发现计划修复缺陷 1726 处，当年修复缺陷 167 处。其中变形缺陷 164 处，内腐蚀缺陷 499 处，外腐蚀缺陷 381 处，制造缺陷 27 处，焊缝缺陷 290 处，其他缺陷 365 处。

4. 组织人员培训，夯实专业基础

下发《关于全面推进销售长输成品油管道完整性管理培训取证的通知》，细化完整性管理培训取证人员范围和取证等级要求，要求分公司指定本单位培训计划并严格按照计划开展培训工作。自 2016 年先后安排 16 批共 576 人次参加管道完整性管理知识培训。

通过培训，公司各级长输成品油管道管理人员掌握了管道完整性管理的起源、概念、所涉及相关标准规范以及其中的数据管理、高后果区识别、风险评价、内检测、腐蚀控制、缺陷修复、效能评价等具体内容，特别是对管道完整性体系建设、地质灾害风险识别与管理、管道设计与施工技术及建设期完整性管理、管道完整性管理先进企业建设推广工作量化评分标准等概念和知识点有了清晰认识。

5. 推进信息化建设，提升管理水平

建设智能化管线管理系统，系统管道数据“全”，风险隐患“清”，应急响应“快”，业务管理“细”，系统集成“高”，实现了“标准化、数字化、可视化”的建设目标，在管道数字化管理、完整性管理、运行管理、隐患管理、应急响应、综合管理等方面发挥了重要作用。后期持续优化系统性能，提升操控水平，借鉴新技术快速响应用户需求，利用大数据、VR 等新技术做好地质灾害评估和应急演练，有效规避管道风险，为管线安全、经济运行保驾护航。完整性管理作为系统中一个重要的核心模块，涵盖管道业务活动管理、高后果区管理、风险管理、完整性评估、维修维护管理、效能管理等功能子模块，并全面应用，推动了完整性线上智能管理步伐。截至 2018 年 5 月底，长输成品油管道智能化管线管理系统实现上线运行的管道里程达到 14199km，上线三维模型 1794 个，720 度全景影像 1542 个，视频监控点 390 处(外线视频)，并实现与管道巡检、工业电视、泄漏监测等多套专用系统的集成。

通过构建销售长输成品油管道的技术体系和管理体系，积极引进了管道行业最新配套技术，进一步落实了部门之间、员工之间、上下级之间的责任和义务，明确了工作方向，在管道数据采集、高后果区识别、风险评价、管道内检测、外腐蚀检测、维修维护和效能评价等方面形成完整性管理，提高了管道管理人员和技术操作人员的业务素质，推广了先进的信息应用系统，以全员、全过程管理实现了管道全生命周期的安全稳定运行。

18.1.2 企业级完整性管理体系构建

某成品油管道企业为实现由传统管理模式向完整性管理模式的过渡，结合管道系统特点及管理现状，在公司级完整性管理体系框架下，构建了以组织机构为保障、文件体系为根基、关键技术为支撑、典型业务活动为核心、管理平台为手段的完整性管理体系。

在组织机构方面，如图 18－1 所示，基于企业原有三级管理模式，在公司级层面建立一个完整性管理中心，与机关部门并行，作为企业管道完整性管理的职能部门，全面负责组织、协调和推进企业完整性管理各项工作。完整性管理中心下设数据管理、风险评价、完整性评价、维修维护、应急及综合管理等若干管理岗位和技术岗位，并按需配备岗位人员，明确岗位职责。此外，公司层面指定一名完整性管理主管领导，成立领导小组，从战略层面引导完整性管理工作的部署和实施。同时，各管理处和输油站设置专职完整性管理岗，配合完整性管理中心开展完整性管理各项工作。

在文件体系方面，考虑完整性管理工作的系统性和高度协调性，基于原有内控文件和制度，重新构建并编排形成企业完整性管理体系文件。体系文件采用“总则＋程序文件＋作业文件”三级结构形式，全面涵盖建设期、运营期、报废期等全生命周期的管理要求。其中，总则作为完整性管理的纲领性文件，全面提出完整性管理的方针、目标及总体要求，规定完整性管理总体内容及实施里程；程序文件和作业文件充分利用或借鉴公司现有管理制度，在此基础上结合完整性管理实际业务需求进行补充完善。

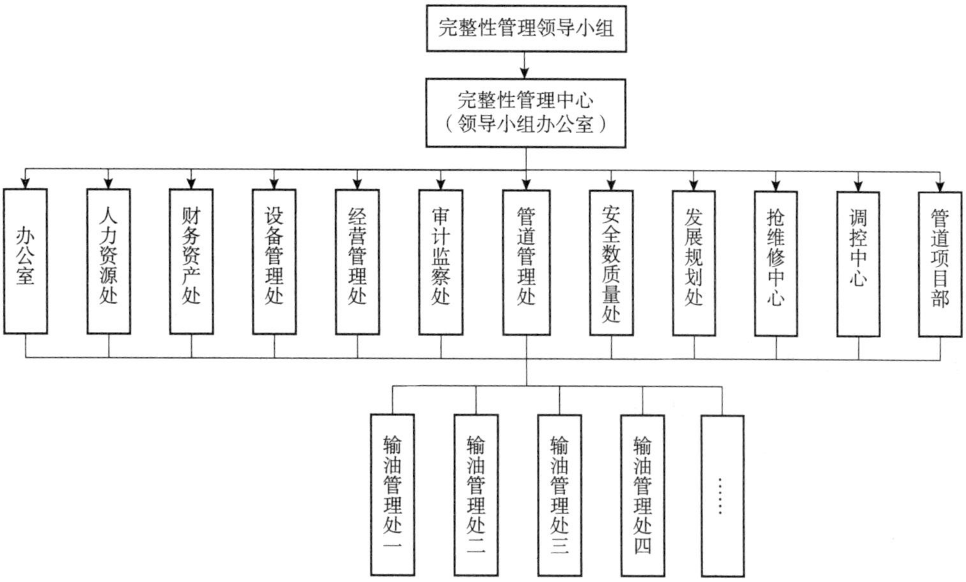

图18－1 企业完整性管理组织机构图

该企业构建的完整性管理体系文件具体包括：

(1)成品油管道完整性管理总则。

(2)成品油管道完整性管理程序文件：

①成品油管道完整性管理方案编制程序；

②成品油管道数据采集与管理程序；

③成品油管道高后果区识别管理程序；

④成品油管道风险评价与管理程序；

⑤成品油管道内检测管理程序；

⑥成品油管道适用性评价管理程序；

⑦成品油管道直接评价管理程序；

⑧成品油管道维修维护程序；

⑨成品油管道腐蚀控制程序；

⑩成品油管道应急支持程序；

⑪成品油管道失效管理程序；

⑫成品油管道完整性管理效能评价程序；

⑬成品油管道建设期管道完整性管理导则；

⑭成品油管道报废管理程序。

(3)成品油管道完整性管理作业文件：

①人员能力及培训管理规程；

②成品油管道数据采集与管理作业规程；

③成品油管道高后果区识别填报规程；

④成品油管道风险评价作业规程；

⑤成品油管道清管作业规程；

⑥成品油管道内检测作业规程；
⑦管道封堵作业技术规程；
⑧防腐层检测评价和补强修复规程；
⑨管道阴极保护系统管理规程；
⑩检维修工作管理规程；
⑪外管线管理规程；
⑫管道巡线管理规程；
⑬管道线路第三方施工监督规程；
⑭成品油管道改线项目管理规程；
⑮管道穿跨越设施管理规程；
⑯管道附属设施管理规程；
⑰设备管理规程；
⑱阀室管理规程；
⑲管道地质灾害防治规程；
⑳防汛防台抗灾管理规程；
㉑应急资源准备作业规程；
㉒HSE 事故事件管理暂行办法；
㉓固定资产管理制度；
㉔报废固定资产处置办法。

表 18－1 列出了企业完整性管理程序文件与管理职能关联情况。

表 18－1　完整性管理程序文件与管理职能关联表

程序文件	完整性管理中心	管道管理处	安全数质量处	设备管理处	发展规划处	经营管理处	调度控制中心	抢维修中心	办公室	人力资源处	财务资产处	管道项目部	输油管理处
完整性管理方案编制程序	●	○	○	○	○	○	○	○	○	○	○	○	○
数据采集与管理程序	●	○	○	○	○		○	○				○	○
高后果区识别管理程序	○	●	○		○							○	○
管道风险评价与管理程序	●	○	○		○							○	○
内检测管理程序	○	●			○	○	○	○				○	○
适用性评价程序	●	○											
直接评价管理程序	○	●										○	○
管道维修维护程序	○	●	○		○		○	○			○	○	○
腐蚀控制程序	○	●						○				○	○
应急支持程序	○	○	●	○	○		○	○				○	○
失效管理程序	●	○	○	○	○	○	○	○				○	○
完整性管理效能评价程序	●	○	○	○	○	○	○	○	○	○	○	○	○
建设期管道完整性管理导则	○	○	○	○	●		○	○				○	
管道报废管理程序	○	○		●				○	○		○		○

注：●表示牵头开展工作；○表示配合开展工作。

支撑技术方面，企业从数据与信息技术、危害识别评价技术、检测技术、监测监控技术、缺陷适用性评价技术、维修维护技术、应急抢险技术等方面着手，搭建完整性管理支撑技术平台，组建完整性管理关键技术研发团队，并与外单位建立长期合作机制，打造适应企业完整性管理需求的技术体系。

典型业务活动是企业实现管道系统安全的重点工作，主要包括管线的日常巡护、检测与评价、维护维修及常见事件管理，如第三方施工管理、地质灾害防治、人为破坏防护、占压管理、泄漏抢险等。针对企业所辖管道系统运行与管理特点，确定企业典型业务活动的统一管理机制，细化各项典型业务活动开展方式和总体要求，并明确界定业务活动管理中各部门职责，使企业典型业务活动管理规范化、标准化，进一步实现管理的信息化和智能化。

系统平台方面，通过技术集成，涵盖 GIS 展示、数据管理、高后果区管理、风险评价管理、内/外检测、第三方施工、占压、改线等重点业务活动。通过开展线上管理实践，有效提高了管理效率和质量。

18.2　管道全生命周期完整性管理实践

18.2.1　实践做法

1. 系统普查，规范建档，夯实管理基础

自 2014 年某成品油管道内检测工作开展以来，企业管理层高度重视，第一时间打通内检测费用列支渠道，组织专家评定内检测专业服务商，出台检测标准指导文件，并多次组织召开内检测工作推进会和检出缺陷修复方案审查会，有序推动工作顺利开展。针对具备内检测条件的管道开展内检测，针对不具备内检测条件的管道，通过技术改造创造内检测条件，确保长输成品油管道的内检测全面性。截至 2019 年年底，在所辖成品油管道全面实施变形检测和漏磁检测，内检测完成率达到 96% 。其中针对部分地区不具备内检测条件的成品油管道，通过技术改造使其具备内检测条件后实施内检测工作。

针对不同内检测商在数据采集方式、信号数据存储格式、数据使用工具以及数据分析报告等方面存在不一致的问题，梳理数据的层次关系，建立规范化数据标准，定制包含内检测数据在内的各类数据采集模板及标准，明确数据字段、类型、重要程度、格式要求及逻辑要求等，全面规范数据格式。

以内检测获取的管节或环焊缝信息为基准，结合地上固定参考点 GPS 测量，并与设计施工及竣工资料中管道特征数据进行匹配和校准，建立包含管道中心线数据及焊缝、弯头、三通和永久性标识等管道特征数据的管道基线，形成与管道实体相对应的数据资产和贯穿全生命周期的数据信息链。

依托管道完整性管理系统信息化建设工作，建立包含内检测数据在内的系列数据标准，明确数据分类与编码、组织与建库、评价与验收、更新与维护等要求，全面规范数据的采集、校验与入库工作。截至 2019 年年底，该成品油管道第一批次内检测数据入库率达到 100% 。通过将内检测数据录入信息化管理系统，进一步健全完善管道数字档案，促进管道全生命周期的规范化管理。

2. 全面“体检”，高效诊断，实现智能决策

通过实施长输成品油管道高清漏磁内检测和几何变形内检测，检出缺陷类型包括内腐蚀缺陷、外腐蚀缺陷、制造缺陷、焊缝异常和变形缺陷。结合内检测单位提供的缺陷列表，进行缺陷数据统计与致因分析，并开展腐蚀缺陷和制造缺陷剩余强度评价；基于腐蚀生长速率模型开展腐蚀缺陷剩余寿命预测；基于数据关联开展缺陷焊缝相关性分析、缺陷交互影响分析；进一步结合腐蚀、变形和制造缺陷维修响应分级准则进行维修响应分级，并提出修复方案和再检测时间建议。

充分利用大数据技术，以内检测数据为核心，融合管道本体及周边环境等基础数据、日常运营数据、高后果区识别数据、风险评价数据、检测监测数据、完整性评价数据、维修维护数据、失效数据等多源数据，打破业务活动界限，从多维度深入分析数据价值，并与具体业务需求相结合，通过数据关联与深度挖掘，实现提前预测预警，同时聚焦管道管理的重点难点，提出针对性的管道运行管理建议、维修维护方案和检测计划，实现管道智能化高效管理与决策。

新冠肺炎疫情期间，依托管道腐蚀远程诊断服务模块，开展部分成品油管道的内检测数据远程分析与诊断，通过与高后果区识别及风险评价数据融合关联，实现管道缺陷基于多因素的综合评价决策，为管道安全运行提供有力保障，助力企业攻坚创效。

3. 数据互联，精准定位，确保开挖准确率

为实现内检测数据与地理信息数据的关联匹配，在长输成品油管道沿线设立多组永久性磁标记，建立管道内检测地面坐标参考点，为地下管道与地上标识提供统一参照体系。同时，利用数据对齐技术，将管道沿线阀室、三桩、磁标记等地上特征与内检测获取的阀门、弯头、三通、环焊缝等地下特征进行对齐，将检出缺陷与环焊缝、三桩等管道典型特征进行对齐，将同一内检测批次不同类型缺陷、不同内检测批次检出缺陷等进行比对，获取管道精确位置，精准定位缺陷，并诊断缺陷严重程度，分析缺陷发展趋势，明确管道服役可靠性，提高管道完整性管理水平。

依托管道内检测数据校验与对齐分析软件，完成部分成品油管道内检测数据的校验与对齐。基于数据对齐结果进行缺陷的开挖验证，开挖准确率达到98%。

4. 预防维修，科学响应，全流程闭环管理

自该成品油管道实施内检测工作以来，企业积极推进基于内检测的管道缺陷修复工作有序开展，确保管道风险可控，为管道安全平稳高效运行提供保障。通过内检测数据统计分析与评价诊断，确定需立即修复缺陷500余处，累计修复500余处，修复完成率100%；确定需计划修复缺陷1000余处，累计修复1000余处，修复完成率92%。对于尚未完成的计划修复类缺陷，严格按照修复计划开展修复工作，制订详细缺陷修复方案，针对其中严重程度高或类型复杂的缺陷，利用有限元进行专业分析评价，必要时组织工艺、材料、焊接、防腐、力学等行业专家审查，制订具有强针对性的修复方案，保证缺陷得到及时有效修复，在实施修复前对缺陷管段进行提级管理。

修复完成后，按要求详细记录缺陷修复方式、修复材料、加工单位、焊接人员、无损

检测、位置坐标、高程等相关信息，做好标记，并录入完整性管理信息化系统。通过维修响应数据入库归档与关联，建立定点缺陷的检测、评价、开挖、修复全过程数据流，形成以内检测数据为发起端，经缺陷评价、开挖修复至缺陷状态更新的全流程闭环式管理。

18.2.2　实践效果

该成品油管道企业通过推行基于内检测的管道全生命周期管理与决策，积累了大量管道完整性数据，建成了成品油管道数据资产与档案，促进了管道管理各个业务环节的衔接互联，提高了管道完整性管理的循环提升效果和精细化水平，为实现管道规范化信息化管理和长周期安全平稳运行提供了重要保障。具体实施效果主要体现在以下 3 个方面。

1. 提高信息化管理水平，实现高效精细化管理

以内检测数据为基础，整合管道基础数据、日常运行数据、检测监测数据、高后果区识别及风险评价数据、完整性评价数据、维修维护数据、失效数据等，录入信息化管理系统数据库，构建管道全生命周期的数据“云”，实现管道大数据的安全可靠存储和实时高效共享，提高了成品油管道信息化管理水平，解决了以往存在的数据量大、格式多样、利用率低、采集与应用脱节、管理难度大等问题。通过集成数据互联对齐与深度挖掘技术，提供管道状态数据的实时分析处理和远程高效诊断手段，实现管道状态的数字化、可视化动态安全监测与管理，全面提升管道管理精细化、智能化水平。

2. 优化管道维修成本，助力攻坚创效

通过推行实施成品油管道内检测，全面获取管道缺陷信息，开展基于内检测数据的管道缺陷统计与致因分析、剩余强度评价、剩余寿命预测，综合高后果区识别、风险评价及开挖验证检测等其他数据，提出针对性维修响应计划和方案，实现缺陷的预防性维修。

通过开展预防性维修工作，一是能够在管道缺陷修复工作前制订修复方案，准备好图纸、工具、备件等材料，确保维修过程顺利高效完成，维修效率显著提升，避免了事后维修造成连锁损坏引发的换件损失。二是可以将管道运行过程中发现的小隐患、小缺陷消灭在萌芽之中，避免隐患积少成多，引起突发性管道故障，从某种程度上避免批量的管道质量缺陷或报废情况的出现，减少管道突发性故障维修费用。三是通过对检测发现的管道缺陷进行针对性维修，减少了过剩维修现象。通过实施管道完整性管理，2015～2017 年，长输成品油管道的单公里维修费用大幅下降，2016 年和 2017 年共节省维修费用上亿元，在管道服役时间增长的情况下有效降低了维修成本，实现了管道管理的固本增效。

此外，预防性维修的实施保障了管道及配套设备设施的流畅平稳运行，减少了管输能耗，延长了管道的使用寿命，降低了管道运行成本，进一步体现了管道输送的经济性。

3. 杜绝安全环保事故，提升企业综合效益

通过开展管道内检测、缺陷评价与综合决策、维修响应等工作，实现高后果区和风险管段的失效预测预警和及时响应，有效预防了管道重大失效事件的发生，避免了泄漏、着火、爆炸、环境污染等事故，为成品油管道的安全平稳运行打下坚实基础，提升了企业综合经济效益和社会效益。

参考文献

[1]帅健，董绍华．油气管道完整性管理[M]．北京：石油工业出版社，2017.

[2]董绍华，等．管道完整性管理体系建设[M]．北京：中国石化出版社，2020.

[3]董绍华．中国油气管道完整性管理20年回顾与发展建议[J]．油气储运，2020(3)：241－261.

[4]吴长春，左丽丽．关于中国智慧管道发展的认识与思考[J]．油气储运，2020，39(4)：361－370.

[5]黄维和，郑洪龙，吴忠良．管道完整性管理在中国应用10年回顾与展望[J]．天然气工业，2013，33(12)：1－5.

[6]陈朋超，冯文兴，燕冰川．油气管道全生命周期完整性管理体系的构建[J]．油气储运，2020：40－47.

[7]李柏松，王学力，徐波，等．国内外油气管道运行管理现状与智能化趋势[J]．油气储运，2019，38(3)：241－250.

[8]董绍华，等．管道完整性安全保障技术与应用[M]．北京：中国石化出版社，2020.

[9]董绍华，等．管道建设期完整性管理[M]．北京：中国石化出版社，2020.

[10]杨静，王勇，谢成，等．《油气输送管道完整性管理规范》解读与分析[J]．安全、健康和环境，2016(16)：57.

[11]田中山，等．成品油管道运行管理技术[M]．北京：中国石化出版社，2019.

[12]刘伟．管道本体数据与内检测数据的对齐方法研究[D]．西安：西安科技大学，2018.

[13]贾韶辉，张新建，李妍，等．油气管道全生命周期数据管理及其在中俄东线的应用[J]．油气储运，2020，39(7)：756－762＋820.

[14]欧新伟，陈朋超，任恺，等．中俄东线数字化移交及与完整性管理系统的对接[J]．油气储运，2020，39(7)：777－782.

[15]崔凯燕，王晓霖，李明，等．动态闭环管道完整性智能分析决策系统[J]．安全、健康和环境，2019，19(5)：10－14.

[16]赵志峰，文虎，高炜欣，等．长输管道完整性管理中的数据挖掘和知识决策[J]．西安石油大学学报(自然科学版)，2016，31(04)：109－114.

[17]周利剑，李振宇．管道完整性数据技术发展现状与展望[J]．油气储运，2016，35(7)：691－697.

[18]史建峰，王晓霖，帅健，等．长输管道完整性数据模型及其建立[J]．油气储运，2015，34(04)：362－367.

[19]李遵照，王剑波，王晓霖，等．智慧能源时代的智能化管道系统建设[J]．油气储运，2017，36(11)：1243－1250.

[20]董绍华，等．管道风险评价技术[M]．北京：中国石化出版社，2020.

[21]王晓霖，帅健，宋红波，等．输油管道高后果区识别与分级管理[J]．中国安全科学学报，2015，25(06)：149－154.

[22]狄彦，帅健，王晓霖，等．油气管道事故原因分析及分类方法研究[J]．中国安全科学学报，2013，23(07)：109－115.

[23]王勇，杨文，王鲁豫．长输成品油管道高后果区分析[J]．当代石油石化，2020，28(01)：28－30＋46.

[24]王帅．成品油管线高后果区风险评价与对策研究[D]．西安：西安石油大学，2016.

[25]王晓司，郭强．成品油管道高后果区识别与管理实践[J]．化工管理，2018(25)：121－122.

[26]王剑波，王晓霖，周立国，等．管道风险因素的主客观集成权重赋权方法[J]．油气储运，2019，38

(07)：745－750.
[27]周立国，王晓霖，李明，等．成品油站场工艺管道风险辨识与评价[J]．中国安全生产科学技术，2019，15(06)：74－80.
[28]周立国，王晓霖，齐先志，等．油气管道建设期的风险评价与管理[J]．当代石油石化，2019，27(09)：47－52.
[29]齐先志，王晓霖，张莉莉，等．成品油管道周边区域个人风险分析[J]．油气储运，2020，39(01)：54－59.
[30]马红娜，李彦娥，武征．成品油管道泄漏的环境风险评价[J]．油气储运，2011，30(11)：801－804＋3.
[31]齐先志，王晓霖，许学瑞．成品油管道周边区域社会风险分析[J]．中国安全科学学报，2019，29(11)：177－182.
[32]董绍华，等．管道检测与监测诊断技术[M]．北京：中国石化出版社，2020.
[33]孔朝金，胡利锋，付振林，等．管道内检测技术现状和发展趋势探讨[J]．全面腐蚀控制，2019(08)：4－8.
[34]林现喜，李银喜，周信，等．大数据环境下管道内检测数据管理[J]．油气储运，2015(04)：349－353.
[35]冯庆善，贾光明，何淼，等．关于管道基线检测的理解与探讨[J]．油气储运，2014，033(011)：1159－1163.
[36]叶远锡，李明，王勇．输油管道杂散电流干扰的检测及对应措施[J]．腐蚀与防护，2016，37(05)：360－363.
[37]李明，奚旺，王勇，等．长输成品油管道外腐蚀直接评价实践及对策[J]．全面腐蚀控制，2015，29(10)：74－78.
[38]李明，薛润斌，鲜俊，等．IR 降对埋地管线阴极保护电位影响规律研究[J]．腐蚀科学与防护技术，2015，27(05)：519－524.
[39]李明，董列武，谢成，等．输油管道杂散电流检测评价与防护实践[J]．材料保护，2017，50(02)：91－95.
[40]李明，董列武，马云修，等．新建油气管道安全监测预警技术及标准体系[J]．油气储运，2017，36(10)：1168－1172.
[41]李明，舒韵，闫茂成，等．交流电干扰下 X80 管线钢的腐蚀电化学行为[J]．全面腐蚀控制，2017，31(08)：54－57＋79.
[42]李忠吉，李长俊，成婷婷，等．电磁法在埋地管道磁记忆检测中的应用研究[J]．中国安全科学学报，2019，29(06)：122－127.
[43]龚灯，韩刚．基于磁记忆方法的管道应力检测设备的开发[J]．电子测量与仪器学报，2019，33(02)：94－100.
[44]杨静，王晓霖，谢成．油气管道腐蚀缺陷维修响应决策[J]．油气储运，2017(2)：149－160.
[45]冉龙飞，王晓霖．含体积型缺陷管道的剩余强度评价[J]．石油化工高等学校学报，2015，28(1).
[46]杨静，柏盛鹏．某输气管道基于内检测的腐蚀评价与维修决策[J]．当代化工，2016(04)：871－873＋877.
[47]林现喜，张克政，陈剑健，等．油气长输管道腐蚀速率计算方法评述[J]．油气储运，2016，35(2)：192－197.
[48]陈兆雄，吴明，谢飞，等．腐蚀管道剩余强度的评价方法及剩余寿命预测[J]．机械工程材料，2015，39(5)：97－101.

[49]崔凯燕，闫茂成，王晓霖，等．某输气管道的腐蚀缺陷评价与维修决策[J]．腐蚀与防护，2019(9)：682－686＋691.
[50]蒲宏斌，石磊．含凹陷管道的适用性评价[J]．安全、健康和环境，2019(09)：37－41.
[51]崔凯燕，王晓霖，杨文，等．基于内检测评价的管道安全维修决策[J]．中国安全科学学报，2019(2)：172－177.
[52]董绍华，等．管道完整性效能评价技术[M]．北京：中国石化出版社，2020.
[53]郑洪龙，许立伟，谷雨雷，等．管道完整性管理效能评价指标体系[J]．油气储运，2012，31(1)：8－12，19.
[54]杨静．油气管道完整性管理效能评价[J]．油气田地面工程，2015，34(11)：3－5.
[55]吴志平，蒋宏业，李又绿，等．油气管道完整性管理效能评价技术研究[J]．天然气工业，2013，33(12)：131－137.
[56]谷雨雷，董晓琪，郑洪龙，等．基于数据包络分析的管道完整性管理效能评价[J]．油气储运，2013，32(8)：840－844.
[57]冯庆善，李保吉，钱昆，等．基于完整性管理方案的管道完整性效能评价方法[J]．油气储运，2013，32(4)：360－364.
[58]谢军．"互联网＋"时代智慧油气田建设的思考与实践[J]．天然气工业，2016，36(1)：137－145.
[59]刘兆全．输油泵典型故障分析与维修[J]．化工管理，2019(3)：40－41.
[60]拓荣庆．延长管输离心输油泵故障诊断技术研究[D]．西安：西安石油大学，2016.
[61]王振成．机电设备管理与维修[M]．重庆：重庆大学出版社，2018.
[62]练成巍．低压电气设备故障维修方法研究[J]．中国设备工程，2019(20)：45－46.
[63]陈曦．基于 RCM 方法的高温气冷堆核电站电气设备维修策略改进[D]．济南：山东大学，2020.
[64]夏秀占．简述秦京输油管道 SCADA 系统维检修常用方法[J]．仪器仪表用户，2014，21(5)：94－95.
[65]王俊强，何仁洋，刘哲，等．中美油气管道完整性管理规范发展现状及差异[J]．油气储运，2018，037(001)：6－14.
[66]田中山．成品油管道完整性管理体系建设与实践[J]．石油科学通报，2016，000(003)：376－383.
[67]贾邦龙，刘保余．管道完整性管理体系建设探讨[J]．安全、健康和环境，2019(6)：55－58.
[68]张华兵，周利剑，杨祖佩，等．中石油管道完整性管理标准体系建设与应用[J]．石油管材与仪器，2017，3(006)：1－4.